21 世纪高等教育环境科学与工程类系列教材

清 洁 生 产

主　编　曲向荣
副主编　刘宝勇　林　华　于常武
参　编　吴　昊　王　俭

机 械 工 业 出 版 社

清洁生产是当前经济与社会发展中最具战略意义的紧迫任务，关系经济与社会能否可持续发展。本书从人类社会发展及其环境问题出发，介绍了清洁生产的产生，清洁生产的概念、目标和主要内容，清洁生产的战略意义和理论基础，清洁生产的法律法规和政策，清洁生产审核的工作程序和审核案例，清洁生产指标体系及评价，清洁生产的实施途径等重要实用知识；并详细阐述了清洁的能源、生产过程的清洁生产和清洁的产品等内容。本书既具理论性，又具知识性和实用性，可作为高等院校本科生和研究生教材，也可作为组织开展清洁生产活动的培训教材或参考书，还可作为政府机构的决策者、经济管理部门和环境保护部门的管理人员、行业协会的从业人员的参考书。

图书在版编目（CIP）数据

清洁生产/曲向荣主编. —北京：机械工业出版社，2012.8（2024.6 重印）
21 世纪高等教育环境科学与工程类系列教材
ISBN 978 - 7 - 111 - 39207 - 1

Ⅰ.①清…　Ⅱ.①曲…　Ⅲ.①无污染工艺—高等学校—教材　Ⅳ.①X383

中国版本图书馆 CIP 数据核字（2012）第 167749 号

机械工业出版社（北京市百万庄大街 22 号　邮政编码 100037）
策划编辑：马军平　责任编辑：马军平　臧程程　版式设计：纪　敬
责任校对：薛　娜　封面设计：路恩中　责任印制：李　昂
北京捷迅佳彩印刷有限公司印刷
2024 年 6 月第 1 版第 9 次印刷
184mm×260mm · 17.75 印张 · 434 千字
标准书号：ISBN 978 - 7 - 111 - 39207 - 1
定价：49.80 元

电话服务　　　　　　　　　网络服务
客服电话：010-88361066　机　工　官　网：www.cmpbook.com
　　　　　010-88379833　机　工　官　博：weibo.com/cmp1952
　　　　　010-68326294　金　　书　　网：www.golden-book.com
封底无防伪标均为盗版　机工教育服务网：www.cmpedu.com

前　言

工业革命以来，特别是20世纪中期以来，世界人口迅速增加，工业经济空前发展，资源消耗速度明显加快，废弃物排放量显著增多，环境污染、生态破坏和资源枯竭的深层次环境问题日益突出。“环境公害”与近代环境问题为我们敲响了警钟，环境、资源和能源危机已成为制约经济社会发展的“瓶颈”。

在可持续发展战略思想的指导下，1989年联合国环境规划署工业与环境发展规划中心提出了清洁生产的概念：“清洁生产是指将整体预防的环境战略持续应用于生产过程和产品中，以减少对人类和环境的风险”，并开始在全球推行清洁生产政策，经过几十年的不断创新、丰富与发展，获得了很大进展。

1992年，联合国环境与发展大会制定的《21世纪议程》明确提出，转变发展战略，实施清洁生产，建立现代工业的新文明。清洁生产带来全球发展模式的革命性变革，其意义不亚于工业革命。

1993年，我国制定了《中国21世纪议程》。在确定国家可持续发展优先项目中，把建立资源节约型工业生产体系和推行清洁生产列入可持续发展战略与重大行动计划。1993年，世界银行中国环境技术援助项目“推进中国清洁生产子项目”在中国实施。从此，我国的环境保护战略由“末端治理”转变为“预防为主、防治结合”，彻底扭转了过去“末端治理”的被动局面，环境保护事业开始了历史新篇章。2003年《中华人民共和国清洁生产促进法》的实施，标志着我国清洁生产工作步入了规范化、法制化轨道。

本书是在清洁生产领域的教学与科研成果的基础上编著而成的，逻辑思维清晰，结构合理，理论结合实际，内容丰富，全面系统。

全书共分10章，由曲向荣任主编，刘宝勇、林华、于常武任副主编，具体编写分工为：第1章由曲向荣、刘宝勇编写，第2、3、4、7、8、10章由曲向荣编写，第5章由林华编写，第6章由刘宝勇、曲向荣编写，第9章由于常武、吴昊、王俭编写。全书由曲向荣统稿。

本书可作为高等院校本科生、研究生教材，也可作为组织开展清洁生产活动的培训教材或参考书，还可作为政府机构的决策者、经济管理部门和环境保护部门的管理人员、行业协会的从业人员的参考书。

本书在编写过程中，参考了大量相关书籍、期刊文献、相关网站的资料，反映了国内外清洁生产的最新研究成果，具有前瞻性、先进性和实用性。在此向有关专家、学者表示衷心的感谢。

由于编者水平有限，不足之处在所难免，敬请广大读者批评指正。

编　者

目　　录

第1章 绪论

1

1.1 人类社会发展及其环境问题

环境问题通常是指由于人类活动使环境条件发生不利于人类的变化，以致影响人类的生产和生活，给人类带来危害的现象。

环境问题一般可分为两类：一是不合理地开发利用自然资源，超出环境承载力，使生态环境质量恶化或自然资源枯竭的现象；二是人口激增、城市化和工农业高速发展引起的环境污染和破坏。总之，环境问题是人类经济社会发展与环境的关系不协调所引起的问题。

1.1.1 人类社会发展与环境问题的演变

从人类诞生开始就存在着人与环境的对立统一关系，就出现了环境问题。从古至今，随着人类社会的发展，环境问题也在发展变化，大体上经历了四个阶段。

1. 环境问题萌芽阶段（工业革命以前）

人类在诞生以后很长的岁月里，只是靠采集野果和捕猎动物为生，那时人类对自然环境的依赖性非常大，人类主要是以生活活动、生理代谢过程与环境进行物质和能量转换，主要是利用环境，而很少有意识地改造环境。如果说那时也发生"环境问题"的话，则主要是由于人口的自然增长和乱采乱捕、滥用资源而造成生活资料缺乏，引起的饥荒问题。为了解除这种环境威胁，人类被迫学会了吃一切可以吃的东西，以扩大和丰富自己的食谱，或是被迫扩大自己的生活领域，学会适应在新的环境中生活的本领。

随后，人类学会了培育、驯化植物和动物，开始发展农业和畜牧业，这在生产发展史上是一次伟大的革命——农业革命。而随着农业和畜牧业的发展，人类改造环境的作用也越来越明显地显示出来，但与此同时也引起了相应的环境问题，如大量砍伐森林、破坏草原、刀耕火种、盲目开荒，往往引起严重的水土流失、水旱灾害频繁和沙漠化；又如兴修水利，不合理灌溉，往往引起土壤的盐渍化、沼泽化，以及引起某些传染病的流行。在工业革命以前虽然已出现了城市化和手工业作坊（或工场），但工业生产并不发达，由此引起的环境污染问题并不突出。

2. 环境问题的发展恶化阶段（工业革命至20世纪50年代前）

随着生产力的发展，在18世纪60年代至19世纪中叶，人类生产发展史上又出现了一次伟大的革命——工业革命。它使建立在个人才能、技术和经验之上的小生产被建立在科学技术成果之上的大生产所代替，大幅度地提高了劳动生产效率，增强了人类利用和改造环境的能力，大规模地改变了环境的组成和结构，从而也改变了环境中的物质循环系统，扩大了人类的活动领域，但与此同时也带来了新的环境问题。一些工业发达的城市和工矿区的工业企业，排出的大量废弃物污染了环境，使污染事件不断发生。如1873—1892年期间，英国伦敦多次发生可怕的有毒烟雾事件；19世纪后期，日本足尾铜矿区排出的废水污染了大片农田；1930年12月，比利时马斯河谷工业区工厂排出的含有SO_2的有害气体，在逆温条件下造成了几千人发病，60人死亡的严重大气污染事件，1943年5月，美国洛杉矶市由于汽车排放的碳氢化合物和NO_x，在太阳光的作用下，产生了光化学烟雾，造成大多数居民患病，400多人死亡的严重大气污染事件。如果说农业生产主要是生活资料的生产，它在生产和消费中所排放的“三废”是可以纳入物质的生物循环，而能迅速净化、重复利用的，那么工业生产除生产生活资料外，它大规模地进行生产资料的生产，把大量深埋在地下的矿物资源开采出来，加工利用投入环境之中，许多工业产品在生产和消费过程中排放的“三废”都是生物和人类所不熟悉，难以降解、同化和忍受的。总之，由于蒸汽机的发明和广泛使用，大工业日益发展，生产力有了很大的提高，环境问题也随之发展且逐步恶化。

3. 环境问题的第一次高潮（20世纪50年代至80年代以前）

环境问题的第一次高潮出现在20世纪50~60年代。20世纪50年代以后，环境问题更加突出，震惊世界的公害事件接连不断，如1952年12月的伦敦烟雾事件（由居民燃煤取暖排放的SO_2和烟尘遇逆温天气，造成5d内死亡人数达4000人的严重的大气污染事件）；1953—1956年日本的水俣病事件（由水俣湾镇氮肥厂排出的含甲基汞的废水进入了水俣湾，人食用了被甲基汞污染的鱼、贝类，造成神经系统中毒，病人口齿不清、步态不稳、面部痴呆、耳聋眼瞎、全身麻木，最后精神失常，患者达180人，死亡达50多人）；1955—1972年日本的骨痛病事件（由日本富山县炼锌厂排放的含Cd废水进入了河流，人喝了含Cd的水，吃了含Cd的米，造成关节痛、神经痛和全身骨痛，最后骨脆、骨折、骨骼软化，饮食不进，在衰弱疼痛中死去，可以说是惨不忍睹，患者超过280人，死亡人数达34人）；1961年日本的四日市哮喘病事件（由四日市石油化工联合企业排放的SO_2、碳氢化合物、NO_x和飘尘等污染物造成的大气污染事件，患有支气管哮喘、肺气肿的患者超过500人，死亡人数达36人）等，这些震惊世界的公害事件，形成了环境问题的第一次高潮。环境问题的第一次高潮产生的原因主要有两个：

其一是人口迅猛增加，都市化的速度加快。刚进入20世纪时世界人口为16亿，至1950年增至25亿（经过50年人口约增加了9亿）；20世纪50年代之后，1950—1968年仅18年间就由25亿增加到35亿（增加了10亿）；而后，人口由35亿增至45亿只用了12年（1968—1980年）。1900年拥有70万以上人口的城市，全世界有299座，到1951年迅速增到879座，其中百万人口以上的大城市约有69座。在许多发达国家中，有半数人口住在城市。

其二是工业不断集中和扩大，能源的消耗大增。1900年世界能源消费量还不到10亿t煤当量，至1950年就猛增至25亿t煤当量；到1956年石油的消费量也猛增至6亿t，在能源中所占的比例加大，又增加了新污染。大工业的迅速发展逐渐形成大的工业地带，而当时人们的环境意识还很薄弱，环境问题的第一次高潮出现是必然的。

当时，在工业发达国家因环境污染已达到严重程度，直接威胁到人们的生命和安全，成为重大的社会问题，激起广大人民的不满，并且也影响了经济的顺利发展。1972 年的斯德哥尔摩人类环境会议就是在这种历史背景下召开的。这次会议是人类认识环境问题的一个里程碑。工业发达国家把环境问题摆上了国家议事日程，包括制定法律、建立机构、加强管理、采用新技术，20 世纪 70 年代中期环境污染得到了有效控制，城市和工业区的环境质量有明显改善。

4. 环境问题的第二次高潮（20 世纪 80 年代以后）

第二次高潮是伴随全球性环境污染和大范围生态破坏，在 20 世纪 80 年代初开始出现的一次高潮。人们共同关心的影响范围大和危害严重的环境问题有三类：一是全球性的大气污染，如“温室效应”、臭氧层破坏和酸雨；二是大面积生态破坏，如大面积森林被毁、草场退化、土壤侵蚀和荒漠化；三是突发性的严重污染事件，如印度博帕尔农药泄漏事件（1984 年 12 月），苏联切尔诺贝利核电站泄漏事故（1986 年 4 月），莱茵河污染事故（1986 年 11 月）等，在 1979—1988 年间这类突发性的严重污染事故就发生了 10 多起。这些全球性的环境问题严重威胁着人类的生存和发展，不论是广大公众还是政府官员，也不论是发达国家还是发展中国家，都普遍对此表示不安。1992 年在巴西里约热内卢召开的联合国环境与发展大会正是在这种社会背景下召开的，这次会议是人类认识环境问题的又一里程碑。

前后两次高潮有很大的不同，有明显的阶段性。

其一，影响范围不同。第一次高潮主要出现在工业发达国家，重点是局部性、小范围的环境污染问题，如城市、河流、农田污染等；第二次高潮则是大范围，乃至全球性的环境污染和大面积生态破坏。这些环境问题不仅对某个国家、某个地区造成危害，而且对人类赖以生存的整个地球环境造成危害。影响范围不但包括了经济发达的国家，也包括了众多的发展中国家。发展中国家不仅认识到全球性环境问题与自己休戚相关，而且本国面临的诸多环境问题，特别是植被破坏、水土流失和荒漠化等生态恶性循环，是比发达国家的环境污染危害更大、更难解决的环境问题。

其二，就危害后果而言，第一次高潮人们关心的是环境污染对人体健康的影响，环境污染虽然也对经济造成损害，但问题还不突出；第二次高潮不但明显损害人类健康，而且全球性的环境污染和生态破坏已威胁到全人类的生存与发展，阻碍经济的持续发展。

其三，就污染源而言，第一次高潮的污染来源尚不太复杂，较易通过污染源调查弄清产生环境问题的来龙去脉。只要一个城市、一个工矿区或一个国家下决心，采取措施，污染就可以得到有效控制。第二次高潮出现的环境问题，污染源和破坏源众多，不但分布广，而且来源杂，既来自人类的经济再生产活动，也来自人类的日常生活活动；既来自发达国家，也来自发展中国家，解决这些环境问题只靠一个国家的努力很难奏效，要靠众多国家，甚至全球人类的共同努力才行，这就极大地增加了解决问题的难度。

其四，第一次高潮的“公害事件”与第二次高潮的突发性严重污染事件的特点也不相同。第二次高潮的特点，一是带有突发性，二是事故污染范围大、危害严重、经济损失巨大。如印度博帕尔农药泄漏事件，受害面积达 $40km^2$，据美国一些科学家估计，死亡人数在 0.6 万 ~1 万人，受害人数为 10 万 ~20 万人，其中有许多人双目失明或终生残疾，直接经济损失数十亿美元。

1.1.2 当今世界主要环境问题及其危害

当今世界所面临的主要环境问题是人口问题、资源问题、生态破坏问题和环境污染问题。它们之间相互关联、相互影响，成为当今世界环境保护所关注的主要问题。

1. 人口问题

人口的急剧增加可以认为是当前环境的首要问题。近百年来，世界人口的增长速度达到了人类历史上的最高峰。众所周知，人既是生产者，又是消费者。从生产者的角度来说，任何生产都需要大量的自然资源来支持，如农业生产要有耕地、灌溉水源，工业生产要有能源、各类矿产资源、各类生物资源等。随着人口的增加、生产规模必然扩大，一方面所需要的资源要持续增多；另一方面在任何生产中都会有废物排出，而随着生产规模的扩大，资源的消耗和废物的排放量也会逐渐增大。

从消费者的角度来说，随着人口的增加、生活水平的提高，人类对土地的占用（如居住、生产食物）会越来越多，对各类资源（如矿物能源、水资源等）的利用也会急剧增加，当然排出的废物量也会随之增加，从而加重资源消耗和环境污染。我们都知道，地球上一切资源都是有限的，即使是可恢复的资源，如水、可再生的生物资源，也是有一定的再生速度，在每年中是有一定可供量的。尤其是土地资源，不仅是总面积有限，人类难以改变，而且还是不可迁移的和不可重叠利用的。这样，有限的全球环境及其有限的资源，便限定了地球上的人口也必将是有限的。如果人口的急剧增加超过了地球环境的合理承载能力，则必造成资源短缺、环境污染和生态破坏。这些现象在地球上的某些地区已出现了，也正是人类要研究和改善的问题。

2. 资源问题

资源问题是当今人类发展所面临的另一个主要问题。众所周知，自然资源是人类生存发展不可缺少的物质依托和条件。然而，随着全球人口的增长和经济的发展，对资源的需求与日俱增，人类正受到某些资源短缺或耗竭的严重挑战。全球资源匮乏和危机主要表现在：土地资源在不断减少和退化，森林资源在不断缩小，淡水资源出现严重不足，某些矿产资源濒临枯竭等。

（1）土地资源在不断减少和退化　土地资源损失尤其是可耕地资源损失已成为全球性的问题，发展中国家尤为严重。目前，人类开发利用的耕地和牧场，由于各种原因正在不断减少或退化，而全球可供开发利用的后备资源已很少，许多地区已经近于枯竭。随着世界人口的快速增长，人均土地资源占有率在迅速下降，这对人类的生存构成了严重威胁。据联合国人口机构预测，到2050年，世界人口可能达到94亿，全世界人口迅猛增加，使土地的人口“负荷系数”（某国家或地区人口平均密度与世界人口平均密度之比）每年增加2%，若按农用面积计算，其负荷系数则每年增加6%~7%，这意味着人口的增长将给本来就十分紧张的土地资源，特别是耕地资源造成更大的压力。

（2）森林资源在不断缩小　森林是人类最宝贵的资源之一，它不仅能为人类提供大量的林木资源，具有重要的经济价值，而且它还具有调节气候、防风固沙、涵养水源、保持水土、净化大气、保护生物多样性、吸收二氧化碳、美化环境等重要的生态学价值。森林的生态学价值要远远大于其直接的经济价值。由于人类对森林的生态学价值认识不足，受短期利益的驱动，对森林资源的过度利用使世界的森林资源锐减，造成了许多生态灾害。历史上世界森林植被变化最大的是温带地区。自从大约8000年前开始大规模的农业开垦以来，温带落叶林已减少33%左右。但近几十年中，世界毁林集中发生在热带地区，热带森林正在以前所未有的速率减少。

(3) 淡水资源出现严重不足 目前，世界上有43个国家和地区缺水，占全球陆地面积的60%，约有20亿人用水紧张，10亿人得不到良好的饮用水。此外，严重的水污染更加剧了水资源的紧张程度。水资源短缺已成为许多国家经济发展的障碍，成为全世界普遍关注的问题。当前，水资源正面临着水资源短缺和用水量持续增长的双重矛盾。正如联合国早在1977年所发出的警告："水不久将成为一项严重的社会危机，石油危机之后下一个危机是水。"

(4) 某些矿产资源濒临枯竭

1) 化石燃料濒临枯竭。化石燃料是指煤、石油和天然气等地下开采出来的能源。当代人类的社会文明主要是建立在化石能源的基础之上的。无论是工业、农业或生活，其繁荣都依附于化石能源。而由于人类高速发展的需要和无知的浪费，化石燃料逐渐走向枯竭，并反过来直接影响人类的文明生活。

2) 矿产资源匮乏。与化石能源相似，人类不仅无计划地开采地下矿藏，而且在开采过程中浪费惊人，资源利用率很低，导致矿产资源贮量不断减少甚至枯竭。

3. 生态破坏

全球性的生态破坏主要包括植被破坏、水土流失、沙漠化、物种消失等。

(1) 植被破坏 植被是全球或某一地区内所有植物群落的泛称。植被破坏是生态破坏的最典型特征之一。植被的破坏（如森林和草原的破坏）不仅极大地影响了该地区的自然景观，而且由此带来了一系列的严重后果，如生态系统恶化、环境质量下降、水土流失、土地沙化以及自然灾害加剧，进而可能引起土壤荒漠化；土壤的荒漠化又加剧了水土流失，以致形成生态环境的恶性循环。

(2) 水土流失 水土流失是当今世界上一个普遍存在的生态环境问题。据最新估计，最近几年全世界每年有700~900万hm^2的农田因水土流失丧失生产能力，每年有大约几十亿吨流失的土壤在河流河床和水库中淤积。

(3) 沙漠化 土地沙漠化是指非沙漠地区出现的以风沙活动、沙丘起伏为主要标志的沙漠景观的环境退化过程。目前全球土地沙漠化的趋势还在扩展，沙化、半沙化面积还在逐年增加。沙漠化的扩展使可利用土地面积缩小，土地产出减少，降低了养育人口的能力，成为影响全球生态环境的重大问题。

(4) 物种消失 生物物种消失是全球普遍关注的重大生态环境问题。由于森林、湿地面积锐减和草原退化，使生物物种的栖息地遭到了严重的破坏，生物物种正以空前的速度在灭绝。迄今已知，在过去的4个世纪中，人类活动已使全球700多个物种绝迹，包括100多种哺乳动物和160种鸟类，其中1/3是19世纪前消失的，1/3是19世纪灭绝的，另1/3是近50年来灭绝的，明显呈加速灭绝之势。

4. 环境污染

环境污染作为全球性的重要环境问题，主要指的是温室气体过量排放造成的气候变化、臭氧层破坏、广泛的大气污染和酸沉降、海洋污染等。

(1) 温室气体过量排放 由于人类生产活动的规模空前扩大，向大气层排放了大量的微量组分（如 CO_2、CH_4、N_2O、CFCs 等），大气中的这些微量成分能使太阳的短波辐射透过，地面吸收了太阳的短波辐射后被加热，于是不断地向外发出长波辐射，又被大气中的这些组分所吸收，并以长波辐射的形式反射回地面，使地面的辐射不至于大量损失到太空中去。因为这种作用与暖房玻璃的作用非常相似，所以称为温室效应。这些能使地球大气增温的微量组分，称为温室气体。温室气体的增加可导致气候变暖。研究表明，CO_2 含量每增加 1 倍，全球平均气温将上升（3 ±1.5）℃。气候变暖会影响陆地生态系统中动植物的生理和区域的生物多样性，使农业生产能力下降。干旱和炎热的天气会导致森林火灾的不断发生和沙漠化过程的加强。气候变暖还会使冰川融化，海平面上升，大量沿海城市、低地和海岛将被水淹没，洪水不断。气候变暖会加大疾病的发病率和死亡率。

（2）臭氧层破坏　处于大气平流层中的臭氧层是地球的一个保护层，它能阻止过量的紫外线到达地球表面，以保护地球生命免遭过量紫外线的伤害。然而，自 1958 年以来，高空臭氧有减少趋势，20 世纪 70 年代以来，这种趋势更为明显。1985 年英国科学家 Farmen 等人在南极上空首次观察到臭氧含量减少超过 30% 的现象，并称其为“臭氧空洞”。造成臭氧层破坏的主要原因，是人类向大气中排放的氯氟烷烃化合物（氟利昂 CFCs）、溴氟烷烃化合物（哈龙 CFCB）及氧化亚氮（N_2O）、四氯化碳（CCl_4）、甲烷（CH_4）等能与臭氧（O_3）起化学反应，以致消耗臭氧层中臭氧的含量。研究表明，平流层臭氧含量减少 1%，地球表面的紫外线强度将增加 2%，紫外线辐射量的增加会使海洋浮游生物和虾蟹、贝类大量死亡，造成某些生物绝迹；还会使农作物减产；使人类皮肤癌发病率增加 3% ~5%，白内障发病率将增加 1.6%，这将对人类和生物产生严重危害。有学者认为平流层中臭氧含量减至 1/5 时，将成为地球存亡的临界点。

（3）大气污染和酸沉降　在地球演化过程中，大气的主要化学成分 O_2、CO_2 在环境化学过程中起着支配作用，其中 CO_2 的分压在一定的大气压下与自然状态下水的 pH 值有关。由于与 10^5Pa 下的二氧化碳分压相平衡的自然水系统 pH 值为 5.6，故 pH <5.6 的沉降才能认为是酸沉降。因此，大气酸沉降是指 pH <5.6 的大气化学物质通过降水、扩散和重力作用等过程降落到地面的现象或过程。通过降水过程表现的大气酸沉降称为湿沉降，它最常见的形式是酸雨。通过气体扩散、固体物降落的大气酸沉降称为干沉降。

酸雨或酸沉降导致的环境酸化是目前全世界最大的环境污染问题之一。伴随着人口的快速增长和迅速的工业化，酸雨和环境酸化问题一直呈发展趋势，影响地域逐渐扩大，由局地问题发展成为跨国问题，由工业化国家扩大到发展中国家。目前，世界酸雨主要集中在欧洲、北美和中国西南部三个地区。酸雨的形成主要是由人类排入大气中的 NO_x 和 SO_x 的影响所致。

可以说，哪里有酸雨，哪里就有危害。酸雨是空中死神、空中杀手、空中化学定时炸弹。酸雨对环境和人类的危害是多方面的。如酸雨可引起江、河、湖、水库等水体酸化，影响水生动植物的生长，当湖水 pH 值降到 5.0 以下时，湖泊将成为无生命的死湖；酸雨可使土壤酸化，有害金属（Al、Cd）溶出，使植物体内有害物质含量增高，对人体健康构成危害，尤其是植物叶面首当其冲，受害最为严重，直接危害农业和森林草原生态系统，瑞典每年因酸雨损失的木材达 450 万 m^3；酸雨可使铁路、桥梁等建筑物的金属表面受到腐蚀，降低使用寿命，酸雨会加速建筑物的石料及金属材料的风化、腐蚀，使主要为 $CaCO_3$ 成分的纪念碑、石刻壁雕、塑像等文化古迹受到腐蚀和破坏；酸化的饮用水对人的健康危害更大、更直接。

(4) 海洋污染　海洋污染是目前海洋环境面临的最重大问题。目前局部海域的石油污染、赤潮、海面漂浮垃圾等现象非常严重，并有扩展到全球海洋的趋势。据估计，输入海洋的污染物，有40%是通过河流输入的，30%是由空气输入的，海运和海上倾倒各占10%左右。人类每年向海洋倾倒约600万~1000万t石油，1万t汞，100万t有机氯农药和大量的氮、磷等营养物质。

海洋石油污染不仅影响海洋生物的生长、降低海滨环境的使用价值、破坏海岸设施，还可能影响局部地区的水文气象条件和降低海洋的自净能力。据实测，每滴石油在水面上能够形成0.25m^2的油膜，每吨石油可能覆盖$5\times10^6m^2$的水面。油膜使大气与水面隔绝，减少进入海水的氧的数量，从而降低海洋的自净能力。油膜覆盖海面还会阻碍海水的蒸发，影响大气和海洋的热交换，改变海面的反射率，减少进入海洋表层的日光辐射，对局部地区的水文气象条件可能产生一定的影响。海洋石油污染的最大危害是对海洋生物的影响，油膜和油块能粘住大量鱼卵和幼鱼，使鱼卵死亡、幼鱼畸形，还会使鱼虾类产生石油臭味，使水产品品质下降，造成经济损失。

氮、磷等营养物聚集在浅海或半封闭的海域中，可促使浮游生物过量繁殖，发生赤潮现象。我国自1980年以后发生赤潮达30多起，1999年7月13日，辽东湾海域发生了有史以来最大的一次赤潮，面积达6300km^2。赤潮的危害主要表现在：赤潮生物可分泌粘液，粘附在鱼类的鳃上，妨碍其呼吸导致鱼类窒息死亡；赤潮生物可分泌毒素，使生物中毒或通过食物链引起人类中毒；赤潮生物死亡后，其残骸被需氧微生物分解，消耗水中溶解氧，造成缺氧环境、厌氧气体（NH_3、H_2S、CH_4）的形成，引起鱼、虾、贝类死亡；赤潮生物吸收阳光，遮盖海面（深达几十厘米），使水下生物得不到阳光而影响其生存和繁殖，引起海洋生态系统结构变化，造成食物链局部中断，破坏海洋的正常生产过程。

海水中的重金属、石油、有毒有机物不仅危害海洋生物，并能通过食物链危害人体健康，破坏海洋旅游资源。

1.1.3 我国当前资源环境形势

1. 资源问题

我国资源总量并不缺乏，但由于我国人口众多，人均资源占有量严重不足。如我国水资源总量占世界水资源总量的7%，居世界第6位，但年人均占有量仅为2300m^3，相当于世界人均占有量的1/4，位居世界第110位，已经被联合国列为13个贫水国家之一。我国土地总面积居世界第3位，但按人口平均的占有量来说，约为全世界人均占有量的1/3，不足1hm^2。我国矿产资源总量居世界第2位，而人均占有量只有世界平均水平的58%，居世界第53位，个别矿种甚至居世界百位之后。

根据近年公布的数据，我国石油储量仅占世界的2.3%、天然气占1%、铁矿石不足9%、铜矿不足5%、铝土矿不足2%。从20世纪80年代开始，我国用短短20多年的时间走完了发达国家上百年的历程，1990—2001年，10种主要工业用有色金属消耗增长率达276%。2003年我国工业消耗的主要资源对外依存度纷纷创了新高，铁矿石达36.2%、氧化铝达47.5%、天然橡胶达68.2%。未来我国仍将处于工业化和城镇化加快发展的阶段，资源消耗强度将进一步增大。预计到2020年，我国可以保证需求的矿产资源将只有9种，铁、锰、铜、铝、钾等关系国家经济安全的矿产资源将严重短缺，我国将短缺30亿t铁、5万~6万t铜、1亿t铝，需进口石油5亿t、天然气1000亿m^3，分别占中国消费量的70%和50%，也就是说我国石油和天然气的对外依存度将分别达到70%和50%。

尽管我国资源短缺，但在资源开采和利用中仍存在很多问题，如矿产资源浪费严重。我国矿产资源总回采率为30%~50%，比世界平均水平低10%~20%；黑色金属矿产资源利用率约36%，有色金属资源利用率为25%，矿产资源的总利用率不足50%，比发达国家低20个百分点左右。

我国工业生产的资源利用率也很低。2003年，据有关方面统计，与世界先进国家水平相比，我国单位产出的能耗和资源消耗水平明显偏高。从主要产品的单位能耗来看，火电供电耗煤比国际先进水平高22.5%，大中型钢铁企业吨钢可比能耗高21%，水泥综合能耗高45%，乙烯能耗高31%。我国工业万元产值用水量是国外先进水平的10倍，单位国民生产总值所消耗的矿物原料是发达国家的2~4倍。

2. 环境污染

据2010年中国环境状况公报，全国废水排放总量为617.3亿t，化学需氧量排放量为1238.1万t；氨氮排放量为120.3万t。废气中主要污染物二氧化硫排放量为2185.1万t，烟尘排放量为829.1万t，工业粉尘排放量为448.7万t。

2010年，我国地表水污染依然较重，长江、黄河、珠江、松花江、淮河、海河和辽河七大水系总体为轻度污染。在204条河流409个地表水国控监测断面中，Ⅰ~Ⅲ类、Ⅳ~Ⅴ类和劣Ⅴ类水质的断面比例分别为59.9%、23.7%、16.4%。主要污染指标为高锰酸盐指数、五日生化需氧量和氨氮。其中，长江、珠江水质良好，松花江、淮河为轻度污染，黄河、辽河为中度污染，海河为重度污染。

湖泊（水库）富营养化问题突出。在26个国控重点湖泊（水库）中，满足Ⅱ类水质的1个，占3.8%；满足Ⅲ类水质的5个，占19.2%；满足Ⅳ类水质的4个，占15.4%；满足Ⅴ类水质的6个，占23.1%；劣Ⅴ类水质的10个，占38.5%。主要污染指标为总氮和总磷。在26个国控重点湖泊（水库）中，营养状态为重度富营养的1个，占3.8%；营养状态为中度富营养的2个，占7.7%；营养状态为轻度富营养的11个，占42.3%；其他均为中营养，占46.2%。

地下水环境质量也很差。2010年，对全国182个城市开展了4110个点位的监测工作，分析结果表明，水质为优良级的监测点位为418个，占全部监测点位的10.2%；水质为良好级的监测点位1135个，占全部监测点位的27.6%；水质为较好级的监测点位206个，占全部监测点位的5.0%；水质为较差级的监测点位为1662个，占全部监测点位的40.4%；水质为极差级的监测点位为689个，占全部监测点位的16.8%。

全国近岸海域水质总体为轻度污染。2010年，近岸海域监测面积共279225km^2；其中一、二类海水面积177825km^2；三类海水面积44614km^2；四类、劣四类海水面积56786km^2。按照监测点位计算，一、二类海水占62.7%；三类海水占14.1%；四类、劣四类海水占23.2%。四大海区近岸海域中，南海和黄海水质良好，渤海水质差，东海水质极差。

全国城市空气质量总体良好，但部分城市污染仍较重。2010年，全国471个县级及以上城市开展的环境空气质量监测结果表明：3.6%的城市环境空气质量达到一级标准，

79.2%的城市环境空气质量达到二级标准，15.5%的城市环境空气质量达到三级标准，1.7%的城市环境空气质量劣于三级标准。

监测的494个市（县）中，出现酸雨的市（县）249个，占50.4%；酸雨发生频率在25%以上的市（县）160个，占32.4%；酸雨发生频率在75%以上的市（县）54个，占11.0%。发生酸雨（降水pH年均值小于5.6）的城市达35.6%，发生较重酸雨（降水pH年均值小于5.0）的城市达21.6%，发生酸雨（降水pH年均值小于4.5）的城市达8.5%。全国酸雨分布区域主要集中在长江沿线及以南-青藏高原以东地区，主要包括浙江、江西、湖南、福建的大部分地区，长江三角洲、安徽南部、湖北西部、重庆南部、四川东南部、贵州东北部、广西东北部和广东中部地区。

随着我国汽车保有量的增加，城市空气污染出现了新的变化，NO_x成分增加。

2010年，全国工业固体废物产生量为240943.5万t，排放量为498.2万t，综合利用量（含利用往年贮存量）、贮存量、处置量分别为161772.0万t、23918.3万t、57262.8万t，分别占产生量的67.1%、9.9%、23.8%。危险废物产生量为1586.8万t，综合利用量（含利用往年贮存量）、贮存量、处置量分别为976.8万t、166.3万t、512.7万t。

随着城市居民生活水平的提高，城市生活垃圾年产生量以每年10%以上的速度递增，处理率和处理水平都不高，垃圾围城现象和二次污染严重。塑料包装物和农膜所导致的"白色污染"问题也非常严重。

我国目前的环境污染既有传统的工业污染，又有城市化快速发展带来的生活污染，还有农业施肥、畜禽养殖造成的面源污染。发达国家在过去100多年发展过程中出现的环境问题，在我国30多年的快速发展中集中出现，呈现结构型、复合型和压缩型的特点，因此有人称之为"压缩型污染"。

3. 生态破坏

由于长期的生态欠账和一些地区盲目开展生态建设，我国人工生态环境虽有改善，但是自然生态环境仍在衰退。单一的生态问题有所控制，系统性生态恶化仍在发展，治理难度越来越大。边建设边破坏，治理赶不上破坏，沙化土地每年平均增加3436km^2，现有水土流失面积达356.92万km^2，占国土总面积的37.2%。全国天然草原平均超载牲畜34%左右，天然草场以每年2万km^2的速度递减，沙尘暴危害日益频繁，森林、湿地生态功能降低，生物多样性遭到很大威胁，物种濒危程度加剧。据统计，我国野生高等植物濒危比例达15%~20%，其中裸子植物、兰科植物等高达40%以上；野生动物濒危程度不断加剧，有233种脊椎动物面临灭绝，约44%的野生动物呈数量下降趋势。遗传资源不断丧失和流失，外来入侵物种危害严重。

我国计划在2020年，国内生产总值将在2000年的基础上翻两番，预计经济总量将达到35万亿~36万亿元，人均GDP超过2.5万元，经济年均增长量约为7.2%，人口将达到14亿以上，城市化率达到55%。可以预见，按照现在的经济发展势头，实现国内生产总值翻两番不成问题，但是我国单位国土面积承受的污染强度将比发达国家高出4倍。因此，如果继续沿袭传统发展模式，即高开采、高消耗、高排放、低利用的"三高一低"的线性经济发展模式，不从根本上缓解经济发展与环境保护的矛盾，资源将难以为继，环境将不堪重负，直接危及我国全面建设小康社会奋斗目标的实现。

1.2 自然资源

1.2.1 自然资源的定义

自然资源也称资源。根据联合国环境规划署的定义，自然资源是指在一定时间条件下，能够产生经济价值以提高人类当前和未来福利的自然环境因素的总和（1972 年），如土地、水、森林、草原、矿物、海洋、野生动植物、阳光、空气等。

自然资源的概念和范畴不是一成不变的，随着社会生产的发展和科学技术水平的提高，过去被视为不能利用的自然环境要素，将来可能变为有一定经济利用价值的自然资源。

1.2.2 自然资源的分类

按照不同的目的和要求，可将自然资源进行多种分类。但目前大多按照自然资源的有限性，将自然资源分为有限自然资源和无限自然资源，如图 1-1 所示。

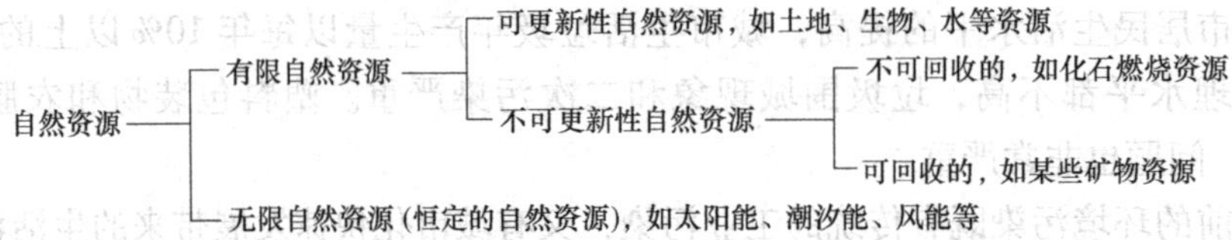

图 1-1 自然资源分类

有限自然资源又称耗竭性资源。这类资源是在地球演化过程中的特定阶段形成的，质与量有限，空间分布不均。有限自然资源按其能否更新又可分为可更新自然资源和不可更新自然资源两大类。

可更新自然资源又称可再生资源。这类资源主要是指那些被人类开发利用后，能够依靠生态系统自身的运行力量得到恢复或再生的资源，如生物资源、土地资源、水资源等。只要其消耗速度不大于其恢复速度，借助自然循环或生物的生长、繁殖，这些资源从理论上讲是可以被人类永续利用的。但各种可更新资源的恢复速度不尽相同，如岩石自然风化形成 1cm 厚的土壤层大约需要 300 ~600 年，森林的恢复一般需要数十年至百余年。因此不合理的开发利用，也会使这些可更新自然资源变成不可更新自然资源，甚至耗竭。

不可更新自然资源又称不可再生资源。这类资源是在漫长的地球演化过程中形成的，它们的储量是固定的。被人类开发利用后，会逐渐减少以至枯竭，一旦被用尽，就无法再补充，如各种矿产资源等。矿产资源可分为金属和非金属两大类。金属按其特性和用途又可分为铁、锰、铬、钨等黑色金属，铜、铅、锌等有色金属，铝、镁等轻金属，金、银、铂等贵金属，铀、镭等放射性元素和锂、铍、铌、钽等稀有、稀土金属。非金属主要是煤、石油、天然气等燃料原料（矿物能源），磷、硫、盐、碱等化工原料，金刚石、石棉、云母等工业矿物和花岗岩、大理石、石灰石等建筑材料。矿产资源都是由古代生物或非生物经过漫长的地质年代形成的，因而它的储量是固定的，在开发利用中，只能不断地减少，无法持续利用。

无限自然资源又称为恒定的自然资源或非耗竭性资源。这类资源随着地球形成及其运动而存在，基本上是持续稳定产生的，几乎不受人类活动的影响，也不会因人类利用而枯竭。如太阳能、风能、潮汐能等。

1.2.3 自然资源的属性

1. 有限性

有限性是自然资源最本质的特征。大多数资源在数量上都是有限的。资源的有限性在矿产资源中尤其明显，任何一种矿物的形成不仅需要特定的地质条件，还必须经过千百万年甚至上亿年漫长的物理、化学、生物作用过程，因此，相对于人类而言是不可再生的，消耗一点就少一点。其他的可再生资源如动物、植物，由于受自身遗传因素的制约，其再生能力是有限的，过度利用将会使其稳定的结构破坏而丧失再生能力，成为不可再生资源。

资源的有限性要求人类在开发利用自然资源时必须从长计议，珍惜一切自然资源，注意合理开发利用与保护，决不能只顾眼前利益，掠夺式开发资源，甚至肆意破坏资源。

2. 区域性

区域性是指资源分布的不平衡，数量或质量上存在着显著的地域差异，并有其特殊分布规律。自然资源的地域分布受太阳辐射、大气环流、地质构造和地表形态结构等因素的影响，其种类特性、数量多寡、质量优劣都具有明显的区域差异。由于影响自然资源地域分布的因素是恒定的，在一定条件下必定会形成和分布着相应的自然资源区域，所以自然资源的区域分布也有一定的规律性。如我国的天然气、煤和石油等资源主要分布在北方，南方则蕴藏丰富的水资源。

自然资源区域性的差异制约着经济的布局、规模和发展。如矿产资源状况（矿产种类、数量、质量、结构等）对采矿业、冶炼业、机械制造业、石油化工业等都会有显著影响。而生物资源状况（种类、品种、数量、质量）对种植业、养殖业和轻、纺工业等有很大的制约作用。

因此，在自然资源开发过程中，应该按照自然资源区域性的特点和当地的经济条件，对资源的分布、数量、质量等情况进行全面调查和评价，因地制宜地安排各业生产，扬长避短，有效发挥区域自然资源优势，使资源优势成为经济优势。

3. 整体性

整体性是指每个地区的自然资源要素存在着生态上的联系，形成一个整体，触动其中一个要素，可能引起一连串的连锁反应，从而影响整个自然资源系统的变化。这种整体性在再生资源中表现得尤其突出。如森林资源除经济效益外，还具有涵养水分、保持水土等生态效益，如果森林资源遭到破坏，不仅会导致河流含沙量的增加，引起洪水泛滥，而且会使土壤肥力下降。土壤肥力的下降，又进一步促使植被退化，甚至沙漠化，从而又使动物和微生物大量减少。相反，如果在沙漠地区通过种草植树慢慢恢复茂密的植被，水土将得到保持，动物和微生物将集结繁衍，土壤肥力将会逐步提高，从而促进植被进一步优化及各种生物进入良性循环。

由于自然资源具有整体性的特点，因此对自然资源的开发利用必须持整体的观点，应统筹规划、合理安排，以保持生态系统的平衡。否则将顾此失彼，不仅使生态与环境遭到破坏，经济也难以得到发展。

4. 多用性

多用性是指任何一种自然资源都有多种用途，如土地资源既可用于农业，也可以用于工业、交通、旅游以及改善居民生活环境等。森林资源既可以提供木材和各种林产品，又作为自然生态环境的一部分，具有涵养水源，调节气候，保护野生动植物等功能，还能为旅游提供必要的场地。

自然资源的多用性只是为人类利用资源提供了不同用途的可能性，具体采取何种方式进行利用则是由社会、经济、科学技术以及环境保护等诸多因素决定的。

资源的多用性要求人们在对资源进行开发利用时，必须根据其可供利用的广度和深度，从经济效益、生态效益、社会效益等各方面进行综合研究，从而制定出最优方案实施开发利用，做到物尽其用，取得最佳效益。

1.3 能源与清洁能源

能源是人类进行生产、发展经济的重要物质基础和动力来源，是人类赖以生存不可缺少的重要资源，是经济发展的战略重点之一。

现代化工业生产是建立在机械化、电气化、自动化基础上的高效生产，所有这些过程都要消耗大量能源；现代农业的机械化、水利化、化学化和电气化，也要消耗大量能源，而且现代化程度越高，对能源质量和数量的要求也就越高。然而，当人类大量使用和消耗能源时，却带来了许多环境问题，如温室效应、酸雨、臭氧层破坏和热污染等。此外，由于能源消费量与日俱增，地球上目前所拥有的能源到底能维持供应多久，是当前人类所关心的问题。

1.3.1 能源的定义和分类

1. 能源的定义

目前有多种关于能源的定义。《科学技术百科全书》认为：“能源是可从其获得热、光和动力之类能量的资源”。《大英百科全书》认为：能源是一个包括所有燃料、流水、阳光和风的术语，人类用适当的转换手段便可让它为自己提供所需的能量。《日本大百科全书》认为：“在各种生产活动中，我们利用热能、机械能、光能、电能等来做功，可用来作为这些能量源泉的自然界中的各种载体，称为能源”。我国的《能源百科全书》认为：“能源是可以直接或经转换提供人类所需的光、热、动力等任一形式能量的载能体资源”。可见，能源是一种呈多种形式的且可以相互转换的能量的源泉。确切而简单地说，能源是自然界中能为人类提供某种形式能量的物质资源。

2. 能源的分类

能源种类繁多，根据不同的划分方式，可分为不同的类型。但目前主要有以下六种分法。

（1）按来源划分

1）来自地球以外的太阳能。太阳能除直接辐射被人类利用外，还能为风能、水能、生物能和矿物能源等的产生提供基础。人类所需能量的绝大部分都直接或间接地来自太阳，故太阳有“能源之母”之称。各种植物通过光合作用把太阳能转变成化学能在植物体内储存下来。煤炭、石油、天然气等化石燃料也是由古代埋在地下的动植物经过漫长的地质年代形成的。它们实质上是由古代生物固定下来的太阳能。

2）地球自身蕴藏的能量。主要是指地热能资源以及原子核能燃料等。据估算，地球以地下热水和地热蒸汽形式储存的能量，是煤储能的1.7亿倍。地热能是地球内放射性元素衰变辐射的粒子或射线所携带的能量。地球上的核裂变燃料（铀、钍）和核聚变燃料（氘、氚）是原子能的储能体。

3）地球和其他天体引力相互作用而产生的能量。主要是指地球和太阳、月球等天体间有规律运动而形成的潮汐能。潮汐能蕴藏着极大的机械能，潮差常达十几米，非常壮观，是雄厚的发电原动力。

（2）按能源的产生方式划分　可分为一次能源（天然能源）和二次能源（人工能源）。一次能源是指自然界中以天然形式存在并没有经过加工或转换的能量资源，如煤炭、石油、天然气、风能、地热能等。为了满足生产和生活的需要，有些能源通常需要加工以后再加以使用。由一次能源经过加工转换成的另一种形态的能源产品称为二次能源，如电力、焦炭、煤气、蒸汽、各种石油制品（汽油、柴油等）和沼气等能源都属于二次能源。大部分一次能源都转换成容易输送、分配和使用的二次能源，以适应消费者的需要。二次能源经过输送和分配，在各种设备中使用，即为终端能源。终端能源最后变成有效能源。

（3）按能源性质划分　可分为燃料型能源和非燃料型能源。属于燃料型能源的有矿物燃料（如煤炭、石油、天然气）、生物燃料（如柴薪、沼气、有机废物等）、化工燃料（如甲醇、酒精、丙烷以及可燃原料铝、镁等）、核燃料（如铀、钍、氘）四类。非燃料型能源多数具有机械能，如水能、风能等；有的含有热能，如地热能、海洋热能等；有的含有光能，如太阳能、激光等。

（4）根据能源消耗后能否造成污染划分　可分为污染型能源和清洁型能源，污染型能源包括煤炭、石油等，清洁型能源包括水力、电力、太阳能、风能等。

（5）按能源能否再生划分　可分为可再生能源和不可再生能源两大类。可再生能源是指能够不断再生并有规律地得到补充的能源，如太阳能、水能、生物能、风能、潮汐能和地热能等。它们可以循环再生，不会因长期使用而减少。不可再生能源是须经地质年代才能形成而短期内无法再生的一次能源，如煤炭、石油、天然气等。它们随着大规模地开采利用，其储量越来越少，总有枯竭之时。

（6）根据能源使用的历史划分　可分为常规能源和新能源。常规能源是指已经大规模生产和广泛使用的能源，如煤炭、石油、天然气、水能和核能等。新能源是指正处在开发利用中的能源，如太阳能、风能、海洋能、地热能、生物质能等。新能源大部分是天然和可再生的，是未来世界持久能源系统的基础。目前，人类仍主要依靠煤炭、石油、天然气和水力等一些常规能源。随着科学和技术的进步，新能源（如太阳能、风能、地热能、生物质能等）将不同程度地替代一部分常规能源。氢能及核聚变能等将逐步得到发展和利用。

各种能源形式可以互相转化，在一次能源中，风、水、洋流和波浪等是以机械能（动能和位能）的形式提供能量的，可以利用各种风力机械（如风力机）和水力机械（如水轮机）转换为动力或电力。煤、石油和天然气等常规能源一般是通过燃烧将化学能转化为热能。热能可以直接利用，但大多数情况下，将热能通过各种类型的热力机械（如内燃机、汽轮机和燃气轮机等）转换为动力，带动各类机械和交通运输工具工作；或用热能带动发电机产生电力，满足人们生活和工农业生产的需要。电力和交通运输需要的能源占能量总消费量的很大比例。

一次能源中转化为电力部分的比例越大，表明电气化程度越高，生产力越先进，生活水平越高。

1.3.2 我国的能源特点与存在的问题

1. 我国能源的特点

我国作为世界上发展最快的发展中国家之一，目前是世界上第二位能源生产国和消费国。我国能源资源主要有以下7个特点：

（1）能源资源总量比较丰富。2006年我国一次能源生产量为10.9亿t标准煤，是世界第二大能源生产国。其中原煤产量9.08亿t，居世界第1位；原油产量达到1.63亿t，居世界第5位；天然气产量为277亿m^3，居世界第20位；发电量13500亿kW·h，是世界上仅次于美国的电力生产大国。

（2）人均能源资源拥有量较低。虽然我国的能源资源总量大，但由于人口众多，人均能源资源相对不足，是世界上人均能耗最低的国家之一。我国人均煤炭探明储量只相当于世界平均水平的50%，人均石油可采储量仅为世界平均水平的10%。我国能源消耗总量仅低于美国居世界第二位，但人均耗能水平很低，2006年我国人均一次商品能源消耗仅为世界平均水平的1/2，是工业发达国家的1/5左右。

（3）能源资源赋存分布不均衡。我国能源资源分布广泛但不均衡。煤炭资源主要赋存在华北、西北地区，水力资源主要分布在西南地区，石油、天然气资源主要赋存在东、中、西部地区和海域。我国主要的能源消费地区集中在东南沿海经济发达地区，资源赋存与能源消费地域存在明显差别。大规模、长距离的北煤南运、北油南运、西气东输、西电东送，是我国能源流向的显著特征和能源运输的基本格局。

（4）能源结构以煤为主。在我国的能源消耗中，煤炭仍然占有主要地位，煤炭的消费量在一次能源消费总量中所占的比重约为66.0%；石油、天然气、水电、核电、风能、太阳能等所占比重约为34.0%。洁净能源的迅速发展，优质能源比重的提高，为提高能源利用效率和改善大气环境发挥了重要的作用。

（5）能源资源开发难度较大。与世界其他国家相比，我国煤炭资源地质开采条件较差，大部分储量需要井工开采，极少量可供露天开采。石油天然气资源地质条件复杂，埋藏深，勘探开发技术要求较高。未开发的水力资源多集中在西南部的高山深谷，远离负荷中心，开发难度和成本较大。非常规能源资源勘探程度低，经济性较差，缺乏竞争力。

（6）工业部门消耗能源占有很大的比重。与发达国家相比，我国工业部门耗能比重很高，而交通运输和商业民用的消耗较低。我国的能耗比例关系反映了我国工业生产中的工艺设备落后，能源管理水平低。

（7）农村能源短缺，以生物质能为主。我国农村使用的能源以生物质能为主，特别是农村生活用的能源更是如此。在农村能源消费中，生物质能占55%。目前，一年所生产的农作物秸秆只有4.6亿t，除去作为饲料和工业原料，仅43.9%作为能源，全国农户平均每年大约缺柴2~3个月。

2. 我国能源存在的问题

我国能源存在的问题突出表现在以下三个方面：

（1）资源约束突出，能源效率偏低　我国优质能源资源相对不足，制约了供应能力的提高；能源资源分布不均，也增加了持续稳定供应的难度；经济增长方式粗放、能源结构不合理、能源技术装备水平低和管理水平相对落后，导致单位国内生产总值能耗和主要耗能产品能耗高于主要能源消费国家平均水平，进一步加剧了能源供需矛盾。单纯依靠增加能源供应，难以满足持续增长的消费需求。

（2）能源消费以煤为主，环境压力加大　煤炭是我国的主要能源，以煤为主的能源结构在未来相当长时期内难以改变。相对落后的煤炭生产方式和消费方式，加大了环境保护的压力。煤炭消费是造成煤烟型大气污染的主要原因，也是温室气体排放的主要来源。据历年资料估算，我国燃煤排放的二氧化硫占各类污染源排放的87%，颗粒物占60%，氮氧化物占67%。我国大气污染造成的损失每年达130亿元人民币。随着我国机动车保有量的迅速增加，部分城市大气污染已经变成煤烟与机动车尾气混合型。这种状况持续下去，将给生态环境带来更大的压力。

（3）市场体系不完善，应急能力有待加强　我国能源市场体系有待完善，能源价格机制未能完全反映资源稀缺程度、供求关系和环境成本。能源资源勘探开发秩序有待进一步规范，能源监管体制尚待健全。煤矿生产安全欠账比较多，电网结构不够合理，石油储备能力不足，有效应对能源供应中断和重大突发事件的预警应急体系有待进一步完善和加强。

自1993年起，我国由能源净出口国变成净进口国，能源总消费已大于总供给，能源需求的对外依存度迅速增大。煤炭、电力、石油和天然气等能源在我国都存在缺口，其中，石油需求量的大增以及由其引起的结构性矛盾日益成为我国能源安全所面临的最大难题。

1.3.3 清洁能源

清洁能源指的是对能源清洁、高效、系统化应用的技术体系。其含义主要有三点：第一，清洁能源不是对能源的简单分类，而是指能源利用的技术体系；第二，清洁能源不但强调清洁性，同时也强调经济性；第三，清洁能源的清洁性指的是符合一定的排放标准。

我国目前发展的较为广泛的清洁能源包括洁净煤技术、核电、太阳能、生物质能、水能、风能、地热能、潮汐能、煤层气、氢能等。其中，发展最为迅速的清洁能源是太阳能和风能，太阳能已经在我国得到较大范围的使用，风能在我国的利用也较为成熟。

1. 洁净煤技术

传统意义上的洁净煤技术主要是指煤炭的净化技术及一些加工转换技术，即煤炭的洗选、配煤、型煤以及粉煤灰的综合利用技术。而目前意义上洁净煤技术是指高技术含量的洁净煤技术，发展的主要方向是煤炭的气化、液化，煤炭高效燃烧与发电技术等。它是旨在减少污染和提高效率的煤炭加工、燃烧、转换和污染控制新技术的总称，是当前世界各国解决环境问题的主导技术之一，也是高新技术国际竞争的一个重要领域。

洁净煤技术工艺包括两个方面，一是直接烧煤洁净技术，二是煤转化为洁净燃料技术。

（1）直接烧煤洁净技术　直接烧煤洁净技术又包括燃烧前、燃烧中、燃烧后煤洁净技术。

1）燃烧前的净化加工技术，主要是洗选、型煤加工和水煤浆技术。原煤洗选采用筛分、物理选煤、化学选煤和细菌脱硫等方法，可以除去或减少灰分、矸石、硫等杂质；型煤加工是把散煤加工成型煤，由于成型时加入石灰固硫剂，可减少二氧化硫排放，减少烟尘，还可节煤；水煤浆是用优质低灰原煤制成，可以代替石油。

2）燃烧中的净化燃烧技术，主要是流化床燃烧技术和先进燃烧器技术。流化床又叫沸腾床，有鼓泡床和循环床两种，由于燃烧温度低可减少氮氧化物排放量，煤中添加石灰可减少二氧化硫排放量，炉渣可以综合利用，能烧劣质煤，这些都是它的优点；先进燃烧器技术是指改进锅炉、窑炉结构与燃烧技术，减少二氧化硫和氮氧化物排放的技术。

3）燃烧后的净化处理技术，主要是消烟除尘和脱硫脱氮技术。消烟除尘技术很多，静电除尘器效率最高，可达99%以上，电厂一般都采用。脱硫有氨水吸收法，其脱硫效率可达93%～97%；石灰乳浊液吸收法，其脱硫效率可达90%以上。

（2）煤转化为洁净燃料技术　煤转化为洁净燃料技术主要包括煤的气化技术、煤的液化技术、煤气化联合循环发电技术。

1）煤的气化技术。有常压气化和加压气化两种，它是在常压或加压条件下，保持一定温度，通过气化剂（空气、氧气和蒸汽）与煤炭反应生成煤气，煤气中主要成分是一氧化碳、氢气、甲烷等可燃气体。用空气和蒸汽作气化剂，煤气热值低；用氧气作气化剂，煤气热值高。煤在气化中可脱硫除氮，排去灰渣，因此，煤气就是洁净燃料了。

2）煤的液化技术。有间接液化和直接液化两种。间接液化是先将煤气化，然后再把煤气液化，如煤制甲醇，可替代汽油，我国已有应用。直接液化是把煤直接转化成液体燃料，如直接加氢将煤转化成液体燃料，或煤炭与渣油混合成油煤浆反应生成液体燃料，我国已开展研究。

3）煤气化联合循环发电技术。先把煤制成煤气，再用燃气轮机发电，排出高温废气烧锅炉，再用蒸汽轮机发电，整个发电效率可达45%。我国正在开发研究中。

2. 核电

核能俗称原子能，它是原子核里的核子——中子或质子，重新分配和组合时释放出来的能量。核能分为两类：一类叫裂变能，另一类叫聚变能。

核能有巨大威力。1kg铀原子核全部裂变释放出来的能量，约等于2700t标准煤燃烧时所放出的化学能。一座100万kW的核电站，每年只需25～30t低浓缩铀核燃料，运送这些核燃料只需10辆货车；而相同功率的煤电站，每年需要超过300万t原煤，运输这些煤炭要1000列火车。核聚变反应释放的能量则更巨大。据测算1kg煤只能使一列火车开动8m；1kg核裂变原料可使一列火车开动4万km；而1kg核聚变原料可以使一列火车行驶40万km，相当于地球到月球的距离。

3. 太阳能

太阳能是一种清洁的可再生的能源，取之不尽，用之不竭。人类大约在3000多年以前就开始利用太阳能，但对太阳能进行大规模的开发利用，是近30多年的事。

太阳能的利用有光热利用、太阳能发电、光化学利用和光生物利用4种类型。

（1）光热利用　基本原理是将太阳辐射能收集起来，通过与物质的相互作用转换成热能加以利用。目前使用最多的太阳能收集装置，主要有平板型集热器、真空管集热器和聚焦集热器等。如太阳能热水器、太阳能干燥器、太阳能蒸馏器、太阳灶、太阳炉就属于光热利用。

（2）太阳能发电 太阳能发电主要有两种方式：热发电和光发电。太阳热发电技术是利用太阳能产生热能，再转换成机械能与电能。太阳热发电系统是由集热系统、热传输系统、蓄热器热交换系统以及汽轮机、发电机系统组成。与一般火力发电站相比，太阳能发电站只是把锅炉换成太阳能集热系统。太阳光发电就是利用光电效应将光能有效地转换成电能，它的基本装置是太阳能电池。现在实际使用的太阳能电池，大多是以硅作为原料制成的。如单晶硅电池、多晶硅电池、硅化镉电池等。

（3）光化学利用 这是一种利用太阳辐射能直接分解水制氢的光—化学转换方式。它包括光电化学作用、光敏化学作用及光分解反应。

（4）光生物利用 通过植物的光合作用来实现将太阳能转换成为生物质能的过程。目前主要有速生植物（如薪炭林）、油料作物和巨型海藻等。

4. 水能

水能是一种可再生能源，是清洁能源，是指水体的动能、势能和压力能等能量资源。水能主要用于水力发电，其优点是成本低、可连续再生、无污染。其缺点是分布受水文、气候、地貌等自然条件的限制大。

水力发电是利用水的高度位差冲击水轮机，使之旋转，从而将水能转化为机械能，然后再由水轮机带动发电机旋转，切割磁力线产生交流电，因此需要建设水坝拦截水，以保证一定的水位差用以发电。水坝的建设有利和弊双重特性。其有利的方面是：调控水位，防止洪涝和干旱；利用水位差发电以供应廉价的电能。其不利方面是：建设水坝将阻断河流内动物的回游路线，影响河流生态平衡；大水坝建设可能对地质产生影响，使地震发生率增加；水电站对上游的流沙如何疏导也是一个较大的技术问题。因此，人类如何合理、有效地开发利用水力发电而又不至于破坏或少破坏生态平衡，是一个需要慎重研究和解决的问题。

5. 风能

风能来自太阳能。太阳照射到地球表面，地球表面各处受热不同产生温差，从而产生大气的对流运动，风能是地球表面大量空气流动所产生的动能。

风能的利用主要是以风能作动力和风力发电两种形式，其中又以风力发电为主。丹麦是风力发电大国，现有6300座风力发电机，提供13%的电力需求。以风能为资源的电力开发对环境的影响很小，在风能转换成电能的过程中，只降低了气流速度，没有给大气造成任何污染，具有显著的环境友好特性，因此风能是典型的清洁能源。在四级风区（20～21.4km/h），一座750kW的风力发电机，与同规模的热电厂相比，平均每年减少热电厂1179t的CO_2、6.9t的SO_2排放。

以风能作动力，就是利用风来直接带动各种机械装置，如带动水泵提水等，这种风力发动机的优点是投资少、工效高、经济耐用。

6. 生物质能

生物质能是太阳能以化学能形式储存在生物中的一种能量形式，一种以生物质为载体的能量，它直接或间接地来源于植物的光合作用，在各种可再生能源中，生物质是独特的，它是储存的太阳能，更是一种唯一可再生的碳源，可转化成常规的固态、液态和气态燃料。如我国科学家于1965年培育的能源甜高粱系列品种，耐涝、耐旱、耐盐碱，适合从海南岛到黑龙江地区种植，含糖度在18%～23%，每4亩（1亩$=666.6m^2$）甜高粱秸秆可生产1t无水生物乙醇。我国汽油中的甜高粱生物乙醇比例占10%。

生物质能有4个特点：

1）可再生性。生物质能属可再生资源，生物质能由于通过植物的光合作用可以再生，因此资源丰富，可保证能源的永续利用。

2）低污染性。生物质的硫含量、氮含量低、燃烧过程中生成的 SO_x、NO_x 较少；生物质作为燃料时，由于它在生长时需要的二氧化碳相当于它排放的二氧化碳的量，因而对大气的二氧化碳净排放量近似于零，可有效地减轻温室效应。

3）广泛分布性。缺乏煤炭的地域，可充分利用生物质能。

4）生物质燃料总量十分丰富。生物质能是世界第四大能源，仅次于煤炭、石油和天然气。根据生物学家估算，地球陆地每年生产1000～1250亿t生物质；海洋每年生产500亿t生物质。

生物质能利用技术主要包括直接燃烧发电、沼气技术及沼气发电、生物质气化技术、生物质液化技术。

（1）直接燃烧发电技术　直接燃烧生物质发电，已经在一些国家广泛利用。用于直接燃烧发电的生物质主要是秸秆，也有用木屑、蔗渣以及谷壳作燃料的。秸秆燃烧发电在欧洲一些国家已成功运用了10多年。如目前以生物质为燃料的小型热电联产（装机为1万～2万kW）已成为瑞典和丹麦的重要发电和供热方式。丹麦在可再生能源利用中生物质所占比例为81%。生物质燃烧发电技术现已被联合国列为重点推广项目。目前我国也在山东、河北、江苏等地区建设了秸秆发电示范项目。

（2）沼气技术及沼气发电　沼气是各种有机物在适宜的温度、湿度条件下，经过厌氧菌等微生物的发酵作用而产生的一种可燃性气体，主要成分为甲烷，含量可达60%～80%，是一种较高热值（20800～23600kJ/m^3）的气体，发展中国家以农作物秸秆和禽畜粪便为原料生产沼气。沼气通常可以供农家用来烧饭、取暖和照明。沼气发电的主要原理是利用沼气推动内燃机或汽轮机发电。该项技术在发达国家已较成熟，百千瓦量级的沼气发电机组的发电量可达1.4～2.6kW·h/m^3，发电效率高达38%。美国在沼气发电技术和工程方面处于世界领先水平，全美国现有61个垃圾填埋场建有沼气发电装置，沼气发电装机总容量达340MW。

（3）生物质气化技术　生物质气化装置主要由两部分组成：第一部分为气化炉；第二部分为燃气净化装置。气化炉是生物质气化的主要设备，生物质在气化炉中发生热解反应、燃烧反应及气化反应，产生气化气。生物质气化技术的发明是生物质能利用方式上的一个重大突破，将固态的生物质转化为可燃性气体后成为一种清洁、高效的新能源，扩大了利用范围，并可替代煤气等常规气体燃料。主要应用于：①生物质气化集中供气，就是将转化的可燃性气体，通过管道输送到用户，作为居民炊事、取暖等生活用气；②生物质气化发电，就是把生物质转化为可燃气体后，再利用可燃气体推动燃气发电设备进行发电。目前，发达国家的生物质气化技术和设备的研制已达到了较高水平。美国在生物质气化发电技术方面处于世界领先地位，全美国有350多座生物质气化发电站，装机容量超过10000MW。

（4）生物质液化技术　生物质液化是指将生物质转化为液体燃料的过程。生物质液体燃料可以作为清洁燃料直接代替汽油等石油燃料，并可应用于燃油发电机进行发电，目前主要有三种生物质液化技术：

1）热解液化制取生物油技术。热解液化制取生物油技术是在完全缺氧或有限供氧的情况下，使生物质受热降解为液态生物油的一种技术。其生产成本已可与常规的化石燃料相竞争。

2）生物化学法生产燃料乙醇技术。即把木质纤维素水解制取葡萄糖，然后将葡萄糖发酵生成燃料乙醇的技术。纤维素水解只有在催化剂存在的情况下才能显著地进行，常用的催化剂是无机酸和纤维素酶，由此分别形成了酸水解工艺和酶水解工艺。目前世界大规模生产乙醇的原料主要有玉米、小麦和含糖作物等。但从原料供给及社会经济环境效益来看，用含纤维素较高的农林废弃物生产乙醇是比较理想的工艺路线。乙醇作为汽油代替品早已为世界许多国家所重视。巴西是发展燃料乙醇工业最快的国家，也是世界上唯一不供应纯汽油的国家。巴西用甘蔗渣生产燃料乙醇，年产量达到1000万t，其中97%用于汽车燃料，约占该国汽车燃料的50%；美国是居世界第二位的燃料乙醇生产国，目前美国70%的汽车燃料是“乙醇汽油”（乙醇10%，汽油90%）。

3）生物柴油。生物柴油又称脂肪酸甲酯，以植物果实、种子，植物导管乳汁或动植物脂肪油、废弃的食用油等作原料，与醇类（甲醇、乙醇）经交酯反应获得。生物柴油有两大优点：①可生物降解，无毒性残留；②具有可再生性，可以从大豆、油菜籽、棉籽等油料作物，从茶籽、油棕等油料林木果实以及动物油脂、食用废油等生物的油脂中再生提取利用。美国是最早研究生物柴油的国家，目前总生产能力达30万t/a。欧盟则将生物柴油作为实现减少空气污染和温室效应的重要手段加以推广，2003年欧盟各国的生物柴油年产量达到230万t。

1.3.4 世界的能源需求和发展趋势

目前全球能源结构中石油仍居主导地位。国际能源委员会发布的2005年世界能源统计报告表明，石油占能源消费总量的36.8%，煤炭占27.2%，天然气占23.7%，有三足鼎立之势，核能与水电分别仅占6.1%和6.2%。人类社会要用清洁能源和可再生能源取代传统能源，还需经历漫长的过程。

美国能源信息署（EIA）最新统计预测表明，随着世界经济、社会的发展，世界能源消费量将不断增大，预计2020年世界能源需求量将达到128.89亿t油当量，2025年将达到136.50亿t油当量，欧洲和北美洲两个发达地区的能源消费占世界消费的比例将呈下降趋势，亚洲、中东、中南美洲等地区呈上升趋势。其主要原因为：①发达国家的经济发展已进入到后工业阶段，经济向低能耗、高产出的产业结构发展，高能耗的制造业逐步转向发展中国家；②发达国家高度重视节能与提高能源使用效率。

世界能源发展呈现如下4个趋势：

（1）多元化 世界能源结构先后经历了以薪柴为主、以煤为主和以石油为主的时代，现在正在向以天然气为主转变，同时，水能、核能、风能、太阳能也正得到更广泛的利用。可持续发展、环境保护、能源供应成本和供应能源的结构变化，决定了全球能源多样化发展的格局。在欧盟2013年可再生能源发展规划中，风电要达到4500万kW·h，水电要达到13亿kW·h。英国的可再生能源发电量占英国发电总量的比例将由2010年的10%提高到2020年的20%。

（2）清洁化 随着世界能源新技术的进步及环境保护标准的日益严格，未来世界能源将进一步向清洁化的方向发展，清洁能源在能源总消费中的比例也将逐步增大。在世界消费能源结构中，煤炭所占的比例将由目前的26.47%下降到2025年的21.72%，而天然气将由目前的23.94%上升到2025年的28.40%，石油的比例将维持在37.60%~37.90%的水平。同时，煤炭和薪柴、秸秆、粪便等传统能源的利用将向清洁化方面发展，洁净煤技术（如煤液化技术，煤气化技术和煤脱硫、脱尘技术）、沼气技术、生物质能技术等将取得突破并得到广泛应用。一些国家（如法国、奥地利、比利时、荷兰等）已经关闭其国内的所有煤矿而发展核电，因核电具有高效、清洁的特征，并能够解决温室气体排放问题。

(3) 高效化 世界能源加工和消费的效率差别较大，能源利用效率提高的潜力巨大。随着世界能源新技术的进步，未来世界能源利用效率将日趋提高，能源强度将逐步降低。如2001年世界的能源强度为3.121t油当量/万美元，2010年降为2.759 t油当量/万美元，预计2025年将降为2.375t油当量/万美元。但是世界各地区能源强度差异较大，如2001年世界发达国家的能源强度仅为2.109t油当量/万美元，2001—2025年发展中国家的能源强度预计是发达国家的2.3~3.2倍，可见世界的节能潜力巨大。

(4) 全球化 由于世界能源资源分布及需求分布的非均衡性，世界各个国家和地区已经越来越难以依靠本国的资源来满足其国内的需求。以石油贸易为例，世界石油贸易量由1985年的12.2亿t增加到2003年的21.8亿t，年均增长率约为3.46%。初步估计，世界石油净进口量将逐渐增加，预计2020年日进口量将达4080万桶，2025年日进口量将达到4850万桶。世界能源供应与消费的全球化进程将加快，世界主要能源生产国和能源消费国将积极加入到能源供需市场的全球化进程中。

总之，世界能源总的发展趋势是从高碳走向低碳，从低效走向高效，从不清洁走向清洁，从不可持续走向可持续。

复习与思考

1. 当今世界主要环境问题有哪些？
2. 什么是自然资源？自然资源有哪些属性？
3. 什么是能源？能源是如何划分的？
4. 我国的能源特点与存在的问题是什么？
5. 什么是清洁能源？清洁能源主要包括哪些种类？
6. 世界能源发展呈现哪些趋势？

第 2 章 清洁生产概述

2.1 清洁生产的产生与发展

2.1.1 清洁生产的产生

清洁生产（Cleaner Production）是在环境和资源危机的背景下，国际社会在总结了各国工业污染控制经验的基础上提出的一个全新的污染预防的环境战略。它的产生过程，就是人类寻求一条实现经济、社会、环境、资源协调发展的可持续发展道路的过程。

18 世纪工业革命以来，随着社会生产力的迅速发展，人类在创造巨大物质财富的同时，也付出了巨大的资源和环境代价。到 20 世纪中期，世界人口迅速增长和工业经济迅猛发展，资源消耗速度加快，废弃物排放明显增加；再加上认识上的误区，致使环境问题日益严重，环境公害事件屡屡发生，以至于全球性的气候变暖、臭氧层破坏及有毒化学品的泛滥和积累等已严重威胁到整个人类的生存环境以及社会经济发展的秩序，经济增长与资源环境之间的矛盾日渐凸显。

20 世纪 60 年代开始，工业对环境的危害已引起社会的关注，20 世纪 70 年代西方一些国家的企业开始采取应对措施，对策是将污染物转移到海洋或大气中，认为大自然能吸纳这些污染。但是人们很快意识到，大自然在一定时间内对污染的吸收承受能力是有限的，因而，又根据环境的承载能力计算污染物的排放含量和标准，采用将污染物稀释后排放的对策。实践证明，这种方法也不可能有效减少环境污染。这时工业化国家开始通过各种方式和手段对生产过程末端的废弃物进行处理，这就是所谓的“末端治理”。末端治理的着眼点是污染物产生后的治理，客观上却造成了生产过程与环境治理分离脱节；末端治理可以减少工业废弃物向环境的排放量，但很少能影响到核心工艺的变更；末端治理作为传统生产过程的延长，不仅需要投入大量的设备费用、维护开支和最终处理费用，而且本身还要消耗大量资源、能源，特别是在很多情况下，这种处理方式还会使污染在空间和时间上发生转移而产生二次污染。所以很难从根本上消除污染。

面对环境污染日趋严重、资源日趋短缺的局面，工业化国家在对其污染治理过程进行反思的基础上，逐步认识到要从根本上解决工业污染问题，必须以“预防为主”，将污染物消除在生产过程之中，而不是仅仅局限于末端治理。20 世纪 70 年代中期以来，不少发达国家的政府和各大企业集团公司都纷纷研究开发和采用清洁工艺（少废无废）技术、环境无害技术，开辟污染预防的新途径。

1976年，欧共体（现改名为欧洲联盟）在巴黎举行的“无废工艺和无废生产国际研讨会”上，首次提出了清洁生产的概念，其核心是消除产生污染物的根源，达到污染物最小量化及资源和能源利用的最大化。这种旨在实现经济、社会和生态环境协调发展的新的环境保护策略，迅速得到了国际社会各界的积极倡导。

1989年5月，在总结了各国清洁生产相关活动之后，联合国环境规划署工业与环境规划活动中心（UNEPIE/PAC）正式制定了《清洁生产计划》，提出了国际普遍认可的包括产品设计、工艺革新、原辅材料选择、过程管理和信息获得等一系列内容和方法的清洁生产总体框架。之后，世界各国也相继出台了各项有关法规、政策和法律制度。

1992年，联合国环境与发展大会通过了《里约宣言》和《21世纪议程》，会议号召世界各国在促进经济发展的进程中，不仅要关注发展的数量和速度，而且要重视发展的质量和持久性。大会呼吁各国调整生产和消费结构，广泛应用环境无害技术和清洁生产方式，节约资源和能源，减少废物排放，实施可持续发展战略。在这次会议上，清洁生产正式写入《21世纪议程》，并成为通过预防来实现工业可持续发展的专用术语。从此，清洁生产在全球范围内逐步推行。清洁生产与末端治理的对比见表2-1。

表2-1 清洁生产与末端治理的对比

类　别	清洁生产系统	末端治理(不含综合利用)
思考方法	污染物消除在生产过程中	污染物产生后再处理
产生时代	20世纪80年代末期	20世纪70～80年代
控制过程	生产过程控制，产品生命周期全过程控制	污染物达标排放控制
控制效果	比较稳定	产污量影响处理效果
产污量	明显减少	无显著变化
排污量	减少	减少
资源利用率	增加	无显著变化
资源消耗	减少	增加(治理污染消耗)
产品产量	增加	无显著变化
产品成本	降低	增加(治理污染费用)
经济效益	增加	减少(用于治理污染)
治理污染费用	减少	随着排放标准日益严格，费用增加
污染转移	无	有可能

图2-1说明了人类污染防治战略发展的历程。

2.1.2 清洁生产的发展

1. 国际清洁生产的发展

清洁生产是国际社会在总结工业污染治理经验教训的基础上，经过30多年的实践和发展逐渐趋于成熟，并为各国政府和企业所普遍认可的实现可持续发展的一条基本途径。

国际“清洁生产”概念的出现，最早可追溯到1976年。1976年，欧共体在巴黎举行了“无废工艺和无废生产国际研讨会”，会上提出“消除造成污染的根源”的思想。1979年4

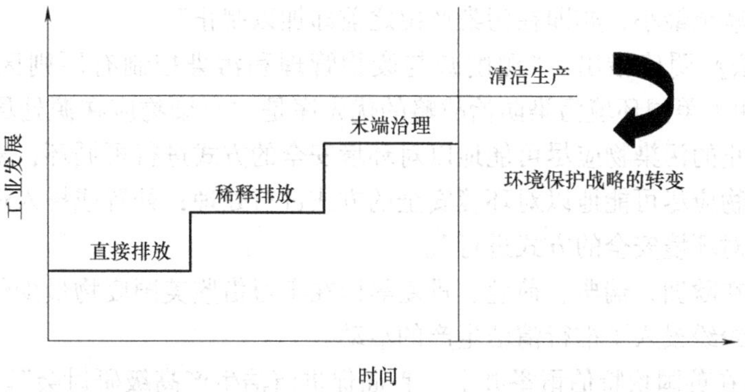

图 2-1 人类污染防治战略发展的历程

月欧共体理事会宣布推行清洁生产政策，并于 1979 年 11 月在日内瓦举行的“在环境领域内进行国际合作的全欧高级会议上”，通过了《关于少废无废工艺和废料利用的宣言》，指出无废工艺是使社会和自然取得和谐关系的战略方向和主要手段。此后，欧共体陆续召开国家、地区性或国际性的研讨会，并在 1984 年、1985 年、1987 年欧共体环境事务委员会三次拨款支持建立清洁生产示范工程，制定了欧共体促进开发“清洁生产”的两个法规，明确对清洁工艺生产工业示范工程提供财政支持。欧共体还建立了信息情报交流网络，其成员国可由该网络得到有关环保技术及市场信息情报。1989 年 5 月联合国环境规划署工业与环境规划活动中心（UNEP IE/PAC）根据 UNEP 理事会会议的决议，制定了《清洁生产计划》，在全球范围内推进清洁生产。该计划的主要内容之一为组建两类工作组：一类为制革、造纸、纺织、金属表面加工等行业清洁生产工作组；另一类则是清洁生产政策及战略、数据网络、教育等业务工作组。该计划还强调要面向政界、工业界、学术界人士，提高他们的清洁生产意识，教育公众，推进清洁生产的行动。

20 世纪 90 年代初，经济合作和开发组织（OECD）在许多国家采取不同措施鼓励采用清洁生产技术。如在德国，将 70% 投资用于清洁工艺的工厂可以申请减税。在英国，税收优惠政策是导致风力发电增长的原因。自 1995 年以来，经济合作和开发组织国家的政府开始把它们的环境战略针对产品而不是工艺，以此为出发点，引进生命周期分析，以确定在产品生命周期（包括制造、运输、使用和处置）中的哪一个阶段有可能削减或替代原材料投入，最有效并以最低费用消除污染物和废物。这一战略刺激和引导生产商和制造商以及政府政策制定者去寻找更富有想象力的途径来实现清洁生产和清洁产品的制造。

全面推行清洁生产的实践始于美国。1984 年，美国国会通过了《资源保护与回收法——固体及有害废物修正案》。该法案明确规定：废物最少化，即“在可行的部位将有害废物尽可能地削减和消除”是美国的一项国策，它要求产生有毒有害废弃物的单位应向环境保护部门申报废物产生量、削减废物的措施、废物的削减数量，并制定本单位废物最少化的规划。其中，基于污染预防的源削减和再循环被认为是废物最少化对策的两个主要途径。

在废物最少化成功实践的基础上，1990 年 10 月美国国会又通过了《污染预防法》，从法律上确认了：污染首先应当削减或消除在其产生之前，污染预防是美国的一项国策。时任总统布什针对这一法律发表讲话指出：“着力于管道末端和烟囱顶端，着力于清除已经造成的损害，这样的环境计划已不再适用。我们需要新的政策、新的工艺、新的过程，以便能预防污染或使污染减至最小，亦即在污染产出之前即加以制止”。

《污染预防法》明确指出：“源削减与废物管理和污染控制有原则区别，且更尽如人意。”并全面表明了美国环境污染防治战略的优先序是“污染物应在源处尽可能地加以预防和削减；未能防止的污染物应尽可能地以对环境安全的方式进行再循环；未能通过预防和再循环消除的污染物应尽可能地以对环境安全的方式进行处理；处置或排入环境只能作为最后的手段，也应以对环境安全的方式进行”。

与此同时，在欧洲，瑞典、荷兰、丹麦等国在学习借鉴美国废物最少化或污染预防实践经验的基础上，纷纷投入了推行清洁生产的活动。

1990 年 9 月在英国坎特伯雷举办了“首届促进清洁生产高级研讨会”。会上提出了一系列建议，如支持世界不同地区发起和制订国家级的清洁生产计划，支持创办国家的清洁生产中心，进一步与有关国际组织等结成网络等。此后，这一高级国际研讨会每两年召开一次，定期评估清洁生产的进展，并交流经验，发现问题，提出新的目标，以全力推进清洁生产的发展。

1992 年 6 月联合国环境与发展大会在推行可持续发展战略的《里约环境与发展宣言》中，确认了“地球的整体性和相互依存性”“环境保护工作应是发展进程中的一个整体组成部分”“各国应当减少和消除不能持续的生产和消费方式”。为此，清洁生产被作为实施可持续发展战略的关键措施正式写入大会通过的实施可持续发展战略行动纲领——《21 世纪议程》中。自此，在联合国的大力推动下，清洁生产逐渐为各国企业和政府所认可，清洁生产进入了一个快速发展时期。

为响应实施可持续发展与推行清洁生产的号召，各种国际组织积极投入到推行清洁生产的热潮中。联合国工业发展组织和联合国环境规划署（UNIDO/UNEP）率先在 9 个国家（包括中国）资助建立了国家清洁生产中心。目前，世界上已经出现了 40 多个清洁生产中心。世界银行（WB）等国际金融组织也积极资助在发展中国家开展清洁生产的培训工作和建立示范工程。国际标准化组织（ISO）制定了以污染预防和持续改善为核心内容的国际环境管理系列标准 ISO 14000。

1998 年，在韩国汉城（旧称，现为首尔）第五届国际清洁生产高级研讨会上，代表实施清洁生产承诺与行动的《国际清洁生产宣言》出台。包括中国在内的 13 个国家的部长及其他高级代表与 9 位公司领导人共 64 位与会者首批签署了《国际清洁生产宣言》。《国际清洁生产宣言》的主要目的是提高公共部门和私有部门中关键决策者对清洁生产战略的理解及该战略在他们中间的形象，它也将激励对清洁生产咨询服务的更广泛的需求。《国际清洁生产宣言》是对作为一种环境管理战略的清洁生产的公开承诺。清洁生产正在不断获得世界各国政府和工商界的普遍响应。

2000 年 10 月，第六届清洁生产国际高级研讨会在加拿大蒙特利尔市召开，对清洁生产进行了全面的系统的总结，并将清洁生产形象地概括为技术革新的推动者、改善企业管理的催化剂、工业运动模式的革新者、连接工业化和可持续发展的桥梁。可以认为清洁生产是可持续发展战略引导下的一场新的工业革命，是 21 世纪工业生产发展的主要方向。

在 2002 年第七届清洁生产国际高级研讨会上，联合国环境规划署建议各国进一步加强政府的政策制定，使清洁生产成为主流，尤其是提高国家清洁生产中心在政策、技术、管理以及网络等方面的能力。此次会议，联合国环境规划署与环境毒理学与化学学会（SETAC）

共同发起了“生命周期行动”，旨在全球推广生命周期的思想。会议还提出，清洁生产和可持续消费密不可分，建议改变生产模式与改变消费模式并举，进一步把可持续生产和消费模式融入商业运作和日常生活，乃至国际多边环境协议的执行中。联合国环境规划署和工业发展组织的一系列活动，有力地推动了在全世界范围内的清洁生产浪潮。

2005年2月16日作为联合国历史上首个具有法律约束力的温室气体减排协议，《京都议定书》生效。《京都议定书》在减排途径上提出三种灵活机制，即清洁发展机制、联合履约机制和排放贸易机制，对解决全球环境难题具有里程碑式的意义。2007年9月，亚太经合组织（APEC）领导人会议首次将气候变化和清洁发展作为主要议题。

近年来美国、澳大利亚、荷兰、丹麦等发达国家在清洁生产立法、组织机构建设、科学研究、信息交换、示范项目和推广等领域已取得明显成就。发达国家清洁生产政策有两个重要的倾向：其一是着眼点从清洁生产技术逐渐转向清洁产品的整个生命周期；其二是从多年前大型企业在获得财政支持和其他种类对工业的支持方面拥有优先权转变为更重视扶持中小企业进行清洁生产，包括提供财政补贴、项目支持、技术服务和信息等措施。

国际推进清洁生产活动，概括起来具有如下特点：

1）把推行清洁生产和推广国际标准组织ISO 14000的环境管理制度（EMS）有机地结合在一起。

2）通过自愿协议推动清洁生产，自愿协议是政府和工业部门之间通过谈判达成的契约，要求工业部门自己负责在规定的时间内达到契约规定的污染物削减目标。

3）政府通过优先采购，对清洁生产产生积极推动作用。

4）把中小型企业作为宣传和推广清洁生产的主要对象。

5）依赖经济政策推进清洁生产。

6）要求社会各部门广泛参与清洁生产。

7）在高等教育中增加清洁生产课程。

8）科技支持是发达国家推进清洁生产的重要支撑力量。

2. 国内清洁生产的发展

我国从20世纪70年代开始环境保护工作，当时主要是通过末端治理方式解决环境问题；随着国际社会对解决环境问题的反思，20世纪80年代我国开始探索如何在生产过程中消除污染。

清洁生产引入中国十几年来，已在企业示范、人员培训、机构建设和政策研究等方面取得了明显的进展，是国际上公认的清洁生产开展得最好的发展中国家。

1992年，我国积极响应联合国环境与发展大会倡导的可持续发展的战略，将清洁生产正式列入《环境与发展十大对策》，要求新建、扩建、改建项目的技术起点要高，尽量采用能耗物耗低、污染物排放量少的清洁生产工艺。

1993年召开的第二次全国工业污染防治工作会议上，明确提出工业污染防治必须从单纯的末端治理向生产全过程控制转变，积极推行清洁生产，走可持续发展之路，从而确立了清洁生产成为我国工业污染防治的思想基础和重要地位，拉开了我国开展清洁生产的序幕。

1994年，我国制定了《中国21世纪议程》，专门设立了“开展清洁生产和生产绿色产品”的领域，把建立资源节约型工业生产体系和推行清洁生产列入了可持续发展战略与重大行动计划中。从此，我国把清洁生产作为优先实施的重点领域，以生态规律指导经济生产活动，环境污染治理开始由末端治理向源头治理转变。

1994 年 12 月，原国家环保总局成立了国家清洁生产中心与行业和地方清洁生产中心。

1995 年修改并颁布了《中华人民共和国大气污染防治法（修正)》，条款中规定“企业应当优先采用能源利用率高、污染物排放少的清洁生产工艺，减少污染物的产生”，并要求淘汰落后的工艺设备。

1996 年 8 月，国务院颁布了《国务院关于环境保护若干问题的决定》，明确规定所有大、中、小型新建、扩建、改建和技术改造项目，要提高技术起点，采用能耗物耗小、污染物排放量少的清洁生产工艺。

1997 年 4 月，原国家环保总局制定并发布了《关于推行清洁生产的若干意见》，要求各级环境保护行政主管部门将清洁生产纳入日常的环境管理中，并逐步与各项环境管理制度有机结合起来。为指导企业开展清洁生产工作，原国家环保总局还同有关工业部门编制了《企业清洁生产审计手册》以及啤酒、造纸、有机化工、电镀、纺织等行业的清洁生产审计指南。

1997 年召开了“促进中国环境无害化技术发展国际研讨会”。

1998 年 10 月，原国家环保总局的官员代表我国政府在《国际清洁生产宣言》上郑重签字，我国成为《国际清洁生产宣言》的第一批签字国之一，更表明了我国政府大力推动清洁生产的决心。

1998 年 11 月，国务院令（第 253 号)《建设项目环境保护管理条例》明确规定：工业建设项目应当采用能耗物耗小、污染物排放量少的清洁生产工艺。中共中央十五届四中全会《中共中央关于国有企业改革和发展若干问题的重大决定》明确指出：鼓励企业采用清洁生产工艺。

1999 年，全国人大环境与资源保护委员会将《清洁生产法》的制定列入立法计划。

1999 年 5 月，原国家经贸委发布了《关于实施清洁生产示范试点计划的通知》，选择北京、上海等 10 个试点城市和石化、冶金等 5 个试点行业开展清洁生产示范和试点。与此同时，陕西、辽宁、江苏、山西、沈阳等许多省市也制定和颁布了地方性的清洁生产政策和法规。

2000 年原国家经贸委发布“关于公布《国家重点行业清洁生产技术导向目录》（第一批）的通知”，并于 2003 年、2006 年分别公布第二批、第三批的通知。

在联合国环境规划署、世界银行、亚洲银行的援助和许多外国专家的协助下，我国启动和实施了一系列推进清洁生产的项目，清洁生产从概念、理论到实践在我国广为传播，涉及的行业包括化学、轻工、建材、冶金、石化、电力、飞机制造、医药、采矿、电子、烟草、机械、纺织印染以及交通等。建立了 20 个行业或地方的清洁生产中心，近 16000 人次参加了不同类型的清洁生产培训班，有 5000 多家企业通过了 ISO 14000 环境管理体系认证。1994—2003 年，我国已颁布了包括纺织、汽车、建材、轻工等 51 个大类产品的环境标志标准，共有 680 多家企业的 8600 多种产品通过认证，获得环境标志，形成了 600 亿元产值的环境标志产品群体。

在立法方面，已将推行清洁生产纳入有关的法律以及有关的部门规划中。我国在先后颁布和修订的《中华人民共和国大气污染防治法》、《中华人民共和国水污染防治法》、《中华人民共和国固体废物污染环境防治法》和《淮河流域水污染防治暂行条例》等法律法规中，将实施清洁生产作为重要内容，明确提出通过实施清洁生产防治工业污染。2002 年 6 月，全国人大发布了《中华人民共和国清洁生产促进法》，并于 2003 年 1 月正式实施，说明了我国的清洁生产工作已走上法制化的轨道。2012 年 7 月 1 日新修订的《中华人民共和国清洁生产促进法》开始施行。

2003 年 4 月 18 日，原国家环保总局以国家环境保护行业标准的形式，正式颁布了石油炼制业、炼焦行业、制革行业 3 个行业的清洁生产标准，并于同年 6 月 1 日起开始实施。

2003 年 12 月，为贯彻落实《中华人民共和国清洁生产促进法》，国务院办公厅转发了原国家环保总局和国家发改委及其他 9 个部门共同制定的《关于加快推行清洁生产的意见》。《关于加快推行清洁生产的意见》提出：推行清洁生产必须从国情出发，发挥市场在资源配置中的基础性作用，坚持以企业为主体，政府指导推动，强化政策引导和激励，逐步形成企业自觉实施清洁生产的机制。

国家对企业实施清洁生产的鼓励政策也在逐步落实之中，如有关节能、节水、综合利用等方面税收减免政策；支持清洁生产的研究、示范、培训和重点技术改造项目；对符合《排污费征收使用管理条例》规定的清洁生产项目，在排污费使用上优先给予安排；企业开展清洁生产审核和培训等活动的费用允许列入经营成本或相关费用科目；中小企业发展基金应安排适当数额支持中小企业实施清洁生产；建立地方性清洁生产激励机制；引导和鼓励企业开发清洁生产技术和产品；在制订和实施国家重点投资计划和地方投资计划时，把节能、节水、综合利用、提高资源利用率、预防工业污染等清洁生产项目列为重点领域。

2004 年 8 月，国家发展和改革委员会、原国家环境保护总局发布《清洁生产审核暂行办法》。

国家发展和改革委员会、原国家环保总局还共同发布《国家重点行业清洁生产技术导向目录》，目前已经发布的目录涉及冶金、石化、化工、轻工、纺织、机械、有色金属、石油和建材等重点行业。我国的多年实践证明，清洁生产是实现经济与环境协调发展的有效手段。据统计，2004 年与 1998 年相比，全国万元产值二氧化硫、烟尘和粉尘排放量，水泥行业分别下降 49.8%、79.1% 和 68.8%，电力行业分别下降 5.7%、32.3% 和 19.0%。万元产值废水和 COD 排放量，钢铁行业分别下降 82.1% 和 78.3%，造纸行业分别下降 59.4% 和 83.8%，这在很大程度上是企业实施清洁生产的结果。

在发展农业清洁生产方面，国家积极提倡采用先进生产技术，促进生态平衡，提供无污染、无公害农产品，截至 2005 年 6 月底，全国共有 9043 个生产单位的 14088 个产品获得全国统一标志的无公害农产品认证，全国共有 3044 家企业的 7219 个产品获得绿色食品标志使用权，认证有机食品企业近千家。

应该看到，目前我国清洁生产在运行机制和具体实施过程中还存在一些问题。主要表现在三个方面：①企业参加清洁生产审计的热情不高；②清洁生产审计的成果持续性差；③清洁生产在我国没有规模化发展。

2005 年 12 月 3 日，国务院下发了《国务院关于落实科学发展观加强环境保护的决定》，其中明确提出“实行清洁生产并依法强制审核”的要求，把强制性清洁生产审核摆在了更加重要的位置。这对推动我国环境保护工作具有重要意义。

2005 年 12 月，原国家环境保护总局印发《重点企业清洁生产审核程序的规定》。迄今为止，全国通过清洁生产审核的5000多家企业中，属于强制性清洁生产审核的就有500多家。但从实际进展情况来看，我们推动清洁生产审核的力度还不够大。应当把清洁生产审核作为引导，督促企业发展循环经济、实施清洁生产的切入点，作为实现经济与环境协调发展的有效手段来抓。

2006年7月原国家环保总局继续批准并发布了8个行业清洁生产标准。这8个行业是：啤酒制造业、食用植物油工业（豆油和豆粕）、纺织业（棉印染）、甘蔗制糖业、电解铝业、氮肥制造业、钢铁行业和基本化学原料制造业（环氧乙烷/乙二醇）。清洁生产标准已经成为重点企业清洁生产审核、环境影响评价、环境友好企业评估、生态工业园区示范建设等环境管理工作的重要依据。

截至2007年年底，国家发展和改革委员会发布了包装、纯碱、电镀、电解、火电、轮胎、铅锌、陶瓷、涂料等行业清洁生产评价指标体系（试行）。

2008年7月1日，环境保护部发布了《关于进一步加强重点企业清洁生产审核工作的通知》（环发［2008］60号）以及《重点企业清洁生产审核评估、验收实施指南（试行）》。

2008年9月26日，环境保护部发布了《国家先进污染防治技术示范名录》（2008年度）和《国家鼓励发展的环境保护技术目录》（2008年度）。

2009年9月26日《国务院批转发展改革委等部门关于抑制部分行业产能过剩和重复建设引导产业健康发展若干意见的通知》（国发［2009］38号）第三条第（二）款规定“对使用有毒、有害原料进行生产或者在生产中排放有毒、有害物质的企业限期完成清洁生产审核”。

截至2009年年底，环境保护部已经组织开展了53个行业的清洁生产标准的制定工作。

2010年4月22日环境保护部发布了《关于深入推进重点企业清洁生产的通知》（环发［2010］54号），通知要求依法公布应实施清洁生产审核的重点企业名单，积极指导督促重点企业开展清洁生产审核，强化对重点企业清洁生产审核的评估验收，及时发布重点企业清洁生产公告。

2010年9月3日、2010年12月8日和2011年7月19日环境保护部分别公告了第1批、第2批和第3批实施清洁生产审核并通过评估验收的重点企业名单，共计6439家。

总之，清洁生产在我国蕴藏着很大的市场潜力。随着市场竞争的加剧、经济发展质量的提高，我国企业开展清洁生产的积极性会越来越高，这也必将拉动需求市场的发展，预计在今后几年中，清洁生产将会在我国形成一个快速生长期，为进一步促进我国经济的良性增长和可持续发展作出积极的贡献。

2.2 清洁生产的概念和主要内容

2.2.1 清洁生产概念

1. 清洁生产的定义

目前国际上对清洁生产并未形成统一的定义，清洁生产在不同的地区和国家存在着许多不同但相近的提法，使用着具有类似含义的多种术语。如欧洲国家有时称之为“少废无废工艺”“无废生产”；日本多称“无公害工艺”；美国则称这为“废料最少化”“污染预防”

“减废技术”。此外，还有“绿色工艺”“生态工艺”“环境工艺”“过程与环境一体化工艺”“再循环工艺”“源削减”“污染削减”“再循环”等。这些不同的提法或术语实际上描述了清洁生产概念的不同方面。

联合国环境规划署工业与环境规划活动中心（UNEPIE/PAC）综合各种说法，采用了“清洁生产”这一术语，来表征从原料、生产工艺到产品使用全过程的广义的污染防治途径，并给出了以下定义：

“清洁生产是一种创新思想，该思想将整体预防的环境战略持续运用于生产过程、产品和服务中，以提高生态效率，并减少对人类及环境的风险。对生产过程而言，要求节约原材料和能源，淘汰有毒原材料，减少和降低所有废弃物的数量及毒性；对产品而言，要求减少从原材料获取到产品最终处置的整个生命周期的不利影响；对服务而言，要求将环境因素纳入设计和所提供的服务之中。”

清洁生产不包括末端治理技术，如空气污染控制、废水处理、固体废弃物焚烧或填埋，清洁生产通过应用专门技术、改进工艺技术和改变管理态度来实现。

美国环境保护局对废物最少化技术所作的定义是：“在可行的范围内，减少产生的或随之处理、处置的有害废弃物量。它包括在产生源处进行的削减和组织循环两方面的工作。这些工作使有害废弃物总量与体积的减少，或有害废物毒性的降低，或两者兼有之；并使其与现在和将来对人类健康与环境的威胁最小的目标相一致。”这一定义是针对有害废弃物而言的，未涉及资源、能源的合理利用和产品与环境的相容性问题，但提出以“源削减”和“再循环”作为最少化优先考虑的手段，对于一般废料来说，同样也是适用的。这一原则已体现在随后的“污染预防战略”之中。

污染预防和废物最少化都是美国环保局提出的。废物最少化是美国污染预防的初期表述，现一般已用污染预防一词所代替。美国对污染预防的定义为：“污染预防是在可能的最大限度内减少生产厂地所产生的废物量，它包括通过源削减（源削减指在进行再生利用、处理和处置以前，减少流入或释放到环境中的任何有害物质、污染物或污染成分的数量，减少与这些有害物质、污染物或组分相关的对公共健康与环境的危害）、提高能源效率、在生产中重复使用投入的原料以及降低水消耗量来合理利用资源。常用的两种源削减方法是改变产品和改进工艺（包括设备与技术更新、工艺与流程更新、产品的重组与设计更新、原材料的替代以及促进生产的科学管理、维护、培训或仓储控制）。污染预防不包括废物的厂外再生利用、废物处理、废物的浓缩或稀释以及减少其体积或有害性、毒性成分从一种环境介质转移到另一种环境介质中的活动。”

1984年联合国欧洲经济委员会在塔什干召开的国际会议上曾对无废工艺作了如下的定义：“无废工艺乃是这样一种生产产品的方法（流程、企业、地区——生产综合体），它能使所有的原料和能量在原料—生产—消费—二次原料的循环中得到最合理和综合的利用，同时对环境的任何作用都不致破坏环境的正常功能。”

1998年在第五次国际清洁生产高级研讨会上，清洁生产的定义得到进一步的完善：清洁生产是将综合性预防的环境战略持续地应用于生产过程、产品和服务中，以提高效率，降低对人类和环境的危害。该定义得到与会者共同认可。

在我国，《中国21世纪议程》的定义：清洁生产是指既可满足人们的需要，又可合理地使用自然资源和能源，并保护环境的实用生产方法和措施，其实质是一种物料和能耗最少的人类生产活动的规划和管理，将废物减量化、资源化和无害化，或消灭于生产过程之中。

2003 年 1 月 1 日实施的《中华人民共和国清洁生产促进法》关于清洁生产的定义为：清洁生产是指不断采取改进设计、使用清洁的能源和原料、采用先进的工艺技术与设备、改善管理、综合利用等措施，从源头削减污染，提高资源利用效率，减少或者避免生产、服务和产品使用过程中污染物的产生和排放，以减轻或者消除对人类健康和环境的危害。

2. 清洁生产的内涵

在清洁生产概念中包含了四层涵义：①清洁生产的目标是节省能源、降低原材料消耗、减少污染物的产生量和排放量；②清洁生产的基本手段是改进工艺技术、强化企业管理，最大限度地提高资源、能源的利用水平和改变产品体系，更新设计观念，争取废物最少排放及将环境因素纳入服务中；③清洁生产的方法是排污审计，即通过审计发现排污部位、排污原因，并筛选消除或减少污染物的措施及产品生命周期分析；④清洁生产的终极目标是保护人类与环境，提高企业自身的经济效益。

根据清洁生产的定义，清洁生产的核心是实行源头削减和对生产或服务的全过程实施控制。从产生污染物的源头，削减污染物的产生，实际上是使原料更多地转化为产品，是积极的预防性的战略，具有事半功倍的效果；对整个生产或服务进行全过程的控制，即从原料的选择、工艺、设备的选择、工序的监控、人员素质的提高、科学有效的管理以及废物的循环利用的全过程控制，可以解决末端治理不能解决的问题，从根本上解决发展与环境的矛盾。因此，清洁生产的内涵主要体现在两个方面：

（1）“预防为主”的方针　不是先污染后治理，而是强调“源削减”，尽量将污染物消除或减少在生产过程中，减少污染物排放量且对最终产生的废物进行综合利用。

（2）实现环境效益与经济效益的统一　从改造产品设计、替代有毒有害材料、改革和优化生产工艺和技术装备、物料循环和废物综合利用的多个环节入手，通过不断加强管理工作和技术进步，达到“节能、降耗、减污、增效”的目的，在提高资源利用率的同时，减少了污染物的排放量，实现环境效益与经济效益的最佳结合，调动企业的积极性。

值得注意的是，清洁生产只是一个相对的概念，所谓清洁的工艺，清洁的产品，以至清洁的能源都是和现有的工艺、产品、能源比较而言的，因此，清洁生产是一个持续进步、创新的过程，而不是一个用某一特定标准衡量的目标。推行清洁生产，本身是一个不断完善的过程，随着社会经济发展和科学技术的进步，需要适时地提出新的目标，争取达到更高的水平。清洁生产的理念适用于第一、第二、第三产业的各类组织和企业。

2.2.2 清洁生产的主要内容

1. 清洁生产的内容

清洁生产主要包括三方面的内容。

（1）清洁的能源　清洁的能源是指新能源的开发以及各种节能技术的开发利用、可再生能源的利用、常规能源的清洁利用（如使用型煤、煤制气和水煤浆等洁净煤技术）。

（2）清洁的生产过程　尽量少用和不用有毒有害的原料；采用无毒、无害的中间产品；选用少废、无废工艺和高效设备；尽量减少或消除生产过程中的各种危险性因素，如高温、高压、低温、低压、易燃、易爆、强噪声、强振动等；采用可靠和简单的生产操作和控制方法；对物料进行内部循环利用；完善生产管理，不断提高科学管理水平。

（3）清洁的产品 产品设计时应考虑节约原材料和能源，少用昂贵和稀缺的原料；尽量利用二次资源作原料；产品在使用过程中以及使用后不含危害人体健康和破坏生态环境的因素；产品的包装合理；产品使用后易于回收、重复使用和再生；产品的使用寿命和使用功能合理。

2. 清洁生产的两个全过程控制

清洁生产内容包含两个全过程控制：

1）产品的生命周期全过程控制，即从原材料加工、提炼到产品产出、产品使用直到报废处置的各个环节采取必要的措施，实现产品整个生命周期资源和能源消耗的最小化。

2）生产的全过程控制，即从产品开发、规划、设计、建设、生产到运营管理的全过程，采取措施，提高效率，防止生态破坏和污染的发生。

清洁生产的内容既体现于宏观层次上的总体污染预防战略之中，又体现于微观层次上的企业预防污染措施之中。在宏观上，清洁生产的提出和实施使污染预防的思想直接体现在行业的发展规划、工业布局、产业结构调整、工艺技术以及管理模式的完善等方面。如我国许多行业、部门提出严格限制和禁止能源消耗高、资源浪费大、污染严重的产业和产品发展，对污染重、质量低、消耗高的企业实行关、停、并、转等，都体现了清洁生产战略对宏观调控的重要影响。在微观上，清洁生产通过具体的手段措施达到生产全过程污染预防。如应用生命周期评价、清洁生产审核、环境管理体系、产品环境标志、产品生态设计、环境会计等各种工具，这些工具都要求在实施时必须深入组织的生产、营销、财务和环保等各个环节。

针对企业而言，推行清洁生产主要进行清洁生产审核，对企业正在进行或计划进行的工业生产进行预防污染分析和评估。这是一套系统的、科学的、操作性很强的程序。从原材料和能源、工艺技术、设备、过程控制、管理、员工、产品、废物这八条途径，通过全过程定量评估，运用投入—产出的经济学原理，找出不合理排污点位，确定削减排污方案，从而获得企业环境绩效的不断改进，企业经济效益的不断提高。

推行农业清洁生产，是指把污染预防的综合环境保护策略持续应用于农业生产过程、产品设计和服务中，通过生产和使用对环境温和的绿色农用品（如绿色肥料、绿色农药、绿色地膜等），改善农业生产技术，提供无污染、无公害农产品，实现农业废弃物减量化、资源化、无害化，促进生态平衡，保证人类健康，实现持续发展的新型农业生产。

2.3 清洁生产的目标和原则

2.3.1 清洁生产的目的

清洁生产是在环境和资源危机的背景下产生的一个新概念，是在总结了国内外多年的工业污染控制经验后提出来的，它倡导充分利用资源，从源头削减和预防污染物，从而在保证发展生产、提高经济效益的前提下，达到保护环境的目的，最终达到社会经济可持续发展的根本目的。具体来说，清洁生产要达到以下目的：

（1）自然资源和能源利用的最合理化 要求用最少的原材料和能源消耗，生产出尽可能多的产品，提供尽可能多的服务，在达到生产中最合理地利用自然资源和能源。为此，要求工业企业最大限度地做到：节约能源，利用可再生能源，利用清洁能源，开发新能源，实施各种节能技术和措施，节约原材料，利用无毒无害原材料，减少使用稀有原材料，现场循环利用物料。

（2）经济效益最大化　生产目的在于满足人类的需要和追求经济效益最大化。企业通过各种手段提高生产效率，降低生产成本，使企业获得尽可能大的经济效益。为此，要求企业在生产和服务中最大限度地做到：减少原材料和能源的使用，采用高效生产技术和工艺，减少副产品，降低物料和能源损耗，提高产品质量，合理安排生产进度，培养高素质人才，完善企业管理制度，树立良好的企业形象。

（3）对人类和环境的危害最小化　生产不但要满足人类对物质文化在量上的需要，而且要不断提高人类的生活质量。为此，要求企业在生产和服务中最大限度地做到：减少有毒有害物料的使用，采用少废或者无废生产技术和工艺，减少生产过程中的危险因素，现场循环利用废物，使用可回收利用的包装材料，合理包装产品，采用可以降解和易处理的原材料，合理利用产品功能，延长产品的寿命。

2.3.2　清洁生产的目标

企业开展清洁生产的总目标是：促进生产持续发展，满足人类不断增长的物质文化需要，同时有效利用资源，减少污染，使经济发展与环境保护相协调。具体地说，清洁生产要达到如下目标：

1）坚持以市场为导向的原则，不断满足市场需求，从需求角度进行绿色设计，生产绿色产品。

2）通过对资源综合利用、合理利用、节约使用，减缓资源的耗竭。

3）减少污染物和废料的生成和排放，促进工业产品的生产、消费过程与环境相容，降低整个工业活动对人类和环境危害的风险，保证生产人员和消费者的安全和利益。

上述目标的实现，将会体现工业生产的经济效益、社会效益和环境效益的统一，促进人类社会生产与生态环境的和谐相容，保证国民经济的持续发展。

2.3.3　清洁生产的特点

清洁生产是在当今社会工业生产造成生态环境日益恶化和自然资源不断耗竭的严峻形势下提出的一种新型的生产方式。它具有如下明显的特点：

（1）战略性和紧迫性　清洁生产是降低消耗、防止污染，保证国民经济可持续发展和企业长远发展的战略性大问题，又是在环境和资源危机呈现严峻态势下提出的战略性对策，形势紧迫，时间紧迫，应当引起全社会的广泛重视和高度认识，急不容缓，立即行动，切不可等闲视之。

（2）预防性和有效性　清洁生产坚持从源头抓起，对产品生产过程及产品生命周期产生的污染进行综合预防，以预防为主，实施全过程控制，通过污染物产生源的削减和回收利用，把污染物减至最少，从而有效地防止污染的产生。

（3）系统性和综合性　清洁生产是一项系统工程，要从综合的角度考虑问题，建立一个预防污染、保证资源所必需的组织机构，明确职责，制定战略和政策，进行科学的规划与设计，分析每个环节，弄清各种因素，协调各种关系，并系统地加以解决，以预防为主，又强调防治结合，切实地解决环境问题。

（4）持续性和动态性 清洁生产是一个持续运作、永不间断的过程，不可能一蹴而就，要充分认识到它的艰巨性、复杂性和反复性。随着科学技术的进步，生产管理水平的提高，将会产生更加清洁的改进生产系统的方法途径，不断提高清洁生产水平，促进生产过程、产品和服务向着更为环境友好的方向发展。

2.3.4 清洁生产的原则

清洁生产是全过程的生产控制和污染控制，需要坚持不懈地踏踏实实地进行下去的工作，来不得半点虚假和放松。因此，清洁生产必须坚持以下原则：

（1）持续性原则 清洁生产是实现可持续发展的重要战略措施，从时间来看，清洁生产的显著效果需要相当长的时间才能逐渐显示出来，而且中间还要不断地改进工艺以更加有效地减少污染的产生和排放，最终使污染水平逐渐与环境的承载能力相适应。

（2）预防性原则 清洁生产的本质在于实行污染预防和全过程控制，强调在产品的生命周期内，实现全过程的污染预防，通过全过程控制对污染从源头进行削减，以防为主，防治结合，以期达到最佳的治污效果。

（3）整合性原则 清洁生产是企业整体战略的重要部分，关系到企业的生存和发展，要让企业所有领导和全体员工都充分认识、重视和参与清洁生产工作，整合各种资源和整体力量，切实有效地开展清洁生产。

（4）调控性原则 政府的宏观调控和扶持是清洁生产成功推进的关键。政府要从政策调控、利益调控上调动企业清洁生产的积极性，并在技术、物资、资金上大力支持企业搞好清洁生产。

（5）现实性原则 清洁生产的措施应当充分考虑我国当前的生态形势、资源状况、环保要求和经济发展需求，还要根据不同企业的排污状况和能力条件选择清洁生产的不同阶段和不同模式，使清洁生产更切合企业的现实需求和实际能力，更具可操作性和有效性。

（6）广泛性原则 一方面，清洁生产需要行业企业的广泛参与和在广大的范围内实施。不同的行业企业生产工艺不同，产品不同，对资源的消耗和排污特征也不相同，因此，企业的广泛参与不但可减少“三废”的产生，而且可获得更广泛的经济效益。另一方面，清洁生产只有在更大的范围、更大的区域内实施，才能显出其明显效果，生态平衡才能得以有效的维持和恢复，从而产生良好的环境效益。

（7）效益性原则 清洁生产也同其他各项生产活动那样需要讲究效益，任何没有效益的活动都是无用的或无效的活动。但是这里所讲的效益，不是单一性的某种效益，而是彼此相连、相互促进的经济效益和环境效益、社会效益的结合和统一。通过清洁生产，节能降耗，资源综合利用，使企业降低生产成本，又增加产出，经济效益更为可观；实施清洁生产减少污染产生，提高治污效果，环境效益日益形成和彰显。经济效益增加，环境效益显现，企业与社区的矛盾得到缓解，经营者与社会公众的关系趋于和谐，社会安定团结、平和进步，真正实现经济效益、环境效益和社会效益的统一。

复习与思考

1. 清洁生产产生的背景是什么？

2. 简述清洁生产在我国的发展历程。
3. 为什么清洁生产战略优于末端治理？
4. 什么是清洁生产？其内涵是什么？
5. 清洁生产的主要内容有哪些？
6. 清洁生产有哪些特点？

第3章 清洁生产的战略意义

3

3.1 清洁生产的作用和意义

人类在创造世界、改造世界的过程中向大自然索取和掠夺，往往为着一时之利，过度开发，消耗资源，污染环境，破坏生态平衡，环境和资源危机已经极大地威胁到人类自身的安全和发展。近年来，人们开始反思并重新审视走过的道路，认识到建立新的生产方式和消费方式，进行清洁生产是必然的选择。

3.1.1 清洁生产的作用

清洁生产的作用主要体现在以下几方面：

1. 清洁生产有利于克服企业生产管理与环保分离的问题

企业的管理对企业的生存和发展至关重要。虽然环境管理思想在不断渗透到企业的生产管理中，如越来越多的工业企业关心其生产过程中的跑、冒、滴、漏问题和污染达标排放问题，但是企业领导人和从事生产的工程技术人员主要关注的是产品质量、产量和销路，更关心的是降低成本，提高企业效益。企业中从事环境管理的人员则热衷于污染物的治理效果，如何达标排放。企业生产管理和环境保护形成“两股道上跑车”，始终跑不到一起，企业把环境保护的责任越来越看成是一种负担，而不是需要。清洁生产完全是一种新思维，它结合两者关心的焦点，通过对产品的整个生产过程持续运用整体预防污染的环境管理思想，改变企业的环境管理和职能，既注重源头削减，又要节约原材料和能源，不用或少用有毒的原材料；实施生产全过程控制，做到在生产过程中，减少各类废物的生产和降低其毒性，达到既降低物耗，又减少废物的排放量和降低其毒性的目的。

2. 清洁生产丰富和完善了企业生产管理

清洁生产通过一套严格的企业清洁生产审核程序，对生产流程中的单元操作实测投入与产出数据，分析物料流失的主要环节和原因。确定废物的来源、数量、类型和毒性，判定企业生产的“瓶颈”部位和管理不善之处，从而提出一套简单易行的无/低费方案，采取边审计边削减物耗和污染物生产量做法。如山东某造锁总厂电镀分厂通过清洁生产审核，采用40个无/低费方案（几乎没有花任何费用）便削减了全分厂废水量的38.8%，削减了铜排放量的53.1%，镍排放量的49.7%，铬排放量的53.3%，节省了大量的原材料和能源，年节约经费12.7万元。究其原因，就是通过清洁生产，提高了企业的投入与产出比，降低了污染物的产生量，提高了职工的管理素质，从而也丰富和完善了企业的管理。清洁生产方案的实施是通过广大生产技术人员和现场操作工人去实现的，反过来又促使他们更加关心管理，提高其参与管理的意识。

3. 开展清洁生产可大大减轻末端治理的负担

末端治理作为目前国内外控制污染最重要的手段，为保护环境起到了极为重要的作用。然而，随着工业化发展速度的加快，末端治理这一污染控制模式的种种弊端逐渐显露出来。

第一，末端治理设施投资大、运行费用高，造成企业成本上升，经济效益下降。

第二，末端治理存在污染物转移等问题，不能彻底解决环境污染。

第三，末端治理未涉及资源的有效利用，不能制止自然资源的浪费。据美国环保局统计，1990 年美国用于三废处理的费用高达 1200 亿美元，占 GDP 的 2.8%，成为国家的一个严重负担。我国近几年用于三废处理的费用一直仅占 GDP 的 0.6% ~0.7%，但已使大部分城市和企业不堪重负。

清洁生产从根本上克服了末端治理的弊端，它通过生产全过程控制，减少甚至消除污染物的产生和排放。这样，不仅可以减少末端治理设施的建设投资，也减少了其日常运转费用，大大减轻了工业企业的负担。

4. 开展清洁生产，提高企业市场竞争力

清洁生产是一个系统工程，一方面它提倡通过工艺改造、设备更新、废物回收利用的途径，实现“节能、降耗、减污、增效”，从而降低成本，提高组织的综合效益；另一方面它强调提高组织的管理水平，提高包括管理人员、工程技术人员等所有员工在经济观、环境意识、参与管理意识、技术水平、职业道德等方面的素质。同时，清洁生产可以有效地改善操作工人的劳动环境和操作条件，减轻生产过程对员工健康的影响，为组织树立良好的社会形象，促使公众对其产品的支持，提高组织的市场竞争力。

5. 开展清洁生产可以让管理者更好地掌握企业成本消耗

清洁生产是一个比较科学的管理体系。实施清洁生产审核工作，能使企业的环境管理发生质的改变。清洁生产审核工作包含了产品的设计，生产工艺设计，原辅材料的准备，物料的闭路循环利用，产品制造、销售以及辅助生产过程（水、电、汽、气的运行管理和过程控制）等全过程控制，使环境管理贯穿到企业运行的每个环节。

企业在实施清洁生产的工作中，必然要对本企业的能源消耗和主要材料消耗进行分析，从而尽可能地提高能源利用率和原材料的转化率，减少资源的消耗和浪费，从而保障资源的永久持续利用。实践证明，实施清洁生产在大幅减少污染产生量的同时，可以降低成本，提高竞争能力，实现经济效益与环境效益的统一。

6. 清洁生产为企业树立了形象和品牌

20 世纪 90 年代以来，以环境保护为主题的绿色浪潮声势日高，环境因素已成为企业在全世界范围内树立良好形象、增强产品竞争力的重要砝码。企业通过实施清洁生产，采用清洁的无公害或低害的原料、清洁的生产过程，生产无害或低公害的产品，实现少废或无废排放，甚至零排放，不但可以提高企业竞争能力，而且在社会中可以树立起良好的环保形象，赢得公众对其产品的认可和支持。特别是在国际贸易中，经济全球化使得环境因素的影响日益增强，推行清洁生产可以增加国际市场准入的可能性，减少贸易壁垒。

3.1.2 开展清洁生产的意义

清洁生产是在回顾和总结工业化实践的基础上，提出的关于产品和生产过程预防污染的一种全新战略。它综合考虑了生产和消费过程中的环境风险（资源和环境容量）、成本和经济效益，是社会经济发展和环境保护对策演变到一定阶段的必然结果。

清洁生产的意义主要在于：

（1）清洁生产是实现可持续发展的必然选择和重要保障 清洁生产强调从源头抓起，着眼于全过程控制。不仅尽可能地提高资源能源利用率和原材料转化率，减少对资源的消耗和浪费，从而保障资源的永续利用，而且通过清洁生产，把污染消除在生产过程中，可以尽可能地减少污染物的产生量和排放量，大大减少对人类的危害和对环境的污染，改善环境质量，实现了经济效益和环境效益的统一，体现了可持续发展的要求。

（2）清洁生产是工业文明的重要过程和标志 清洁生产强调提高企业的管理水平，提高包括管理人员、工程技术人员、操作工人在内的所有员工在经济观念、环境意识、参与管理意识、技术水平、职业道德等方面的素质。同时，清洁生产还可有效改善操作工人的劳动环境和操作条件，减轻生产过程对员工健康的影响，为企业树立良好的社会形象，促使公众对其产品的支持，提高企业的市场竞争力。

（3）清洁生产是防治工业污染的最佳模式 清洁生产借助于各种相关理论和技术，在产品的整个生命周期的各个环节采取“预防”措施，通过将生产技术、生产过程、经营管理及产品消费等方面与物流、能量、信息等要素有机结合起来，并优化运行方式，从而实现最小的环境影响，最少的资源、能源使用，最佳的管理模式以及最优化的经济增长水平。

（4）开展清洁生产是促进环保产业发展的重要举措 在当前环境质量状况不断恶化，对环境改善的呼声日渐增高的情况下，环保产业的兴起是当前一个重要趋势，是未来我国新的经济增长点。而开展清洁生产活动可以大大提高对环保产业的需求，促进环保产业的发展。

（5）清洁生产是现代农业生产方式对传统农业的升级改造 农业清洁生产是生态农业的重要基础，大力发展农业清洁生产对改善农村生态环境，促进农村循环经济发展，推进社会主义新农村建设有着重要意义。

3.2 清洁生产与可持续发展

3.2.1 可持续发展思想的产生和发展

可持续发展思想的提出源于人们对环境问题的逐步认识和热切关注。其产生背景是人类赖以生存和发展的环境和资源遭到越来越严重的破坏，人类已不同程度地尝到了环境破坏的后果，因此，在探索环境与发展的过程中逐渐形成了可持续发展思想。在这一过程中有几件事的发生具有历史意义。

1.《寂静的春天》——对传统行为和观念的早期反思

20世纪中叶，随着环境污染的日趋加重，特别是西方国家公害事件的不断发生，环境问题频频困扰着人类。20世纪50年代末，美国海洋生物学家蕾切尔·卡逊（Rachel Karson）

在潜心研究美国使用杀虫剂所产生的种种危害之后，于1962年发表了环境保护科普著作《寂静的春天》（Silent Spring）。作者通过对污染物DDT等的富集、迁移、转化的描写，阐明了人类同大气、海洋、河流、土壤、动植物之间的密切关系，初步揭示了污染对生态系统的影响。她告诉人们："地球上生命的历史一直是生物与其周围环境相互作用的历史……，只有人类出现后，生命才具有了改造其周围大自然的异常能力。在人类对环境的所有袭击中，最最令人震惊的，是空气、土地、河流以及大海受到各种致命化学物质的污染。这种污染是难以清除的，因为它们不仅进入了生命赖以生存的世界，而且进入了生物组织内。"她还向世人呼吁，我们长期以来行驶的道路，容易被人误认为是一条可以高速前进的平坦、舒适的超级公路，但实际上，这条路的终点却潜伏着灾难，另外的道路则为我们提供了保护地球的最后唯一的机会。这"另外的道路"究竟是什么样的，卡逊没有确切告诉我们，但作为环境保护的先行者，卡逊的思想在世界范围内较早地引发了人类对自身的传统行为和观念进行比较系统和深入地反思。

2.《增长的极限》——引起世界反响的"严肃忧虑"

1968年，来自世界各国的几十位科学家、教育家和经济学家等学者聚会罗马，成立了一个非正式的国际协会——罗马俱乐部（The Club of Rome）。它的工作目标是关注、探讨与研究人类面临的共同问题，使国际社会对人类面临的社会、经济、环境等诸多问题有更深入的理解，并在现有全部知识的基础上推动采取能扭转不利局面的新态度、新政策和新制度。

受罗马俱乐部的委托，以麻省理工学院D. L. 梅多斯（Dennis. L. Meadows）为首的研究小组，针对长期流行于西方的高增长理论进行了深刻的反思，并于1972年提交了俱乐部成立后的第一份研究报告——《增长的极限》。报告深刻阐明了环境的重要性以及资源与人口之间的基本联系。报告认为：由于世界人口增长、粮食生产、工业发展、资源消耗和环境污染这五项基本因素的运行方式是指数增长而非线性增长，全球的增长将会因为粮食短缺和环境破坏于21世纪某个阶段内达到极限。就是说，地球的支撑力将会达到极限，经济增长将发生不可控制的衰退。因此，要避免因超越地球资源极限而导致世界崩溃的最好方法是限制增长，即"零增长"。

《增长的极限》一发表，在国际社会特别是在学术界引起了强烈的反响。该报告在促使人们密切关注人口、资源和环境问题的同时，因其反增长情绪而遭受到尖锐的批评和责难。因此，引发了一场激烈的、旷日持久的学术之争。一般认为，由于种种因素的局限，《增长的极限》的结论和观点存在十分明显的缺陷。但是报告所表现出的对人类前途的"严肃的忧虑"以及唤起人类自身的觉醒，其积极意义却是毋庸置疑的。它所阐述的"合理、持久的均衡发展"，为孕育可持续发展的思想萌芽提供了土壤。

3. 联合国人类环境会议——人类对环境问题的正式挑战

1972年，联合国人类环境会议在斯德哥尔摩召开，来自世界113个国家和地区的代表汇聚一堂，共同讨论环境对人类的影响问题。这是人类第一次将环境问题纳入世界各国政府和国际政治的事务议程。大会通过的《人类环境宣言》宣布了37个共同观点和26项共同原则。它向全球呼吁：现在已经到达历史上这样一个时刻，我们在决定世界各地的行动时，必须更加审慎地考虑它们对环境产生的后果。由于无知或不关心，我们可能给生活和幸福所依靠的地球环境造成巨大的无法挽回的损失。因此，保护和改善人类环境是关系到全世界各国人民的幸福和经济发展的重要问题，是全世界各国人民的迫切希望和各国政府的责任，也是人类的紧迫目标。各国政府和人民必须为着全体人民和自身后代的利益而作出共同的努力。

作为探讨保护全球环境战略的第一次国际会议，联合国人类环境会议的意义在于唤起了各国政府对环境问题，特别是对环境污染的觉醒和关注。尽管大会对整个环境问题的认识比较粗浅，对解决环境问题的途径尚未确定，尤其是没能找出问题的根源和责任，但是它正式吹响了人类共同向环境问题挑战的进军号。各国政府和公众的环境意识，无论是在广度上还是在深度上都向前迈进了一步。

4.《我们共同的未来》——环境与发展思想的重要飞跃

20 世纪 80 年代伊始，联合国本着必须研究自然的、社会的、生态的、经济的以及利用自然资源过程中的基本关系，确保全球发展的宗旨，于 1983 年 3 月成立了以挪威前首相布伦特兰夫人（G. H. Brundland）任主席的世界环境与发展委员会（WHED）。联合国要求其负责制定长期的环境对策，研究能使国际社会更有效地解决环境问题的途径和方法。经过 3 年多的深入研究和充分论证，该委员会于 1987 年向联合国大会提交了研究报告《我们共同的未来》。

《我们共同的未来》分为“共同的问题”“共同的挑战”“共同的努力”三大部分。报告将注意力集中于人口、粮食、物种和遗传资源、能源、工业和人类居住等方面，在系统探讨了人类面临的一系列重大的经济、社会和环境问题之后，提出了“可持续发展”的概念。报告深刻指出，在过去，我们关心的是经济发展对生态环境带来的影响，而现在，我们正迫切地感到生态的压力对经济发展所带来的重大影响。因此，我们需要有一条新的发展道路，这条道路不是一条仅能在若干年内、若干地方支持人类进步的道路，而是一直到遥远的未来都能支持全球人类进步的道路。这实际上就是卡逊在《寂静的春天》中没能提供答案的、所谓“另外的道路”，即“可持续发展道路”。布伦特兰鲜明、创新的观点，把人类从单纯考虑环境保护引导到把环境保护与人类发展切实结合起来，实现了人类有关环境与发展思想的飞跃。

5. 联合国环境与发展大会——环境与发展的里程碑

从 1972 年联合国人类环境会议召开到 1992 年的 20 年间，尤其是 20 世纪 80 年代以来，国际社会关注的热点已由单纯注重环境问题逐步转移到环境与发展二者的关系上来，而这一主题必须由国际社会广泛参与。在这一背景下，联合国环境与发展大会（UNCED）于 1992 年 6 月在巴西里约热内卢召开。共有 183 个国家的代表团和 70 个国际组织的代表出席了会议，102 位国家元首或政府首脑到会讲话。会议通过了《里约环境与发展宣言》（又名《地球宪章》）和《21 世纪议程》两个纲领性文件。前者是开展全球环境与发展领域合作的框架性文件，是为了保护地球永恒的活力和整体性，建立一种新的公平的全球伙伴关系的“关于国家和公众行为基本准则”的宣言，它提出了实现可持续发展的 27 条基本原则。后者则是全球范围内可持续发展的行动计划，它旨在建立 21 世纪世界各国在人类活动对环境产生影响的各个方面的行动规则，为保障人类共同的未来提供一个全球性措施的战略框架。此外，各国政府代表还签署了联合国《联合国气候变化框架公约》、《关于森林问题的原则申明》、《生物多样性公约》等国际文件及有关国际公约。可持续发展得到世界最广泛和最高级别的政治承诺。

以这次大会为标志，人类对环境与发展的认识提高到了一个崭新的阶段。大会为人类高举可持续发展旗帜，走可持续发展之路发出了总动员，使人类迈出了跨向新的文明时代的关键性的一步，为人类的环境与发展矗立了一座重要的里程碑。

目前，可持续发展思想已渗透到自然科学和社会科学的诸多领域。它要求人类在发展经济的同时，保护好人类赖以生存和发展的自然环境和资源。可持续发展已逐渐成为人们普遍接受的发展模式，并成为人类社会文明的重要标志和共同追求的目标。

3.2.2 可持续发展的内涵与基本原则

1. 可持续发展的定义

要精确给可持续发展下定义是比较困难的，不同的机构和专家对可持续发展的定义角度虽有所不同，但基本方向一致。

世界环境与发展委员会（WECD）经过长期的研究于1987年4月发表的《我们共同的未来》中将可持续发展定义为："可持续发展是既满足当代人的需要，又不对后代人满足其需要的能力构成危害的发展"。这个定义明确地表达了两个基本观点：一是要考虑当代人，尤其是世界上贫穷人的基本要求；二是要在生态环境可以支持的前提下，满足人类当前和将来的需要。

1991年世界自然保护同盟、联合国环境规划署和世界野生生物基金会在《保护地球——可持续生存战略》一书中提出这样的定义："在生存不超出维持生态系统承载能力的情况下，改善人类的生活质量"。

1992年，联合国环境与发展大会（UNCED）的《里约环境与发展宣言》中对可持续发展进一步阐述为"人类应享有与自然和谐的方式过健康而富有成果的生活的权利，并公平地满足今世后代在发展和环境方面的需要，求取发展的权利必须实现"。

另有许多学者也纷纷提出了可持续发展的定义，如英国经济学家皮尔斯和沃福德在1993年所著的《世界无末日》一书中提出了以经济学语言表达的可持续发展定义："当发展能够保证当代人的福利增加时，也不应使后代人的福利减少"。

我国学者叶文虎、栾胜基等将可持续发展定义为"不断提高人群生活质量和环境承载能力的，满足当代人需求又不损害子孙后代满足其需求的，满足一个地区或一个国家的人群需求又不损害别的地区或国家的人群满足其需求的发展"。

2. 可持续发展的内涵

在人类可持续发展的系统中，经济可持续性是基础，环境可持续性是条件，社会可持续性才是目的。人类共同追求的应当是以人的发展为中心的经济-环境-社会复合生态系统持续、稳定、健康的发展。所以可持续发展需要从经济、环境和社会三个角度加以解释才能完整地表述其内涵。

1）可持续发展应当包括"经济的可持续性"，具体而言，是指要求经济体能够连续地提供产品和劳务，使内债和外债控制在可以管理的范围以内，并且要避免对工业和农业生产带来不利的极端的结构性失衡。

2）可持续发展应当包含"环境的可持续性"，这意味着要求保持稳定的资源基础，避免过度地对资源系统加以利用，维护环境的净化功能和健康的生态系统，并且使不可再生资源的开发程度控制在使投资能产生足够的替代作用的范围之内。

3）可持续发展还应当包含“社会的可持续性”，这是指通过分配和机遇的平等、建立医疗和教育保障体系、实现性别的平等、推进政治上的公开性和公众参与性这类机制来保证“社会的可持续发展”。

更根本地，可持续发展要求平衡人与自然和人与人两大关系。人与自然必须是平衡的、协调的。恩格斯指出：“我们不要过分陶醉于我们人类对自然界的胜利，对于每一次这样的胜利，自然界都对我们进行报复”。他告诫我们要遵循自然规律，否则就会受到自然规律的惩罚，并且提醒“我们每走一步都要记住：我们统治自然界，绝不像征服者统治异族人那样，绝不像站在自然界之外的人似的——相反的，我们连同我们的肉、血和头脑都是属于自然界和存在于自然界之中的；我们对自然界的全部统治力量，就在于我们比其他一切生物强，能够认识和正确运用自然规律”。

可持续发展还强调协调人与人之间的关系。马克思、恩格斯指出：劳动使人们以一定的方式结成一定的社会关系，社会是人与自然关系的中介，把人与人、人与自然联系起来。社会的发展水平和社会制度直接影响人与自然的关系。只有协调好人与人之间的关系，才能从根本上解决人与自然的矛盾，实现自然、社会和人的和谐发展。由此可见，可持续发展的内容可以归结为三条：人类对自然的索取，必须与人类向自然的回馈相平衡；当代人的发展，不能以牺牲后代人的发展机会为代价；本区域的发展，不能以牺牲其他区域或全球的发展为代价。

总之，可以认为可持续发展是一种新的发展思想和战略，目标是保证社会具有长期的持续性发展的能力，确保环境、生态的安全和稳定的资源基础，避免社会经济大起大落的波动。可持续发展涉及人类社会的各个方面，要求社会进行全方位的变革。

3. 可持续发展的基本原则

可持续发展具有十分丰富的内涵。就其社会观而言，主张公平分配，既满足当代人又满足后代人的基本需求；就其经济观而言，主张建立在保护地球自然系统基础上的持续经济发展；就其自然观而言，主张人类与自然和谐相处。从中所体现的基本原则主要有三个。

（1）公平性原则　公平是指机会选择的平等性。可持续发展强调：人类需求和欲望的满足是发展的主要目标，因而应努力消除人类需求方面存在的诸多不公平性因素。可持续发展所追求的公平性原则包含两个方面的含义：

1）同代人之间的横向公平性。可持续发展要求满足全球全体人民的基本需求，并给予全体人民平等性的机会以满足他们实现较好生活的愿望，贫富悬殊、两极分化的世界难以实现真正的可持续发展，所以要给世界各国以公平的发展权（消除贫困是可持续发展进程中必须优先考虑的问题）。

2）代际间的公平，即各代人之间的纵向公平性。要认识到人类赖以生存与发展的自然资源是有限的，本代人不能因为自己的需求和发展而损害人类世世代代需求的自然资源和自然环境，要给后代人利用自然资源以满足其需求的权利。

（2）可持续性原则　可持续性是指生态系统受到某种干扰时能保持其生产率的能力。资源的永续利用和生态系统的持续利用是人类可持续发展的首要条件，这就要求人类的社会经济发展不应损害支持地球生命的自然系统、不能超越资源与环境的承载能力。社会对环境资源的消耗包括两方面：耗用资源及排放污染物。为保持发展的可持续性，对可再生资源的使用强度应限制在其最大持续收获量之内；对不可再生资源的使用速度不应超过寻求作为替代品的资源的速度；对环境排放的废物量不应超出环境的自净能力。

(3) 共同性原则 不同国家、地区由于地域、文化等方面的差异及现阶段发展水平的制约，执行可持续的政策与实施步骤并不统一，但实现可持续发展这个总目标及应遵循的公平性及持续性两个原则是相同的，最终目的都是为了促进人类之间及人类与自然之间的和谐发展。因此，共同性原则有两个方面的含义：一是发展目标的共同性，这个目标就是保持地球生态系统的安全，并以最合理的利用方式为整个人类谋福利；二是行动的共同性，因为生态环境方面的许多问题实际上是没有国界的，必须开展全球合作，而全球经济发展不平衡也是全世界的事。

3.2.3 清洁生产是可持续发展的必由之路

清洁生产是人类总结工业发展历史经验教训的产物，几十年来全球的研究和实践，充分证明了清洁生产是有效利用资源、减少工业污染、保护环境的根本措施，它作为预防性的环境管理策略，已被世界各国公认为是实现可持续发展的技术手段和基本途径，是可持续发展战略引导下的一场新的工业革命，是21世纪工业生产发展的主要方向，是现代工业发展的基本模式和现代工业文明的重要标志。联合国环境规划署将清洁生产从四个层次上形象地概括为技术改造的推动者、改善企业管理的催化剂、工业运行模式的革新者、连接工业化和可持续发展的桥梁。

清洁生产是我国工业生产可持续发展的必由之路，主要体现在：

1）目前我国大部分工业企业靠大量消耗能源、资源从事生产经营活动，既难获取高质量的社会消费产品，又会造成资源、能源的浪费，最终导致环境效益和社会效益矛盾的加剧。

2）经济的持续发展除了社会生产力的重要因素——技术进步的清洁生产工艺外，还必须有足够的资源、能源作保证，离开了足够的资源、能源去实现经济的可持续发展必然是无源之水，无本之木。而采用清洁生产工艺，不断增加生产经营中的科技含量，就会有效地发挥现有资源、能源的最佳效益，极大地减少和避免资源、能源的浪费，为实现经济的持续发展提供充足的、长期的、坚实的资源保障。

3）清洁生产是以节能降耗为目的，以管理、技术为手段，实施工业生产全过程污染控制，使污染物产生量、排放量最小化的一种综合性措施。这种从源头上控制污染的方法，不仅可以最大限度地减少生产发展对人类和环境的风险，而且还获得了更大的经济效益，对企业、社会都是“一箭双雕”的好事情。它能很好地解决经济发展与环境保护对立的关系，能使经济效益、生态效益、社会效益三者完美结合和统一，较之以往的“末端治理”的环保模式更易为企业所接受，更能调动企业和社会各方面的积极性，成为促进和保障可持续发展的根本途径。

1992年联合国环境与发展大会通过发布的《21世纪议程》，提出了具体实施可持续发展战略的行动依据、目标、活动和实施手段，其中清洁生产被列为实现可持续发展的重要措施之一。我国1992年制定的《中国环境与发展十大对策》指出，走可持续发展道路是中国当代以及未来的选择，当中特别强调了清洁生产是我国工业污染防治工作战略转变的重要内容，是我国实现可持续发展战略的重要措施和手段。《中国21世纪议程》等进一步强调了清洁生产对我国可持续发展的战略意义和现实意义，指出清洁生产作为现代工业的一种新的生产方式和工业污染防治的一项策略，是贯彻落实我国可持续发展战略的现实选择和具体手段。当然，清洁生产只是一个相对的、动态的概念，今天的清洁仅相对于昨天的不清洁而言，而明天又会有清洁的新标准，清洁生产必须无限地追求其标准及技术上的发展和完善，以此促进社会和经济可持续发展。

发展中国家已丧失了发达国家在工业化过程中曾拥有的资源优势——可利用的环境自净力，不可能再走“先污染，后治理”的老路，只有开展清洁生产，才能在保持经济增长的前提下，实现资源的可持续利用，环境质量的不断提高。发达国家可持续发展追求的目标是通过清洁生产，改变消费模式，减少单位产值中资源和能源消耗以及污染物排放量以进一步提高人们的生活质量。从这个角度看，清洁生产不管对发达国家还是发展中国家，都是实现可持续发展的必由之路。

3.3 清洁生产与循环经济

自从18世纪工业革命以来，机器大工业的迅速发展使人类拥有的物质财富得到极大地丰富，但是传统经济发展模式在为人类创造大量物质财富的同时，也大量地消耗了地球上有限的自然资源，并日益破坏着地球的生态环境。到了20世纪中期，人类的活动对环境的破坏已经达到了相当严重的程度，一批环保的先驱人士呼吁人们要更多地关注环境问题。然而，当时世界各国关心的问题主要是污染物产生后如何减少其危害，即工业污染的末端治理方式。此后人们的认识逐步经历了从“排放废物”到“净化废物”再到“利用废物”的过程。到20世纪90年代当可持续发展战略成为世界潮流，工业污染的源头预防和全过程控制治理才开始替代末端治理成为环境与发展的真正主流，人们在不断探索和总结的基础上，提出了以资源利用最大化和污染物排放最少化为主线，将清洁生产、资源综合利用、生态设计和可持续消费等融为一体的循环经济战略。2008年全国人大常委会通过的《中华人民共和国循环经济促进法》，对我国的清洁生产和循环经济正发挥着进一步的促进和推动作用。

3.3.1 循环经济的定义和内涵

1. 循环经济的定义

目前，循环经济的理论研究正处于发展之中，还没有十分严格的关于循环经济的定义。一般而言，循环经济（Circular Economy 或 Recycle Economy）一词是对物质闭环流动型（Closing Material Cycle）经济的简称，是以物质、能量梯级和闭路循环使用为特征，在资源环境方面表现为资源高效利用，污染低排放，甚至污染“零排放”。

德国1996年出台的《循环经济和废物管理法》中，把循环经济定义为物质闭环流动型经济，明确企业生产者和产品交易者担负着维持循环经济发展的最主要责任。

《中华人民共和国循环经济促进法》中将循环经济定义为：循环经济是指将资源节约和环境保护结合到生产、消费和废物管理等过程中所进行的减量化、再利用和资源化活动的总称。减量化是指减少资源、能源使用和废物产生、排放、处理处置的数量及毒性、种类等活动，还包括资源综合开发，不可再生资源、能源和有毒有害物质的替代使用等活动。再利用是在符合标准要求的前提下延长废旧物资或者物品生命周期的活动。资源化是指通过收集处理、加工制造、回收和综合利用等方式，将废弃物质或者物品作为再生资源使用的活动。在一般情况下，应当在综合考虑技术可行、经济合理和环境友好的条件下，按照减量化、再利用和资源化的先后次序，来发展循环经济。

从这个定义中可以看出，循环经济在经济运行形态上强调了“资源→产品→再生资源”的物质流动格局；在过程手段上，强调了减量化、再利用和资源化的活动。同时，定义强调了循环经济在经济学意义上的范畴，即循环经济依然是指社会物质资料的生产和再生产过程，只不过这些物质生产过程以及由它决定的交换、分配和消费过程要更多地、自觉地纳入资源节约和环境保护的因素。事实上，只有从经济角度而非单纯的环境管理角度，循环经济才能担负得起调整产业结构、增长方式和消费模式的重任。

循环经济倡导的是一种建立在物质不断循环利用基础上的经济发展模式，它要求把经济活动按照自然生态系统的模式，组织成一个物质反复循环流动的过程，使得整个经济系统以及生产和消费的过程基本上不产生或者只产生很少的废物。

简言之，循环经济是按照生态规律利用自然资源和环境容量，实现经济活动的生态化转向，它是实施可持续发展战略的必然选择和重要保证。

2. 循环经济的内涵

所谓循环经济，本质上是一种生态经济，它要求运用生态学规律来指导人类社会的经济活动。与传统经济相比，循环经济的不同之处在于：传统经济是一种由“资源→产品→废物”单向流动的线性经济，其特征是高开采、低利用、高排放。在这种经济中，人们高强度地把地球上的物质和能源提取出来，然后又把污染物和废物毫无节制地排放到环境中去，对资源的利用是粗放的和一次性的，线性经济正是通过这种把部分资源持续不断地变成垃圾，以牺牲环境来换取经济的数量型增长的。与此不同，循环经济倡导的是一种与环境和谐的经济发展模式。它要求把经济活动组织成一个“资源→产品→再生资源→再生产品”的反馈式流程，其特征是低开采、高利用、低排放。所有物质和能源要能在这个不断进行的经济循环中得到合理和持久的利用，以把经济活动对自然环境的影响降低到尽可能小的程度。循环经济为工业化以来的传统经济转向可持续发展的经济提供了战略性的理论范式，从而从根本上消解长期以来环境与发展之间的尖锐冲突。循环经济和传统经济的比较可见表3-1。

表3-1 循环经济和传统经济的比较

比较项目	传统经济	循环经济
运动方式	物质单向流动的开放性线性经济（资源→产品→废物）	循环型物质能量循环的环状经济（资源→产品→再生资源→再生产品）
对资源的利用状况	粗放型经营，一次性利用；高开采、低利用	资源循环利用，科学经营管理；低开采，高利用
废物排放及对环境影响	废物高排放；成本外部化，对环境不友好	废物零排放或低排放；对环境友好
追求目标	经济利益（产品利润最大化）	经济利益、环境利益与社会持续发展利益
经济增长方式	数量型增长	内涵型发展
环境治理方式	末端治理	预防为主，全过程控制
支持理论	政治经济学、福利经济学等传统经济理论	生态系统理论、工业生态学理论等
评价指标	第一经济指标（GDP、GNP、人均消费等）	绿色核算体系（绿色GDP等）

循环经济力求在经济发展中遵循生态学规律，将清洁生产、资源综合利用、生态设计和

可持续消费等融为一体，实现废物减量化、资源化和无害化，达到经济系统和自然生态系统的物质和谐循环，维护自然生态平衡。简要来说，循环经济就是把清洁生产和废物的综合利用融为一体的经济，它本质上是一种生态经济，要求运用生态学规律来指导人类社会的经济活动。只有尊重生态学原理的经济才是可持续发展的经济。

循环经济的发展模式表现为“两低两高”，即低消耗、低污染、高利用率和高循环率，使物质资源得到充分、合理的利用，把经济活动对自然环境的影响降低到尽可能小的程度，是符合可持续发展原则的经济发展模式，其内涵要求做到以下几点。

（1）要符合生态效率　把经济效益、社会效益和环境效益统一起来，使物质充分循环利用，做到物尽其用，这是循环经济发展的战略目标之一。循环经济的前提和本质是清洁生产，这一论点的理论基础是生态效率。生态效率追求物质和能源利用效率的最大化和废物产量的最小化，正是体现了循环经济对经济社会生活的本质要求。

（2）提高环境资源的配置效率　循环经济的根本之源就是保护日益稀缺的环境资源，提高环境资源的配置效率。它根据自然生态的有机循环原理，一方面通过将不同的工业企业、不同类别的产业之间形成类似于自然生态链的产业生态链，从而达到充分利用资源、减少废物产生、物质循环利用、消除环境破坏、提高经济发展规模和质量的目的；另一方面它通过两个或两个以上的生产体系或环节之间的系统耦合，使物质和能量多级利用、高效产出并持续利用。

（3）要求产业发展的集群化和生态化　大量企业的集群使集群内的经济要素和资源的配置效率得以提高，达到效益的极大化。由于产业的集群，容易在集群区域内形成有特殊的资源优势与产业优势和多类别的产业结构，这样才有可能形成核心的资源与核心的产业，成为生态工业产业链中的主导链，以此为基础，将其他类别的产业与之连接，组成生态工业网络系统。

但是从内涵上讲，不能简单地把循环经济等同于再生利用，“再生利用”尚缺乏做到完全循环利用的技术，循环本质上是一种“递减式循环”，而且通常需要消耗能源，况且许多产品和材料是无法进行再生利用的。因此，真正的“循环经济”应该力求减少进入生产和消费过程的物质量，从源头节约资源和减少污染物的排放，提高产品和服务的利用效率。

3.3.2 循环经济的技术特征及主要原则

1. 循环经济的技术特征

循环经济的技术体系以提高资源利用效率为基础，以资源的再生、循环利用和无害处理为手段，以经济社会可持续发展为目标，推进生态环境的保护。

循环经济是我国新型工业化的高级形式，主要有四大技术经济特征：

1）提高资源利用效率，减少生产过程的资源和能源消耗。这既是提高经济效益的重要基础，同时也是减少污染排放的重要前提。

2）延长和拓宽生产技术链，即将污染物尽可能地在生产企业内进行利用，以减少生产过程中污染物的排放。

3）对生产和生活的废旧产品进行全面回收，可以重复利用的废弃物通过技术处理成为二次资源，无限次地循环利用。这将最大限度地减少初次资源的开采和利用，最大限度地节约不可再生的资源，最大限度地减少废弃物的排放。

4）对生产企业无法处理的废弃物进行集中回收和处理，扩大环保产业和资源再生产业，扩大就业，在全社会范围内实现循环经济。

2. 循环经济的主要原则

循环经济的主要原则包括七大基础原则和三大操作原则。

（1）循环经济的七大基础原则

1）大系统分析的原则。循环经济是比较全面地分析投入与产出的经济，它是在人口、资源、环境、经济、社会与科学技术的大系统中，研究符合客观规律、均衡经济、社会和生态效益的经济。人类的经济生产从自然界取得原料，并向自然界排出废物，而自然资源是有限的，生态系统的承载能力也是一定的，如果不把人口、经济、社会、资源与环境作为一个大系统来考虑，就会违反基本客观规律。

2）生态成本总量控制的原则。如果把自然生态系统作为经济生产大系统的一部分来考虑，就应该考虑生产中生态系统的成本。所谓生态成本，是指当经济生产给生态系统带来破坏后再人为修复所需要的代价。在向自然界索取资源时，必须考虑生态系统有多大的承载能力，人为修复被破坏的生态系统需要多大的代价，因此要有一个生态成本总量控制的概念。

3）尽可能利用可再生资源的原则。循环经济要求尽可能利用太阳能、水、风能等可再生资源替代不可再生资源，使生产循环与生态循环耦合，合理地依托在自然生态循环之上。如利用太阳能替代石油，利用地表水代替深层地下水，用生态复合肥代替化肥等。

4）尽可能利用高科技的原则。国外目前提倡生产的“非物质化”，即尽可能以知识投入来替代物质投入，就我国目前发展水平来看，即以“信息化带动工业化”。目前称为高技术的信息技术、生物技术、新材料技术、新能源和可再生能源技术及管理科学技术等都是以大量减少物质和能量等自然资源的投入为基本特征的。

5）把生态系统建设作为基础设施建设的原则。传统经济只重视电力、热力、公路、铁路等基础设施建设，循环经济认为生态系统建设也是基础设施建设，如“退田还湖”“退耕还林”“退牧还草”等生态系统的建设。通过这些基础设施建设来提高生态系统对经济发展的承载能力。

6）建立绿色 GDP 统计与核算体系的原则。建立企业污染的负国民生产总值统计指标体系，即从工业增加值中减去测定的与污染总量相当的负工业增加值，并以循环经济的观点来核算。这样可以从根本上杜绝新的大污染源的产生，并有效制止污染的反弹。

7）建立绿色消费制度的原则。以税收和行政等手段，限制以不可再生资源为原料的一次性产品的生产与消费，促进一次性产品和包装容器的再利用，或者使用可降解的一次性用具。

（2）循环经济的三大操作原则　循环经济以“减量化（Reduce）、再利用（Reuse）、再循环（Recycle）”作为其操作准则，简称为“3R”原则。

1）减量化原则。减量化原则属于输入端方法，目的是减少进入生产和消费流程的物质量。换言之，人们必须学会预防废物的产生而不是产生后再去治理。在生产中，厂商可以通过减少每个产品的物质使用量、重新设计制造工艺来节约资源和减少污染物的排放。如对产品进行小型化设计和生产，既可以节约资源，又可以减少污染物的排放，再如用光缆代替传统电缆，可以大幅度减少电话传输线对铜的使用，即节约了铜资源，又减少了铜污染。在消费中，人们可以通过选购包装少的、可循环利用的物品，购买耐用的高质量物品来减少垃圾的产生量。

2）再利用原则。再利用原则属于过程性方法，目的是延长产品服务的时间；也就是说人们应尽可能多次地以多种方式使用人们生产和所购买的物品。如在生产中，制造商可以使用标准尺寸进行设计，使电子产品的许多元件可非常容易和便捷地更换，而不必更换整个产品。在生活中，人们在把一样物品扔掉之前，可以想一想家中、单位和其他人再利用它的可能性。通过再利用，人们可以防止物品过早地成为垃圾。

3）再循环原则。再循环原则即资源化原则，属于输出端方法，即把废弃物变成二次资源重新利用。资源化能够减少末端处理的废物量，减少末端处理（如垃圾填埋场和焚烧场）的压力，从而减少末端处理费用，既经济又环保。

需要指出的是，“3R”原则在循环经济中的作用、地位并不是并列的。循环经济不是简单地通过循环利用实现废弃物资源化，而是强调在优先减少资源能源消耗和减少废物产生的基础上综合运用“3R”原则。循环经济的根本目标是要求在经济流程中系统地避免和减少废物，而废物再生利用只是减少废物最终处理量的方式之一。德国在1996年颁布的《循环经济与废物管理法》中明确规定：避免产生—循环利用—最终处置。首先，要减少源头污染物的产生量，因此产业界在生产阶段和消费者在使用阶段就要尽量避免各种废物的排放；其次，是对于源头不能削减又可利用的废弃物和经过消费者使用的包装废物、旧货等要加以回收利用，使它们回到经济循环中去；只有当避免产生和回收利用都不能实现时，才允许将最终废物（称为处理性废物）进行环境无害化的处置。以固体废弃物为例，循环经济要求的分层次目标是，通过预防减少废弃物的产生；尽可能多次使用各种物品；完成使用功能后，尽可能使废弃物资源化，如堆肥、做成再生产品等；对于无法减少、再使用、再循环或者堆肥的废物进行无害化处置，如焚烧或其他处理；最后剩下的废物在合格的填埋场予以填埋。

“3R”原则的优先顺序是，减量化→再利用→再循环（资源化）。减量化原则优于再利用原则，再利用原则优于再循环原则，本质上再利用原则和再循环原则都是为减量化原则服务的。

减量化原则是循环经济的第一原则，其主张从源头就应有意识的节约资源、提高单位产品的资源利用率，目的是减少进入生产和消费过程的物质流量、降低废弃物的产生量。因此，减量化是一种预防性措施，在“3R”原则中具有优先权，是节约资源和减少废弃物产生的最有效方法。

再利用原则优于再循环原则，它是循环经济的第二原则，属于过程性方法。依据再利用原则，生产企业在产品的设计和加工生产中应严格执行通用标准，以便于设备的维修和升级换代，从而延长其使用寿命；在消费中应鼓励消费者购买可重复使用的物品或将淘汰的旧物品返回旧货市场供他人使用。

再循环原则本质上是一种末端治理方式，它是循环经济的第三原则，属于终端控制方法。废物的再生利用虽然可以减少废弃物的最终处理量，但不一定能够减少经济活动中物质和能量的流动速度和强度。再循环主要有以下特点：①依据再循环原则，为减少废物的最终处理量，应对有回收利用价值的废弃物进行再加工，使其重新进入市场或生产过程，从而减少一次资源的投入量；②再循环是针对所产生废物采取的措施，仅是减少废物最终处理量的方法之一，它不属于预防措施而是事后解决问题的一种手段，在减量化和再利用均无法避免废物产生时，才采取废物再循环措施；③有些废物无法直接回收利用，要通过加工处理使其变成不同类型的新产品才能重新利用。再生利用技术是实现废弃物资源化的处理技术，该技术处理废弃物也需要消耗水、电和化石能源等物质，所需的成本较高，同时在此过程中也会产生新的废弃物。

3.3.3 循环经济的发展历程

循环经济的发展经历了三个阶段：20 世纪 80 年代的微观企业试点阶段、20 世纪 90 年代的区域经济模式——生态工业园阶段和 21 世纪初的循环型社会建设阶段。换言之，循环经济的发展趋势也正经历着由企业层面上的“小循环”到区域层面上“中循环”再到社会层面上的“大循环”的纵向过渡。

1. 单个企业的早期响应阶段

在企业层面上，可以称为循环经济的“小循环”。根据生态效率的原则，推行清洁生产，减少产品和服务中物料和能源的使用量，实现污染物排放的最小化。20 世纪 80 年代末，当时世界 500 强的杜邦公司开始了循环经济理念的应用试点。公司的研究人员把循环经济“3R”原则发展成为与化工生产相结合的“3R 制造法”，即资源投入减量化（Reduce）、资源利用循环化（Recycle）和废物资源化（Reuse），以少排放甚至“零排放”废物。通过放弃使用某些环境有害型的化学物质、减少某些化学物质的使用量，以及发明回收本公司副产品的新工艺等，到 1994 年已经使生产造成的塑料废物减少了 25%，空气污染物排放量减少了 70%。同时，在废塑料（如废弃的牛奶盒和一次性塑料容器）中回收化学物质，开发出了耐用的乙烯材料等新产品。

2. 新型区域经济模式——生态工业园的实践阶段

在区域层面上，可以称为循环经济的“中循环”。20 世纪 80 年代末到 90 年代初，一种循环经济化的工业区域——生态工业园应运而生了。它是按照工业生态学的原理，通过企业或行业间的物质集成、能量集成和信息集成，形成企业或行业间的工业代谢和共生关系而建立的。丹麦卡伦堡生态工业园在循环经济的生态型生产中脱颖而出，它通过企业间的废物和副产品交换，把火电厂、炼油厂、制药厂和石膏厂联结起来，形成生态循环链，不仅大大减少了废物的产生量和处理的费用，还减少了新原料的投入，形成了生产发展和环境保护的良性循环。

目前，生态工业园（Ecological Industrial Parks，EIPs）已经成为循环经济的一个重要发展形态，作为许多国家工业园改造的方向，也正在成为我国第三代工业园的主要发展形态。

3. 循环型社会建设阶段

在社会层面上，可以称为循环经济的“大循环”。它通过全社会的废旧物资的再生利用，实现消费过程中和消费过程后物质和能量的循环。在该阶段，许多国家通常以循环经济立法的方式加以推进，最终实现建立循环型社会。

3.3.4 清洁生产与循环经济的关系

传统上环保工作的重点和主要内容是治理污染、达标排放，清洁生产和循环经济则突破了这一界限，大大提升了环境保护的高度、深度和广度，提倡并实施将环境保护与生产技术、产品和服务的全部生命周期紧密结合，将环境保护与经济增长模式统一协调，环境保护与生活和消费模式同步考虑。

清洁生产是在组织层次上将环境保护延伸到组织的一切有关领域，循环经济则将环境保护延伸到国民经济的一切有关领域。清洁生产是循环经济的基石，循环经济是清洁生产的扩展。在理念上，它们有共同的时代背景和理论基础；在实践中，它们有相通的实践途径。

为保证我国生产和经济的持续发展，从技术层面上分析，推行清洁生产，发展循环经济是相互关联的两大手段。推行清洁生产的目的是降低生产过程中资源、能源的消耗，减少污染的产生。而发展循环经济则是促使物质的循环利用，以提高资源和能源的利用效率。

清洁生产和循环经济二者之间是一种点和面的关系，实施的层次不同，可以说，一个是微观的，一个是宏观的。一个产品、一个企业都可以推行清洁生产，但循环经济覆盖面就大得多，是高层次的。清洁生产的目标是预防污染，以更少的资源消耗产生更多的产品，循环经济的根本目标是要求在经济过程中系统地避免和减少废物，再利用和再循环都应建立在对经济过程进行充分资源削减的基础之上。所以要发展循环经济就必须要做好先期的基础工作，从基层的清洁生产做起。

从实现途径来看，循环经济和清洁生产也有很多相通之处。清洁生产的实现途径可以归纳为两大类，即源削减和再循环，包括减少资源和能源的消耗，重复使用原料、中间产品和产品，对物料和产品进行再循环，尽可能利用可再生资源，采用对环境无害的替代技术等，循环经济的“3R”原则就源出于此。就实际运作而言，在推行循环经济过程中，需要解决一系列技术问题，清洁生产为此提供了必要的技术基础。特别应该指出的是，推行循环经济技术上的前提是产品的生态设计，没有产品的生态设计，循环经济只能是一个口号，而无法变成现实。我国推行清洁生产已经有十多年的历史，从国外吸取和自身积累了许多宝贵的经验和教训，不论在解决体制、机制和立法问题方面，还是在构建方法学方面，都可为推行循环经济提供有益的借鉴。

清洁生产与循环经济的相互关系见表3-2。

表3-2 清洁生产与循环经济的相互关系

比较内容	清洁生产	循环经济
思想本质	环境战略：新型污染预防和控制战略	经济战略：将清洁生产、资源综合利用、生态设计和可持续消费等融为一套系统的循环经济战略
原则	节能、降耗、减污、增效	减量化、再利用、资源化（再循环）。首先强调的是资源的节约利用，然后是资源的重复利用和资源再生
核心要素	整体预防、持续运用、持续改进	以提高生态效率为核心，强调资源的减量化、再利用和资源化，实现经济运行的生态化
适用对象	主要对生产过程、产品和服务（点、微观）	主要对区域、城市和社会（面、宏观）
基本目标	生产中以更少的资源消耗产生更多的产品，防治污染	在经济过程中系统地避免和减少废物

（续）

比较内容	清洁生产	循环经济
基本特征	预防性：清洁生产从源头抓起，实行生产全过程控制，尽最大可能减少乃至清除污染物的产生，其实质是预防污染。通过污染物产生源的削减和回收利用，使废物减至最少 综合性：实施清洁生产的措施是综合性的预防措施，包括结构调整、技术进步和完善管理 统一性：清洁生产最大限度地利用资源，将污染物消除在生产过程之中，不仅环境状况从根本上得到改善，而且能源、原材料消耗和生产成本降低，经济效益提高，竞争力增强，能够实现经济效益与环境效益相统一 持续性：清洁生产是一个持续改进的过程，没有最好，只有更好	低消耗（或零增长）：提高资源利用效率，减少生产过程的资源和能源消耗（或产值增加，但资源能源消耗零增长）。这是提高经济效益的重要基础。也是污染排放减量化的前提 低排放（或零排放）：延长和拓宽生产技术链，将污染尽可能地在生产企业内进行处理，减少生产过程的污染排放；对生产和生活的废弃物通过技术处理进行最大限度的循环利用。这将最大限度地减少初次资源的开采，最大限度地利用不可再生资源，最大限度地减少造成污染的废弃物的排放 高效率：对生产企业无法处理的废弃物进行集中回收、处理，扩大环保产业和资源再生产业的规模，提高资源利用效率，同时扩大就业
宗旨	提高生态效率，并减少对人类及环境的风险	

复习与思考

1. 怎样理解清洁生产的战略意义？
2. 怎样理解可持续发展的定义及其内涵？
3. 怎样理解清洁生产是实现可持续发展的根本途径？
4. 什么是循环经济？它与传统经济有什么区别？
5. 简述循环经济运行的基本原则。
6. 清洁生产与循环经济是怎样的关系？

第4章 清洁生产的理论基础

4

4.1 物质平衡理论

清洁生产以合理利用自然资源和源头预防工业污染为目标，以物质循环利用为主要手段，其最基本的理论基础是物质平衡理论，即质量（能量）守恒原理，用于对清洁生产过程可行性的分析和对物质流或能量流的分析调控。

在生产过程中，物质是遵循平衡理论的。生产过程中产生的废物越多，生产所需的原料也就越多，即资源消耗越大。清洁生产要使废物最少化，也就是要将资源最充分利用。原料和生产中产生的废物是一个相对的概念，在一个生产过程中的废物有可能成为另一个生产过程的原料。将废料转化为资源，就可以达到资源的最大利用率。物质平衡理论说明清洁生产可以实现资源利用最大化，废物产生最少化，环境污染零排放或低排放。

4.1.1 能量守恒定理

根据日地关系的原理，地球上一切物质都具有能量，能量是物质固有的特性。通常，能量可分为两大类，一类是系统蓄积的能量，如动能、势能和热力学能，它们都是系统状态的函数；另一类是过程中系统和环境传递的能量，常见的有功和热量，它们不是状态函数，而与过程有关。热量是因为温度差引起的能量传递，而做功是由势差引起的能量传递。因此，热和功是两种本质不同且与过程传递方式有关的能量形式。

能量的形式不同，但是可以相互转化或传递。在转化或传递的过程中，能量的数量是守恒的，能量既不能创造，也不会消灭，而只能从一种形式转换为另一种形式，从一个物体传递到另一个物体，在能量转换和传递过程中能量的总量恒定不变，这就是热力学第一定律，即能量守恒与转化原理。

能量从量的观点来看，只是是否已利用，利用了多少的问题。而从质（品位）的观点来看，则是个是否按质用能的问题。热力学第一定律只说明了能量在量上守恒，并不能说明能量在质方面的高低。所谓提高能量的有效利用问题，其本质就在于防止和减少能量贬值现象的发生。能量的质的属性是由热力学第二定律来揭示的。

热力学第二定律的实质是能量贬值原理。它指出能量转换过程总是朝着能量贬值的方向进行：高品质的能量可以全部转换为低品质的能量；能量传递过程也总是自发地朝着能量品质下降的方向进行；能量品质提高的过程不可能自发地单独进行；一个能量品质提高的过程肯定伴随另一能量品质下降的过程，并且这两个过程是同时进行的，即另一能量品质下降的过程就是实现前一个能量品质提高过程的必要的补偿条件。在实际过程中，作为代价的另一能量品质下降过程必须足以提高前一个能量品质的改进过程，因为某一系统中实际过程之所以能够进行都是以该系统中总的能量品质下降为代价的，即任何过程的进行都会产生能量贬值，能量在转换和利用过程中品位逐渐降低。

在不同的用能目的中，所要求的能量品位也常不相同。节能的一个原则就是在需要低品位能量的场合，尽量不供给高品位的能量，这就是能量匹配。在能量匹配原则的指导下，同一能量可以在不同品位的水平上多次利用，这就是能量的梯级利用。能量匹配和能量梯级利用原则的理论基础就是降低用能过程中的不可逆性。合理组织能量梯级利用，提高能量利用效率，降低能量损失的不可逆性，是热力学原理的实践内容之一。

根据能量贬值原理，不是每一种能量都可以连续地、完全地转换为任何一种其他的能量形式。从转换的角度来看，不同形式的能量，按照其转换能力可以分为三类：第一类是全部转换能，它可以完全转换为功，称为高质能，其数量和质量是统一的，如电能、机械能等。第二类是部分转换能，它只能部分地转换为功，称为低质能，其数量和质量是不统一的，如热能、流动体系的总能等；第三类是废弃能，它受环境限制不能转换为功，如处在环境条件下的介质的内能等，这种能量称为寂态能量，尽管它有相当的数量，但品位很低，从技术上讲无法使之转换为功。

热力学的上述两个定律（能量守恒与转换定律和能量贬值定律）告诉我们，欲节约能源，必须考虑能的量和质两方面。减少能量需求的最好办法是开展节约能源活动。当前，我们所用到的能量转换过程中，绝大部分的效率都是非常低的，许多能量在转换过程中以热量方式浪费掉了。如在燃烧石油发电过程中，产生的电能只相当于石油最初能量的38%；用燃烧木材的炉子给房间加热时，能量利用率只有40%左右，而用一个能量节约型的燃气炉却可以达到90%的利用率。可见，在我们的日常生活中和工业生产中使用能量利用率高的系统可以节约大量的能源。节能不是消极地减少能源的用量，而是积极地谋求提高能量的有效利用率。能源的有效利用，是一个综合的课题。

4.1.2 物质守恒原理

质量守恒是自然界的普遍规律。根据热力学第一定律，物质在生产和消费过程中及其后都没有消失，只是从原来“有用”的原料或产品变成了“无用”的废物进入环境中，形成污染，而物质的总量保持不变。在实际生产活动中，生产资料一部分转变为具有价值的产品，一部分转变为废弃物，产生的废物越多，则生产资料的消耗越大。事实上，废物只是不符合生产目的，不具有价值的非产品产出，是放错位置的资源，若合理利用，则废物不废。物质守恒原理说明，物质流、能量流的重复利用和优化利用是可能的。清洁生产表现在生产过程中，正是通过对资源的循环利用和废物的回收利用，来达到资源合理利用和预防工业污染的双重目的。在社会经济活动中，一个产业系统由原材料获取、物质加工、能量转换、残余物处理和最终消费等多个部门组成。在产业部门将资源转变为产品的制造过程中以及产品的使用与处理过程中，都在产生废弃物，废弃物是产业部门对环境污染的主要根源。为了减少产业系统对自然环境的污染，重要的手段是提高物质和能量的利用效率和循环使用率，借此减少自然资源的开采量和使用量，降低污染物的排放量。基于物质守恒原理的清洁生产的物质循环，不仅是解决有限资源可持续利用的有效方式，而且它又是解决环境污染问题的重要手段。在产业系统实施清洁生产，一方面通过物质循环，建立良性的资源综合利用工业链，实行物质资源循环利用和梯级利用，使得物料利用率尽可能高，减少原材料的消耗和浪费；另一方面对形成的废弃物，进行物质的再生循环，既减少工业生产废弃物对环境造成的危害和影响，又可以有效地弥补资源短缺状况，最终都为实现可持续发展作出贡献。

4.2 生态学理论

4.2.1 生态学及其基本规律

生态学一词最早是由德国生物学家海克尔（E. Haeckel）于1866年提出的。他把生态学定义为研究有机体及其环境之间相互关系的科学。后来有的学者把生态学定义为研究生物或生物群体与其环境的关系，或生活着的生物与其环境之间相互联系的科学。生态学的定义很多，比较普遍认同的定义是：生态学是研究生物与生物、生物与其环境之间相互关系及其作用机理的科学。这定义中的生物包括动物、植物、微生物及人类等的生物系统；环境是指某一特定生物体或生物群体以外的空间以及直接或间接影响生物或生物群体生存的一切事物（如土壤、水分、温度、光照、大气等）的总和。生态学主要有四条基本规律：

（1）相互依存与相互制约规律　相互依存与相互制约反映了生物间的协调关系，是构成生物群落的基础。首先是普遍的依存与制约。有相同生理、生态特性的生物，占据着与之相适宜的小生境，构成生物群落或生态系统。系统中不仅同种生物相互依存、相互制约，不同群落或系统之间也同样存在着依存与制约关系。其次是通过食物而相互联系与制约的协调关系。具体形式就是食物链和食物网，即每一个生物在食物链和食物网中都占据一定的位置，并且有特定的作用，不同物种之间通过食物链相互连接成为一体，形成共生与制约关系。将这种关系应用到社会产业体系中去，形成多种多个企业相互合作构成的产业生态群落，围绕区域内的资源条件开展产业活动，使物质和能源得到充分利用。

（2）物质循环与再生规律　在生态系统中，植物、动物、微生物与非生物成分，借助能量的不停流动，一方面不断地从自然界摄取物质并合成新的物质，另一方面又能将有机物分解为简单的无机物质（即所谓再生），作为养分重新被植物所吸收，进行着不停的物质循环。人类社会的生产活动也是物质的不断转化和循环过程。生产过程所需要的原料来自于自然环境，经过生产转化为产品及废料，产品经使用又被变成废弃物而弃之于环境。生产和生活中产生的废弃物返回自然界，积累于环境，当积累超过生态系统的自净能力，就会破坏人与自然之间物质转化的生态关系，导致环境污染、生态失调。根据物质循环和再生规律，人们对废弃物进行物质循环和再生利用，使其转化为同一生产部门或另一生产部门的原料投入新的生产过程，再回到产品生产和生活消费的循环中去，不但最大限度地提高了资源的利用率，并且将废弃物的排放量降低到最小限度，减轻了自然环境的压力。

（3）物质输入输出平衡规律　在生态系统中，生物体一方面从环境摄取物质，另一方面又向环境输出物质。对于一个稳定的生态系统，物质的输入与输出总是相互平衡的。在人类产业系统中，一个产业体系在特定时间内通过系统内部和外部的物质、能量、信息的传递和交换，使系统内部企业之间、企业与外部环境之间达到了相互适应、协调、统一的平衡状态，使社会生产乃至整个经济活动能够顺利进行。人类要根据物质平衡的规律，采取清洁生产等有效措施，最大限度地提高原料利用率，以减少资源浪费和环境污染，实现社会生产的动态平衡和生态平衡。

（4）环境资源有效极限规律　任何生态系统中生物赖以生存的各种环境资源，在数量、质量、空间和时间等方面都有一定的限度，不可能无限地供给。因此，每一个生态系统对于任何外来的干扰都具有一定的忍耐极限，超过这个极限（生态阈值），生态系统就会被破坏。所以人类生产和生活也要符合环境资源的有效极限规律。人类生产活动是一个物质资源的形态转化过程，一端是消耗自然资源生产出产品，以满足人类的物质需要，另一端是生产工艺过程产生的废弃物和产品被消费后的废弃物排放于环境，对自然环境造成污染危害。无论是资源的承载力还是环境的承受能力，都是有极限的。过度消耗资源和破坏环境，不仅会使生产无法持续进行，而且将破坏人类生存的基本条件。环境是经济发展的空间，资源是经济发展的基础，环境质量和资源永续利用决定着经济发展的命运。清洁生产作为长期以来人类在经济社会发展过程中的经验教训的总结，它是合理利用资源和保护生态环境以保障社会经济可持续发展的有效途径。

4.2.2　生态系统及其组成和类型

一个生物物种在一定的范围内所有个体的总和称为生物种群；在一定自然区域的环境条件下，许多不同种的生物相互依存，构成了有着密切关系的群体，称为生物群落。生态系统是指在自然界一定空间内，生物群落与周围环境的统一整体，也即生命系统与环境系统在特定时空的组合。生态系统具有一定的组成、结构和功能，是自然界的基本结构单元。在这个单元中，生物与环境之间相互作用、相互制约、不断演变，并在一定时期内处于相对稳定的动态平衡。

所有的自然生态系统（不论陆生的还是水生的），其组成都可以概括为两大部分或四种基本成分。两大部分是指非生物部分和生物部分，四种基本成分包括非生物环境和生产者、消费者与分解者三大功能类群（图4-1）。

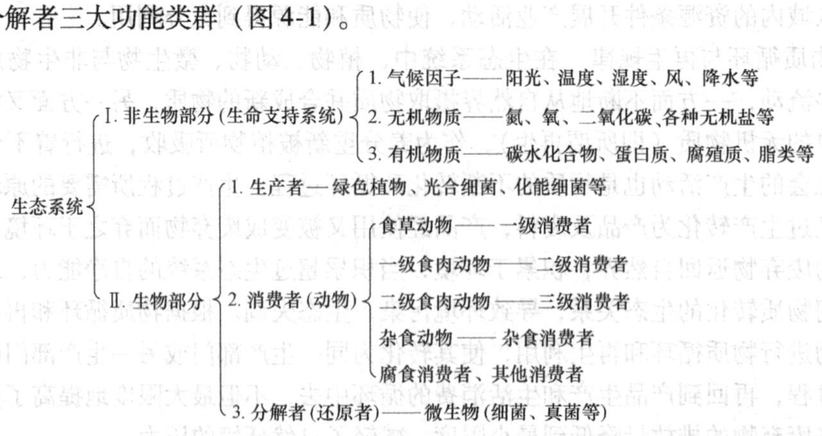

图4-1　生态系统的组成成分

1. 非生物部分

非生物部分是指生物生活的场所，是物质和能量的源泉，也是物质和能量交换的地方。非生物部分具体包括：①气候因子，如阳光、温度、湿度、风和降水等；②无机物质，如氮、氧、二氧化碳和各种无机盐等；③有机物质，如碳水化合物、蛋白质、腐殖质及脂类等。非生物部分在生态系统中的作用，一方面是为各种生物提供必要的生存环境，另一方面是为各种生物提供必要的营养元素，可统称为生命支持系统。

2. 生物部分

生物部分由生产者、消费者和分解者构成。

（1）生产者　生产者主要是绿色植物，包括一切能进行光合作用的高等植物、藻类和地衣。这些绿色植物体内含有光合作用色素，可利用太阳能把二氧化碳和水合成有机物，同时释放出氧气。除绿色植物以外，还有利用太阳能和化学能把无机物转化为有机物的光能自养微生物和化能自养微生物。

生产者在生态系统中不仅可以生产有机物，而且也能在将无机物合成有机物的同时，把太阳能转化为化学能，储存在生成的有机物当中。生产者生产的有机物及储存的化学能，一方面供生产者自身生长发育的需要，另一方面，也用来维持其他生物全部生命活动的需要，是其他生物类群包括人类在内的食物和能源的供应者。

（2）消费者　消费者由动物组成，它们以其他生物为食，自己不能生产食物，只能直接或间接地依赖于生产者所制造的有机物获得能量。根据不同的取食地位，消费者可分为：一级消费者（也称为初级消费者），直接以依赖生产者为生，包括所有的食草动物，如牛、马、兔、池塘中的草鱼以及许多陆生昆虫等；二级消费者（也称为次级消费者），是以食草动物为食的食肉动物，如鸟类、青蛙、蜘蛛、蛇、狐狸等。食肉动物之间“弱肉强食”，由此，可以进一步分为三级消费者、四级消费者，这些消费者通常是生物群落中体型较大、性情凶猛的种类。另外，消费者中最常见的是杂食消费者，是介于草食性动物和肉食性动物之间，既食植物又食动物的杂食动物，如猪、鲤鱼、大型兽类中的熊等。

消费者在生态系统中的作用之一是实现物质和能量的传递。如草原生态系统中的青草、野兔和狼，其中，野兔就起着把青草制造的有机物和储存的能量传递给狼的作用。消费者的另一个作用是实现物质的再生产，如草食动物可以把草本植物的植物性蛋白再生产为动物性蛋白。所以消费者又可称为次级生产者。

（3）分解者　分解者也称为还原者，主要包括细菌、真菌、放线菌等微生物以及土壤原生动物和一些小型无脊椎动物。这些分解者的作用就是把生产者和消费者的残体分解为简单的物质，最终以无机物的形式归还到环境中，供给生产者再利用。所以分解者对生态系统中的物质循环，具有非常重要的作用。

生态系统在自然界是多种多样的，可大可小，为了方便研究，人们从不同角度将生态系统分成了若干类型。如按照生态系统的生物成分划分，可将其分为植物生态系统（如森林、草原等生态系统）、动物生态系统（如鱼塘、畜牧等生态系统）、微生物生态系统（如落叶层、活性污泥等生态系统）、人类生态系统（如城市、乡村等生态系统）。按照环境中的水体状况划分，可将其分为陆生生态系统和水生生态系统两大类。陆生生态系统可进一步划分为荒漠生态系统、草原生态系统、稀树干草原和森林生态系统等。水生生态系统也可进一步划分为淡水生态系统（包括江、河、湖、库）和海洋生态系统（包括滨海、大洋）。按照人为干预的程度划分，可将其分为自然生态系统（如原始森林、未经放牧的草原、自然湖泊等）、半自然生态系统（如人工抚育过的森林、经过放牧的草原、养殖的湖泊等）和人工生态系统（如城市、工厂、乡村等）。

每个生态系统都有各自的结构和一定形式的能量流动与物质循环关系。在自然生态系统中不存在废料，而在人工生态系统中特别是产业系统中，企业在生产产品的同时，向企业以外的环境排放大量的废物，导致严重的环境污染和生态破坏，同时自身的发展也受到影响。因此，人工生态系统特别是产业系统应效仿自然生态系统的能量流动和物质循环方式，建立不同产业、不同企业、不同工艺过程间的物质循环联系，使一个过程产生的废料（副产品）可以被另一个过程作为原料，使原来线性叠加的生产过程形成“食物链”状结构，形成资源综合利用工业链，既使资源利用最大化，又使环境污染危害最小化。

4.2.3 生态系统的功能

生态系统中能量流动、物质循环和信息传递构成了生态系统的三个基本功能：

1. 生态系统中能量流动

能量是生态系统的动力，是一切生命活动的基础。一切生命活动都需要能量，并且伴随着能量的转化，否则就没有生命，没有有机体，也就没有生态系统，而太阳能正是生态系统中能量的最终来源。能量有两种形式：动能和潜能。动能是生物及其环境之间以传导和对流的形式相互传递的一种能量，包括热和辐射。潜能是蕴藏在生物有机分子键内处于静态的能量，代表着一种做功的能力和做功的可能性。太阳能正是通过植物光合作用而转化为潜能并储存在有机分子键内的。

从太阳能到植物的化学能，然后通过食物链的联系，使能量在各级消费者之间流动，这样就构成了能流。能流是单向性的，每经过食物链的一个环节，能流都有不同程度的散失，食物链越长，散失的能量就必然越多。由于生态系统中的能量在流动中是层层递减的，所以需要由太阳不断地补充能流，才能维持下去。

（1）能量流动的过程 生态系统中全部生命活动所需要的能量最初均来自太阳。太阳能被生物利用，是通过绿色植物的光合作用实现的。光合作用的化学方程式为

$$6CO_2 + 6H_2O \xrightarrow[\text{光合作用色素}]{2817.8\text{kJ}} C_6H_{12}O_6 + 6O_2$$

绿色植物的光合作用在合成有机物的同时将太阳能转变成化学能，储存在有机物中。绿色植物体内储存的能量通过食物链，在传递营养物质的同时，依次传递给食草动物和食肉动物。动植物的残体被分解者分解时，又把能量传递给分解者。此外，生产者、消费者和分解者的呼吸作用都会消耗一部分能量，消耗的能量被释放到环境中去。这就是能量在生态系统中的流动（图4-2）。

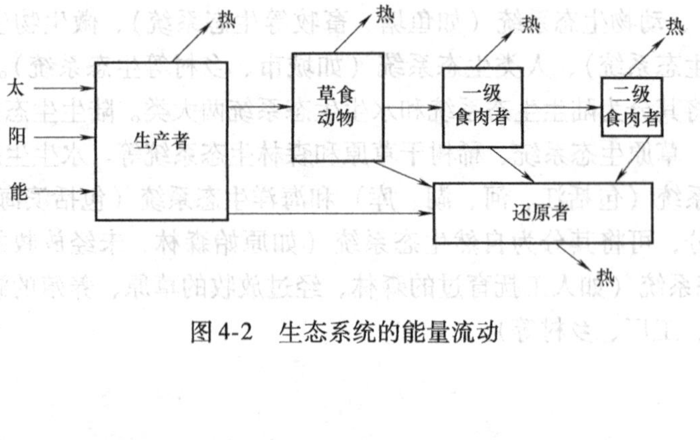

图4-2 生态系统的能量流动

（2）能量流动的特点

1）就整个生态系统而言，生物所含能量是逐级减少的。

2）在自然生态系统中，太阳是唯一的能源。

3）生态系统中能量的转移受各类生物的驱动，它们可直接影响能量的流速和规模。

4）生态系统的能量一旦通过呼吸作用转化为热能，逸散到环境中去，就不能再被生物所利用。

因此，系统中的能量是呈单向流动，不能循环的。

2. 生态系统的物质循环

生态系统的运行不仅需要能量流动来维系，而且也依赖各种成分间的物质循环。生态系统中的一切生物（动物、植物、微生物）和非生物的环境，都是由运动着的物质构成的。能量流动和物质循环是生态系统中的两个基本过程。但能量流动是单向性的过程，一部分能量消耗后变成热量而耗散，而营养物质是不会消失的，可为生产者重新利用。生态系统从大气、水体和土壤等环境中获得营养物质，通过绿色植物吸收进入生态系统，供其他生物重复利用，最后再归还于环境中，这就是物质循环。与生态环境关系密切的主要有水、碳、氮、硫四种物质的循环。这四种物质是构成生物机体的主要物质内容。其中水循环的动力是太阳辐射；绿色植物和分解者则在碳循环中起主要作用；氮循环主要通过各种固氮方式（生物固氮、工业固氮、大气固氮、岩浆固氮）使氮（氮的化合物）作为生物的营养物（氨基酸、蛋白质）被利用；硫循环则是首先通过硫化物被植物吸收利用转为氨基酸成分，再通过食物链进入各级消费者的机体之中，动植物尸体又被分解还原出各种形式的硫化物。水循环、碳循环、氮循环、硫循环如图4-3～图4-6所示。

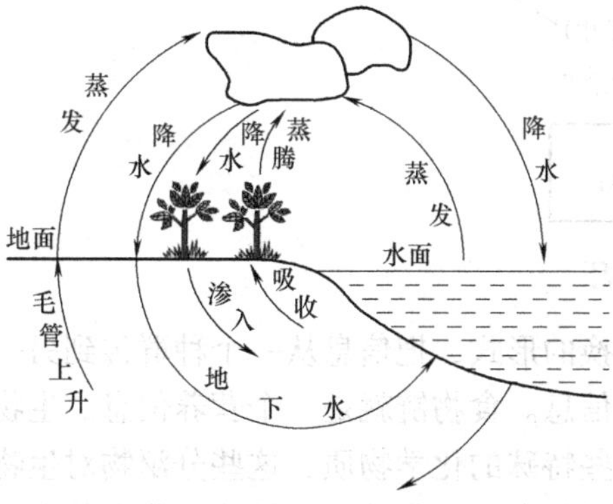

图4-3 水循环

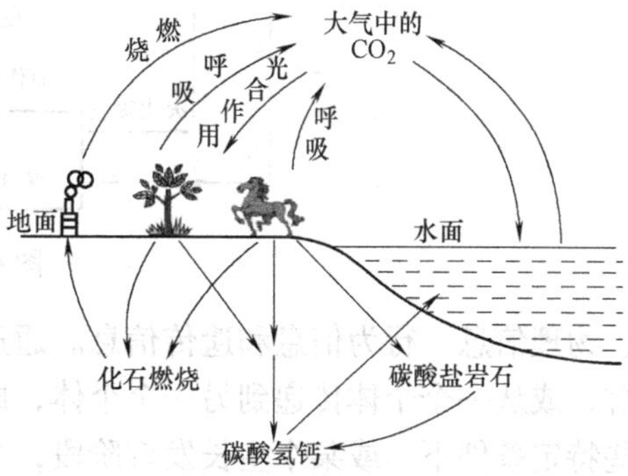

图4-4 碳循环

从上述物质循环图示可以看到，生态系统的物质循环从物理环境开始，经过生产者、消费者、分解者吸收利用的生物化学作用，又回到物理环境，完成一个由简单无机物到各种高能有机化合物，最终又还原为简单无机物的生态循环。通过这种循环，生物得以生存和繁衍，物理环境（自然环境）得到更新并变得适合生物生存的需要。

3. 生态系统的信息传递

在生态系统的各组成部分之间及各组成部分内部，伴随着能量和物质的传递与流动，还同时存在着各种信息的联系，而正是这些信息把生态系统连成一个统一的整体，起着推动能量流动、物质循环的作用。信息在生态系统中表现为多种形式，主要有营养信息、化学信

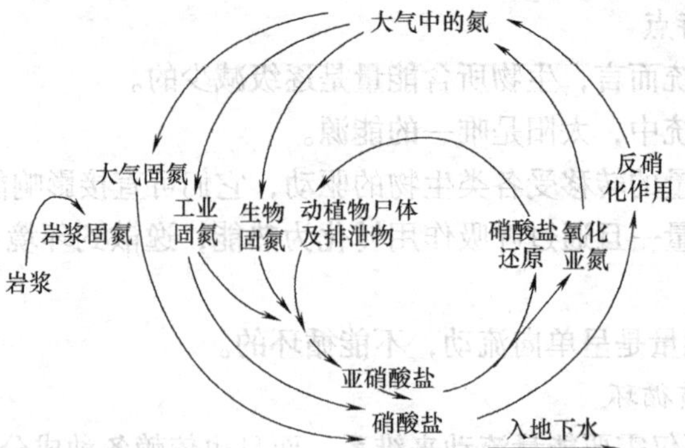

图 4-5 氮循环

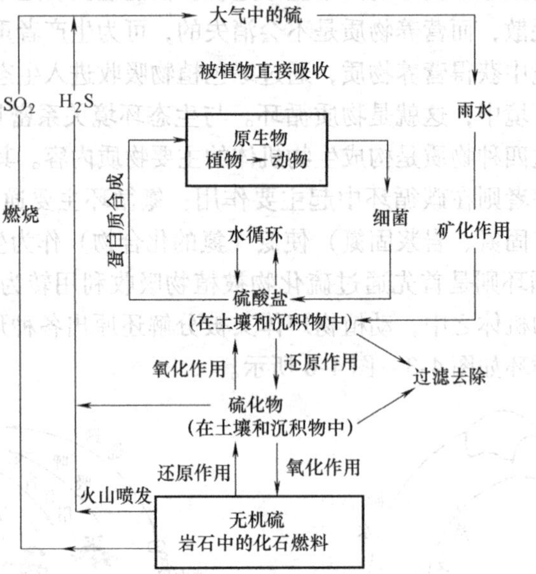

图 4-6 硫循环

息、物理信息、行为信息和遗传信息。通过营养交换的形式，把信息从一个种群传到另一个种群，或从一个个体传递到另一个个体，即为营养信息。食物链就是一个营养信息。生物在某些特定条件下，或某个生长发育阶段，分泌出某些特殊的化学物质，这些分泌物对生物不是提供营养，而是在生物的个体或种群之间起到某种信息传递作用，即构成了化学信息。鸟鸣、兽吼、颜色和光，构成了生态系统的物理信息。有些动物可以通过各种方式向同伴发出识别、威吓、求偶和挑战等信息，这就是行为信息。生态系统中的一切生物都有其独特的基因构成，这种包含在生物细胞体内的基因携带着遗传信息，这就是生态系统的遗传信息，它既是生物生命的密码，又是生物个体或种群世代相传的特征。

在生态系统的上述三大功能之中，能量流和物质流的行为由信息所决定，而信息又寓于物质和能量的流动之中。生态系统中的能量流与物质流是紧密联系的，物质流是能量流的载体，而能量流推动着物质的运动，两者相伴而行。能量流动伴随着物质循环过程在系统内不间断进行，展示着生命个体的存在和生态系统的构成，维护着生态系统的运动、稳定、平衡和发展。

4.3　生命周期评价

4.3.1　生命周期评价的定义、特点和意义

1. 生命周期评价的定义

生命周期评价（Life Cycle Assessment，LCA）是从产品或服务的生命周期全过程来评价其潜在环境影响的方法。如对常规发电系统要考虑煤炭的勘探、开采、运输、燃烧发电，输变电等各个环节消耗能源、产生污染和排放的情况。生命周期评价实际上是对这些资源消耗和污染排放的一种系统分析过程。

目前生命周期评价是国际上公认的、用来评估产品或服务潜在环境影响的有效方法，其主要内容包括：

1）由于原材料开采造成的大气、水和固体废物污染。

2）开采过程中的能量消耗。

3）产品生产过程中造成的污染。

4）产品分配和使用可能带来的环境影响。

5）产品最终处置产生的环境影响。

不同的研究机构对生命周期评价的定义略有不同。

国际标准化组织认为，LCA 是一种用于评估与产品有关的环境因素及其潜在影响的技术，具体通过以下过程来实施：

1）编制产品系统的输入输出清单。

2）评价与这些输入输出相关的潜在环境影响。

3）解释与研究相关的清单分析和影响评价结果。

国际环境毒物学和化学学会（SETAC）的定义则是：生命周期分析是一种对产品生产工艺以及活动对环境的压力进行评价的客观过程，它是通过对能量和物质的利用以及由此造成的环境废物排放进行识别和量化的过程。其目的在于评估能量和物质利用，以及废物排放对环境的影响，寻求改善环境影响的机会以及讨论如何利用这种机会。评价贯穿于产品、工艺和活动的整个生命周期，包括原材料提取与加工、产品制造、运输以及销售，产品的使用、再利用和维护，废物循环和最终废物处理。

联合国环境规划署的定义是：生命周期评价是评价一个产品系统生命周期整个阶段（从原材料的提取和加工到产品生产、包装、市场营销、使用和产品维护，直至再循环和最终废物处置）的环境影响的工具。

ISO 14040—1997 将 LCA 定义为：对一个产品系统的生命周期中的输入、输出及其潜在环境影响的汇编和评价。

2. 生命周期评价的特点

生命周期评价的目的在于确定产品或服务的环境负荷，比较产品和服务环境性能的优劣，从而以生命周期思想为依据对产品和服务进行设计。它具有以下特点：

（1）生命周期评价是对产品系统的全过程评价　所谓“全过程”是指“从摇篮到坟墓”，即从原材料采掘、原材料生产、产品制造、产品使用直到产品废弃后的处置。从产品

系统角度看，当前环境管理的焦点通常局限于“原材料生产”“产品制造”“废物处理”三个环节，而忽视了“原材料采掘”和“产品使用”阶段。对产品系统的全过程评价是实现可持续发展的必然要求。

（2）生命周期评价是一种系统性的、定量化的评价过程　生命周期评价以系统的思维方式去研究产品或服务在整个生命周期每个环节中的资源消耗、废弃物产生情况，并定量评价这些能源和物质的消耗以及所排放废物对环境的影响，从而辨识和评价能够避免或减缓环境影响的机会。

（3）生命周期评价是一个开放性的评价系统　生命周期评价体现的是可持续环境管理的思想，与其他环境管理手段（如风险评价、项目环境影响评价）相比，生命周期具有其自身的优势和缺陷（如 LCA 无法分析偶然性排放），因此 LCA 还需要不断地完善。

3. 生命周期评价的意义

生命周期评价作为一种评价产品、工艺或活动的整个生命周期环境后果的工具，在私人企业和公共领域都有广泛的应用。在私人企业，生命周期评价主要用于产品的比较和改进，典型的案例有：布质和易处理婴儿尿布的比较、塑料杯和纸杯的比较、汉堡包聚苯乙烯包装和纸质包装盒的比较等。在公共领域，生命周期评价主要用于政策和法规的制定。如美国环保局在《空气清洁法修正案》中使用生命周期理论来评价不同能源方案的环境影响，还将生命周期评价用于制定污染防治政策；能源部用生命周期评价来检查托管电车使用效率。在欧洲，欧盟已将生命周期评价用于制定《包装和包装法》。1993 年，比利时政府作出决定，根据环境负荷大小对包装和产品征税，其中确定环境负荷大小采用的方法就是生命周期评价。此外，许多国家还将生命周期评价用于废弃物管理，以促进废物的资源化和再利用。

清洁生产、绿色产品、生态标志的应用和推广，进一步推动了生命周期评价的应用。目前，各国政策重点从“末端治理”转向“全过程控制”，这也从一个侧面反映了生命周期评价必将成为制定长期环境政策的基础，它对于实现可持续发展战略具有重要意义。

通过加强生命周期评价方法与现有其他环境管理手段的配合，可以更好地促进环境保护。目前，国际上除生命周期评价外，还有风险评价（RA）、环境影响评价（EIA）、环境审计（EA）和环境绩效、物质流分析等评价工具，生命周期评价与以上几个工具互为补充，可达到最优效果。如借助风险评价技术，能够评价产品生命周期过程中产生的污染物，特别是有毒、有害污染物对人体健康、生物群体，甚至整个生态系统的潜在风险大小，从而使生命周期评价的对象从非生命的环境扩大到生物群体。

生命周期评价是清洁生产审计的有效工具。生命周期评价用于企业清洁生产审计，可以全面地分析企业生产过程及其上游（原料供给方）和下游（产品及废物的接受方）产品全过程的资源消耗和环境状况，找出存在的问题，并提出解决方案。因此，生命周期评价是判断产品和工艺是否真正属于清洁生产范畴的基本方法。

环境设计或生态设计是生命周期评价最重要的应用。生命周期评价作为一种产品评价与产品设计的工具，可直接应用于产品生态设计的各个阶段：

1）产品的生态辨识与诊断：通过产品全生命周期的分析，识别对环境影响最大的工艺过程和产品生命阶段。

2）新产品设计与开发。

3）产品环境性能比较。

4）以环境影响最小化为目标，对某一产品系统内的不同方案或者对替代产品（或工艺）进行全生命周期评价比较。

5）再循环工艺设计：从产品的设计阶段就考虑产品废弃后的拆解和资源的回收利用。

4.3.2 生命周期评价的技术框架

根据国际标准化组织颁布的ISO 14040系列标准，生命周期评价的实施步骤分为目的与范围确定、清单分析、影响评价和结果解释四个部分，如图4-7所示。

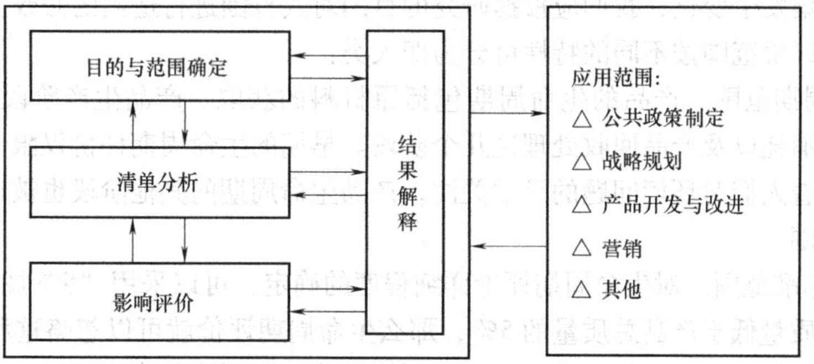

图4-7 生命周期评价的技术框架

1. 研究的目的与范围确定

这是生命周期评价的第一步，同时也是最为关键的一个步骤，它直接影响着整个评价工作程序和最终研究结果的准确性。因此，在开展生命周期评价之前，研究小组首先要确定研究结果的应用意图，即生命周期评价能够为决策者提供什么样的信息，并明确该研究的目的和范围。如果没有对研究目的和范围的确定给予足够的重视，就会在开展过程中遇到很多麻烦，甚至导致研究结果没有实际应用价值。研究的目的决定LCA研究结果的应用意图、需要的分析方法和结果的表现形式。而明确研究范围可以保证分析的广度和深度与生命周期评价的目的相协调，同时能够清晰地阐释该研究的边界、方法体系、数据类型以及所有的假设和限制条件。

（1）研究的目的　生命周期评价在公共机关和私人企业等部门的应用目的包括：

1）教育和交流。

2）产品设计（面向环境的设计）。

3）产品的研发和改进。

4）污染预防。

5）战略规划。

6）评价和改善环境项目。

7）制定政策和法规。

8）指导私人和团体消费。

9）环境标志。

10）制定市场策略。

11）环境管理体系的建立/环境行为评估。

另外，由于LCA的目的是对特定产品或过程的环境因素进行评价，在不同条件下，评价目的也会不一样：如果评价是在设计阶段进行的，其目的就是对几种可供选择的设计方案进行比较；如果评价是在设计完成后，且产品已在制造或流程操作中进行的，那么其目的就是在此操作条件下对环境的最小破坏和最小影响，并提出一些改进措施。

（2）研究范围的确定　在整个生命周期评价过程中，范围的确定同样起着重要的作用，准确完整的范围确定能起到事半功倍的作用。如果只局限于某个生命阶段或对局部造成的影响，生命周期评价将很有意义，但如果一些重要因素被忽略了，报告的结果就会存在片面性，不能客观地说明情况。当然，生命周期评价是一个反复交互的过程，研究的范围随着数据和信息的收集发生变化，我们应根据研究的目的对其范围进行适当的修改。

生命周期评价范围按不同的特性可分为四大类：

1）生命周期范围。产品的生命周期包括原材料的获取、产品生产阶段、产品的包装、产品的使用或消耗以及产品回收处理这几个阶段。早期的生命周期评价仅限于对产品生产阶段的分析，随着人们对环境问题的日益关注，产品生命周期的其他阶段也被逐渐纳入到生命周期的评价范围。

2）细节标准范围。对生命周期评价详细程度的确定，可以采用“5%规则”：如果原材料或零部件的质量低于产品总质量的5%，那么生命周期评价就可以忽略这种原材料或零部件，但是如果原材料或零部件可能产生严重环境影响，则不能忽略。

3）自然生态系统范围。在很多产业活动中，自然过程与技术社会是相互作用的。如生物降解是生命周期评价范围中的一个生态问题。那么，如何将这些自然过程纳入到生命周期评价的过程中呢？可以定义不同深度的清单分析：①基础分析，即将清单仅限于产品生产阶段；②能源边界，包括了与能量生产有关的一些外部流；③扩展边界，包括与工业系统直接相关的所有生命周期阶段，以及各种物流和能流；④综合边界，即将生物质形成的自然过程和材料在填埋场的分解也包括在内。

（4）时空边界　环境问题的一个特点是其影响能够发生在不同的地域范围和时间跨度上，应该选择什么样的时空边界取决于LCA的分析范围。

如20世纪80年代，美国的某个州曾围绕是否允许使用一次性婴儿尿布的问题展开了一场辩论。当时公众舆论认为，这种尿布浪费资源，同时加重了该州垃圾填埋场的压力，结果州议会在公众舆论的压力下，颁布禁止使用一次性婴儿尿布的法令。后来的事态发展有些耐人寻味，法案通过以后，当地居民开始大量使用可重复使用的尿布，但是却导致清洗尿布用水量的大幅度增加，而LCA表明，这个州恰恰是美国最干旱的州之一，水资源非常紧张，但是人口稀少，荒地幅员辽阔，所以垃圾填埋场不存在压力。于是该州重新审议了法案，恢复使用一次性婴儿尿布。

由此可见，进行LCA的范围确定时，对于某些环境问题的取舍必须考虑当地实际情况。

2. 生命周期清单分析

生命周期清单分析（Life Cycle Inventory，LCI）是一种描述系统内外物质流和能量流的方法，它通过对产品生命周期每一过程负荷的种类和大小进行登记列表，从而对产品或服务的整个周期系统内资源、能源的投入和废物的排放进行定量分析。LCI可以清楚地确定系统内外的输入和输出关系。

为了更清楚地了解产品或服务系统的输入、输出情况，就要进行生命周期清单分析。LCI 贯穿于产品的整个生命周期，包括原材料的提取、制造加工、销售、使用、再使用或维持原状，以及废物利用和废弃物的处理等阶段。其具体内容如图 4-8 所示。

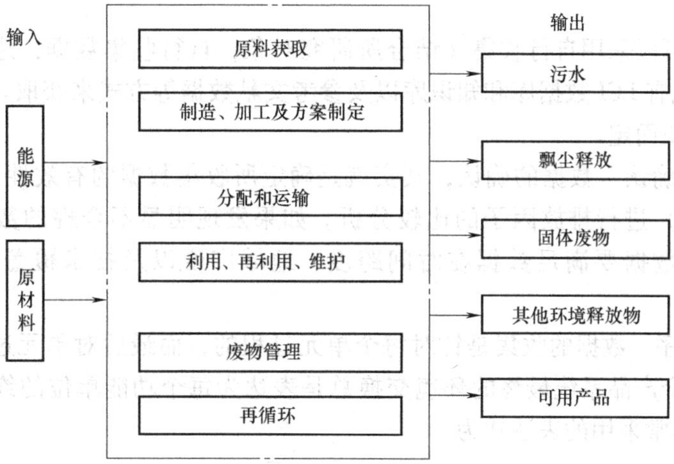

图 4-8　生命周期清单分析的内容

生命周期目的和范围的确定为生命周期评价研究提供了初步计划，LCI 则是一份关于所研究系统的输入与输出的数据清单。输入由两部分组成：原材料和能量的输入（环境输入），由其他过程而来的成品、半成品或能量的输入（经济输入）。同样的输出部分也由两部分组成：废物的排放（环境输出），成品、半成品和能量的输出（经济输出）。

LCI 主要包括以下几个步骤，如图 4-9 所示。

（1）数据收集的准备　LCI 过程需要大量的数据，想要得到有效的数据，就要事先做好以下准备工作：

1）绘制具体的流程图，描绘所有需建立模型的单元过程和它们之间的关系。

2）详细表述每个单元过程，并列出与之相关的数据类型。

3）编制计量单位清单。

4）针对每种数据类型，进行数据收集技术和计算数据的表述。

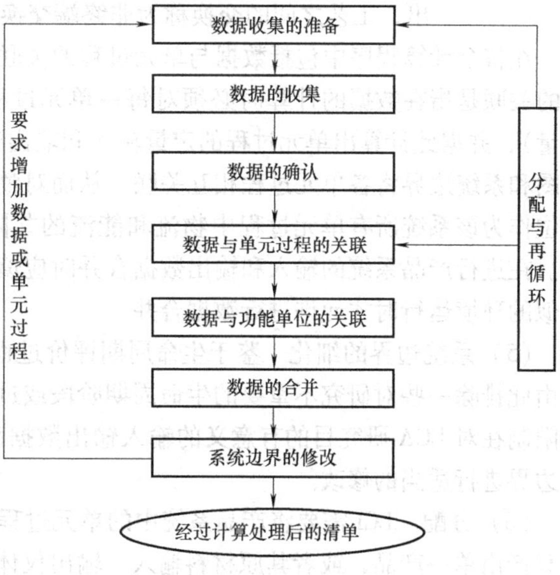

图 4-9　LCI 程序示意图

（2）数据的收集　在经过以上准备工作之后，就应开始进行数据的收集工作，其程序可能会因模型、参加研究的人员以及保密程度的不同而不同，因此应对该程序以及选择该程序的理由加以说明。LCI 收集的数据包括原始的和间接的，对于原始数据的收集一般采用建立和使用数据调查表的方法，间接数据的收集原则上不需要调查表。

在进行数据收集时，需要彻底了解每个单元过程。为避免重复计算或断档，必须对每个过程的表述予以记录，包括对输入和输出的定量、定性表述，用来确定过程的起始点和终止点，以及对单元过程功能的定量和定性的表述。如果数据是从公开出版物上收集的，必须标明出处。

数据的收集可以采用自行收集（结合所研究对象，自行收集数据，建立适合它的产品数据库）、利用现有 LCI 数据库和知识库以及参考文献数据等方式来获取。具体采用什么方式应依据研究对象而定。

（3）数据的确认　数据的确认，其实就是确定所收集数据的有效性，包括建立物质、能量平衡和（或）进行排放因子的比较分析。如果发现明显不合理的数据，就要予以替换，用来替换的数据要满足数据在时间跨度、地域广度以及技术覆盖面等方面的质量要求。

（4）计算程序　数据的收集是针对每个单元过程的，而最后对单元过程的描述采用功能单位，因此整个产品系统最终的环境交换总是表达为每个功能单位的终端交换量（包括输入和输出），通常采用的表达式为

$$Q_i = T\sum_{\mathrm{up}} Q_{i,\mathrm{up}} + \frac{T}{L}\sum_{p} Q_{i,p} \tag{4-1}$$

式中　Q_i——某个功能单位第 i 种终端交换的总和；

T——功能单位的期限；

L——产品生命周期；

$Q_{i,p}$——产品系统关键工艺中的第 p 个过程单元的第 i 种终端交换量；

$Q_{i,\mathrm{up}}$——每年使用过程中的终端交换量（所谓终端交换是针对自然界而言的输入、输出，工艺之间的交换称为非终端交换）。

在整个计算程序中包括数据与单元过程的关联、数据与功能单位的关联。数据与单元过程的关联是指在数据的计算时必须对每一单元过程确定适宜的基准流（如 1kg 材料或 1MJ 能量），并据此计算出单元过程的定量输入和输出数据。数据与功能单位的关联是指根据流程图和系统边界将各单元过程相互关联，从而对整个系统进行计算。这一计算是以同一功能单位作为该系统所有单元过程中物流和能流的共同基础，求得系统中所有的输入和输出数据。在进行产品系统的输入和输出数据合并时应慎重，仅当数据类型是涉及等价物质且具有类似的环境运行时才允许进行数据合并。

（5）系统边界的细化　鉴于生命周期评价过程的反复性，需要进行数据的敏感性分析，并由此排除一些对研究不重要的生命周期阶段或过程，以及不重要的输入和输出，从而把数据限制在对 LCA 研究目的有意义的输入输出数据范围内，然后依据确定范围对初始产品系统边界进行适当的修改。

（6）分配　LCI 需要将产品系统中的单元过程以简单的物流或能流联系起来，然而实际上只产出单一产品，或者其原材料输入、输出仅体现为一种线性关系的工业过程极为少见，大部分工业过程都是产出多种产品，并将中间产品和弃置的产品通过再循环用作原材料。因此，必须根据既定的程序将物流、能流和环境排放分配到各个产品。

3. 生命周期影响评价

生命周期影响评价（Life Cycle Impact Assessment，LCIA）是生命周期评价的核心内容，

同时也是最难进行的部分，目前国际标准化组织正对此进行研究，相关的 ISO 14042 还处于制定阶段。SETAC 认为，LCIA 是对影响结果的合理预期，它的重点不是描述一项产品在其生命周期中实际产生的环境影响，而是检验在拟采用的清单资料的处理方式下预期的环境影响是否合理。LCIA 的目的在于对清单分析所揭示的产品系统对特定环境特性的影响进行准确的评估，并对环境特性变化的相对严重性进行优先排序。

LCIA 的概念框架有很多种，ISO 、SETAC 和美国环境保护署（EPA）都倾向于采用影响评价的“三阶段概念框架”，即分类、特征化和量化。

（1）分类　分类是将 LCI 中的输入、输出数据归到不同环境影响类型的过程。生命周期主要涉及的影响类型为资源消耗、生态影响和人类健康等，在每类影响下又分很多子类。

（2）特征化　特征化就是将不同的环境压力-环境影响关系综合到一个通用的框架之下，按照影响类型建立清单数据模型，如应用臭氧消耗潜值（ODP）指数可以定量比较不同物质分子对臭氧层造成的影响。SETAC 将特征化的表现分为 5 个层次：

1）负荷评估（Loading Assessment），表现形式为影响的有无、相对大小等。

2）当量评估（Equivalency Assessment），清单分析的数据根据某一当量因子作为转换基础进行加总，如临界体积法。

3）毒性、持续性和生物累积性评估（Toxicity，Persistence and Bioaccumulation Assessment），清单分析的数据考虑特有的化学属性，如急毒性、慢毒性和生物累积性等。

4）一般暴露/效应评估（Generic Exposure/Effects Assessment），排放物的加和总是针对某些特殊物质的排放所导致的暴露和效应作一般性分析，有时会考虑背景含量。

5）特定地址暴露/效应评估（Site-specific Exposure/Effects），排放物的加和总是针对某些特殊物质的排放所导致的暴露和效应作特定位置的分析，并考虑了特定位置的背景含量。

（3）量化　量化是确定不同环境影响相对贡献大小或权重，以期得到总的环境影响水平的过程。如一个评估者可能认为“臭氧消耗影响”权重是“能见度下降”权重的 2 倍。尽管环境科学家研究更多的是单个环境影响评估，而不是对多种环境影响进行优先排序，但是也已经开发出了几种不同的优先排序方法，如工业优先排序法（IVL/Volvo 汽车公司环境优先策略系统）。

生命周期影响评价的方法基本上分为“环境问题法”和“目标距离法”两类。

（1）环境问题法　着眼于环境影响因子和影响机理，对各种环境干扰因素采用当量因子转换而进行数据标准化和对比分析，如瑞典的环境优先战略法、瑞士和荷兰的生态稀缺性方法。

（2）目标距离法　着眼于影响后果，用某种环境效应的当前水平与目标水平之间的距离来表征某种环境效应的严重性，如瑞士的临界体积法。

4. 生命周期解释

生命周期解释（Life Cycle Interpretation）的目的是根据生命周期清单分析和影响评价的结论，以透明的方式分析结果、形成结论、解释局限性、提出建议并报告生命周期解释的结果，同时提出一系列改进建议。

根据 ISO 14043 的要求，生命周期解释阶段包括三个要素，即识别、评估和报告。识别主要是基于 LCI 和 LCIA 阶段的结果来识别重大问题；评估主要是对整个生命周期评价过程中的完整性、敏感性和一致性进行检查；报告主要是形成结论，提出建议，这些建议通常是面向应用的，然后需要从环境和非环境两个方面对改进建议进行优先排序。因此一个完整的生命周期解释阶段是由根据早期的结论提出建议和对建议进行排序这两部分组成的。

(1) 识别　对于问题的识别，旨在根据所确定的目的范围以及与评价要素的相互作用，对 LCI 或 LCIA 阶段得出的结果进行组织，以便确定重大问题。这种相互作用的目的包括前面阶段所涉及的使用方法和所作的假定，如分配原则、取舍准则、影响类型、类型参数和模型的选择等。在实际工作中通常包括两个步骤：信息的识别和组织，重大问题的确定。

(2) 评估　评估主要是对生命周期评价的整个步骤进行检查，通常进行三个方面的检查：完整性检查、敏感性检查和一致性检查。

(3) 报告　报告的形式主要为结论和建议，根据解释阶段的结果，提出符合研究目的和范围要求的初步结论以及合理建议，通常要形成研究报告。研究报告应具有完整性、公正性和透明性。

5. 基于 LCA 的月饼包装评价案例

近年来，商品过度包装之风兴起，导致了资源浪费、环境污染等问题。这种现象在月饼包装中尤为突出，现今月饼包装中多重包装、过度装饰现象司空见惯，在一盒精装月饼的实际价值中，包装要占 70% 甚至更多。不少月饼厂家还在礼品上大做文章，附盒赠送手机、金银饰物、名烟名酒等贵重物品，使销售价格与月饼的实际价格严重背离，出现了“天价”月饼。2004 年中秋节曾有售价 18 万元、内含一件纯金金佛的月饼礼盒。据有关方面统计，企业每生产 10 万盒月饼，包装耗材就需要砍伐 4 ~ 6 棵直径在 10cm 以上的树木，全国每年要生产 1 亿多盒月饼，即每个中秋要“吃掉”6000 多棵树木。除了造成资源浪费外，过度包装产生的大量废弃物还加重了环境负担。据环保部门统计，各种包装物垃圾中，有 70% 以上为可减少的过度包装物，我国包装废弃物约占城市家庭生活垃圾的 20%。

下面是研究人员利用生命周期评价方法对月饼包装进行的研究。

研究选取了过度包装、普通包装和散装三种形式，对包装产品的整个生命周期（从原材料的提取、生产加工、运输、销售、使用、废弃、回收直至最终处理的全过程）的资源消耗以及污染排放进行了量化比较。

(1) 范围确定　从市场上抽取三种月饼包装，对其包装盒不同的成分进行分析，其中月饼的净含量为 1kg，结果见表 4-1。月饼包装材料的整个生命周期分为能源材料获取、产品生产、产品销售、产品使用、回收处置等若干环节，这里所研究的包装材料生命周期包括所有这些环节。

表 4-1　三种不同包装所用材料的成分分析（1kg 月饼）

测量对象	过度包装	普通包装	散装
塑料/g	188.222	103.33	42.467
纸/g	2315.186	594.45	—
布/g	77.255	—	—
金属/g	438.109	—	—

（2）月饼包装的清单分析与比较 根据相关数据源得到塑料、纸、布以及金属各自单位质量的清单基本分析数据，见表4-2。

表4-2 包装材料的清单分析与比较（各种包装的月饼净含量为1kg）

评价项目		过度包装				普通包装		散装
		塑料	纸	布	金属	塑料	纸	塑料
质量/g		188.222	2315.186	77.255	438.109	103.33	594.45	42.467
能耗/MJ		1.141	58.065	7.525	24.819	0.626	14.909	0.257
耗水量/kg		0.566	254.67	1.329	14.896	0.311	65.39	0.128
主要材料消耗/g		原油 193.168	木材 4773.693	原油 67.212	生铁 657.164 石灰石 744.785 原油 65.716	原油 106.045	木材 1225.699	原油 43.583
排放气体/g	CO_2	772.122	5501.323	178.459	3592.494	423.897	1412.526	174.208
	SO_x	1.044	13.891	0.015	22.344	0.573	3.567	0.236
	NO_x	0.357	22.49	1.449	7.01	0.196	5.775	0.081
	HC	3.957	—	3.052	0.832	2.172	—	0.893
排放水污染物/g	BOD	—	5.512	0.077	0.002	—	1.415	—
	COD	0.147	14.332	0.247	0.124	0.08	3.68	0.033
固体废弃物/g	灰	—	22.049	—	129.242	—	5.661	—
	渣	5.496	88.198		1743.674	3.017	22.646	1.24

（3）综合评价分析 将上述各种包装材料的消耗和污染物相加，可得到不同包装形式总的排放，见表4-3。

表4-3 三种月饼包装的消耗和污染物排放综合比较（月饼净含量为1kg）

评价项目		过度包装	普通包装	散装
能耗/MJ		91.549	15.535	0.257
耗水量/kg		271.461	65.701	0.128
主要材料	木材	4773.693	1225.699	—
	原油	326.096	106.045	43.583
	生铁	657.164	—	—
	石灰石	744.785	—	—
排放气体/g	CO_2	10044.398	1836.405	174.208
	SO_x	37.294	4.14	0.236
	NO_x	31.306	5.971	0.081
	HC	7.841	2.172	0.893
排放水污染物/g	BOD	5.591	1.415	—
	COD	14.85	3.76	0.033
固体废弃物/g	灰	151.291	5.661	—
	渣	1837.368	25.663	1.24

(4) 结果解释　研究结果表明，过度包装的能耗大约是普通包装的6倍，散装的356倍；水耗是普通包装的4倍，散装的2121倍；普通包装和散装中没有用到过度包装中的生铁等材料；过度包装排放的SO_x是普通包装的9倍多，散装的158倍多。通过对月饼包装的生命周期分析可见，过度包装在整个生命周期中，能耗、水耗以及污染物排放量都远远大于普通包装和散装，因此应该在工业制造过程中提倡绿色包装。

4.3.3 生命周期评价在清洁生产中的应用前景

生命周期评价作为清洁生产诊断、评价的有效工具，在清洁生产的实施中发挥了很大作用，主要包括5个方面：

1. *有利于清洁生产审计*

清洁生产审计是对企业的生产和服务实行预防污染的分析和评估，其审计的具体对象是企业生产的产品和生产过程。清洁生产审计的思路是“判明废物产生的部位→分析废物产生的原因→提出方案以减少或消除废物”。LCA 作为一种环境评估工具用于清洁生产审计，可以保证更全面地分析企业生产过程及其上游（原料供给方）和下游（产品及废物的接受方）产品全过程的资源消耗和环境状况，找出存在的问题，提出解决方案。

如一个计算机公司的产品包括阴极射线管、塑料机壳、半导体、金属板等。通过清洁生产审计可以得出各种产品的环境影响。废物处置问题主要是阴极射线管，可能造成有毒有害物质排放的主要是半导体的生产过程，能量消耗最多的是在产品的使用阶段，原材料消耗最多的是半导体的生产。这样，企业就可以作出降低生产过程中的物耗、能耗以及减少废物排放的决策。

2. *有利于制定产品和工艺的清洁生产技术规范*

生命周期评价能判断产品和工艺是否真正属于清洁生产的范畴。生命周期评价从资源采集到产品的最终处置来考虑环境影响，同时将这些影响和整个过程（内、外）的物质和能量联系在一起，因此能在环境影响、工艺设计和经济学之间建立联系，从而能克服成本/效益分析、环境影响评价和风险评价等方法的不足。因此，有利于制定产品和工艺的清洁生产技术规范。

3. *有利于清洁产品设计和再设计*

生命周期评价作为一种产品评价与产品设计的工具，可直接应用于产品生态设计的各个阶段。如丹麦 GRAM 公司对其原有冰箱产品进行生命周期评价发现，电冰箱在使用阶段对资源和能源消耗最大，在用后处理阶段对温室效应和臭氧层破坏影响最大，通过改进，设计出低能耗、无氟电冰箱 LER200，在市场上取得了很好的经济效益。

生命周期评价还可用于产品的比较，如产品1和产品2的比较，老产品和新产品的比较，新产品带来的效益和没有这种产品时的比较等。国际上较著名的研究案例有塑料杯和纸杯的比较、聚苯乙烯和纸制包装盒的比较等。

4. *有利于废物回收和再循环管理*

通过生命周期评价，能给出废物回收、再循环和处置的最佳方案，制定废物管理的政策措施，有助于企业降低环境成本，减少环境污染和资源的浪费。

目前我国的废物回收和再循环水平还比较低，已经造成重大的资源浪费和环境污染。推广生命周期评价，可以促进废物的资源化和再利用，从而在一定程度上有助于循环经济的发展。

5. 区域清洁生产的实现——生态工业园的园区分析和入园项目的筛选

生态工业园的最主要特征是：园区中各组成单元间相互利用废物，作为生产原料，最终实现园区内资源利用最大化和环境污染的最小化。LCA 由于考虑的是产品生命周期全过程，即既考虑产品的生产过程（单元内），又考虑原材料获取和产品（以及副产品、废物）的处置（单元外），将单元内、外综合起来，考察其资源利用和污染物排放清单及其环境影响，因此可以辅助进行生态工业园区的现状分析、园区设计和入园项目的筛选。

4.4 ISO 14000 环境管理系列标准

4.4.1 ISO 14000 环境管理系列标准概述

ISO 14000 是国际标准化组织（ISO）从 1993 年开始制定的系列环境管理国际标准的总称，ISO 中央秘书处为 TC/207 环境管理技术委员会预留了 100 个标准号，即 ISO 14000 ~ ISO 14100，统称 ISO 14000 系列标准。它同以往各国自定的环境排放标准和产品的技术标准等不同，是一个国际性标准，对全世界工业、商业、政府等所有组织改善环境管理行为具有统一标准的功能。它由环境管理体系（EMS）、环境审核（EA）、环境标志（EL）、环境行为评价（EPE）、生命周期评估（LCA）、产品标准中的环境指标（EAPS）、术语和定义（T&D）7 个部分组成（表 4-4）。

表 4-4 ISO 14000 标准系列一览表

名　称	标 准 号	名　称	标 准 号
环境管理体系(EMS)	14001 ~ 14009	生命周期评估(LCA)	14040 ~ 14049
环境审核(EA)	14010 ~ 14019	术语和定义(T&D)	14050 ~ 14059
环境标志(EL)	14020 ~ 14029	产品标准中的环境指标(EAPS)	14060
环境行为评价(EPE)	14030 ~ 14039	备用	14061 ~ 14100

从 1995 年 6 月起，ISO 14000 系列标准已陆续正式颁布了 ISO 14001《环境管理体系——规范及使用指南规范》；ISO 14004《环境管理体系——原理、系统和支持技术通用指南》；ISO 14010《环境审核指南——通用原则》；ISO 14011《环境审核指南——审核程序—环境管理体系审核》；ISO 14012《环境审核指南——环境审核员资格要求》。

我国 1997 年 4 月 1 日由原国家技术监督局将已公布的五项国际标准 ISO 14001、ISO 14004、ISO 14010、ISO 14011、ISO 14012 等同于国家标准 GB/T 24001、GB/T 24004、GB/T 24010、GB/T 24011 和 GB/T 24012 正式发布。

在已公布的 5 个标准中，ISO 14001 是系列标准的核心和基础标准，其余的标准为 ISO 14001 提供了技术支持，为环境审核，特别是环境管理体系的审核提供了标准化、规范化程序，对环境审核员提出了具体要求，使环境审核系统化、规范化，并具有客观性和公正性。

这五个标准及其简介如下：

1）ISO 14001《环境管理体系——规范及使用指南规范》。该标准规定了对环境管理体系的要求，描述了对一个组织的环境管理体系进行认证/注册和（或）自我声明可以进行客观审核的要求。通过实施这个标准确信相关组织已建立了完善的环境管理体系。

2）ISO 14004《环境管理体系——原理、体系和支持技术通用指南》。该标准对环境管理体系要素进行阐述，向组织提供了建立、改进或保持有效环境管理体系的建议，是指导企业建立和完善环境管理体系的工具和教科书。

3）ISO 14010《环境审核指南——通用原则》。该标准规定了环境审核的通用原则，包括了有关环境审核及相关的术语和定义。任何组织、审核员和委托方为验证与帮助改进环境绩效而进行的环境审核活动都应满足本指南推荐的做法。

4）ISO 14011《环境审核指南——审核程序—环境管理体系审核》。该标准规定了策划和实施环境管理体系审核的程序，以判定是否符合环境管理体系的审核准则，包括环境管理体系审核的目的、作用和职责，审核的步骤及审核报告的编制等内容。

5）ISO 14012《环境管理审核指南——环境管理审核员的资格要求》。该标准提出了对环境审核员和审核组长的资格要求，适用于内部和外部审核员，包括对他们的教育、工作经历、培训、素质和能力，以及如何保持能力和道德规范都作了规定。

这一系列标准是以 ISO 14001 为核心，针对组织的产品、服务活动逐渐展开，形成全面、完整的评价方法。它包括了环境管理体系、环境审核、环境标志、生命周期评估等国际环境管理领域内的许多焦点问题，旨在指导各类组织取得和表现正确的环境行为。标准强调污染预防、持续改进和系统化、程序化的管理。不仅适用于企业，同时也可适用于事业单位、商行、政府机构、民间机构等任何类型的组织。可以说，这一系列标准向各国及组织的环境管理部门提供了一整套实现科学管理体系，体现了市场条件下环境管理的思想和方法。

4.4.2 ISO 14000 环境管理系列标准的分类

1. 按性质划分

ISO 14000 作为一个多标准组合系统，按标准性质可分为三类：

（1）基础标准——术语标准　制定环境管理方面的术语与定义。

（2）基本标准——环境管理体系、规范、原理、应用指南　包括 ISO 14001 ~ ISO 14009 环境管理体系标准，是 ISO 14000 系列标准中最为重要的部分。它要求组织在其内部建立并保持一个符合标准的环境管理体系，通过有计划地评审和持续改进的循环，保持体系的不断完善和提高。通过环境管理体系标准的实施，帮助组织建立对自身环境行为的约束机制，促进组织环境管理能力和水平不断提高，从而实现组织与社会的经济效益与环境效益的统一。

（3）支持技术类标准（工具）　包括环境审核、环境标志、环境行为评价、生命周期评价。

1）环境审核（ISO 14010 ~ ISO 14019）。作为体系思想的体现，环境审核着重于“检查”，为组织自身和第三方认证机构提供一套监测和审计组织环境管理的标准化方法和程序，一方面使组织了解掌握自身环境管理现状，为改进环境管理活动提供依据；另一方面是组织向外界展示其环境管理活动对标准符合程度的证明。

2）环境标志（ISO 14020 ~ ISO 14029）。实施环境标志标准，目的是确认组织的环境表现，促进组织建立环境管理体系的自觉性；通过标志图形、说明标签等形式，向市场展示标志产品与非标志产品环境表现的差别，向消费者推荐有利于保护环境的产品，提高消费者的环境意识，同时也给组织造成强大的市场压力和社会压力，达到影响组织环境决策的目的。

3）环境行为评价（ISO 14030 ~ ISO 14039）。这一标准不是污染物排放标准，而是通过组织的“环境行为指数”，表达对组织现场环境特性、某个等级的活动、某个产品生命周期等综合环境影响的评价结果。它是对组织环境行为和影响进行评估的一套系统管理手段。这套标准不仅可以评价组织在某一时间、地点的环境行为，而且可以对其环境行为的长期发展趋势进行评价，指导组织选择预防污染、节约资源和能源的管理方案以及更为环保的产品。

4）生命周期评价（ISO 14040 ~ ISO 14049）。这一标准是从产品开发设计、加工制造、流通、使用、报废处理到再生利用的全过程的产品生命周期评定，从根本上解决了环境污染和资源能源浪费问题。这种评价超出了组织的地理边界，包括了组织产品在社会上流通的全过程，从而发展了环境评价的完整性。

2. 按功能划分

如按标准的功能划分，可以分为两类：

1）评价组织，包括环境管理体系、环境行为评价及环境审核。

2）评价产品，包括生命周期评价、环境标志及产品标准中的环境指标。

3. 按运行过程划分

按环境管理体系的运行过程划分，可分为五个部分：

(1) 环境方针　表达了组织在环境管理上的总体原则和意向，是环境管理体系运行的主导，其他要素所进行的活动都是直接或间地为实现环境方针服务的。它所解决的问题是：为什么要做？目的是什么？

(2) 环境策划　环境策划是组织对其环境管理活动的规划工作，包括确定组织的活动、产品或服务中所包含的环境因素；确定组织所应遵守的法律、法规和其他要求；根据环境方针制定环境目标和指标，规定有关职能和层次的职责，以及实现目标和指标的方法和时间表。它所解决的问题是：要做什么？

(3) 实施运行　这是将上面策划工作付诸实行并进而予以实现的过程，包括规定环境管理所需的组织结构和职责，相应的权限和资源；对员工进行有关环境的教育与培训，环境意识和有关能力的培养；建立环境管理中所需的内、外部信息交流机制，有效地进行信息交流；制定环境管理体系运行中所需制定的各种文件；对文件的管理，包括文件的标识、保管、修订、审批、撤销、保密等方面的活动；对组织运行中涉及的环境因素，尤其是重要环境因素的运行活动的控制；确定组织活动可能发生的事故，制定应急措施，并在紧急情况发生时及时作出响应。它所解决的问题是：怎么做？

(4) 检查和纠正措施　在实施环境管理体系的过程中，要经常地对体系的运行情况和环境表现进行检查，以确定体系是否得到正确有效的实施。其环境方针、目标和指标的要求是否得到满足，如发现不符合，应考虑采取适当的纠正措施。它所解决的问题是：所做的对吗？

(5) 管理评审　是组织的最高管理者对环境管理体系的适宜性、充分性和有效性的评价，包括对体系的改进。它所解决的问题是：在做对的工作吗？

经过五个部分的运行，体系完成了一个循环过程，通过修正，又进入下一个更高层次的循环。整个体系并不是一系列功能模块的搭接，而是相互联系的一个整体，充分体现了全局观念、协作观念、动态适应观念。

4.4.3 ISO 14000 环境管理系列标准的特点

ISO 14000 环境管理系列标准，同过去的环境排放标准和产品技术标准有很大不同，具有如下特点：

（1）以市场驱动为前提　近年来，世界各国公众环境意识不断提高，对环境问题的关注也达到了史无前例的高度，“绿色消费”浪潮促使企业在选择产品开发方向时越来越多地考虑人们消费观念中的环境原则。由于环境污染中相当大的一部分是由于管理不善造成的，而强调管理，正是解决环境问题的重要手段和措施，因此促进了企业开始全面改进环境管理工作。ISO 14000 系列标准一方面满足了各类组织提高环境管理水平的需要，另一方面为公众提供一种衡量组织活动、产品、服务中所含有的环境信息的工具。

（2）强调污染预防　ISO 14000 系列标准体现了国际环境保护领域由“末端治理”到“污染预防”的发展趋势。环境管理体系强调对组织的产品、活动、服务中具有或可能具有潜在影响环境的因素加以管理，建立严格的操作控制程序，保证企业环境目标的实现。生命周期分析和环境表现（行为）评价将环境方面的考虑纳入产品的最初设计阶段和企业活动的策划过程，为决策提供支持，预防环境污染的发生。这种预防措施更彻底有效、更能对产品发挥影响力，从而带动相关产品和行业的改进、提高。

（3）可操作性强　ISO 14000 系列标准体现了可持续发展战略思想，将先进的环境管理经验加以提炼浓缩，转化为标准化、可操作的管理工具和手段。如已颁行的环境管理体系标准，不仅提供了对体系的全面要求，还提供了建立体系的步骤、方法和指南。标准中没有绝对量和具体的技术要求，使得各类组织能够根据自身情况适度运用。

（4）标准的广泛适用性　ISO 14000 系列标准应用领域广泛，涵盖了企业的各个管理层次，生命周期评价方法可以用于产品及包装的设计开发、绿色产品的优选；环境表现（行为）评价可以用于企业决策，以选择有利于环境和市场风险更小的方案；环境标志则起到了改善企业公共关系，树立企业环境形象，促进市场开发的作用；而环境管理体系标准则进入企业的深层管理，直接作用于现场操作与控制，明确员工的职责与分工，全面提高其环境意识。因此，ISO 14000 系列标准实际上构成了整个企业的环境管理构架。该体系适用于任何类型、规模以及各种地理、文化和社会条件下的组织。各类组织都可以按标准所要求的内容建立并实施环境管理体系，也可向认证机构申请认证。

（5）强调自愿性原则　ISO 14000 系列标准的应用基于自愿原则。国际标准只能转化为各国国家标准而不等同于各国法律法规，不可能要求组织强制实施，因而也不会增加或改变一个组织的法律责任。组织可根据自己的经济、技术等条件选择采用。

4.4.4 实施 ISO 14000 环境管理标准的意义

对一个组织而言，实施 ISO 14000 标准就是将环境管理工作按照标准的要求系统化、程序化和文件化，并纳入整体管理体系的过程，是一个使环境目标与其他目标（如经营目标）相协调一致的过程。对于企业来说，广泛开展 ISO 14000 认证工作对自身发展的意义如下：

1）实施 ISO 14000 系列标准有利于实现经济增长方式从粗放型向集约型的转变。该标准要求企业从产品开发、设计、制造、流通（包装、运输）、使用、报废处理到再利用的全过程的环境管理与控制，使产品从“摇篮到坟墓”的全流程都符合环境保护的要求，以最小的投入取得最大的环境效益和经济效益。

2）实施 ISO 14000 系列标准有利于加强政府对企业环境管理的指导，提高企业的环境管理水平。实施 ISO 14000，首先要求企业对遵守国家法律、法规、标准和其他相关要求作出承诺，并实行对污染预防的持续改进。ISO 14000 环境管理体系是一个非常科学的管理体系，体系的建立和推行，能使企业的环境管理得到明显的改善，产生环境绩效，同时企业的环境管理的组织与控制能力都将有很大的提高。另外，ISO 14000 标准所规定的要求符合现代管理的组织理论、管理过程理论和管理效率理论，体系实施后，职能分配制度、培训制度、信息沟通制度、应变能力、检查评价及监督制度等都将有明显的改进。所以 ISO 14000 标准的认证不仅对企业的环境管理，还对其他管理都有明显的促进作用。

3）实施 ISO 14000 系列标准有利于提高企业形象和市场份额，获得竞争优势，促进贸易发展。企业建立 ISO 14000 环境管理体系，能带来环境绩效的改变，在公众的心目中形成良好的形象，使企业及产品的感知和认同度提高，同时，企业形象和品牌形象也会有很大的提高。随着全球环境意识的日益高涨，“绿色产品”“绿色产业”优先占领市场，从而获得较高的竞争力，提高了企业形象，取得了显著的经济效益。企业获得了 ISO 14000 的认证，就如同获得了一张打入国际市场的“绿色通行证”，从而避开发达国家设置的“绿色贸易壁垒”。

4）实施 ISO 14000 系列标准有利于节能降耗、提高资源利用率、减少污染物的产生与排放量。ISO 14000 标准要求企业对污染预防和环境行为的持续改进作出承诺，并对重大的环境因素制定出具体可行的环境目标和指标，通过环境管理方案加以实施。按照 ISO 14000 的要求，企业可以按照自身的情况，逐步实现能源消耗的减少和废弃物的再生利用，既减少了资源消耗，减轻了污染，又降低了生产经营成本。

5）实施 ISO 14000 系列标准有利于减少环境风险和各项环境费用（投资、运行费、赔罚款、排污费等）的支出，从而达到企业的环境效益与经济效益的协调发展，为实现可持续发展战略创造了条件。

6）实施 ISO 14000 系列标准有利于提高企业自主守法的意识，ISO 14000 标准要求企业作出遵守环境法律法规的承诺，同时要求企业判定出其活动中会对环境有重大影响的因素并对其实行运行控制措施，减轻企业活动对环境的压力。因此，通过推广实施 ISO 14000，可使企业提高自主守法意识，变被动守法为主动守法，促进我国环境法律法规和管理制度的执行。

7）实施 ISO 14000 系列标准还有利于改善企业与社会的公共关系。如由于减少了噪声、粉尘等污染，势必减少了对周围社区的环境影响，从而改善了社区公共关系。

总之，建立环境管理体系强调以污染预防为主，强调与法律、法规和标准的符合性，强调满足相关方的需求，强调全过程控制，有针对性地改善组织的环境行为，以期达到对环境的持续改进，切实做到经济发展与环境保护同步进行，走可持续发展的道路。

4.4.5 ISO 14000 与清洁生产的关系

清洁生产是联合国环境规划署提出的环境保护由末端治理转向生产的全过程控制的全新污染预防策略。清洁生产是以科学管理、技术进步为手段，通过节约能源、降低原材料消耗、减少污染物排放量，提高污染防治效果，降低污染防治费用，消除、减少工业生产对人类健康和环境的影响。故清洁生产可作为工业发展的一种目标模式，即利用清洁能源、原材料，采用清洁的生产工艺技术，生产出清洁的产品。清洁生产也是从生态经济的角度出发，遵循合理利用资源、保护生态环境的原则，考察工业产品从研究、设计、生产到消费的全过程，以协调社会与自然的关系。

ISO 14000 系列标准是集世界环境领域的最新经验与实践于一体的先进管理体系，包括环境管理体系（EMS）、环境审核（EA）、生命周期评估（LCA）和环境标志（EL）等方面的系列国际标准，旨在指导并规范企业建立先进的管理体系，帮助企业实现环境目标与经济目标。

清洁生产与 ISO 14000 环境管理体系是世纪之交环境保护的新思路，两者既有相同点，又有不同点，且密切相关、相辅相成。

1. 清洁生产与环境管理体系的相同点

（1）产生的背景相同　20 世纪 50 年代后，随着工业的振兴和经济的高速发展，环境污染日益严重。这种以牺牲环境为代价的传统经济发展模式，造成了震惊世界的一系列环境公害事件。在这种背景下，许多国家走上了“先污染，后治理”的末端治理之路。通过大量的环境治理投入，建立污染控制措施，对生产过程中产生的“三废”进行处理。末端治理的后果是资源浪费大，经济代价高，难以形成经济、社会和环境效益的统一。在吸取传统工业污染防治模式经验教训的基础上，提出以预防为主和综合解决污染问题的“清洁生产”模式。ISO 14000 标准也是伴随着爆发于发达国家的环境公害事件，人们逐步意识到必须对自身的经济发展行为加强管理而产生的。

（2）有相同的原则

1）ISO 14001 标准强调预防为主的原则，强调系统的全过程管理，强调从污染的源头削减。清洁生产是一种持续地将预防应用于生产全过程的战略，它也强调从源头抓起，着眼于生产全过程控制。

2）两者都强调持续改进。环境管理体系是一个开放系统，不能在原有的水平上循环往复，停滞不前，而应通过管理评审等手段提出新一轮要求与目标，实现环境绩效的改进与提高。而清洁生产是一个相对的概念，是与末端治理污染相比较，与现有的生产工艺技术状况相比较而言的。推行清洁生产是一个不断完善的过程，随着社会经济的发展和科学技术的进步，应当不断提出新的目标，达到新的水平。

3）两者都强调全员参与。清洁生产审核是一个需要各部门、各生产岗位全体职工都参与的活动。应通过宣传教育使职工转变观念，改变思维方式，积极投入到清洁生产审核中去。环境管理体系的实施，也需要组织各部门和全体员工的共同参与，标准要求用结构化的机构设置，确保环境因素管理过程及体系运行中的职责分明，包括上至最高管理者，下至普通员工的职责。

（3）有相同的运行模式　ISO 14000 环境管理体系遵循 PDCA 模式，即规划（Plan）、实施（Do）、检查（Check）和改进（Action）。规划出管理活动应达到的目的和遵循的原则；在实施阶段实现目标并在实施过程中体现以上工作原则；检查和发现问题，及时采取纠正措施，以保证实施过程不会偏离原有的目标和原则，实现过程与结果的改进和提高。清洁生产审核也同样遵循 PDCA 循环，它包括筹划和组织、预审核、审核、备选方案的产生与筛选、方案可行性分析、方案实施和持续清洁生产七个阶段。

(4) 目的相同　清洁生产的目的是削减有害物质的排放，降低人类健康和环境的风险，减少生产工艺过程中的原料和能源消耗，降低生产成本。实施 ISO 14000 环境管理体系的目的是减少人类各项活动造成的环境污染，节约资源，改善环境质量，促进社会可持续发展。

鉴于两者的相同点，企业可将清洁生产审核与环境管理体系有机结合起来，将清洁生产纳入环境管理之中，两者相辅相成，互相促进。ISO 14000 标准为清洁生产提供了机制、组织保证；清洁生产为 ISO 14000 提供了技术支持。为使两者更好地结合，政府和有关部门要做一些推动企业积极进行清洁生产的工作，包括制定鼓励企业开展清洁生产的政策导向、技术导向，编制工业清洁生产指南，提供先进技术与管理信息，加强培训、宣传、教育等，同时要参照 ISO 14000 标准，建立起符合我国国情的标准化体系，使它与清洁生产有机结合起来。

2. 清洁生产与环境管理体系的不同点

环境管理体系是一种先进的管理体系，而清洁生产则是一种绿色生产方式。两者之间存在相异之处。

1）实施目标不同。清洁生产是直接采用技术改造，辅以加强管理；而 ISO 14000 标准则是以国家法律、法规为依据，采用优良的管理，促进技术改造。

2）工作重点不同。清洁生产着眼于生产系统本身，以改进生产、减少污染产出为直接目标；而环境管理体系侧重于管理，是集国内外环境管理领域的最新经验与实践于一体的先进的标准管理模式，工作重点是节约资源，减少环境污染，改善环境质量，保证经济可持续发展。

3）应用手段不同。清洁生产采用清洁的工艺技术与生产过程，生产清洁产品；而环境管理体系则是通过环境审核、生命周期评估和环境标志等方面的系列标准，建立一个良好的环境管理体系，其宗旨是指导并规范组织建立先进的环境管理体系，并帮助组织实现环境目标与经济目标。

4）作用效果不同。清洁生产要求技术人员和管理人员树立一种全新的环境保护思想，使企业环境工作重点转移到生产中去；而环境管理体系则为管理层提供一种先进的管理模式，将环境管理纳入企业管理之中，使全体员工提高环保意识并明确各自的职责。

5）审核方法不同。清洁生产重视以工艺流程分析、物料和能量平衡等方法为手段，确定最大污染源及最佳改进方法；而环境管理体系的审核主要是检查组织自我环境管理的意识和状况。

3. 清洁生产与环境管理体系的相互关系

1）清洁生产是环境管理体系的要求：ISO 14000 条款 4. 2 中明确要求企业采取清洁生产手段来控制污染。

2）ISO 14000 环境管理体系对环境意识提出明确要求：环境管理体系认证工作最重要的前提，是提高企业员工的环境意识。环境意识是增强实施环境管理的根本动力。清洁生产的实施为环境意识的提高提供了场所。

3）推行清洁生产可提高企业的整体技术和管理水平：企业推行清洁生产，从原料、设备、管理人员等全方位进行优化，采用先进科学的方法进行技术改造，故可有效提高企业的综合管理水平，建立一个良好的环境管理体系。

4）清洁生产与环境管理体系相互促进。企业在按照 ISO 14000 标准建立环境管理体系时，可按清洁生产方法进行环境因素的识别、筛选，编制环境管理方案，将清洁生产理念融合在企业管理程序文件的编制中，如项目建设、产品设计开发、采购、生产过程、动力能源、水气固废物处理等管理程序，使清洁生产技术方案在企业管理中得到落实。通过实施清洁生产，组织解决了技术工艺难题和管理缺陷，并修订完善管理制度，将清洁生产成果巩固下去，从而丰富和完善了组织的生产管理。在清洁生产中，通过教育和培训，提高了职工的技术素质和管理素质，促使他们更加关心管理，提高其参与管理的意识。

总之，清洁生产是以技术进步为手段，科学管理为辅，虽强调管理，但生产技术含量高；而环境管理体系（ISO 14000）是以国家法律、法规为依据，采用先进的管理系统，促进技术改造，它强调污染预防技术，但管理色彩较浓，并为清洁生产提供了机制与组织保证。同时，清洁生产又为环境管理体系的实行提供了技术支持。

组织从计划经济模式下的生产向市场经济模式转变，一个重要的标志就是重视并加强环境管理——推行清洁生产，同时引入国际通行的 ISO 14000 环境管理标准。在实施过程中中，要将两者有机结合起来，并融入企业的运营管理之中。

复习与思考

1. 简述质量（能量）守恒原理。
2. 什么是生态学？它有哪些基本规律？
3. 试述生态系统的组成和三大功能。
4. 什么是生命周期评价？生命周期评价在清洁生产中有什么作用？
5. 什么是 ISO 14000 环境管理标准？为什么说环境管理体系模式是一个持续改进的过程？
6. 试述 ISO 14000 与清洁生产的关系。

第 5 章 清洁生产的法律法规和政策

5

5.1 清洁生产的相关法律法规和政策

我国清洁生产的实践表明，现行条件下，由于企业内部存在一系列实施清洁生产的障碍约束，要使作为清洁生产主体的企业完全自发地采取自觉主动的清洁生产行动是极其困难的。单纯依靠培训和企业清洁生产示范推动清洁生产，其作用也不能保证清洁生产广泛、持久地实施。通过政府建立起适应清洁生产特点和需要的政策、法规，营造有利于调动企业实施清洁生产积极性的外部环境，将是促进我国清洁生产发展的关键。自 1993 年我国开始推行清洁生产以来，在促进清洁生产的经济政策和产业政策的颁布实施以及相关法律法规建设方面取得了较快的发展，为推动我国清洁生产向纵深发展提供了一定的政策法规保障。

5.1.1 我国清洁生产相关法规进展

1992 年 5 月，原国家环保总局与联合国环境规划署联合在我国举办了第一次国际清洁生产研讨会，推出了《中国清洁生产行动计划（草案)》。

1992 年党中央和国务院批准的《环境与发展十大对策》明确提出新建、扩建、改建项目，技术起点要高，尽量采用能耗物耗小、污染物排放量少的清洁工艺。

1993 年召开的第二次全国工业污染防治工作会议提出了工业污染防治必须从单纯的末端治理向对生产全过程控制转变，实行清洁生产。

1994 年，我国制定的《中国21 世纪议程——中国 21 世纪人口、环境与发展白皮书》中，把实施清洁生产列入了实现可持续发展的主要对策：强调污染防治逐步从含量控制转变为总量控制、从末端治理转变到全过程防治，推行清洁生产；鼓励采用清洁生产方式使用能源和资源；提出制定与中国目前经济发展水平和国力相适应的清洁生产标准和原则；并配套制定相应的法规和经济政策，开发无公害、少污染、低消耗的清洁生产工艺和产品。

1995 年通过的《中华人民共和国固体废物污染环境防治法》第四条明确指出：“国家鼓励、支持开展清洁生产，减少固体废物的产生量。”这是我国第一次将“清洁生产”的概念写进法律中。该法律于2004 年修订，第三条指出：“国家对固体废物污染环境的防治，实行减少固体废物的产生量和危害性、充分合理利用固体废物和无害化处置固体废物的原则，促进清洁生产和循环经济发展”；第十八条规定：“产品和包装物的设计、制造，应当遵守国家有关清洁生产的规定。”

1996 年召开的第四次全国环境保护会议提出了到 20 世纪末把主要污染物排放总量控制在“八五”末期水平的总量控制目标，会后颁发的《国务院关于环境保护若干问题的决定》再次强调了要推行清洁生产。

1996 年 12 月原国家环境保护局主持编写的《企业清洁生产审计手册》，由中国环境科学出版社发行。

1997 年 4 月 14 日原国家环保总局发布的《国家环境保护局关于推行清洁生产的若干意见》中指出，“九五”期间推行清洁生产的总体目标是：以实施可持续发展战略为宗旨，切实转变工业经济增长和污染防治方式，把推行清洁生产作为建设环境与发展综合决策机制的重要内容，与企业技术改造、加强企业管理、建立现代企业制度，以及污染物达标排放和总量控制结合起来，制定促进清洁生产的激励政策，力争到 2000 年建成比较完善的清洁生产管理体制和运行机制。

1998 年 11 月，《建设项目环境保护管理条例》（国务院令第 235 号）明确规定：工业建设项目应当采用能耗物耗小、污染物排放量少的清洁生产工艺，合理利用自然资源，防治环境污染和生态破坏。

1999 年 5 月，原国家经贸委发布了《关于实施清洁生产示范试点计划的通知》。

1999 年，全国人大环境与资源保护委员会将《清洁生产法》的制定列入立法计划。

2000 年、2003 年、2006 年，原国家经贸委、国家发改委和原国家环境保护总局分三批公布了《国家重点行业清洁生产技术导向目录》，涉及 13 个行业、共 131 项清洁生产技术（今后还将继续发布），这些技术经过生产实践证明，具有明显的环境效益、经济效益和社会效益，可以在本行业或同类性质生产装置上应用。

2002 年 6 月 29 日由中华人民共和国第九届全国人民代表大会常务委员会第二十八次会议通过的《中华人民共和国清洁生产促进法》是一部冠以“清洁生产”的法律，表明国家鼓励和促进清洁生产的决心，“在中华人民共和国领域内，从事生产和服务活动的单位以及从事相关管理活动的部门依照本法规定，组织、实施清洁生产”。

2003 年～2008 年 10 月以来，原国家环境保护总局（2008 年 3 月 21 日原国家环境保护总局的职责划入环境保护部）已发布了 35 个行业的“清洁生产标准”（今后还将陆续发布），用于企业的清洁生产审核和清洁生产潜力与机会的判断，以及清洁生产绩效评估和清洁生产绩效公告。

2003 年 12 月 17 日国务院办公厅转发发改委等 11 个部门《关于加快推行清洁生产意见的通知》，以加快推行清洁生产，提高资源利用效率，减少污染物的产生和排放，保护环境，增强企业竞争力，促进经济社会可持续发展。

2004 年 8 月 16 日国家发展和改革委员会、原国家环保总局制定并审议通过了《清洁生产审核暂行办法》，遵循企业自愿审核与国家强制性审核相结合、企业自主审核与外部协助审核相结合的原则，因地制宜、有序开展清洁生产审核。

2005 年 12 月 13 日原国家环境保护总局制定了《重点企业清洁生产审核程序的规定》，以规范有序地开展全国重点企业清洁生产审核工作。

2006 年 4 月 23 日国家发展和改革委员会发布了七个行业的“清洁生产评价指标体系（试行）”，用于评价企业的清洁生产水平，作为创建清洁生产企业的主要依据，并为企业推行清洁生产提供技术指导。

2008年7月1日，环境保护部发布了《关于进一步加强重点企业清洁生产审核工作的通知》（环发［2008］60号）以及《重点企业清洁生产审核评估、验收实施指南（试行）》，适用于《中华人民共和国清洁生产促进法》中规定的“污染物排放超过国家和地方规定的排放标准或者超过经有关地方人民政府核定的污染物排放总量控制指标的企业；使用有毒、有害原料进行生产或者在生产中排放有毒、有害物质的企业”，也适用于国家和省级环保部门根据污染减排工作需要确定的重点企业。

5.1.2　清洁生产的相关政策

1. 促进清洁生产的经济政策

经济政策是根据价值规律，利用价格、税收、信贷、投资、微观刺激和宏观经济调节等经济杠杆，调整或影响有关当事人产生和消除污染行为的一类政策。在市场经济条件下，采用多种形式和内容的经济政策措施是推动企业清洁生产的有效工具。经济政策虽然不直接干预企业的清洁生产行为，但它可使企业的经济利益与其对清洁生产的决策行为或实施强度结合起来，以一种与清洁生产目标一致的方式，通过对企业成本或效益的调控作用有力地影响着企业的生产行为。

（1）税收鼓励政策　税收手段的目的在于通过调整比价和改变市场信号以影响特定的消费形式或生产方法，降低生产过程和消费过程中产生的污染物排放水平，并鼓励有益于环境的利用方式。由于产品的当前价格并没有包括产品的全部社会成本，没有将产品生产和使用对人体健康和环境的影响包括在产品价格中，通过税收手段，可以将产品生产和消费的单位成本与社会成本联系起来，为清洁生产的推行创造一个良好的市场环境。运用税收杠杆，采用税收鼓励或税收处罚等手段，促进经营者、引导消费者选择绿色消费。我国为加大环境保护工作的力度，鼓励和引导企业实施清洁生产，制定了一系列有利于清洁生产的税收优惠政策，主要包括：

1）增值税优惠。企业购置清洁生产设备时，允许抵扣进项增值税额，以此来降低企业购买清洁生产设备的费用，刺激清洁生产设备的需求；对利用废物生产产品和从废物中回收原料的企业，税务机关按照国家有关规定，减征或者免征增值税。

2）所得税优惠。对企业投资采用清洁生产技术生产的产品或有利于环境的绿色产品的生产经营所得税及其他相关税收，给予减税甚至免税的优惠。允许用于清洁生产的设备加速折旧，以此来减轻企业税收负担，增加企业税后所得，激活企业对技术进步的积极性。

3）关税优惠。对出口的清洁产品，实施退税，提高我国环保产品价格竞争力，开拓海外市场；对进口的清洁生产技术、设备实行免税，加快企业引进清洁生产技术和设备的步伐，消化吸收国外先进的技术。如对城市污水和造纸废水部分处理设备实行进口商品暂定税率，享受关税优惠。

4）营业税优惠。对从事提供清洁生产信息、进行清洁生产技术咨询和中介服务机构采取一定的减税措施，促进多功能、全方位的政策、市场、技术、信息服务体系的形成，为清洁生产提供必要的社会服务。

5）投资方向调节税优惠。在固定资产投资方向调节税中，对企业用于清洁生产的投资执行零税率，提高企业投资清洁生产的积极性。如建设污水处理厂、资源综合利用等项目，其固定资产投资方向调节税实行零税率。

6）建筑税优惠。建设污染治理项目，在可以申请优惠贷款的同时，该项目免交建筑税。

7）消费税优惠。对生产、销售达到低污染排放限值的小轿车、越野车和小客车减征一定比例的消费税。

（2）财政鼓励政策　财政政策是世界各国推行清洁生产的重要手段，通常采用优先采购、补贴或奖金、贷款或贷款加补贴的形式鼓励企业实施清洁生产计划项目。我国企业，特别是中小型企业，在推进清洁生产项目的过程中最大的障碍是资金问题。由于资金缺乏，致使许多企业即使找到实现减污降耗的先进技术和改造方案也无法付诸实施。因此，采取积极的财政政策，帮企业在一定程度上解决技改资金问题，对加速我国清洁生产的实施具有关键性的作用。目前，我国在财政方面对清洁生产主要采取以下鼓励政策：

1）各级政府优先采购或按国家规定比例采购节能、节水、废物再生利用等有利于环境与资源保护的产品。一方面通过对清洁产品的直接消费，为清洁生产注入资金；另一方面通过政府的示范、宣传，鼓励和引导公众购买、使用清洁产品，从而促进清洁生产的发展。

2）建立清洁生产表彰奖励制度，对在清洁生产工作中做出显著成绩的单位和个人，由政府给予表彰和奖励。

3）国务院和县级以上各级地方政府在本级财政中安排资金，对清洁生产研究、示范和培训以及实施国家清洁生产重点技术改造项目给予资金补助。

4）政府鼓励和支持国内外经济组织通过金融市场、政府拨款、环境保护补助资金、社会捐款等渠道依法筹集中小型企业清洁生产投资资金。开展清洁生产审核以及实施清洁生产的中小型企业可以向投资基金经营管理机构申请低息或无息贷款。

5）列入国家重点污染防治和生态保护的项目，国家给予资金支持；城市维护费可用于环境保护设施建设；国家征收的排污费优先用于污染防治。

2. 促进清洁生产的其他相关政策

（1）对中小型企业实施清洁生产的特别扶持政策　中小型企业实施清洁生产可获得国家的特别扶持，主要包括：

1）企业产业范围若符合《中小企业发展产业指导目录》的内容，可以向“中小企业发展专项资金”申请支持。

2）生产或开发项目若是“具有自主知识产权、高技术、高附加值，能大量吸纳就业，节能降耗，有利于环保和出口”的项目，可以向“国家技术创新基金”申请支持。

3）企业的产品若符合《当前国家鼓励发展的环保产业设备（产品）目录》的要求，根据具体情况，可以获得相关的鼓励和扶持政策支持，如抵免企业所得税、加快设备折旧、贴息支持或补助等。

4）对利用废水、废气、废渣等废弃物作为原料进行生产的中小型企业，可以申请减免有关税赋。

（2）对生产和使用环保设备的鼓励政策　原国家经贸委和国家税务总局先后联合发布公告，公布了第一批（2000年）和第二批（2002年）《当前国家鼓励发展的环保产业设备（产品）目录》，包括水污染设备、空气污染治理设备、固体废弃物处理设备、噪声控制设备、节能与可再生能源利用设备、资源综合利用与清洁生产设备、环保材料与药剂等八类。

相关的鼓励和扶持政策包括：

1）企业技术改造项目凡使用目录中的国产设备，按照财政部、国家税务总局的《关于印发〈技术改造国产设备投资抵免企业所得税暂行办法〉的通知》（财税字［1999］290号）的规定，享受投资抵免企业所得税的优惠政策。

2）企业使用目录中的国产设备，经企业提出申请，报主管税务机关批准后，可实行加速折旧办法。

3）对专门生产目录内设备（产品）的企业（分厂、车间），在符合独立核算、能独立计算盈亏的条件下，其年净收入在30万元（含30万元）以下的，暂免征收企业所得税。

4）为引导环保产业发展方向，国家在技术创新和技术改造项目中，重点鼓励开发、研制、生产和使用列入目录的设备（产品）；对符合条件的国家重点项目，将给予贴息支持或适当补助。

5）使用财政性质资金进行的建设项目或政府采购，应优先选用符合要求的目录中的设备（产品）。

（3）对相关科学研究和技术开发的鼓励政策 国家对相关科学研究和技术开发的鼓励政策和促进措施主要包括：

1）遵照《中华人民共和国清洁生产促进法》，各级政府应在各个方面对清洁生产科学研究和技术开发提供支持，包括制定相应的财税政策、提供相关信息、组织科技攻关等。

2）国家和行业科技部门，应将阻碍清洁生产的重大技术问题列入国家或行业科研计划，组织跨行业、跨部门的研究力量进行联合攻关或直接从国外引进此类技术；国家有关部门应针对行业清洁生产技术规范、与清洁生产相关的科研成果及引进的清洁生产关键技术，组织有关专家进行评价、筛选，为清洁生产的企业减少技术风险。

3）国家应促进相应研究和开发的支持及服务系统的建设，加强、改进信息的搜集与交流，各类标准的制定与实施，科研设备的配置等。

4）国家应努力推动技术成果的转化，推进科技成果的产业化。

5）国家应通过有效的政策措施，鼓励企业消化吸收国外的先进技术和设备，提高清洁装备的国产化水平。

（4）对国际合作的鼓励政策 当前，我国在经验缺乏、资金也不十分充裕的条件下，通过国际合作，学习国外的先进经验，吸引外资和国外的先进技术，开展清洁生产，是一条行之有效的途径。为此，《中华人民共和国清洁生产促进法》第六条提出，国家鼓励开展有关清洁生产的国际合作。在具体的国际合作方面，合作类型包括各种多边及双边合作，合作方式可以多种多样，如合作开发、技术转让、培训、建立机构、资金支持、政策与法律支持等。

近年来，国家在鼓励清洁生产领域的国际合作方面做了很多工作，从中央政府到地方政府，都对这一领域的合作予以广泛的关注，促进了多边以及双边合作的广泛开展。如联合国环境规划署参与、世界银行贷款支持的“中国环境技术援助项目清洁生产子项目（B-4项目）”、世界银行赠款的JGF项目——“中国乡镇企业废物最小化管理体系的建立研究”、中加清洁生产合作项目以及亚洲银行资助的清洁生产项目等，都对推进我国清洁生产工作发挥了重要作用。

5.2 重要法规解读

5.2.1 《中华人民共和国清洁生产促进法》

2002年6月29日，第九届全国人民代表大会常务委员会第二十八次会议审议并通过了《中华人民共和国清洁生产促进法》，并于2003年1月1日起实施。该法明确规定了政府推行清洁生产的责任，对企业提出实施清洁生产的要求，并对企业实施清洁生产给予支持鼓励，是我国第一部以推行清洁生产为目的的法律。

1. 制定《中华人民共和国清洁生产促进法》的意义和必要性

《中华人民共和国清洁生产促进法》第一条阐明了制定本法的目的：提高资源利用效率，减少和避免污染物的产生，保护和改善环境，保障人体健康，促进社会经济的可持续发展。具体地说，制定《中华人民共和国清洁生产促进法》的必要性主要体现在以下方面：

1）清洁生产是提高自然资源利用效率的必然选择。我国人口众多、资源相对不足、生态环境脆弱，在现代化建设中必须实施可持续发展战略。核心问题是要正确处理经济发展同人口、资源、环境的关系，努力开创一条生产发展、生活富裕、生态良好的文明发展道路。我国经济发展面临的资源形势相当严峻：水资源短缺、耕地减少、矿产资源保证程度下降等，成为我国经济持续发展的制约因素。面对日益严峻的资源形势，要实现经济社会的可持续发展，唯一的出路就是大力推行清洁生产。必须通过调整结构，革新工艺，提高技术装备水平，加强科学管理，合理高效配置资源，包括最大限度地节约能源和原材料、利用可再生能源或清洁能源、利用无毒无害原材料、减少使用稀有原材料、循环利用物料等措施，以最少的原材料和能源投入，生产出尽可能多的产品，提供尽可能多的服务，最大限度地减少污染物的排放。

2）清洁生产是对环境末端治理战略的根本变革。工业革命以来，随着科技的迅猛发展，人类征服自然和改造自然的能力大大增强。一方面，人类创造了前所未有的物质财富，人们的生活发生了空前的巨大变化，极大地推进了人类文明的进程，另一方面，人类在充分利用自然资源和自然环境创造物质财富的同时，却过度地消耗资源，造成了严重的资源短缺和环境污染。"先污染、后治理"的"末端治理"模式虽然取得了一定的效果，但并没有从根本上解决经济发展对资源环境造成的巨大压力，资源短缺和生态破坏日益加剧，"末端治理"战略的弊端日益显现。国内外的实践表明，清洁生产是污染防治的最佳模式。它不仅可以使环境状况得到根本的改善，而且能使能源、原材料和生产成本降低，经济效益提高，竞争力增强，实现经济与环境的"双赢"。

3）清洁生产是应对入世挑战，冲破绿色贸易壁垒的重要途径。在当前的国际贸易中，与环境相关的绿色壁垒已成为一个重要的非关税贸易壁垒。按照WTO有关例外措施的规定，进口国可以以保护人体健康、动植物健康和环境为由，制定一系列相关的环境标准或技术措施，限制或禁止外国产品进口，从而达到保护本国产品和市场的目的。近年来，发达国家为了保护本国利益，设置了一些发展中国家目前难以达到的资源环境技术标准，不仅要求产品符合环保要求，而且规定产品开发、生产、包装、运输、使用、回收等环节都要符合环保要求。为了维护我国在国际贸易中的地位，避免因绿色贸易壁垒对我国出口产品造成影响，只有实施清洁生产，提供符合环境标准的“清洁产品”，才能在国际市场竞争中处于不败之地。

4）从我国的实践看，必须依法推行和实施清洁生产。我国推行清洁生产已近10年，虽取得了不少的成果，但从总体上看进展比较缓慢。目前，推行清洁生产存在的主要问题有：①各级领导特别是企业领导对清洁生产在可持续发展中的重要作用缺乏足够的认识，重外延、轻内涵，重治标、轻治本，还没有转到从源头抓起，实施生产全过程控制，减少污染物产生的清洁生产上来；②缺乏必要的政策环境和保障措施，企业遇到大量自身难以克服的障碍，从已经开展清洁生产的企业看，由于缺乏资金，绝大多数还停留在清洁生产审核阶段，重点放在无费和低费方案；③现行环境管理制度和措施在某些方面侧重于“末端治理”，在一定程度上影响了清洁生产战略的实施。

近年来，一些发达国家积累了不少有益的经验，立法是重要的手段之一。美国1990年通过了《污染预防法》；德国1994年公布了《循环经济和废物消除法》；日本1991年以来先后制定了《资源有效利用促进法》、《推动建立循环型社会基本法》、《容器包装再利用法》和《特定家用电器回收和再商品化法》等；加拿大和欧盟等也在其环境与资源立法中增加了大量推行清洁生产的法律规范和政策规定。

因此，借鉴国外经验，我国政府出台了《中华人民共和国清洁生产促进法》。该法的出台和实施，可以使各级政府、企业界和全社会更好地了解实施清洁生产的重要意义，提高企业自觉实施清洁生产的积极性。可以明确各级政府及有关部门推行清洁生产的责任，为企业实施清洁生产创造良好的外部环境，帮助企业克服技术、资金、市场等方面的障碍，增强企业实施清洁生产的能力。

2.《中华人民共和国清洁生产促进法》的总体结构

《中华人民共和国清洁生产促进法》的总体结构为：

第一章 总则（6条）

第二章 清洁生产的推行（11条——与政府相关的条款）

第三章 清洁生产的实施（12条——与企业相关的条款）

第四章 鼓励措施（5条——与资金相关的条款）

第五条 法律责任（5条）

第六章 附则（1条——实施时间）

3.《中华人民共和国清洁生产促进法》的指导思想和基本原则

《中华人民共和国清洁生产促进法》的指导思想是引导企业、地方和行业领导者转变观念，从传统的末端治理转向污染预防和全过程控制。由于我国过去的环境保护法律主要侧重于末端治理，因此促进这一转变是制定《中华人民共和国清洁生产促进法》的一个核心要求。在这一要求下，制定《中华人民共和国清洁生产促进法》遵循了如下的指导思想和基本原则：

1）清洁生产促进政策包括了支持性政策、经济政策和强制性政策几个方面，而鼓励和支持性政策是《中华人民共和国清洁生产促进法》的主要方面。

支持性政策的涉及面很宽，包括国家宏观政策及国家和地方规划、行动计划以及宣传与教育、培训等能力建设。在国家宏观调控方面，今后制定的产业政策应把清洁生产作为工业生产的指导方针之一，按照污染预防的原则，鼓励发展物耗少、污染轻的工业企业，限制发展高物耗、重污染的工业企业。在编制社会经济发展中长期规划和年度计划时，对一些主要行业特别是原材料和能源行业应有推进清洁生产的具体目标和要求，不仅要纳入环境保护计划，还应列为工业部门的发展目标。

经济政策是通过市场的作用将经济与环境决策结合起来，力图利用市场信号以一种与环境目标相一致的方式影响人们的行为。与行政手段相比，经济手段可以给予企业决策者以更大的灵活性。随着经济改革的不断深化，目前我国在与清洁生产相关的领域内已经开始实施经济政策。为了有效地推进清洁生产的开展，还应当加强有针对性的经济政策的制定和实施。如财政和金融部门对实施清洁生产的企业应在信贷、税收方面加以扶持；财政和金融部门应把实施清洁生产作为制定信贷和税收政策的准则之一，对那些环境效益和社会效益显著，而经济效益不明显的清洁生产项目，采取信贷上倾斜、税收减免等措施，鼓励开展清洁生产。为此，《中华人民共和国清洁生产促进法》中提出了一系列经济优惠政策，如该法第三十三条提出依法利用废物和从废物中回收原料生产产品的，按照国家规定享受税收优惠。

强制性政策在《中华人民共和国清洁生产促进法》中不是主要内容，但它仍发挥着必要的作用。如清洁生产审核应当是企业的自主行为，但对于一些特定的情况，如使用有毒有害原料进行生产或排放有毒有害废弃物的企业要实行强制审核。

2）推动清洁生产工作的一个重要内容是资金问题。就我国而言，应当考虑采取多种途径支持清洁生产工作。《中华人民共和国清洁生产促进法》中也提出了一些资金方面的推动措施，如该法第三十一条提出，对从事清洁生产研究、示范和培训，实施国家清洁生产重点技术改造项目和本法第二十八条规定的自愿节约资源、削减污染物排放量协议中载明的技术改造项目，由县级以上人民政府给予资金支持。第三十四条提出，在依照国家规定设立的中小企业发展基金中，应当根据需要安排适当数额用于支持中小企业实施清洁生产。

3）清洁生产虽是企业的事情，但离不开政府的引导。国外的工业部门、环境保护部门等在清洁生产中都发挥着重要作用。在某些情况下，企业不愿意主动采取清洁生产措施解决存在的问题，除非是这些问题已危及当前的利益。因此，中央和地方的各个政府部门在促进清洁生产发展及将其运用于经济建设过程中起着至关重要的作用。在规范政府部门的职责时，应考虑到各方面的相互协调。《中华人民共和国清洁生产促进法》的第二章对于各级政府部门的职责进行了详细的规范。

4）我国一些政府部门、企业和公众对清洁生产的认识还不是很清楚，尤其是企业对于清洁生产还存在很多糊涂认识，往往认为清洁生产只是从环境保护角度出发而提出的一种措施，对于清洁生产可能带来的经济效益和资源节约效益往往认识不到位，因此，加强清洁生产培训和教育是十分必要的。

5）清洁生产是近些年来提出的一个新概念，但其实质内容的许多部分在我国以往的环保、经济、技术、管理等方面的法规和政策中都有所体现，只是较为分散。《中华人民共和国清洁生产促进法》应当与过去的有关立法和政策衔接和协调好，使之发挥最大作用。如该法第十八条提出，对新建、改建和扩建项目应当进行环境影响评价，对原料使用、资源消耗、资源综合利用以及污染物产生与处置等进行分析论证，优先采用资源利用率高以及污染物产生量少的清洁生产技术、工艺和设备。这一要求与《中华人民共和国环境影响评价法》及其他相关法律要求是紧密相关的。

6）清洁生产工作虽然以工业部门为重点，但也不限于工业部门，在农业、服务业等领域也可以发挥重要的作用。因此，在该法中也适当体现了这些方面的要求。

4.《中华人民共和国清洁生产促进法》的适用领域

《中华人民共和国清洁生产促进法》的适用领域，与清洁生产本身的适用领域密切相关，既参考了联合国环境规划署清洁生产定义中有关清洁生产的适用范围，也结合了我国的国情。

《中华人民共和国清洁生产促进法》第三条规定："在中华人民共和国领域内，从事生产和服务活动的单位以及从事相关管理活动的部门依照本法规定，组织、实施清洁生产。"也就是说，适用范围包括两个方面：一是全部生产和服务领域的单位，二是从事相关管理活动的部门。适用范围之所以包括全部生产和服务领域，主要原因有：①目前国内外对清洁生产的认识已经突破了传统的工业生产领域，农业、建筑业、服务业等领域也已开始推行清洁生产，有些还取得了不少的成绩，积累了有益的经验；②法律规定的政府责任，是以支持、鼓励为主，从这一角度出发，清洁生产的范围宜宽不宜窄，以免使一些领域开展的清洁生产得不到国家的政策优惠或资金支持，事实上也没有必要对不同的领域制定不同的清洁生产促进法；③推行清洁生产是一个渐进的过程，法律应当为未来的发展留有空间，如果范围规定过窄，对今后推行清洁生产不利。

考虑到法律的可操作性，从我国的国情出发，《中华人民共和国清洁生产促进法》对工业领域推行和实施清洁生产作了具体规定，而对农业、建筑业、服务业等领域实施清洁生产则提出了原则要求。这样的规定，既满足了当前工业领域推行清洁生产的迫切需要，又为今后在其他领域推行清洁生产提供了法律依据；既突出了重点又兼顾了方方面面。

清洁生产最早是从工业领域开始的，因此，工业领域的清洁生产已经广泛开展。与工业领域推行清洁生产一样，农业领域推行清洁生产的实质是在农业生产全过程中，通过生产和使用对环境友好的"绿色"农用化学品，或不用化学品，减少农业污染的产生，减少农业生产及其产品和服务过程对环境和人类健康的风险。

服务业的清洁生产，也得到越来越多的重视。如旅游业清洁生产的重点是提高旅游资源的利用效率和保护环境。又如，政府服务方面的清洁生产也得到很多的关注。在政府服务过程中，如何减少资源和能源的消耗，减少服务活动对环境的影响，具体体现在节能、节水、办公用品的重复利用等方面，这是政府服务中实施清洁生产的重要内容。我国政府机构的能源消费量巨大，在政府部门的建筑、车辆等用能上，浪费现象也相当严重。因此，为了树立良好的政府形象，推动全社会的节能工作，政府和公共机构必须率先使用节能设备和办公用品，并将建筑节能作为重点，如将办公楼建设成节能型的服务场所。又如，提高资源的利用效率，可以从日常小事入手，像减少保温瓶中开水的浪费、复印纸的正反面使用及回收、随手关灯、减少办公设备的待机消耗能源等。通过政府的垂范，引导全社会的清洁生产，促进经济发展与资源环境的协调。

5. 与环境保护行政主管部门关系比较密切的条款

主要有以下6条：

"第四条　国家鼓励和促进清洁生产。国务院和县级以上地方人民政府，应当将清洁生产促进工作纳入国民经济和社会发展规划、年度计划以及环境保护、资源利用、产业发展、区域开发等规划。"

"第十七条　省、自治区、直辖市人民政府负责清洁生产综合协调的部门、环境保护部门，根据促进清洁生产工作的需要，在本地区主要媒体上公布未能达到能源消耗控制指标、重点污染物排放控制指标的企业的名单，为公众监督企业实施清洁生产提供依据。”

“第二十七条　企业应当对生产和服务过程中的资源消耗以及废物的产生情况进行监测，并根据需要对生产和服务实施清洁生产审核。

有下列情形之一的企业，应当实施强制性清洁生产审核：

（一）污染物排放超过国家或者地方规定的排放标准，或者虽未超过国家或者地方规定的排放标准，但超过重点污染物排放总量控制指标的；

（二）超过单位产品能源消耗限额标准构成高耗能的；

（三）使用有毒、有害原料进行生产或者在生产中排放有毒、有害物质的。

污染物排放超过国家或者地方规定的排放标准的企业，应当按照环境保护相关法律的规定治理。

实施强制性清洁生产审核的企业，应当将审核结果向所在地县级以上地方人民政府负责清洁生产综合协调的部门、环境保护部门报告，并在本地区主要媒体上公布，接受公众监督，但涉及商业秘密的除外。

县级以上地方人民政府有关部门应当对企业实施强制性清洁生产审核的情况进行监督，必要时可以组织对企业实施清洁生产的效果进行评估验收，所需费用纳入同级政府预算。承担评估验收工作的部门或者单位不得向被评估验收企业收取费用。

实施清洁生产审核的具体办法，由国务院清洁生产综合协调部门、环境保护部门会同国务院有关部门制定。”

“第二十八条　本法第二十七条第二款规定以外的企业，可以自愿与清洁生产综合协调部门和环境保护部门签订进一步节约资源、削减污染物排放量的协议。该清洁生产综合协调部门和环境保护部门应当在本地区主要媒体上公布该企业的名称以及节约资源、防治污染的成果。”

“第三十六条　违反本法第十七条第二款规定，未按照规定公布能源消耗或者重点污染物产生、排放情况的，由县级以上地方人民政府负责清洁生产综合协调的部门、环境保护部门按照职责分工责令公布，可以处十万元以下的罚款。”

“第三十九条　违反本法第二十七条第二款、第四款规定，不实施强制性清洁生产审核在清洁生产审核中弄虚作假的，或者实施强制性清洁生产审核的企业不报告或者不如实报告审核结果的，由县级以上地方人民政府负责清洁生产综合协调的部门、环境保护部门按照职责分工责令限期改正；拒不改正的，处以五万元以上五十万元以下的罚款。

违反本法第二十七条第五款规定，承担评估验收工作的部门或者单位及其工作人员向被评估验收企业收取费用的，不如实评估验收或者在评估验收中弄虚作假的，或者利用职务上的便利谋取利益的，对直接负责的主管人员和其他直接责任人员依法给予处分；构成犯罪的，依法追究刑事责任。”

以上6条《中华人民共和国清洁生产促进法》的要求归纳起来可以看出：

1）县以上环保局必须将清洁生产纳入环保计划和规划中。

2）国家鼓励已达标企业参与自愿性的清洁生产行动。

6. 与企业关系比较密切的方面：

（1）财政鼓励政策

1）政府采购优先。

2）建立表彰奖励制度。

3）技术改造项目资金补助。

4）中小企业发展基金优先用于清洁生产。

5）清洁生产审核和培训费用，列入企业经营成本。

（2）税收优惠政策

1）对利用废水、废气、废渣等废弃物作为原料进行生产的，在5年内减征或免征所得税，增值税优惠。

2）对利用废弃物产生产品和从废弃物中回收原料的，减征或免征增值税、消费税。

3）低排放标准汽车减征30%消费税。

（3）强制执行措施

1）根据需要，在当地主要媒体上公示含量/总量未达标企业名单。

2）被公示的企业必须公布污染的排放情况。

3）含量/总量超标的企业必须进行清洁生产审核。

4）使用有毒有害原料或排放有毒有害污染物的企业必须进行清洁生产审核。

（4）处罚

"第三十六条　违反本法第十七条第二款规定，未按照规定公布能源消耗或者重点污染物产生、排放情况的，由县级以上地方人民政府负责清洁生产综合协调的部门、环境保护部门按照职责分工责令公布，可以处十万元以下的罚款。"

"第三十七条　违反本法第二十一条规定，未标注产品材料的成分或者不如实标注的，由县级以上地方人民政府质量技术监督部门责令限期改正；拒不改正的，处以五万元以下的罚款。"

"第三十九条　违反本法第二十七条第二款、第四款规定，不实施强制性清洁生产审核在清洁生产审核中弄虚作假的，或者实施强制性清洁生产审核的企业不报告或者不如实报告审核结果的，由县级以上地方人民政府负责清洁生产综合协调的部门、环境保护部门按照职责分工责令限期改正；拒不改正的，处以五万元以上五十万元以下的罚款。

违反本法第二十七条第五款规定，承担评估验收工作的部门或者单位及其工作人员向被评估验收企业收取费用的，不如实评估验收或者在评估验收中弄虚作假的，或者利用职务上的便利谋取利益的，对直接负责的主管人员和其他直接责任人员依法给予处分；构成犯罪的，依法追究刑事责任。"

5.2.2 《关于加快推行清洁生产的意见》

2003年12月17日，国务院办公厅转发了国家发展改革委、原环保总局、科技部、财政部、建设部、农业部、水利部、教育部、国土资源部、税务总局、质检总局《关于加快推行清洁生产的意见》（国办发［2003］100号），对加快推行清洁生产工作提出了要求。

文件提出：一要提高认识，明确推行清洁生产的基本原则；二要统筹规划，完善政策，包括制定推行清洁生产的规划，指导清洁生产的实施，完善和落实促进清洁生产的政策，实施清洁生产试点工作；三要加快结构调整和技术进步，提高清洁生产的整体水平，包括抓好重点行业和地区的结构调整，加快技术创新步伐，加大对清洁生产的投资力度；四要加强企业制度建设，推进企业实施清洁生产，提出企业要重视清洁生产，认真开展清洁生产审核，加快实施清洁生产方案，鼓励企业建设环境管理体系；五要完善法规体系，强化监督管理，加强对推行清洁生产工作的领导，提出要完善清洁生产配套规章，加强对建设项目的环境管理，实施重点排污企业公告制度，加大执法监督的力度；六要加强对推行清洁生产工作的领导，包括加强组织领导，做好法规宣传教育，建立清洁生产信息和服务体系，做好督促检查工作。

5.2.3 《清洁生产审核暂行办法》

2004年8月16日国家发展和改革委员会、原国家环保总局制定并审议通过了《清洁生产审核暂行办法》，办法于2004年10月1日起施行。

《清洁生产审核暂行办法》中规定：清洁生产审核，是指按照一定程序，对生产和服务过程进行调查和诊断，找出能耗高、物耗高、污染重的原因，提出减少有毒有害物料的使用、产生，降低能耗、物耗以及废物产生的方案，进而选定技术经济及环境可行的清洁生产方案的过程。

同时，《清洁生产审核暂行办法》中原则上规定了清洁生产审核的程序，包括审核准备，预审核，审核，实施方案的产生和筛选，实施方案的确定，编写清洁生产审核报告。具体如下：

（1）审核准备　开展培训和宣传，成立由企业管理人员和技术人员组成的清洁生产审核工作小组，制订工作计划。

（2）预审核　在对企业基本情况进行全面调查的基础上，通过定性和定量分析，确定清洁生产审核重点和企业清洁生产目标。

（3）审核　通过对生产和服务过程的投入产出进行分析，建立物料平衡、水平衡、资源平衡以及污染因子平衡，找出物料流失、资源浪费环节和污染物产生的原因。

（4）实施方案的产生和筛选　对物料流失、资源浪费、污染物产生和排放进行分析，提出清洁生产实施方案，并进行方案的初步筛选。

（5）实施方案的确定　对初步筛选的清洁生产方案进行技术、经济和环境可行性分析，确定企业拟实施的清洁生产方案。

（6）编写清洁生产审核报告　清洁生产审核报告应当包括企业基本情况、清洁生产审核过程和结果、清洁生产方案汇总和效益预测分析、清洁生产方案实施计划等。

此外，办法规定，清洁生产审核应当以企业为主体，遵循企业自愿审核与国家强制审核相结合、企业自主审核与外部协助审核相结合的原则，因地制宜、有序开展、注重实效。

办法规定有下列情况之一的，应当实施强制性清洁生产审核：①污染物排放超过国家和地方排放标准，或者污染物排放总量超过地方人民政府核定的排放总量控制指标的污染严重企业；②使用有毒有害原料进行生产或者在生产中排放有毒有害物质的企业。

办法规定实施强制性清洁生产审核的企业，应当在名单公布后一个月内，在所在地主要媒体上公布主要污染物排放情况。省级以下环境保护行政主管部门按照管理权限对企业公布的主要污染物排放情况进行核查，列入实施强制性清洁生产审核名单的企业应当在名单公布后两个月内开展清洁生产审核。规定实施强制性清洁生产审核的企业，两次审核的间隔时间不得超过五年。

办法明确了各级发展改革（经济贸易）行政主管部门和环境保护行政主管部门，应当积极指导和督促企业按照清洁生产审核报告中提出的实施计划，组织和落实清洁生产实施方案。

办法同时对协助企业组织开展清洁生产审核工作的咨询服务机构应当具备的条件、法律责任，政府部门在资金上的支持等作出了规定。

5.2.4 《重点企业清洁生产审核程序的规定》

为规范有序地开展全国重点企业清洁生产审核工作，根据《中华人民共和国清洁生产促进法》、《清洁生产审核暂行办法》的规定，2005 年 12 月 13 日，原国家环保总局发布《关于印发重点企业清洁生产审核程序的规定的通知》，主要内容有《重点企业清洁生产审核程序的规定》和《需重点审核的有毒有害物质名录》。

重点企业是指《中华人民共和国清洁生产促进法》（2003 年版）第二十八条第二、第三款规定应当实施清洁生产审核的企业，包括：

1）污染物超标排放或者污染物排放总量超过规定限额的污染严重企业（简称“第一类重点企业”）。

2）生产中使用或排放有毒有害物质的企业（有毒有害物质是指被列入《危险货物品名表》（GB12268）、《危险化学品名录》、《国家危险废物名录》和《剧毒化学品名录》中的剧毒、强腐蚀性、强刺激性、放射性（不包括核电设施和军工核设施）、致癌、致畸等物质，简称“第二类重点企业”）。

按照《中华人民共和国清洁生产促进法》（2003 年版）第二十八条第二、第三款规定，对“一、二类”重点企业应当实施清洁生产审核，也称为“强制性审核”。

《重点企业清洁生产审核程序的规定》分别对上述重点企业名单的确定、公布程序作出了规定，对第一类重点企业，按照管理权限，由企业所在地县级以上环境保护行政主管部门根据日常监督检查的情况，提出本辖区内应当实施清洁生产审核企业的初选名单，附环境监测机构出具的监测报告或有毒有害原辅料进货凭证、分析报告，将初选名单及企业基本情况报送设区的市级环境保护行政主管部门；设区的市级环境保护行政主管部门对初选企业情况进行核实后，报上一级环境保护行政主管部门；各省、自治区、直辖市、计划单列市环境保护行政主管部门按照《中华人民共和国清洁生产促进法》的规定，对企业名单确定后，在当地主要媒体公布应当实施清洁生产审核企业的名单。公布的内容应包括：企业名称、企业注册地址（生产车间不在注册地的要公布其所在地的地址）、类型（第一类重点企业或第二类重点企业）。企业所在地环境保护行政主管部门在名单公布后，依据管理权限书面通知企业。第二类重点企业名单的确定及公布程序，由各级环境保护行政主管部门会同同级相关行政主管部门参照上述规定执行。

规定要求列入公布名单的第一类重点企业，应在名单公布后一个月内，在当地主要媒体公布其主要污染物的排放情况，接受公众监督。

规定说明，重点企业的清洁生产审核工作可以由企业自行组织开展，或委托相应的中介机构完成。自行组织开展清洁生产审核的企业应在名单公布后 45 个工作日之内，将审核计划、审核组织、人员的基本情况报当地环境保护行政主管部门。委托中介机构进行清洁生产审核的企业应在名单公布后 45 个工作日之内，将审核机构的基本情况及能证明清洁生产审核技术服务合同签订时间和履行合同期限的材料报当地环境保护行政主管部门。上述企业应在名单公布后两个月内开始清洁生产审核工作，并在名单公布后一年内完成。第二类重点企业每隔五年至少应实施一次审核。

对未按上述规定执行清洁生产审核的重点企业，由其所在地的省、自治区、直辖市、计划单列市环境保护行政主管部门责令其开展强制性清洁生产审核，并按期提交清洁生产审核报告。

自行组织开展清洁生产审核的企业应具有5名以上经国家培训合格的清洁生产审核人员并有相应的工作经验，其中至少有1名人员具备高级职称并有5年以上企业清洁生产审核经历。为企业提供清洁生产审核服务的中介机构应符合下述基本条件：

企业完成清洁生产审核后，应将审核结果报告所在地的县级以上地方人民政府环境保护行政主管部门，同时抄报省、自治区、直辖市、计划单列市环境保护行政主管部门及同级发展改革（经济贸易）行政主管部门。各省、自治区、直辖市、计划单列市环境保护行政主管部门应组织或委托有关单位，对重点企业的清洁生产审核结果进行评审验收。

各级环境保护行政主管部门应当积极指导和督促企业完成清洁生产实施方案。

环境保护部2008年7月下发了《关于进一步加强重点企业清洁生产审核工作的通知》（环发［2008］60号），进一步明确了环保部门在重点企业清洁生产审核工作中的职责和作用，要求抓好重点企业清洁生产审核、评估和验收，加强清洁生产审核与现有环境管理制度的结合，规范管理清洁生产审核咨询机构，提高审核质量。规定了《重点企业清洁生产审核评估、验收实施指南》和《需重点审核的有毒有害物质名录（第二批）》。

5.3 清洁生产标准

清洁生产标准的制定是为了贯彻实施《中华人民共和国环境保护法》和《中华人民共和国清洁生产促进法》，进一步推动我国的清洁生产，防止生态破坏，保护人民健康，促进经济发展，为企业开展清洁生产提供技术支持和导向。

清洁生产标准是我国环境标准的重要补充。清洁生产标准体现了污染预防思想以及资源节约与环境保护的基本要求，强调要符合产品生命周期分析理论，体现了全过程污染预防思想，并覆盖了从原材料的选取到生产过程和产品的处理处置的各个环节。原国家环保总局将清洁生产的应用范围确定在企业清洁生产审核、企业清洁生产潜力与机会的判断以及清洁生产绩效评定和公告上。

2002年1月，原国家环保总局发布环发［2002］2号文，启动了全国清洁生产标准的编制工作。清洁生产标准的编制和发布，是落实《中华人民共和国清洁生产促进法》赋予环保部门有关职责，从环保角度出发，引导和推动企业清洁生产的需要；是环保工作加快推进历史性转变，提高环境准入门槛，推动实现环境优化经济增长的重要手段；是完善国家环境标准体系，加强污染全过程控制的需要。

经过近几年的宣传、推广，清洁生产标准已经在全国环保系统、工业行业和企业中具备广泛的影响，成为清洁生产领域的基础性标准。各级环保部门已逐步将清洁生产标准作为环境管理工作的依据，作为重点企业清洁生产审核、环境影响评价、环境友好企业评估、生态工业园区示范建设等工作的重要依据。

5.3.1 清洁生产标准的基本框架

根据清洁生产战略，清洁生产标准体现污染预防思想，考虑产品的生命周期。为此重点考察生产工艺与装备选择的先进性、资源能源利用和产品的可持续性、污染物产生的最少化、废物处理处置的合理性和环境管理的有效性。

各个行业的生产过程、工艺特点、产品、原料、经济技术水平和管理水平不同，因此应根据不同行业的情况建立各行业的清洁生产环境标准。清洁生产的环境标准基本内容和框架体系主要包括以下几个方面：

（1）三级环境标准　第一级为该行业清洁生产国际先进水平。便于企业和管理部门了解和掌握国际国内该行业的生产发展水平和自己的差距，激励企业向高标准高要求靠近。第二级为该行业清洁生产国内先进水平。便于企业和管理部门根据自己的实际情况选择清洁生产的努力目标。第三级为该行业清洁生产基本要求。体现清洁生产持续改进的思想，在达到清洁生产基本要求的基础上，还应向更高的目标前进。

（2）六类指标　即生产工艺与装备要求、资源能源利用指标、产品指标、污染物产生指标、废物回收利用指标和环境管理要求。在这六类指标项下又包含若干具体定量或定性的指标。前五类指标是技术性指标，体现的是技术手段促进清洁生产的要求，后一类指标是管理性指标，体现的是管理手段促进清洁生产的要求。

5.3.2 我国行业清洁生产标准

自2002年以来，环境保护部（2008年3月21日以前称国家环保总局）委托中国环境科学研究院组织开展了50多个行业的清洁生产标准制定工作，截至2010年3月，共分批发布了53个清洁生产行业标准，取得了一定的标准编制工作经验。行业清洁生产标准汇总见表5-1。

表5-1　行业清洁生产标准汇总一览表（2009年年底前）

序号	标准名称	标准号	发布日期	实施日期
1	清洁生产标准　葡萄酒制造业	HJ 452—2008	2008-12-24	2009-03-01
2	清洁生产标准　印制电路板制造业	HJ 450—2008	2008-11-21	2009-02-01
3	清洁生产标准　合成革工业	HJ 449—2008	2008-11-21	2009-02-01
4	清洁生产标准　制革工业（牛轻革）	HJ 448—2008	2008-11-21	2009-02-01
5	清洁生产标准　铅蓄电池工业	HJ 447—2008	2008-11-21	2009-02-01
6	清洁生产标准　煤炭采选业	HJ 446—2008	2008-11-21	2009-02-01
7	清洁生产标准　淀粉工业	HJ 445—2008	2008-09-27	2008-11-01
8	清洁生产标准　味精工业	HJ 444—2008	2008-09-27	2008-11-01
9	清洁生产标准　石油炼制业（沥青）	HJ 443—2008	2008-09-27	2008-11-01
10	清洁生产标准　电石行业	HJ/T 430—2008	2008-04-08	2008-08-01
11	清洁生产标准　化纤行业（涤纶）	HJ/T 429—2008	2008-04-08	2008-08-01
12	清洁生产标准　钢铁行业（炼钢）	HJ/T 428—2008	2008-04-08	2008-08-01
13	清洁生产标准　钢铁行业（高炉炼铁）	HJ/T 427—2008	2008-04-08	2008-08-01
14	清洁生产标准　钢铁行业（烧结）	HJ/T 426—2008	2008-04-08	2008-08-01

（续）

序号	标准名称	标准号	发布日期	实施日期
15	清洁生产标准　制订技术导则	HJ/T 425—2008	2008-04-08	2008-08-01
16	清洁生产标准　白酒制造业	HJ/T 402—2007	2007-12-20	2008-03-01
17	清洁生产标准　烟草加工业	HJ/T 401—2007	2007-12-20	2008-03-01
18	清洁生产标准　平板玻璃行业	HJ/T 361—2007	2007-08-01	2007-10-01
19	清洁生产标准　彩色显像(示)管生产	HJ/T 360—2007	2007-08-01	2007-10-01
20	清洁生产标准　化纤行业(氨纶)	HJ/T 359—2007	2007-08-01	2007-10-01
21	清洁生产标准　镍选矿行业	HJ/T 358—2007	2007-08-01	2007-10-01
22	清洁生产标准　电解锰行业	HJ/T 357—2007	2007-08-01	2007-10-01
23	清洁生产标准　造纸工业(硫酸盐化学木浆生产工艺)	HJ/T 340—2007	2007-03-28	2007-07-01
24	清洁生产标准　造纸工业(漂白化学烧碱法麦草浆生产工艺)	HJ/T 339—2007	2007-03-28	2007-07-01
25	清洁生产标准　钢铁行业(中厚板轧钢)	HJ/T 318—2006	2006-11-22	2007-02-01
26	清洁生产标准　造纸工业(漂白碱法蔗渣浆生产工艺)	HJ/T 317—2006	2006-11-22	2007-02-01
27	清洁生产标准　乳制品制造业(纯牛乳及全脂乳粉)	HJ/T 316—2006	2006-11-22	2007-02-01
28	清洁生产标准　人造板行业(中密度纤维板)	HJ/T 315—2006	2006-11-22	2007-02-01
29 *	清洁生产标准　电镀行业	HJ/T 314—2006	2006-11-22	2007-02-01
30	清洁生产标准　铁矿采选业	HJ/T 294—2006	2006-8-15	2006-12-01
31	清洁生产标准　汽车制造业(涂装)	HJ/T 293—2006	2006-8-15	2006-12-01
32	清洁生产标准　基本化学原料制造业（环氧乙烷/乙二醇)	HJ/T 190—2006	2006-07-03	2006-10-01
33	清洁生产标准　钢铁行业	HJ/T 189—2006	2006-07-03	2006-10-01
34	清洁生产标准　氮肥制造业	HJ/T 188—2006	2006-07-03	2006-10-01
35	清洁生产标准　电解铝业	HJ/T 187—2006	2006-07-03	2006-10-01
36	清洁生产标准　甘蔗制糖业	HJ/T 186—2006	2006-07-03	2006-10-01
37	清洁生产标准　纺织业(棉印染)	HJ/T 185—2006	2006-07-03	2006-10-01
38	清洁生产标准　食用植物油工业(豆油和豆粕)	HJ/T 184—2006	2006-07-03	2006-10-01
39	清洁生产标准　啤酒制造业	HJ/T 183—2006	2006-07-03	2006-10-01
40	清洁生产标准　制革行业(猪轻革)	HJ/T 127—2003	2003-04-18	2003-06-01
41	清洁生产标准　炼焦行业	HJ/T 126—2003	2003-04-18	2003-06-01
42	清洁生产标准　石油炼制业	HJ/T 125—2003	2003-04-18	2003-06-01
43	清洁生产标准　水泥行业	HJ 467—2009	2009-03-25	2009-07-01
44	清洁生产标准　造纸行业(废纸制浆)	HJ 468—2009	2009-03-25	2009-07-01
45	清洁生产标准　钢铁行业(铁合金)	HJ 470—2009	2009-04-10	2009-08-01
46	清洁生产标准　氧化铝业	HJ 473—2009	2009-08-10	2009-10-01
47	清洁生产标准　纯碱行业	HJ 474—2009	2009-08-10	2009-10-01
48	清洁生产标准　氯碱工业(烧碱)	HJ 475—2009	2009-08-10	2009-10-01
49	清洁生产标准　氯碱工业(聚氯乙烯)	HJ 476—2009	2009-08-10	2009-10-01
50	清洁生产标准　废铅酸蓄电池铅回收业	HJ 510—2009	2009-11-16	2010-01-01
51	清洁生产标准　粗铅冶炼业	HJ 512—2009	2009-11-13	2010-02-01
52	清洁生产标准　铅电解业	HJ 513—2009	2009-11-13	2010-02-01
53	清洁生产标准　宾馆饭店业	HJ 514—2009	2009-11-30	2010-03-01

注：序号后加 * 表示该标准已作废。

另外，环境保护部于2009年3月25日发布HJ 469—2009《清洁生产审核指南 制订技术导则》。但相对国内的行业数量对清洁生产环境标准的需求来说，目前我国行业清洁生产标准的建立速度还是较缓慢。

5.4 强制性清洁生产审核制度

在我国应建立和实施强制性清洁生产审核制度，其理由有以下三点。

1. 我国的国情需要引入强制性清洁生产审核制度

目前我国工业污染仍然是环境污染和环境事故的最重要因素，有相当数量的企业是超标运行，不能达到国家或地方污染物排放标准的要求。

如大气污染物主要来自工业企业。据统计，我国六大发电集团排放的大气污染物占全国大气污染物排放总量的25%；钢铁、有色、焦炭等行业所占比例也很高。工业污染具有突发性、灾难性的特征，特别是使用和排放有毒有害物质的工业企业，环境风险更大。全国化工企业有21000多家，其中50%以上分布在长江、黄河两岸，一旦发生问题，后果不堪设想，如松花江水污染事件、广东北江水污染事件，后果都很严重。

因此，强制性清洁生产审核制度的建立和实施，覆盖了对环境污染贡献率较大的“双超”和“双有”企业，促使这些企业通过清洁生产审核和清洁生产方案的实施，提高技术装备水平、资源利用水平和环境管理水平，达到节约能源（资源），减少污染物排放的目标。

2. 我国现有环境管理制度需要引入强制性清洁生产审核制度

从1973年召开的第一次全国环境保护会议到目前为止，我国在积极探索环境管理的办法中，找到了具有中国特色的环境管理八项制度，即环境保护目标责任制度、城市环境综合整治与定量考核制度、污染集中控制制度、限期治理制度、排污申报登记和排污许可制度、环境影响评价制度、“三同时”制度、排污收费制度。

这八项制度在保护环境、防治污染、工业污染源的管理中起到了重要作用，但是如果对八项制度的内涵进行分析和探讨，不难发现这些制度主要体现了末端治理的思想，重点是对污染物排放提出的管理要求。如“三同时”制度其实质是鼓励建设污染治理设施；“限期治理制度”是事后补救措施，对于在生产服务过程中减污的要求并不显著；“环境影响评价制度”符合防患于未然的思想，但是评价工作的中心是污染物达标排放，并没有重视资源、能源利用率。因此，从环境管理制度建设的层面上来说还需要引入强制性清洁生产审核制度。

另外，从对新老污染源管理的层面上来讲，虽然新污染源项目要通过环境影响评价和“三同时”验收，但是项目运行后污染治理设施往往不能正常运行，污染物偷排现象屡禁不止；对老污染源的管理更加困难，老污染源中有许多是“双超”企业，技术工艺落后，生产设备陈旧，资源能源浪费严重；还有不少企业大量使用有毒有害物质，造成重大污染事故隐患。出现这种情况的一条重要原因，就是现有的八项环境管理制度都没有渗透到生产全过程，而强制性清洁生产审核正是对现有环境管理制度的有效补充，以一种操作性很强的方式将环境管理引入生产、产品和服务过程的污染预防。通过各级环境保护行政主管部门的推动，舆论的监督，充分运用清洁生产审核的方法和手段，找出高物耗、高能耗、高污染的原因，有的放矢地提出对策、制订方案，从源头上降低污染物的数量和毒性，从而达到“节能、降耗、减污、增效”的目的。

3. 实现我国“十二五”规划提出的节能降耗和污染减排的目标，必须要推行强制性清洁生产审核制度

我国《国家环境保护“十二五”规划》中明确规定：到2015年，单位工业增加值用水量降低30%，农业灌溉用水有效利用系数提高到0.53。非化石能源占一次能源消费比重达到11.4%。单位国民生产总值能源消耗降低16%，单位国民生产总值二氧化硫、化学需氧量分别减少8%、氨氮、氮氧化物排放分别减少10%。

清洁生产是污染物减排最直接、最最有效的方法，是实现“十二五”节能减排目标的重要手段。清洁生产审核则是实行清洁生产的前提和基础，是通过对生产过程再设计、产业结构再调整，达到优化经济发展模式的最直接手段。清洁生产审核制度是重要的监督管理减排措施，是对现有环境管理制度的有效补充，对我国企业污染物达标排放和节能减排具有明显作用。

国务院2007年5月23日下发的《节能减排综合性工作方案》中明确提出，要加大实施清洁生产审核力度，并将强制性清洁生产审核的范围扩大到“没有完成节能减排任务的企业”。

复习与思考

1. 目前我国有哪些促进清洁生产的政策？
2. 为什么要制定《中华人民共和国清洁生产促进法》？
3. 简述《中华人民共和国清洁生产促进法》的基本内容。
4. 制定《中华人民共和国清洁生产促进法》的指导思想和原则是什么？
5.《中华人民共和国清洁生产促进法》适用于哪些领域？
6. 查找你感兴趣的某一行业清洁生产标准，试述在六大类指标项下又包含哪些具体的定量或定性指标？三级清洁生产标准对各指标的要求有何差异？
7. 为什么在我国应建立和实施强制性清洁生产审核制度？

第6章 清洁生产审核

6

6.1 清洁生产审核概述

6.1.1 清洁生产审核的概念和目标

《清洁生产审核暂行办法》所称的清洁生产审核，是指按照一定程序对生产和服务过程进行调查和诊断，找出能耗高、物耗高、污染重的原因，提出减少有毒有害物料的使用、产生，降低能耗、物耗以及废物产生的方案，进而选定技术经济及环境可行的清洁生产方案的过程。

企业的清洁生产审核是一种对污染来源、废物产生原因及其整体解决方案的系统的分析和实施过程，旨在通过实行预防污染的分析和评估，寻找尽可能高效率利用资源（如原辅材料、能源、水资源等），减少或消除废物的产生和排放的方法，是企业实行清洁生产的重要前提和基础。持续的清洁生产审核活动会不断产生各种清洁生产的方案，有利于组织在生产和服务过程中逐步实施，从而使其环境绩效持续得到改进。

开展清洁生产审核的目标如下：

1）核对有关单元操作、原材料、产品、用水、能源和废弃物的资料。

2）确定废弃物的来源、数量以及类型，确定废弃物削减的目标，制定经济有效的削减废弃物产生的对策。

3）提高企业对由削减废弃物获得效益的认识。

4）判定企业效率低的瓶颈部位和管理不善的地方。

5）提高企业经济效益、产品质量和服务质量。

6.1.2 清洁生产审核的对象和特点

组织实施清洁生产审核的最终目的是减少污染、保护环境、节约资源、降低费用、增加组织和全社会的福利。清洁生产审核的对象是组织，其目的有两个：一是判定出组织中不符合清洁生产的方面和做法；二是提出方案并解决这些问题，从而实现清洁生产。

清洁生产审核虽然起源并发展于第二产业，但其原理和程序同样适用于第一产业和第三产业。因此，无论是工业型组织（如工业生产企业），还是非工业型组织（如服务行业的酒店、农场等任意类型的组织），均可开展清洁生产审核活动。

第一产业：农业。农业的迅猛发展，在丰富了人们餐桌的同时，也产生了农业环境的污染，尤其是近年来农业面源污染呈现加重趋势。如随着畜禽养殖业的快速发展，其环境污染总量、污染程度和分布区域都发生了极大的变化。目前我国畜禽养殖业正逐步向集约化、专业化方向发展，不仅污染量大幅度增加，而且污染呈集中趋势，出现了许多大型污染源；畜禽养殖业正逐渐向城郊地区集中，加大了对城镇环境的压力。由于畜禽养殖业多样化经营的特点，使得这种污染在许多地方以面源的形式出现，呈现出“面上开花”的状况。同时养殖业和种植业日益分离，畜禽粪便用于农田肥料的比重大幅度下降；畜禽粪便乱排乱堆的现象越来越普遍，使环境污染日益加重。农业方面的环境问题还表现在水资源的极大浪费、化肥污染、农药污染等许多方面。

第二产业：工业。工业企业是推进清洁生产的重中之重，尤其重点企业是清洁生产审核的重点。《重点企业清洁生产审核程序的规定》中规定的重点企业包括：

1）污染物超标排放或者污染物排放总量超过规定限额的污染严重企业，即“双超”类重点企业。

2）生产中使用或排放有毒有害物质的企业（有毒有害物质是指被列入《危险货物品名表》（GB 12268）、《危险化学品名录》、《国家危险废物名录》和《剧毒化学品目录》中的剧毒、强腐蚀性、强刺激性、放射性（不包括核电设施和军工核设施）、致癌、致畸等物质），即“双有”类重点企业。

第三产业：服务业。如餐饮业、酒店、洗浴业等，在水污染、大气污染和噪声扰民问题上已越来越引起人们的关注。相当一部分城市餐饮业造成的大气污染、洗浴业造成的水资源过度消耗，已到了不容忽视的地步；相当一部分学校、银行等组织，资源浪费的问题也十分突出。这些行业节能和降耗的潜力巨大。

清洁生产审核具有如下特点：

1）具有鲜明的目的性。清洁生产审核特别强调节能、降耗和减污，并与现代企业的管理要求相一致，具有鲜明的目的性。

2）具有系统性。清洁生产审核以生产过程为主体，考虑与生产过程相关的各个方面，从原材料投入到产品改进，从技术革新到加强管理等，设计了一套发现问题、解决问题、持续实施的系统而完整的方法。

3）突出预防性。清洁生产审核的目标就是减少废弃物的产生，从源头消减污染，从而达到预防污染的目的，这个思想贯穿在整个审核过程。

4）符合经济性。污染物一经产生就需要花费很高的代价去收集、处理和处置它，使其无害化。这也就是末端处理费用往往使许多企业难以承担的原因，而清洁生产审核倡导在污染物产生之前就予以削减，不仅可减轻末端处理的负担，同时减少了原材料的浪费，提高了原材料的利用率和产品的得率。事实上，国内外许多经过清洁生产审核的企业都证明了清洁生产审核可以给企业带来经济效益。

5）强调持续性。清洁生产审核非常强调持续性，无论是审核重点的选择还是方案的滚动实施均体现了从点到面、逐步改善的持续性原则。

6）注重可操作性。清洁生产审核的每一个步骤均能与企业的实际情况相结合，在审核程序上是规范的，即不漏过任何一个清洁生产机会，而在方案实施上则是灵活的，即当企业的经济条件有限时，可先实施一些无/低费方案，以积累资金，逐步实施中/高费方案。

6.1.3 清洁生产审核的思路

清洁生产审核首先是对组织现在的和计划进行的产品生产和服务实行预防污染的分析和评估。在实行预防污染分析和评估的过程中，制定并实施减少能源、资源和原材料使用，消除或减少产品和生产过程中有毒物质的使用，减少各种废弃物排放的数量及其毒性的方案。

清洁生产审核的总体思路可以用三个英文单词：Where（哪里）、Why（为什么）、How（如何）来概括。具体来说就是查明废弃物产生的位置、分析废弃物产生的原因以及如何减少或消除这些废弃物。图6-1表述了清洁生产审核的思路。

1）废弃物在哪里产生？可以通过现场调查和物料平衡找出废弃物的产生部位并确定其产生量。

2）为什么会产生废弃物？这要求分析产品生产过程的每一个环节。

3）如何减少或消除这些废弃物？针对每一个废弃物产生的原因，设计相应的清洁生产方案，包括无/低费方案和中/高费方案，通过实施这些清洁生产方案来减少或消除这些废弃物产生的原因，达到减少或消除废弃物产生的目的。

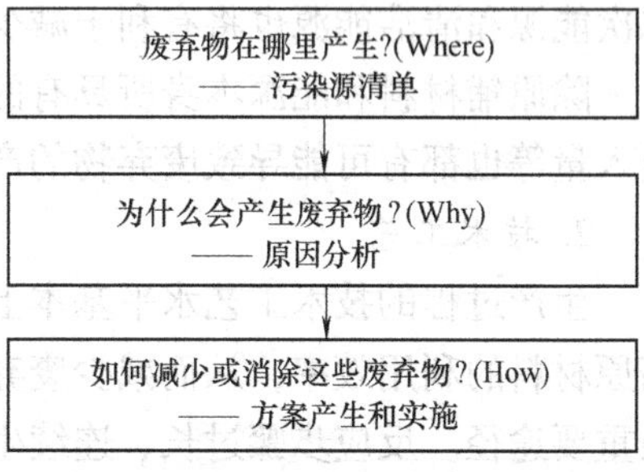

图6-1 清洁生产审核思路框图

审核思路中提出要分析污染物产生的原因和提出预防或减少污染产生的方案，这两项工作该如何去做呢？这就涉及审核中思考这些问题的八个途径或者说生产过程的八个方面。清洁生产强调在生产过程中预防或减少污染物的产生，由此，清洁生产非常关注生产过程，这也是清洁生产与末端治理的重要区别之一。那么，从清洁生产的角度又是如何看待企业的生产和服务过程的呢？抛开生产过程千差万别的个性，概括出其共性，可得出图6-2所示的生产过程框架图。从图6-2可以看出，一个生产和服务过程可抽象成八个方面，即原辅材料和能源、技术工艺、设备、过程控制、管理、员工素养等6个方面的输入，得出产品和废弃物2个方面的输出。不得不产生的废弃物，要优先采用可回收利用或循环使用措施，剩余部分才向外界环境排放。也就是说，清洁生产审核思路中提出的分析污染物产生的原因和提出预防或减少污染产生的方案都要从这八个途径或八个方面入手。

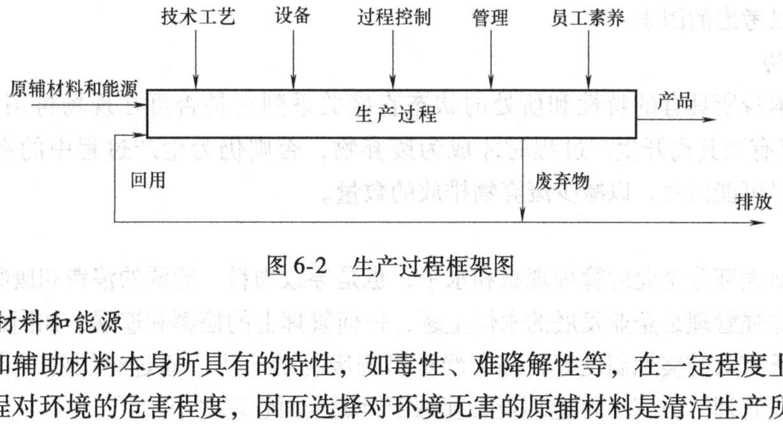

图6-2 生产过程框架图

1. 原辅材料和能源

原材料和辅助材料本身所具有的特性，如毒性、难降解性等，在一定程度上决定了产品及其生产过程对环境的危害程度，因而选择对环境无害的原辅材料是清洁生产所要考虑的重要方面。

企业是我国能源消耗的主体，以冶金、电力、石化、有色、建材、印染等行业为主，尤其对于重点能耗企业（国家规定年综合能耗1万t以上标煤企业为重点能耗企业；各省市部委将年综合耗能5000t以上标煤企业也列为重点能耗企业），节约能源是常抓不懈的主题。我国的节能方针是“开发和节约并重，以节约为主”，可见节能降耗将是我国今后经济发展相当长时期的主要任务。据统计，产品能耗我国比国外平均水平高40%，我国仅机电行业的节能潜力就达1000亿kW·h，节能空间巨大。同时，有些能源在使用过程中（如煤、油等的燃烧过程）直接产生废弃物，有些能源则间接产生废弃物（如一般电的使用本身不产生废弃物，但火电、水电和核电的生产过程均会产生一定的废弃物），因而节约能源、使用二次能源和清洁能源也将有利于减少污染物的产生。

除原辅材料和能源本身所具有的特性以外，原辅材料的储存、发放、运输、投入方式和投入量等也都有可能导致废弃物的产生。

2. 技术工艺

生产过程的技术工艺水平基本上决定了废弃物的数量和种类，先进而有效的技术可以提高原材料的利用效率，从而减少废弃物的产生。结合技术改造预防污染是实现清洁生产的一条重要途径。反应步骤过长、连续生产能力差、生产稳定性差、工艺条件过高等技术工艺上的原因都可能导致废弃物的产生。

3. 设备

设备作为技术工艺的具体体现在生产过程中也具有重要作用，设备的适用性及其维护、保养情况等均会影响废弃物的产生。

4. 过程控制

过程控制对许多生产过程是极为重要的，如化工、炼油及其他类似的生产过程，反应参数是否处于受控状态并达到优化水平（或工艺要求），对产品的得率和优质品的得率具有直接的影响，因而也就影响废弃物的产生量。

5. 产品

产品本身决定了生产过程，同时产品性能、种类和结构等的变化往往要求生产过程作相应的改变和调整，因而也会影响废弃物的种类和数量。此外，产品的包装方式和用材、体积大小、报废后的处置方式以及产品储运和搬运过程等，都是在分析和研究与产品相关的环境问题时应加以考虑的因素。

6. 废弃物

废弃物本身所具有的特性和所处的状态直接关系到它是否可在现场再用和循环使用。“废弃物”只有当其离开生产过程时才成为废弃物，否则仍为生产过程中的有用材料和物质，对其应尽可能回收，以减少废弃物排放的数量。

7. 管理

我国目前大部分企业的管理现状和水平，也是导致物料、能源的浪费和废物增加的一个主要原因。加强管理是企业发展的永恒主题，任何管理上的松懈和遗漏，如岗位操作过程不够完善、缺乏有效的奖惩制度等，都会严重影响废物的产生。通过组织的“自我决策、自我控制、自我管理”方式，可把环境管理融于组织全面管理之中。

8. 员工素养

任何生产过程中，无论自动化程度多高，从广义上讲均需要人的参与，因而员工素质的提高及积极性的激励也是有效控制生产过程和废弃物产生的重要因素。缺乏专业技术人员、缺乏熟练的操作工人和优良的管理人员以及员工缺乏积极性和进取精神等都有可能导致废物的增加。

废物产生的数量往往与能源、资源利用率密切相关。清洁生产审核的一个重要内容就是通过提高能源、资源利用效率，减少废物产生量，达到环境与经济“双赢”的目的。当然，以上八个方面的划分并不是绝对的，在许多情况下存在着相互交叉和渗透的情况，如一套大型设备可能就决定了技术工艺水平；过程控制不仅与仪器和仪表有关系，还与管理及员工素养有很大的联系等，但这八个方面仍各有侧重点，原因分析时应归结到主要的原因上。注意对于每一个废弃物产生源都要从以上八个方面进行原因分析，并针对原因提出相应的解决方案（方案类型也在这八个方面之内），但这并不是说每个废弃物产生都存在八个方面的原因，可能存在其中的一个或几个。

6.1.4 清洁生产审核的原理

清洁生产审核是一套科学的、系统的和操作性很强的程序。如前所述，这套程序由三个层次（即废弃物在哪里产生、为什么会产生废弃物、如何减少或消除这些废弃物）、八条途径（原辅材料和能源、技术工艺、设备、过程控制、产品、废弃物、管理、员工素养）、七个阶段和35个步骤组成（详见本章第6.2节）。

这套程序的原理可概括为逐步深入原理、分层嵌入原理、反复迭代原理、物质守恒原理、穷尽枚举原理5个原理。

1. 逐步深入原理

清洁生产审核要逐步深入，即要由粗而细、从大至小。审核开始时，即在审核准备阶段，组织机构的成立、宣传教育的对象等都是在整个组织范围内进行的。预审核阶段同样是在整个组织的大范围中进行的，相对于后几个阶段而言，这一阶段收集的资料一般地讲是比较粗略的，定性的比较多，有时不一定要求十分准确，而且主要是现有的基本资料。从审核阶段开始到方案实施阶段，审核工作都在审核重点范围内进行，这几个阶段工作的范围比审核准备阶段和预审核阶段要小得多，但两者工作的深度和细致程度不同。这四个阶段要求的资料要全面、翔实，并以定量为主，许多数据和方案要通过调查研究和创造性的工作之后才能开发出来。最后一个阶段“持续清洁生产”则既有相当一部分工作要返回整个组织的大范围中进行，还有一部分工作仍集中在审核重点部位，对前四个阶段的工作进行进一步深化、细化和规范化。

2. 分层嵌入原理

分层嵌入原理是指审核中在废弃物在哪里产生、为什么会产生废弃物、如何减少或消除这些废弃物这三个层次的每一个层次，都要嵌入原辅材料和能源、技术工艺、设备、过程控制、管理、员工素养、产品、废弃物这八条途径。

以预审核为例，预审核共有六个步骤，无论是进行现状调研、现场考察、评价产污排污状况，还是确定审核重点、设置清洁生产目标、提出和实施无/低费方案，都应该从这三个层次上展开，每一个层次都要从八条途径着手进行工作。

第一个层次是进行现状调研时，首要的问题就是弄清楚废弃物在哪里产生。要回答这一问题，首先要对组织的原辅材料和能源进行调研，包括其种类、数量和性质，以及收购、运输、储存等多个环节。其次分析研究组织的技术工艺，再分析研究组织的设备，接着对组织的过程控制、管理、员工素养、产品、废弃物等方面一一进行初步分析研究。从这八条途径入手，弄清其废弃物在哪里产生的问题。

第二个层次是问为什么会产生废弃物。要回答这一问题，仍然要嵌入图6-2所示的八条途径。仍以预审核中的现状调研为例，其要点是在大致摸清废弃物产生源之后，按顺序依次分析组织的原辅材料和能源、技术工艺、设备、过程控制、管理、员工素养、产品、废弃物等。在这个层次嵌入八条途径的目的与第一层次不同，这一层次是从以上八条途径分析为什么会产生废弃物。

要注意污染源与污染成因具有异同性，即两者有时一致，有时不一致。如生产过程中产污，污染源的部位在生产设备，但其成因可能是原材料的收购、储存或运输过程出了问题或操作人员的责任心、操作技能不佳等。

第三个层次是为减少或消除这些废弃物。在这一层次分析和研究对策时，仍应从图6-2所示的八条途径入手，换句话说，解决污染问题的方案，或者说清洁生产方案，仍要从这八条途径入手，按顺序寻找。还是以预审核中的现状调研为例，这一步骤并不明显地要求审核人员寻找或研发清洁生产方案，但一位优秀的清洁生产审核人员在这一步骤的这一时刻，显然应该开始考虑针对已初步查明的污染源和污染成因的清洁生产方案，虽然这些方案暂时还是粗略的和不够成熟的。

3. 反复迭代原理

清洁生产审核的过程是一个反复迭代的过程，即在审核七个阶段相当多的步骤中要反复使用上述的分层嵌入原理。

前面已经比较详细地解释了在进行现状调研时分层嵌入原理的具体应用方法。这一方法不仅要应用于现状调研步骤，还要应用于现场考察步骤以及应用于审核阶段、方案产生和筛选阶段、方案可行性分析阶段、方案实施阶段等相当多的步骤中。当然，有的步骤应进行三个层次的完整迭代，有的步骤只进行一个或两个层次的迭代。

在审核阶段分析废弃物产生原因这一步骤里，一般只进行废弃物在哪里产生及为什么会产生这些废物这两个层次的迭代。顺序上首先应从原辅材料和能源、技术工艺、设备等八条途径入手找到污染物产生的准确部位，然后同样依次循着这八条途径研究为什么会产生这些废弃物。在审核阶段的下一个步骤即提出和实施无/低费方案时，往往仅停留在如何减少或消除这些废弃物的这个层次上，依次考虑原辅材料和能源的清洁生产方案、技术工艺的清洁生产方案、设备的清洁生产方案、过程控制的清洁生产方案，直至废物的清洁生产方案。

4. 物质守恒原理

物质守恒这一大自然普遍遵循的原理，也是清洁生产审核中的一条重要原理。

预审核阶段在对现有资料进行分析评估时，对组织现场进行考察研究时以及评价产污排污状况时都要应用物质守恒原理。虽然此时获得的资料不一定很全面、很准确，但大致估算一下组织的各种原辅材料和能源的投入、产品的产量、污染物的种类和数量、未知去向的物质等，在其间建立一种粗略的平衡，则将大大有助于弄清楚组织的经营管理水平及其物质和能源的流动去向。在上述工作基础之上，再利用各班记录等数据粗略计算审核重点的物料平衡状况，此时物质守恒原理显然是一种有用的工具。

审核阶段的一项重要工作是建立审核重点的物料平衡，这一工作当然必须遵循物质守恒原理，而且这一阶段使用或产生的数据已经相当准确，因而此时的物质守恒原理的应用将是相当准确和严格的。

5. *穷尽枚举原理*

穷尽枚举原理的重点：一是穷尽，二是枚举。

所谓穷尽，是指图6-2所示的八条途径实际上构成了一个组织清洁生产方案的充分必要集合。换言之，一个组织从这八条途径入手，一定能发现自身的清洁生产方案；一个组织发现的任何一个清洁生产方案，必然是循着这八条途径中的一条或者几条找到的。因此，从理论上讲从这八条途径入手可以识别出该组织现阶段所有的清洁生产方案。

所谓枚举，即是不连续地、一个一个地列举出来。因此，穷尽枚举原理意味着在每一个步骤的每一个层次的迭代中，都要将八条途径当做这一步骤的切入点，由此深化和做好该步骤的工作，切不可合并，也不可跳跃。因为如果将八条途径中的若干条合为一条，或从原辅材料和能源直接跳跃到过程控制，则污染源的数量和部位、污染成因及清洁生产方案均可能无法完全找到，即没有穷尽。

虽然不可能做到在每一个层次每一个步骤的每一个切入点上都能够识别污染源或找到污染成因，或找到清洁生产方案，但严格地遵循穷尽枚举原理是清洁生产审核成功的重要前提之一。学习和掌握穷尽枚举原理，并结合上述的逐步深入原理、分层嵌入原理、反复迭代原理和物质守恒原理，将会极大程度地提高清洁生产审核人员的工作质量。

6.2 清洁生产审核程序

组织实施清洁生产审核是推行清洁生产的重要途径。基于我国清洁生产审核示范项目的经验，并根据国外有关废物最少化评价和废物排放审核方法与实施的经验，国家清洁生产中心开发了我国的清洁生产的审核程序，包括7个阶段、35个步骤。组织清洁生产审核工作程序如图6-3所示。其中第二阶段预评估、第三阶段评估、第四阶段方案的产生和筛选以及第六阶段方案实施是整个审核过程中的重点阶段。

整个清洁生产审核过程分为两个时段审核，即第一时段审核和第二时段审核。第一时段审核包括筹划和组织、预评估、评估、方案的产生和筛选4个阶段。第一时段审核完成后应总结阶段性成果，提出清洁生产审核中期报告，以利于清洁生产审核的深入进行。第二时段审核包括方案的可行性分析、方案实施和持续清洁生产3个阶段。第二时段审核完成后应对清洁生产审核全过程进行总结，提交清洁生产审核（最终）报告，并展开下一阶段的清洁生产（审核）工作。

6.2.1 筹划和组织（审核准备）

筹划和组织是进行清洁生产审核工作的第一个阶段。这一阶段的工作目的是通过宣传教育使组织的领导和职工对清洁生产有一个初步的、比较正确的认识，清除思想上和观念上的障碍；了解组织清洁生产审核的工作内容、要求及工作程序。本阶段工作的重点是取得企业高层领导的支持和参与，组建清洁生产审核小组，制订审核工作计划和宣传清洁生产思想。

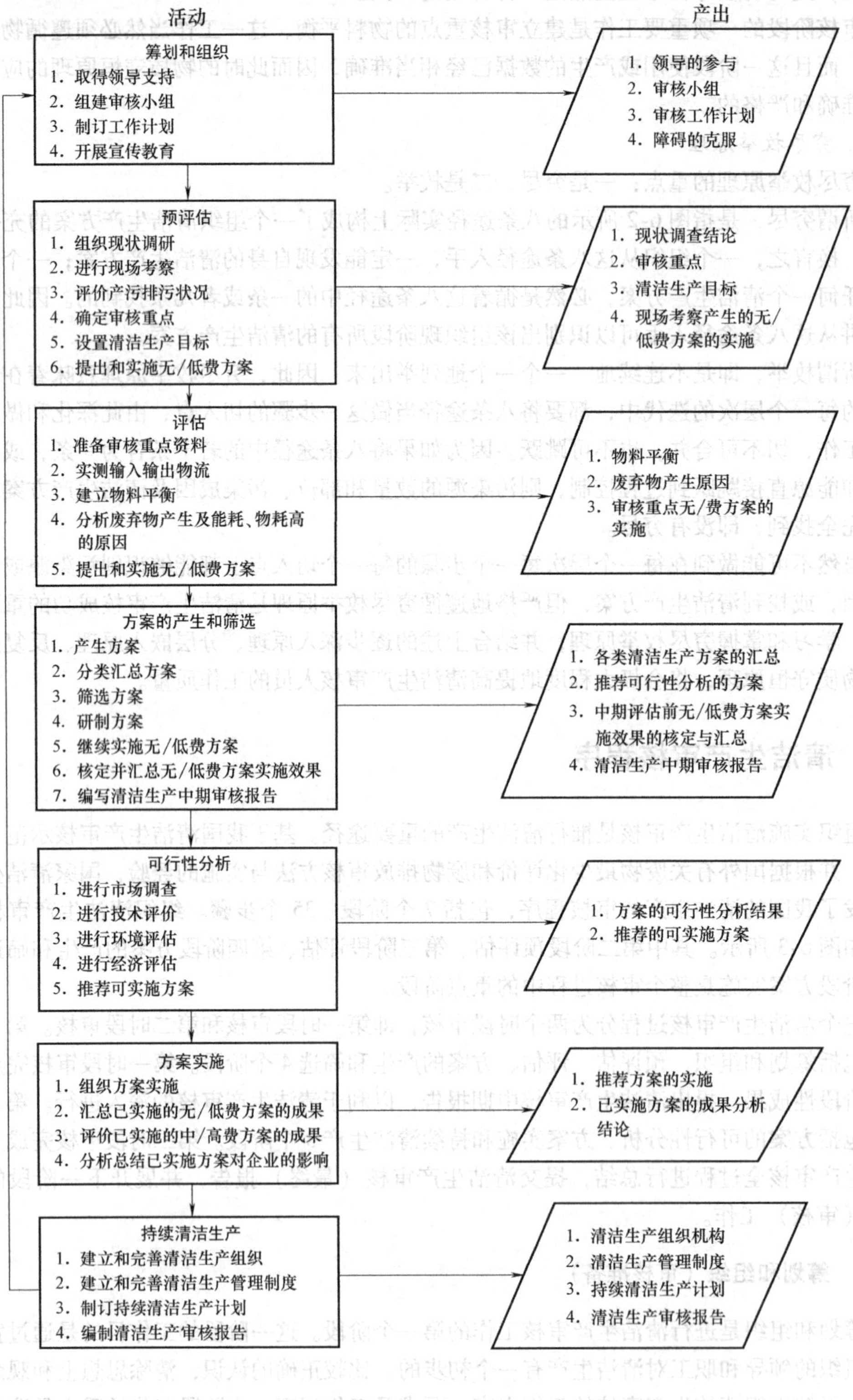

图6-3 清洁生产审核程序图

1. 取得领导支持

清洁生产审核是一件综合性很强的工作，涉及组织的各个部门。随着审核工作的不断深入，审核的工作重点和参与审核工作的部门及人员也会发生变化。因此，高层领导的支持和参与是保证审核工作顺利进行不可缺少的前提条件。同时，高层领导的支持和参与直接决定了审核过程中提出的清洁生产方案是否符合实际、是否能够得到实施。

（1）解释说明清洁生产可能给组织带来的利益　了解清洁生产审核可能给组织带来的巨大好处，是组织高层领导支持和参与清洁生产审核的动力和重要前提。清洁生产审核可给组织带来经济效益、生产效益、环境效益、无形资产的提高和推动技术与管理方面的改进等诸多好处，从而可以增强组织的市场竞争能力。

1）经济效益。由于减少了废物和排放物及其相关的收费和处理费用，降低了物料和能源消耗，增加了产品产量和改进了产品质量，可获得综合性经济效益；实施无/低费方案可以清楚地说明经济效益，这将增强实施可行性的中/高费方案的自信心。

2）生产效益。由于技术上的改进使废物/排放物和能耗减少到最低限度，增强了工艺和生产的可靠性；由于技术上的改进，增加了产品产量并改进了产品质量；由于采取清洁生产措施，如减少有毒和有害物质的使用，可以改善健康和安全状况。

3）环境效益。对组织实施更严格的环境要求是国际国内大势所趋；提高环境形象是当代组织的重要竞争手段；清洁生产是国内外大势所趋；清洁生产审核尤其是无/低费方案的实施可以很快产生明显的环境效益。

4）增加无形资产。无形资产有时可能比有形资产更有价值；清洁生产审核有助于组织由粗放型经营向集约型经营过渡；清洁生产审核是对组织领导加强本组织管理的一次有力支持；清洁生产审核是提高劳动者素质的有效途径。

5）技术改进。清洁生产审核是一套包括发现和实施无/低费方案，以及产生、筛选和逐步实施技改方案在内的完整程序，其鼓励采用节能、低耗、高效的清洁生产技术；清洁生产审核的可行性分析，使企业的技改方案更加切合实际并充分利用国内外最新信息。

6）管理上的改进。由于管理者关心员工的福利，可能增强职工的参与热情和责任感。

（2）清洁生产审核所需投入　实施清洁生产会对组织产生正面的影响，但也需要组织相应的投入并承担一定的风险，主要体现在以下几个方面：

1）需要管理人员、技术人员和操作工人必要的时间投入。

2）需要一定的监测设备和监测费用投入。

3）承担聘请外部专家费用。

4）承担编制审核报告费用。

5）承担实施中/高费用清洁生产方案可能产生不利影响的风险，包括技术风险和市场风险。

2. 组建审核小组

计划开展清洁生产审核的组织，首先要在本组织内组建一个有权威的审核小组，这是顺利实施企业清洁生产审核的组织保证。

（1）审核小组组长　审核小组组长是审核小组的核心，一般情况下，最好由企业高层领导人兼任组长，或由企业高层领导任命一位具有如下条件的人员担任，并授予必要权限。

1）具备企业的生产、工艺、管理与新技术的相关知识和经验。

2）掌握污染防治的原则和技术，并熟悉有关的环保法规。

3）了解审核工作程序，熟悉审核小组成员情况，具备领导和组织工作的才能并善于和其他部门合作等。

（2）审核小组成员　审核小组的成员数目根据组织的实际情况来定，一般情况下需要3～5名全时从事审核工作的人员。审核小组成员应具备以下条件：

1）具备组织清洁生产审核的知识或工作经验。

2）掌握企业的生产、工艺、管理等方面的情况及新技术信息。

3）熟悉企业的废弃物产生、治理和管理情况以及国家和地区环保法规和政策等。

4）具有宣传、组织工作的能力和经验。

视组织的具体情况，审核小组中还应包括一些非全时制的人员，视实际需要，人数可有几人到十几人不等，也可随着审核的不断深入，及时补充所需的各类人员。如当组织内部缺乏必要的技术力量时，可聘请外部专家以顾问形式加入审核小组；到了评估阶段，进行物料平衡时，审核重点的管理人员和技术人员应及时介入，以利于工作的深入开展。外部专家的作用为：传授清洁生产的基本思想，传授清洁生产审核每一步骤的要点和方法，能破除习惯思想发现明显的清洁生产机会，能及时发现工艺设备和实际操作问题，能提出解决问题的建议，能提供国内外同行业技术水平和污染排放的参照数据，能及时发现污染严重的环节和提出解决问题的建议。审核小组的成员在确定审核重点的前后应及时调整。审核小组必须有一位成员来自本组织的财务部门，该成员不一定全时制投入审核，但要了解审核的全部过程，不宜中途换人。来自组织财务部门的审核成员，应该介入审核过程中一切与财务计算有关的活动，准确计算组织清洁生产审核的投入和收益，并将其详细地单独列账。中小型企业和不具备清洁生产审核技能的大型企业，其审核工作要取得外部专家的支持。如果审核工作有外部专家的帮助和指导，本组织的审核小组还应负责与外部专家的联络、研究外部专家的建议并尽量吸收其有用的意见。

在组建审核小组时，各组织可按自身的工作管理惯例和实际需要灵活选择其形式，如成立由高层领导组成的审核领导小组，负责全盘协调工作，在该领导小组之下再组建主要由技术人员组成的审核工作小组，具体负责清洁生产审核工作。

审核小组成员职责与投入时间等应列表说明，表中要列出审核小组成员的姓名、在小组中的职务、专业、职称、应投入的时间，以及具体职责等。

（3）明确任务　由于领导小组负责对实施方案作出决定并对清洁生产审核的结果负责，因此充分明确领导小组和审核小组的任务是重要的。审核小组的任务包括：

1）制订工作计划。

2）开展宣传教育——人员培训及其他形式。

3）确定审核重点和目标。

4）组织和实施审核工作。

5）编写审核报告。

6）总结经验，并提出持续清洁生产的建议。

3. 制订工作计划

制订一个比较详细的清洁生产审核工作计划，有助于审核工作按一定的程序和步骤进行。只有组织好人力与物力，各司其职，协调配合，审核工作才会获得满意的效果，组织的清洁生产目标才能逐步实现。

审核小组成立后，要及时编制审核工作计划表，该表应包括审核过程的所有主要工作，包括这些工作的序号、内容、进度、负责人姓名、参与部门名称、参与人姓名以及各项工作的产出等。

4. 开展宣传教育

广泛开展宣传教育活动，争取组织内各部门和广大职工的支持，尤其是现场操作人员的积极参与，是清洁生产审核工作顺利进行和取得更大成效的必要条件。

宣传教育可采用下列方式：①利用企业现行各种例会；②下达开展清洁生产审核的正式文件；③内部广播；④电视、录像；⑤黑板报；⑥组织报告会、研讨班、培训班；⑦企业内部局域网；⑧开展各种咨询等。

宣传教育的内容一般为：①技术发展、清洁生产以及清洁生产审核的概念；②清洁生产和末端治理的内容及其利与弊；③国内外企业清洁生产审核的成功实例；④清洁生产审核中的障碍及其克服的可能性；⑤清洁生产审核工作的内容与要求；⑥本企业鼓励清洁生产审核的各种措施；⑦本企业各部门已取得的审核效果及其具体做法等；⑧清洁生产方案的产生及其可能的效益与意义。宣传教育的内容要随审核工作阶段的变化而作相应调整。

6.2.2　预评估（预审核）

预评估是清洁生产审核的初始阶段，是发现问题和解决问题的起点。主要任务是通过对企业全貌进行调查分析，评价企业的产排污状况，分析和发现企业清洁生产的潜力和机会；确定审核重点，设置清洁生产目标。同时对发现的问题找出对策，实施明显的简单易行的无/低费废物削减方案。

预审核工作程序如图6-4所示。

1. 组织现状调研

主要通过收集资料、查阅档案，与有关人士座谈等来进行。主要内容包括：

（1）企业概况

1）企业发展简史、规模、产值、利税、组织结构、人员状况和发展规划等。

2）企业所在地的地理、地质、水文、气象、地形和生态环境等基本情况。

（2）企业的生产状况

1）企业主要原辅料、主要产品、能源及用水情况，要求以表格形式列出总耗及单耗，并列出主要车间或分厂的情况。

2）企业的主要工艺流程。以框图表示主要工艺流程，要求标出主要原辅料、水、能源及废弃物的流入、流出和去向。

3）企业设备水平及维护状况，如完好率、泄漏率等。

（3）企业的环境保护状况

1）主要污染源及其排放情况，包括状态、数量、毒性等。

2）主要污染源的治理现状，包括处理方法、效果、问题及单位废弃物的年处理费等。

3）“三废”的循环、综合利用情况，包括方法、效果、效益以及存在问题。

4）企业涉及的有关环保法规与要求，如排污许可证、区域总量控制、行业排放标准等。

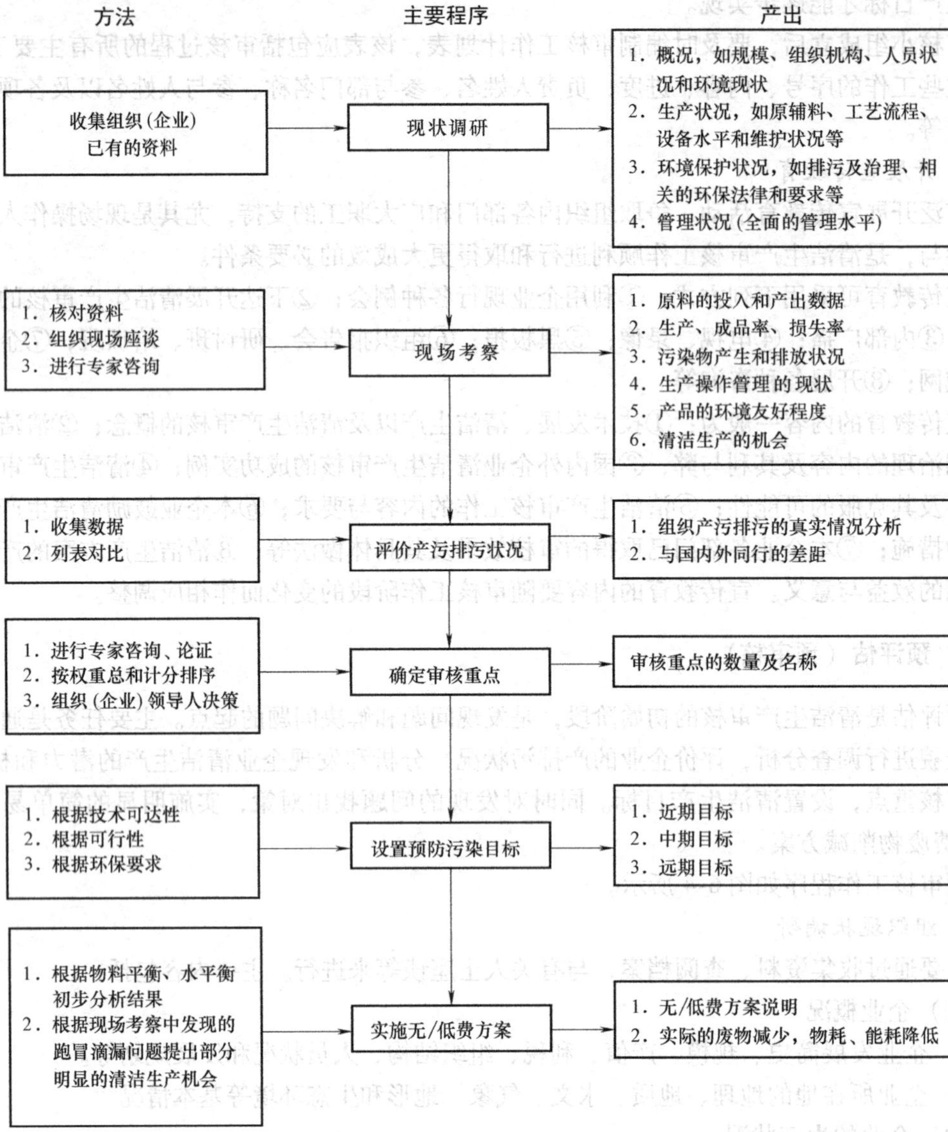

图6-4　预审核工作程序框图

（4）企业的管理状况　包括从原料采购和库存、生产及操作直到产品出厂的全面管理水平。

2. 进行现场考察

随着生产的发展，一些工艺流程、装置和管线可能已作过多次调整和更新，这些可能无法在图样、说明书、设备清单及有关手册上反映出来。此外，实际生产操作和工艺参数控制等往往和原始设计及规程不同。因此，需要进行现场考察，以便对现状调研的结果加以核实和修正，并发现生产中的问题。同时，通过现场考察，在全厂范围内发现明显的无/低费清洁生产方案。

（1）现场考察内容

1）对整个生产过程进行实际考察。即从原料开始，逐一考察原料库、生产车间、成品库，直到三废处理设施。

2）重点考察各产污排污环节，水耗和（或）能耗大的环节，设备事故多发的环节或部位。

3）考察实际生产管理状况，如岗位责任制执行情况、工人技术水平及实际操作状况、车间技术人员及工人的清洁生产意识等。

（2）现场考察方法

1）核查分析有关设计资料和图样，工艺流程图及其说明，物料衡算、能（热）量衡算的情况，设备与管线的选型与布置等：另外，还要查阅岗位记录、生产报表（月平均及年平均统计报表）、原料及成品库存记录、废弃物报表、监测报表等。

2）与工人和工程技术人员座谈，了解并核查实际的生产与排污情况，听取意见和建议，发现关键问题和部位，同时，征集无/低费清洁生产方案。

3. 评价产污排污状况

在对比分析国内外同类企业产污排污及能源、原材料利用状况的基础上，对本企业的产污原因进行初步分析，并评价执行环保能源法规情况。

（1）对比国内外同类企业产污排污状况　在资料调研、现场考察及专家咨询的基础上，汇总国内外同类工艺、同等装备、同类产品先进企业的生产、消耗、产污排污及管理水平，与本企业的各项指标相对照，并列表说明。

（2）初步分析产污及能源利用效率低的原因

1）对比国内外同类企业的先进水平，结合本企业的原料、工艺、产品、设备等实际状况，确定本企业的理论产污排污及能源利用效率水平。

2）调查汇总企业目前的实际产污排污及能源利用效率状况。

3）从影响生产过程的八条途径出发，对产污排污的理论值与实际状况之间的差距进行初步分析，并评价在现状条件下，企业的产污排污及能源利用状况是否合理。

（3）评价企业环保执法状况　评价企业执行国家和当地环保法规及行业排放标准的情况，包括达标情况、缴纳排污费情况及处罚情况等。

（4）作出评价结论　对比国内外同类企业的产污排污及能源利用效率水平，对企业在现有原料、工艺、产品、设备及管理水平下，其产污排污状况的真实性、合理性，及有关数据的可信度，予以初步评价。

4. 确定审核重点

通过前面三步的工作，已基本探明了企业现存的问题及薄弱环节，可从中确定出本轮审核的重点。审核重点的确定，应结合企业的实际综合考虑。

以下内容主要适用于工艺复杂、生产单元多、生产规模大的大、中型企业，对工艺简单、产品单一的小型企业，可不必经过备选审核重点阶段，而依据定性分析，直接确定审核重点。

（1）确定备选审核重点　首先根据所获得的信息，列出企业主要问题，从中选出若干问题或环节作为备选审核重点。企业生产通常由若干单元操作构成。单元操作指具有物料的输入、加工和输出功能完成某一特定工艺过程的一个或多个工序或工艺设备。原则上，所有单元操作均可作为潜在的审核重点。根据调研结果，通盘考虑企业的财力、物力和人力等实际条件，选出若干车间、工段或单元操作作为备选审核重点。

1）原则。污染严重的环节或部位、物耗能耗大的环节或部位、环境及公众压力大的环节或问题、有明显的清洁生产机会的部位应优先考虑作为备选审核重点。

2）方法。将所收集的数据进行整理、汇总和换算，并列表说明，以便为后续步骤“确定审核重点”提供依据。填写数据时，应注意：物质能源消耗及废弃物量应以各备选重点的月或年的总发生量统计：能耗一栏根据企业实际情况调整，可以是标煤、电、油等能源形式。

(2) 确定审核重点　采用一定方法，把备选审核重点排序，从中确定本轮审核的重点。同时，也为今后的清洁生产审核提供优选名单。本轮审核重点的数量取决于企业的实际情况。一般一次选择一个审核重点。识别审核重点的方法有很多种，可以概括为：

1）简单比较。根据各备选重点的废弃物排放量和毒性及物质消耗等情况，进行对比、分析和讨论，通常将污染最严重、物质消耗最大、清洁生产机会最明显的部位定为第一轮审核重点。

2）权重总和计分排序法。工艺复杂，产品品种和原材料多样的企业往往难以通过定性比较确定出重点。此外，简单比较一般只能提供本轮审核的重点，难以为今后的清洁生产提供足够的依据。为提高决策的科学性和客观性，采用半定量方法进行分析。常用方法为权重总和计分排序法。权重是指对各个因素具有权衡轻重作用的数值，统计学中又称“权数”。此数值的多少代表了该因素的重要程度。权重总和计分排序法是通过综合考虑各因素的权重及其得分，得出每一个因素的加权得分值，然后将这些加权得分值进行叠加，以求出权重总和，再比较各权重总和值来作出选择的方法。

确定权重因素应考虑下述原则：重点突出，主要为实现组织清洁生产、污染预防目标服务；因素之间避免相互交叉；因素含义明了，易于打分；数量适当（五个左右）。

权重因素的种类包括：

1）基本因素。

① 环境方面：减少废物、有毒有害物的排放量；或使其改变组分，易降解，易处理，减小有害性（如毒性、易燃性、反应性、腐蚀性等）；对工人安全和健康的危害，对环境的危害较小；遵循环境法规，达到环境标准。

② 经济方面：减少投资；降低加工成本；降低工艺运行费用；降低环境责任费用（排污费、污染罚款、事故赔偿费）；物料或废物可循环利用或应用；产品质量提高。

③ 技术方面：技术成熟，技术水平先进；可找到有经验的技术人员；国内同行业有成功的案例；运行维修容易。

④ 实施方面：对工厂当前正常生产以及其他生产部门影响小；施工容易，周期短，占空间小；工人易于接受。

2）附加因素。

① 前景方面：符合国家经济发展政策，符合行业结构调整和发展政策，符合市场需求。

② 能源方面：水、电、汽、热的消耗减小；或水、汽、热可循环利用或回收利用。

根据各因素的重要程度，将权重值简单分为三个层次：高重要性（权重值8~10）；中等重要性（权重值为4~7）；低重要性（权重值为1~3）。从已进行的清洁生产工作来看，对各权重因素值（W）规定如下范围较合适：废物量 $W=10$，环境代价 $W=8\sim9$，废物的毒性 $W=7\sim8$，清洁生产的潜力 $W=4\sim6$，车间的关系与合作程度 $W=1\sim3$，发展前景 $W=1\sim3$。

根据我国清洁生产的实践及专家讨论结果，在筛选审核重点时，通常考虑下述因素。各因素的重要程度，即权重值（W），可参照以下数值：废弃物量 $W=10$，主要消耗 $W=7\sim9$，环保费用 $W=7\sim9$，市场发展潜力 $W=4\sim6$，车间积极性 $W=1\sim3$。

应注意的是：上述权重值仅为一个范围，实际审核时每个因素必须确定一个数值，一旦确定，在整个审核过程中就不得改动；可根据企业实际情况增加废弃物毒性因素等；统计废弃物量时，应选取企业最主要的污染形式，而不是把水、气、渣累计起来；可根据实际增补如 COD 总量项目。

审核小组或有关专家，根据收集的信息，结合有关环保要求及企业发展规划，对每个备选重点，就上述各因素，按备选审核重点情况汇总表提供的数据或信息打分，分值（R）从1至10，以最高者为满分（10分）。将打分与权重值相乘（$R\times W$），并求所有乘积之和（$\sum R\times W$），即为该备选重点总得分排序，最高者即为本次审核重点，余者类推，参见表6-1所给实例。

表6-1 某厂利用权重总和计分排序法确定审核重点的实例

因素	权重值 $W(1\sim10)$	备选审核重点得分					
		一车间		二车间		三车间	
		$R(1\sim10)$	$R\times W$	$R(1\sim10)$	$R\times W$	$R(1\sim10)$	$R\times W$
废弃物量	10	10	100	6	60	4	40
主要消耗	9	5	45	10	90	8	72
环保费用	8	10	80	4	32	1	8
废弃物毒性	7	4	28	10	70	5	35
市场发展潜力	5	6	30	10	50	8	40
车间积极性	2	5	10	10	20	7	14
总分 $\sum R\times W$	—	—	293	—	322	—	209
排序	—	—	2	—	1	—	3

如果某厂有三个车间为备选重点，见表6-2，厂方认为废水为其最主要污染形式，其数量依次为一车间为1000t/a，二车间为600t/a，三车间为400t/a，则废弃物量一车间最大，定为满分（10分），乘权重后为100，二车间废弃物量是一车间的6/10，得分即为60，三车间则为40，其余各项得分依次类推，把得分相加即为该车间的总分。打分时应注意：

1）严格根据数据打分，以避免随意性和倾向性。

2）没有定量数据的项目，集体讨论后打分。

表6-2 某厂备选审核重点情况汇总

序号	备选审核重点名称	废弃物量/(t/a)		主要消耗							环保费用/(万元/a)					
				原料消耗		水耗		能耗		小计/(万元/a)	厂内末端治理费	厂外处理处置费	排污费	罚款	其他	小计
		水	渣	总量/(t/a)	费用/(万元/a)	总量/(万t/a)	费用/(万元/a)	标煤总量/(t/a)	费用/(万元/a)							
1	一车间	1000	6	1000	30	10	20	500	6	56	40	20	60	15	5	140
2	二车间	600	2	2000	50	25	50	1500	18	118	20	0	40	0	0	60
3	三车间	400	0.2	800	40	20	40	750	9	89	5	0	10	0	0	15

注：以工业用水2元/t，标煤120元/t计算。

5. 设置清洁生产目标

设置定量化的硬性指标，才能使清洁生产真正落实，并能据此检验与考核，达到通过清洁生产预防污染的目的。

(1) 原则

1) 容易被人理解、易于接受且易于实现。

2) 清洁生产指标是针对审核重点的定量化、可操作并有激励作用的指标，要求不仅有减污、降耗或节能的绝对量，还要有相对量指标，并与现状对照。

3) 具有时限性，要分近期和远期。近期一般指到本轮审核基本结束并完成审核报告时为止，参见表6-3。

表6-3 某化工厂一车间的清洁生产目标

序号	项　目	现状	近期目标		远期目标	
			绝对量/(t/a)	相对量(%)	绝对量/(t/a)	相对量(%)
1	多元醇A得率	68%	—	增加1.8	—	增加3.2
2	废水排放量	150000t/a	削减30000	削减20	削减60000	削减40
3	COD排放量	1200t/a	削减250	削减20.8	削减600	削减50
4	固体废物排放量	80t/a	削减20	削减25	削减80	削减100

(2) 依据

1) 根据外部的环境管理要求，如达标排放、限期治理等。

2) 根据本企业历史最好水平。

3) 参照国内外同行业，类似规模、工艺或技术装备的厂家的水平。

4) 参照同行业清洁生产标准或行业清洁生产评价体系中的水平指标。

6. 提出和实施无/低费方案

预审核过程中，在全厂范围内各个环节发现的问题，有相当部分可迅速采取措施解决。这些无需投资或投资很少、容易在短期（如审核期间）见效的措施，称为无/低费方案。另一类需要投资较高、技术性较强、投资期较长的方案叫中/高费方案。

预审核阶段的无/低费方案，是通过调研，特别是现场考察和座谈，而不必对生产过程作深入分析便能发现的方案，是针对全厂的；而审核阶段的无/低费方案，则是必须深入分析物料平衡结果才能发现的，是针对审核重点的。

(1) 目的　贯彻清洁生产边审核边实施的原则，以及时取得成效，滚动式地推进审核工作。

(2) 方法　座谈、咨询、现场查看、散发清洁生产建议表，及时改进、及时实施、及时总结，对于涉及重大改变的无/低费方案，应遵循企业正常的技术管理程序。

常见无/低费方案为：

(1) 原辅料及能源　①采购量与需求相匹配；②加强原料质量（如纯度、水分等）的控制；③根据生产操作调整包装的大小及形式。

(2) 技术工艺　①改进备料方法；②增加捕集装置，减少物料或成品损失；③改用易于处理处置的清洗剂。

(3) 过程控制　①选择在最佳配料比下进行生产；②增加检测计量仪表；③校准检测计

量仪表；④改善过程控制及在线监控；⑤调整优化反应的参数，如温度、压力等。

（4）设备 ①改进并加强设备定期检查和维护，减少跑冒滴漏；②及时修补完善供热、供汽管线的隔热保温。

（5）产品 ①改进包装及其标志或说明；②加强库存管理。

（6）管理 ①清扫地面时改用干扫法或拖地法，以取代水冲洗法；②减少物料溅落并及时收集；③严格岗位责任制及操作规程。

（7）废弃物 ①冷凝液的循环利用；②现场分类、收集可回收的物料与废弃物；③余热利用；④清污分流。

（8）员工 ①加强员工技术与环保意识的培训；②采用各种形式的精神与物质激励措施。

6.2.3 评估（审核）

本阶段是对组织审核重点的原材料、生产过程以及浪费的产生进行审核。审核是通过对审核重点的物料平衡、水平衡、能量衡算及价值流分析，分析物料、能量流失和其他浪费的环节，找出废弃物产生的原因，查找物料储运、生产运行、管理以及废弃物排放等方面存在的问题，寻找与国内外先进水平的差距，为清洁生产方案的产生提供依据。

本阶段工作重点是实测输入输出物流，建立物料平衡，分析废弃物产生原因。审核阶段程序如图6-5所示。

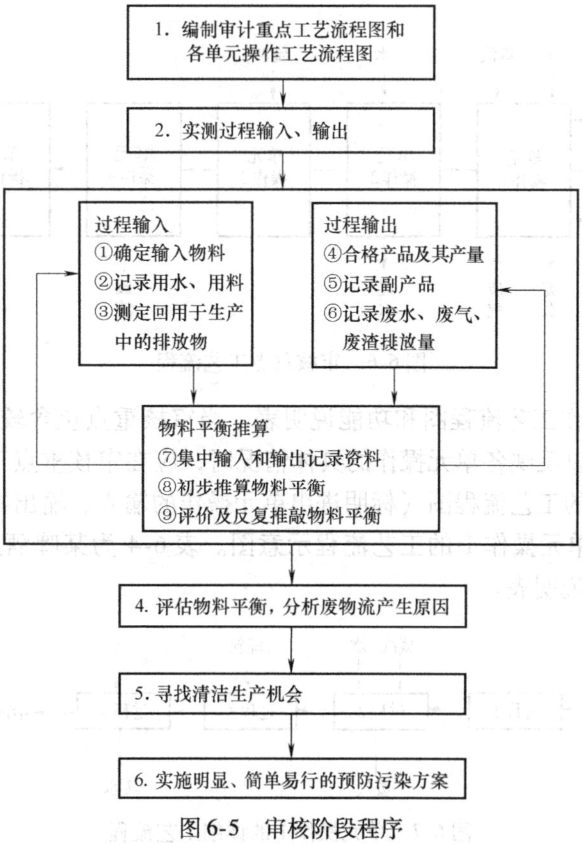

图6-5 审核阶段程序

1. 准备审核重点资料

收集审核重点及其相关工序或工段的有关资料，绘制工艺流程图。

（1）收集资料

1）收集基础资料

① 工艺资料：工艺流程图，工艺设计的物料、热量平衡数据，工艺操作手册和说明，设备技术规范和运行维护记录，管道系统布局图，车间内平面布置图。

② 原材料和产品及生产管理资料：产品的组成及月、年度产量表，物料消耗统计表，产品和原材料库存记录，原料进厂检验记录，能源费用，车间成本费用报告，生产进度表。

③ 废弃物资料：年度废弃物排放报告，废弃物（水、气、渣）分析报告，废弃物管理、处理和处置费用，排污费，废弃物处理设施运行和维护费用。

④ 国内外同行业资料：国内外同行业单位产品原辅料消耗情况（审核重点），国内外同行业单位产品排污情况（审核重点）。列表与本企业情况比较。

2）现场调查。补充与验证已有数据，包括不同操作周期的取样、化验；现场提问、现场考察、记录，追踪所有物流，建立产品、原料、添加剂及废弃物等物流的记录。

（2）编制审核重点的工艺流程图　为了更充分和较全面地对审核重点进行实测和分析，首先应掌握审核重点的工艺流程和输入、输出物流情况。工艺流程图以图解的方式整理、标示工艺过程及进入和排出系统的物料、能源以及废物流的情况。审核重点工艺流程示意图如图 6-6 所示。

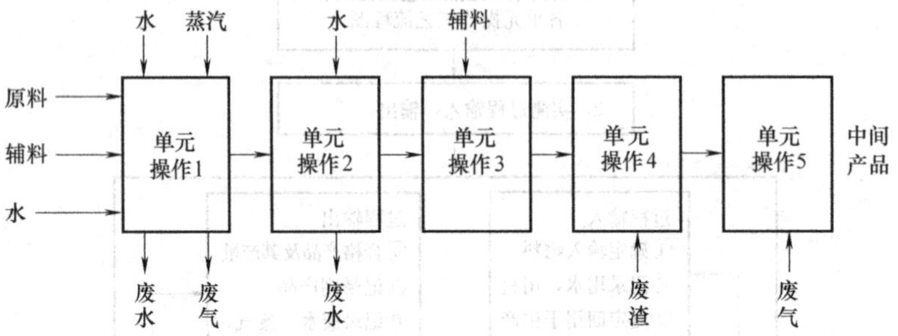

图 6-6　审核重点工艺流程

（3）编制单元操作工艺流程图和功能说明表　当审核重点包含较多的单元操作，而一张审核重点流程图难以反映各单元操作的具体情况时，应在审核重点工艺流程图的基础上，分别编制各单元操作的工艺流程图（标明进出单元操作的输入、输出物流）和功能说明表。图 6-7 为对应图 6-6 单元操作 1 的工艺流程示意图。表 6-4 为某啤酒厂审核重点（酿造车间）各单元操作功能说明表。

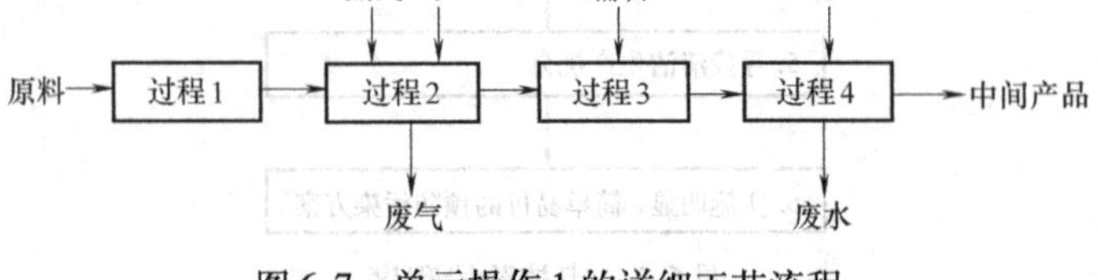

图 6-7　单元操作 1 的详细工艺流程

表6-4　各单元操作功能说明

单元操作名称	功能简介
粉　碎	将原辅料粉碎成粉、粒，以利于糖化过程物质分解
糖　化	利用麦芽所含酶，将原料中高分子物质分解，制成麦汁
麦汁过滤	将糖化醪中原料溶出物质与麦糖分开，得到澄清麦汁
麦汁煮沸	灭菌、灭酶、蒸出多余水分，使麦汁浓缩满足要求
旋流澄清	使麦汁静置，分离出热凝固物
冷　却	析出冷凝固物，使麦汁吸氧，降到发酵所需温度
麦汁发酵	添加酵母，发酵麦汁成酒液
过　滤	去除残存酵母及杂质，得到清亮透明的酒液

（4）编制工艺设备流程图　工艺设备流程图主要是为实测和分析服务。与工艺流程图主要强调工艺过程不同，它强调的是设备和进出设备的物流。设备流程图要求按工艺流程，分别标明重点设备输入、输出物流及监测点。图6-8给出了一套催化裂化装置的工艺设备流程图示例。

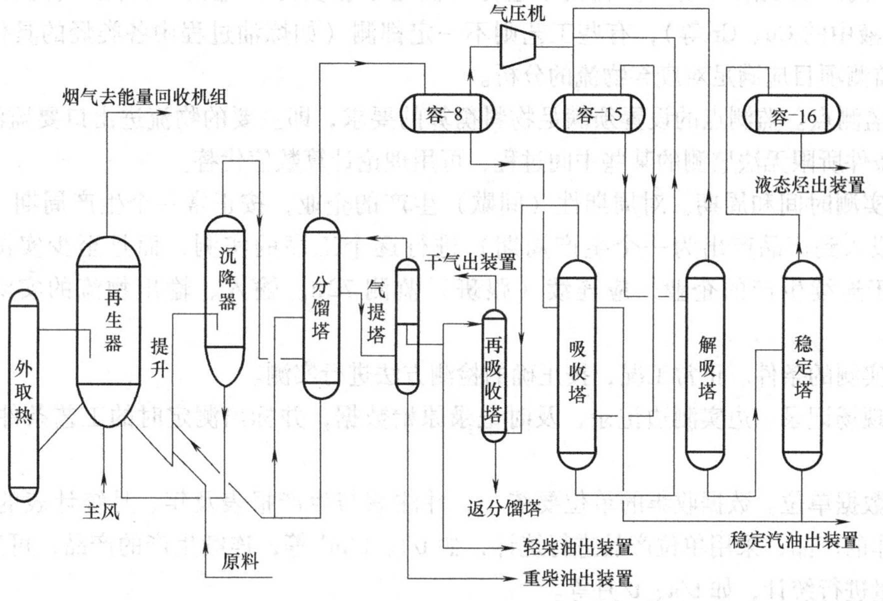

图6-8　某煤油厂催化裂化装置工艺设备流程图

2. 实测输入输出物流

审核人员要了解与每一个操作相关的功能和工艺变量，核对单元操作和整个工艺的所有资料（包括原材料、中间产品、产品的物料管理与操作方式），以备以后的审核工作使用。

对于复杂的生产工艺流程，可能一个单元操作就表明一个简单的生产工艺流程（特别对那些主要工艺来说，单元操作更是如此），必须一一列出和分析，并绘制审核重点的输入与输出示意图（见图6-9）。

（1）准备及要求

1）准备工作。制订现场实测计划，确定监测项目、监测点；确定实测时间和周期；校

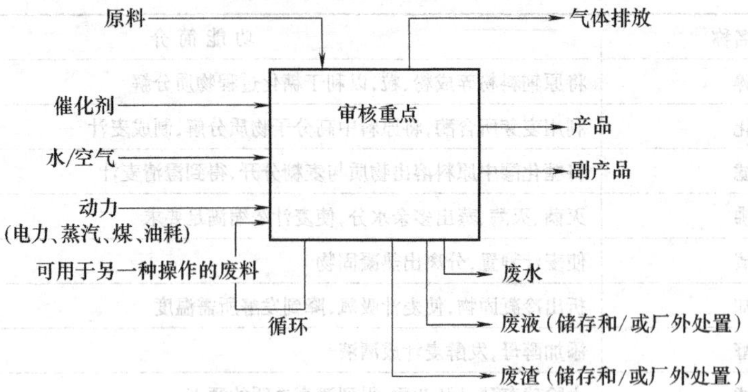

图 6-9 审核重点的输入与输出

验监测仪器和计量器具。

2）要求。

① 监测项目。应对审核重点全部的输入、输出物流进行实测，包括原料、辅料、水、产品、中间产品及废弃物等。物流中组分的测定根据实际工艺情况而定，有些工艺应测（如电镀液中的 Cu、Cr 等），有些工艺则不一定都测（如炼油过程中各类烃的具体含量），原则是监测项目应满足对废弃物流的分析。

② 监测点。监测点的设置须满足物料衡算的要求，即主要的物流进出口要监测，但对因工艺条件所限无法监测的某些中间过程，可用理论计算数值代替。

③ 实测时间和周期。对周期性（间歇）生产的企业，按正常一个生产周期（即一次配料由投入到产品产出为一个生产周期）进行逐个工序的实测，而且至少实测三个周期。对于连续生产的企业，应连续（跟班）监测 72h。输入、输出物流的实测要注意同步性。

④ 实测的条件。正常工况，按正确的检测方法进行实测。

⑤ 现场记录。边实测边记录，及时记录原始数据，并标出测定时的工艺条件（温度、压力等）。

⑥ 数据单位。数据收集的单位要统一，并注意与生产报表及年、月统计表的可比性。间歇操作的产品，采用单位产品进行统计，如 t/t、t/m^3 等，连续生产的产品，可用单位时间的产量进行统计，如 t/a、t/月等。

（2）实测

① 实测输入物流，包括数量、组分（应有利于废物流分析）、实测时的工艺条件。输入物流指所有投入生产的输入物，包括进入生产过程的原料、辅料、水、汽以及中间产品、循环利用物等。

② 实测输出物流，包括数量、组分（应有利于废物流分析）、实测时的工艺条件。输出物流指所有排出单元操作或某台设备、某一管线的排出物，包括产品、中间产品、副产品、循环利用物以及废弃物（废气、废渣、废水等）。

将输入、输出的取样分析结果标在单元操作工艺流程图上。计算厂外废物流；废物运送到厂外处理前有时还需在厂内储存，在储存期要防止有泄漏和新的污染产生；废物在运送到厂外处理中，也要防止跑、冒、滴、漏，以免产生二次污染。

(3) 汇总数据 汇总各单元操作数据。将现场实测的数据经过整理、换算，汇总在一张或几张表上，具体可参照表6-5。

表6-5 各单元操作数据汇总

单元操作	输入物					输出物					
	名称	数量	成分			名称	数量	成分			去向
			名称	含量	数量			名称	含量	数量	
单元操作1											
单元操作2											
单元操作3											

注：1. 数量按单位产品的量或单位时间的量填写。
2. 成分指输入和输出物中含有的贵重成分或（和）对环境有毒有害成分。
3. 汇总审核重点数据。在单元操作数据的基础上，将审核重点的输入和输出数据汇总成表，使其更加清楚明了，表的形式可参照表6-6。对于输入、输出物料不能简单加和的，可根据组分的特点自行编制类似表格。

表6-6 审核重点输入和输出数据汇总 单位：

输入		输出	
输入物	数量	输出物	数量
原料1		产品	
原料2		副产品	
辅料1		废水	
辅料2		废气	
水		废渣	
合计		合计	

3. 建立物料平衡

进行物料平衡的目的，旨在准确地判断审核重点的废弃物流，定量地确定废弃物的数量、成分以及去向，从而发现过去无组织排放或未被注意的物料流失，并为产生和研制清洁生产方案提供科学依据。

从理论上讲，物料平衡应满足以下公式：输入=输出。

(1) 进行预平衡测算 根据物料平衡原理和实测结果，考察输入、输出物流的总量和主要组分达到的平衡情况。一般说来，如果输入总量与输出总量之间的偏差在5%以内，则可以用物料平衡的结果进行随后有关评估与分析，但贵重原料、有毒成分等的平衡偏差应更小或应满足行业要求。如果偏差不符合上述要求，则须检查造成较大偏差的原因，如果是实测数据不准或存在无组织物料排放等情况，则应重新实测或补充监测。

(2) 编制物料平衡图 物料平衡图是针对审核重点编制的，即用图解的方式将预平衡测算结果标示出来。但在此之前须编制审核重点的物料流程图，即把各单元操作的输入、输出标在审核重点的工艺流程图上。图6-10和图6-11分别为某啤酒厂审核重点（酿造车间）的物料流程图和物料平衡图。当审核重点涉及贵重原料和有毒成分时，物料平衡图应标明其成分和数量。或每一成分单独编制物料平衡图。

物料流程图以单元操作作为基本单位，各单元操作用方框图表示，输入画在左边，主要的产品、副产品和中间产品按流程提示，而其他输出画在右边。

物料平衡图以审核重点的整体为单位。输入画在左边，主要的产品、副产品和中间产品标在右边，气体排放物标在上边，循环和回用物料标在左下角，其他输出标在下边。

从严格意义上说，水平衡是物料平衡的一部分。水若参与反应，则是物料的一部分。但在许多情况下，它并不直接参与反应，而是作清洗和冷却之用。在这种情况下，当审核重点的耗水量较大时，为了了解耗水过程，寻找减少水耗的方法，应另外编制水平衡图。

应注意有些情况下，审核重点的水平衡并不能全面反映问题或水耗在全厂占有重要地位，可考虑就全厂编制一个水平衡图。

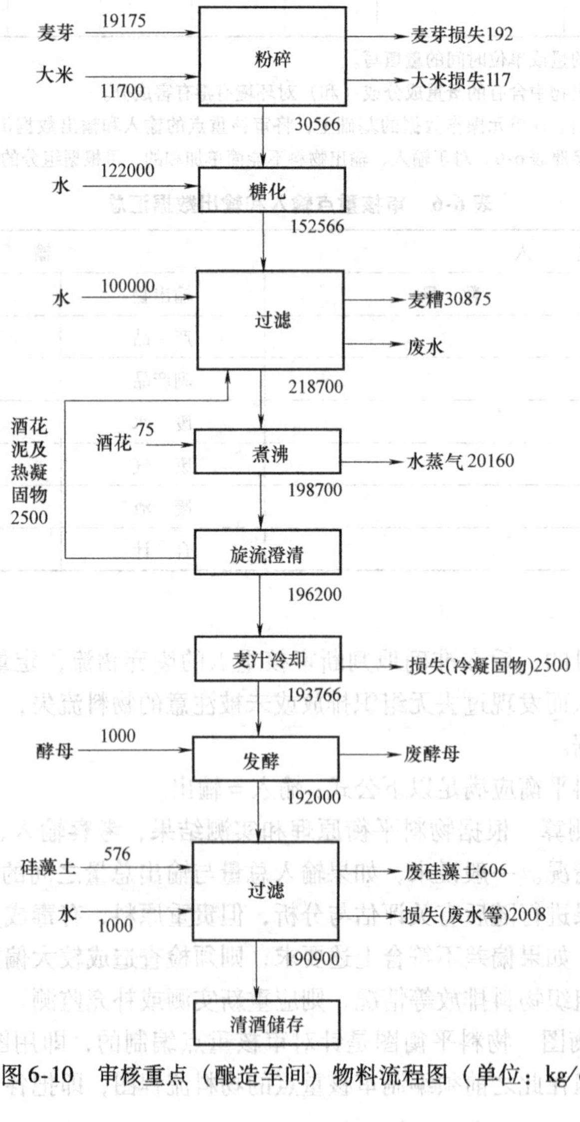

图6-10 审核重点（酿造车间）物料流程图（单位：kg/d）

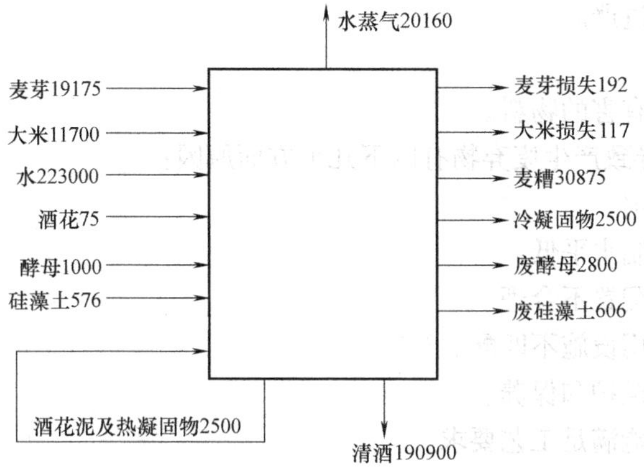

图6-11 审核重点（酿酒车间）物料平衡图（单位：kg/d）

（3）阐述物料平衡结果 在实测输入、输出物流及物料平衡的基础上，寻找废弃物及其产生部位，阐述物料平衡结果，对审核重点的生产过程作出评估，主要内容如下：

1）物料平衡的偏差。

2）实际原料利用率。

3）物料流失部分（无组织排放）及其他废弃物产生环节和产生部位。

4）废弃物（包括流失的物料）的种类、数量和所占比例以及对生产和环境的影响部位。

4. 分析废弃物产生及能耗、物耗高的原因

一般说来，如果输入总量与输出总量之间的误差在5%以内，则可以用物料平衡的结果进行随后的有关评估与分析；否则须检查造成较大误差的原因，重新进行实测和物料平衡。针对每一个物料流失和废弃物产生部位的每一种物料和废弃物进行分析，找出它们产生的原因。分析可从影响生产过程的八个方面进行。

（1）原辅料和能源 原辅料指生产中主要原料和辅助用料（包括添加剂、催化剂、水等）；能源指维持正常生产所用的动力源（包括电、煤、蒸汽、油等）。原辅料及能源导致产生废弃物主要有以下几个方面的原因：

1）原辅料不纯或（和）未净化。

2）原辅料储存、发放、运输的流失。

3）原辅料的投入量和（或）配比的不合理。

4）原辅料及能源的超定额消耗。

5）有毒、有害原辅料的使用。

6）未利用清洁能源和二次资源。

（2）技术工艺 技术工艺导致产生废弃物有以下几个方面的原因：

1）技术工艺落后，原料转化率低。

2）设备布置不合理，无效传输线路过长。

3）反应及转化步骤过长。

4）连续生产能力差。

5）工艺条件要求过严。

6）生产稳定性差。

7）需使用对环境有害的物料。

（3）设备　设备导致产生废弃物有以下几个方面原因：

1）设备破旧、漏损。

2）设备自动化控制水平低。

3）有关设备之间配置不合理。

4）主体设备和公用设施不匹配。

5）设备缺乏有效维护和保养。

6）设备的功能不能满足工艺要求。

（4）过程控制　过程控制导致产生废弃物主要有以下几个方面原因：

1）计量检测、分析仪表不齐全或监测精度达不到要求。

2）某些工艺参数（如温度、压力、流量、含量等）未能得到有效控制。

3）过程控制水平不能满足技术工艺要求。

（5）产品　产品包括审核重点内生产的产品、中间产品、副产品和循环利用物。产品导致产生废弃物主要有以下几个方面原因：

1）产品储存和搬运中的破损、漏失。

2）产品的转化率低于国内外先进水平。

3）不利于环境的产品规格和包装。

（6）废弃物　因废弃物本身具有的特性而未加利用导致产生废弃物，主要有以下几个方面原因：

1）对可利用废弃物未进行再用和循环使用。

2）废弃物的物理化学性能不利于后续的处理和处置。

3）单位产品废弃物产生量高于国内外先进水平。

（7）管理　管理导致产生废弃物主要有以下几个方面的原因：

1）有利于清洁生产的管理条例、岗位操作规程等未能得到有效执行。

2）现行的管理制度不能满足清洁生产的需要。岗位操作规程不够严格，生产记录（包括原料、产品和废弃物）不完整，信息交换不畅，缺乏有效的奖惩办法。

（8）员工素养　员工素养导致产生废弃物主要有以下几个方面原因：

1）员工的素质不能满足生产需求。缺乏优秀管理人员，缺乏专业技术人员，缺乏熟练操作人员，员工的技能不能满足本岗位的要求。

2）缺乏对员工主动参与清洁生产的激励措施。

5. 提出和实施无/低费方案

主要针对审核重点。根据废弃物产生原因分析。提出并实施无/低费方案。

6.2.4　实施方案的产生和筛选

方案产生和筛选是企业进行清洁生产审核工作的第四个阶段。本阶段的目的是通过方案的产生、筛选、研制，为下一阶段的可行性分析提供足够的中/高费清洁生产方案。本阶段的工作重点：根据评估阶段的结果，制定审核重点的清洁生产方案；在分类汇总基础上（包括已产生的非审核重点的清洁生产方案，主要是无/低费方案），经过筛选确定出两个以上中/高费方案供下一阶段进行可行性分析，同时对已实施的无/低费方案进行实施效果核定与汇总；编写清洁生产中期审核报告。

1. 产生方案

清洁生产方案的数量、质量和可实施性直接关系到企业清洁生产审核的成效，是审核过程的一个关键环节，因而应广泛发动群众征集、产生各类方案。

（1）广泛采集、创新思路　在全厂范围内利用各种渠道和多种形式，进行宣传动员，鼓励全体员工提出清洁生产方案或合理化建议。通过实例教育，克服思想障碍，制定奖励措施以鼓励创造性思想和方案的产生。

（2）根据物料平衡和针对废弃物产生原因的分析产生方案　进行物料平衡和废弃物产生原因分析的目的就是要为清洁生产方案的产生提供依据。因而方案的产生要紧密结合这些结果，只有这样才能使所产生的方案具有针对性。

（3）广泛收集国内外同行业先进技术　类比是产生方案的一种快捷、有效的方法。应组织工程技术人员广泛收集国内外同行业的先进技术，并以此为基础，结合本企业的实际情况，制定清洁生产方案。

（4）组织行业专家进行技术咨询　当企业利用本身的力量难以完成某些方案的产生时，可以借助于外部力量，组织行业专家进行技术咨询，这对启发思路、畅通信息将会很有帮助。

（5）全面系统地产生方案　清洁生产涉及企业生产和管理的各个方面，虽然物料平衡和废弃物产生原因分析将大大有助于方案的产生，但是在其他方面可能也存在着一些清洁生产机会，因而可从影响生产过程的八个方面全面系统地产生方案，如图6-12所示。

1）原辅材料和能源替代。

2）技术工艺改造。

3）设备维护和更新。

4）过程优化控制。

5）产品更换或改进。

6）废弃物回收利用和循环使用。

7）加强管理。

8）员工素质的提高以及积极性的激励。

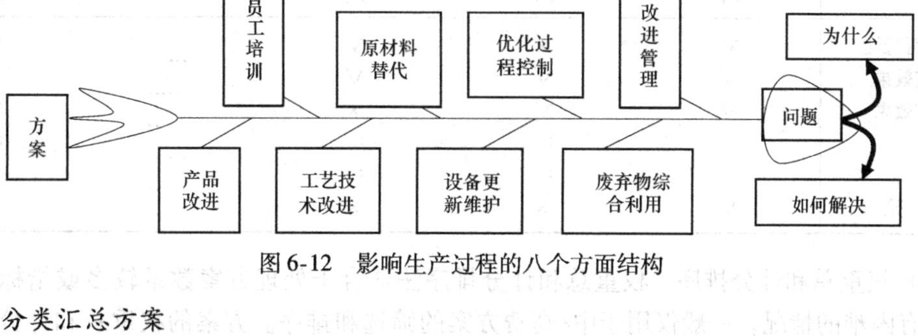

图6-12　影响生产过程的八个方面结构

2. 分类汇总方案

对所有的清洁生产方案，不论已实施的还是未实施的，不论是属于审核重点的还是不属于审核重点的，均按原辅材料和能源替代、技术工艺改造、设备维护和更新、过程优化控制、产品更换或改进、废弃物回收利用和循环使用、加强管理、员工素质的提高以及积极性的激励等八个方面列表简述其原理和实施后的预期效果。

3. 筛选方案

在进行方案筛选时可采用两种方法，一是用比较简单的方法进行初步筛选，二是采用权重总和计分排序法进行筛选和排序。

（1）初步筛选　初步筛选是要对已产生的所有清洁生产方案进行简单检查和评估，从而分出可行的无/低费方案、初步可行的中/高费方案和不可行方案三大类。其中，可行的无/低费方案可立即实施；初步可行的中/高费方案供下一步进行研制和进一步筛选；不可行的方案则搁置或否定。

初步筛选因素可考虑技术可行性、环境效果、经济效益、实施难易程度以及对生产和产品的影响等几个方面。

① 技术可行性。主要考虑该方案的成熟程度，如是否已在企业内部其他部门采用过或同行业其他企业采用过，以及采用的条件是否基本一致等。

② 环境效果。主要考虑该方案是否可以减少废弃物的数量和毒性，是否能改善工人的操作环境等。

③ 经济效果。主要考虑能否承受得起投资和运行费用，是否有经济效益，能否减少废弃物的处理处置费用等。

④ 实施的难易程度。主要考虑是否在现有的场地、公用设施、技术人员等条件下即可实施或稍作改进即可实施，实施的时间长短等。

⑤ 对生产和产品的影响。主要考虑方案的实施过程中对企业正常生产的影响程度以及方案实施后对产量、质量的影响。

在进行方案的初步筛选时，可采用简易筛选方法，即组织企业领导和工程技术人员进行讨论来决策。方案的简易筛选方法基本步骤如下：第一步，参照前述筛选因素的确定方法，结合本企业的实际情况确定筛选因素；第二步，确定每个方案与这些筛选因素之间的关系，若是正面影响关系，则打“√”，若是反面影响关系则打“×”；第三步，综合评价，得出结论，具体参照表6-7。

表6-7　方案简易筛选方法

筛选因素	方案编号				
	F_1	F_2	F_3	……	F_n
技术可行性	√	×	√	……	√
环境效果	√	√	√	……	×
经济效果	√	√	×	……	√
：	：	：	：	……	：
：	：	：	：	……	：
结　论	√	×	×		×

（2）权重总和计分排序　权重总和计分排序法适合于处理方案数量较多或指标较多相互比较有困难的情况，一般仅用于中/高费方案的筛选和排序。方案的权重总和计分排序法基本同预审核重点的权重总和计分排序法，只是权重因素和权重值可能有些不同。

1）环境效果。权重值 $W=8\sim10$。主要考虑是否减少了对环境有害物质的排放量及其毒性；是否减少了对工人安全和健康的危害；是否能够达到环境标准等。

2）经济可行性。权重值 $W=7\sim10$。主要考虑费用效益比是否合理。

3）技术可行性。权重值 $W=6\sim8$。主要考虑技术是否成熟、先进；能否找到有经验的技术人员；国内外同行业是否有成功的先例；是否易于操作、维护等。

4）可实施性。权重值 $W=4\sim6$。主要考虑方案实施过程中对生产的影响大小；施工难度，施工周期；工人是否易于接受等。

具体方法参见表6-8。

表6-8　方案的权重总和计分排序

权重因素	权重值（W）	方案得分								
		方案1		方案2		方案3		…	方案 n	
		R	$R\times W$	R	$R\times W$	R	$R\times W$		R	$R\times W$
环境效果										
经济可行性										
技术可行性										
可实施性										
总分（$\Sigma R\times W$）	—									
排序	—									

（3）汇总筛选结果　按可行的无/低费方案、初步可行的中/高费方案和不可行方案列表汇总方案的筛选结果。

4. 研制方案

经过筛选得出的初步可行的中/高费清洁生产方案，因为投资额较大，而且一般对生产工艺过程有一定程度的影响，因而需要进一步研制，主要是进行一些工程化分析，从而提供两个以上方案供下一阶段作可行性分析。

（1）内容　方案的研制内容包括方案的工艺流程详图、方案的主要设备清单、方案的费用和效益估算、编写方案说明。对每一个初步可行的中/高费清洁生产方案均应编写方案说明，主要包括技术原理、主要设备、主要的技术及经济指标、可能的环境影响等。

（2）原则　一般说来，对筛选出来的每一个中/高费方案进行研制和细化时都应考虑以下几个原则：

1）系统性。考察每个单元操作在一个新的生产工艺流程中所处的层次、地位和作用，以及与其他单元操作的关系，从而确定新方案对其他生产过程的影响，并综合考虑经济效益和环境效果。

2）综合性。一个新的工艺流程要综合考虑其经济效益和环境效果，而且还要照顾到排放物的综合利用及其利与弊，以及促进在加工产品和利用产品的过程中自然物流与经济物流的转化。

3）闭合性。闭合性指一个新的工艺流程在生产过程中物流的闭合性。物流的闭合性是指清洁生产和传统工业生产之间的原则区别，即尽量使工艺流程对生产过程中的载体，如水、溶剂等，实现闭路循环，达到无废水或最大限度地减少废水的排放。

4）无害性。清洁生产工艺应该是无害（或至少是少害）的生态工艺，要求不污染（或轻污染）空气、水体和地表土壤；不危害操作工人和附近居民的健康；不损坏风景区、休憩地的美学价值；生产的产品要提高其环保性，使用可降解原材料和包装材料。

5）合理性。合理性旨在合理利用原料，优化产品的设计和结构，降低能耗和物耗，减少劳动量和劳动强度等。

5. 继续实施无/低费方案

经过分类和分析，对一些投资费用较少，见效较快的方案，要继续贯彻边审核边削减污染物的原则，组织人员、物力实施经筛选确定的可行的无/低费方案，以扩大清洁生产的发展。

6. 核定并汇总无/低费方案实施效果

对已实施的无/低费方案，包括在预审核和审核阶段所实施的无/低费方案，应及时核定其效果并进行汇总分析。核定及汇总内容包括方案序号、名称、实施时间、投资、运行费、经济效益和环境效果。

7. 编写清洁生产中期审核报告

清洁生产中期审核报告在方案产生和筛选工作完成之后进行，是对前面所有工作的总结。清洁生产中期审核报告的内容如下：

1. 前言　筹划和组织

1.1　审核小组

1.2　审核工作计划

1.3　宣传和教育

要求图表：审核小组成员表、审核工作计划表。

2. 预评估

2.1　企业概况

包括产品、生产、人员及环保等概况。

2.2　产污和排污现状分析

包括国内外情况对比，产污原因初步分析以及组织的环保执法情况等。

2.3　确定审核重点

2.4　清洁生产目标

要求图表：企业平面布置简图、企业的组织机构图、企业主要工艺流程图、企业输入物料汇总表、企业产品汇总表、企业主要废物特性表、企业历年废物流情况表、企业废物产生原因分析表、清洁生产目标一览表。

3. 评估

3.1　审核重点概况

包括审核重点的工艺流程图、工艺设备流程图和各单元操作流程图。

3.2　输入输出物流的测定

3.3　物料平衡

3.4　废物产生原因分析

要求图表：审核重点平面布置图、审核重点组织机构图、审核重点工艺流程图、审核重点各单元操作工艺流程图、审核重点单元操作功能说明表、审核重点工艺设备流程图、审核重点物流实测准备表、审核重点物流实测数据表、审核重点物料流程图、审核重点物料平衡图、审核重点废物产生原因分析表。

4. 方案产生和筛选

4.1　方案汇总

包括所有的已实施、未实施方案，可行、不可行方案。

4.2　方案筛选

4.3　方案研制

主要针对中/高费方案。

4.4　无/低费方案的实施效果分析

要求图表：方案汇总表、方案权重总和计分排序表、方案筛选结果汇总表、方案说明表、无/低费方案实施效果的核定与汇总表。

6.2.5　实施方案的确定（可行性分析）

实施方案的确定是企业进行清洁生产审核工作的第五个阶段。本阶段的目的是对筛选出来的中/高费清洁生产方案进行分析和评估，以选择最佳的、可实施的清洁生产方案。本阶段工作重点是：在结合市场调查和收集一定资料的基础上，进行方案的技术、环境、经济的可行性分析和比较，从中选择和推荐最佳的可行方案。

最佳的可行方案是指在技术上先进适用、在经济上合理有利，同时又能保护环境的最优方案。

1. 市场调查

清洁生产方案涉及以下情况时，需首先进行市场调查（否则不需要市场调研），为方案的技术与经济可行性分析奠定基础：拟对产品结构进行调整；有新的产品（或副产品）产生；将得到用于其他生产过程的原材料。

（1）调查市场需求　包括国内同类产品的价格、市场总需求量，当前同类产品的总供应量，产品进入国际市场的能力，产品的销售对象（地区或部门），市场对产品的改进意见。

（2）预测市场需求　包括国内市场发展趋势预测、国际市场发展趋势分析、产品开发生产销售周期与市场发展的关系。

（3）确定方案的技术途径　通过市场调查和市场需求预测，对原来方案中的技术途径和生产规模可能会作相应调整。在进行技术、环境、经济评估之前，要最后确定方案的技术途径。每一方案中应包括2~3种不同的技术途径，以供选择，其内容应包括以下几个方面：

1）方案技术工艺流程详图。

2）方案实施途径及要点。

3）主要设备清单及配套设施要求。

4）方案所达到的技术经济指标。

5）可产生的环境、经济效益预测。

6）对方案的投资总费用进行技术评估。

2. 技术评估

技术评估的目的是说明方案中所推选的技术的先进性、在本企业生产中的实用性、在具体技术改造中的可行性和可实施性。技术评估应着重评价以下几方面：

1）方案设计中采用的工艺路线、技术设备在经济合理的条件下的先进性、适用性。

2）与国家有关的技术政策和能源政策的相符性。

3）技术引进或设备进口要符合我国国情，引进技术后要有消化吸收能力。

4）资源的利用率和技术途径合理。

5）技术设备操作上安全、可靠。

6）技术成熟（如国内有实施的先例）。

3. 环境评估

清洁生产方案都应该有显著的环境效益，但也要防止在实施后会对环境有新的影响，因此对生产设备的改进、生产工艺的变更、产品及原材料的替代等清洁生产方案，必须进行环境评估，环境评估是方案可行性分析的核心。评估应包括以下内容：

1）资源的消耗与资源可永续利用要求的关系。

2）生产中废弃物排放量的变化。

3）污染物组分的毒性及其降解情况。

4）污染物的二次污染。

5）操作环境对人员健康的影响。

6）废弃物的复用、循环利用和再生回收。

环境评估要特别重视产品和过程的生命周期分析，固、液、气态废物和排放物的变化，能源的污染，对人员健康的影响，安全性。

4. 经济评估

本阶段所指的经济评估是从企业的角度，按照国内现行市场价格，计算出方案实施后在财务上的获利能力和清偿能力，它应在方案通过技术评估和环境评估后再进行，若前两者不通过则不必进行方案的经济评估。经济评估的基本目标是要说明资源利用的优势，它是以项目投资所能产生的效益为评价内容，通过计算方案实施时所需各种费用的投入和所节约的费用以及各种附加的效益，通过分析比较以选择最少耗费和取得最佳经济效益的方案，为投资决策提供科学的依据。

（1）清洁生产经济效益的统计方法　清洁生产既有直接的经济效益也有间接的经济效益，要完善清洁生产经济效益的统计方法，独立建账，明细分类。清洁生产的经济效益包括图 6-13 中所示的几方面的收益。

（2）经济评估方法　经济评估主要采用现金流量分析和财务动态获利性分析方法。主要经济评估指标为：

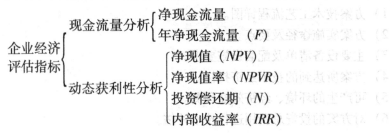

企业经济评估指标
- 现金流量分析
  - 净现金流量
  - 年净现金流量（*F*）
- 动态获利性分析
  - 净现值（*NPV*）
  - 净现值率（*NPVR*）
  - 投资偿还期（*N*）
  - 内部收益率（*IRR*）

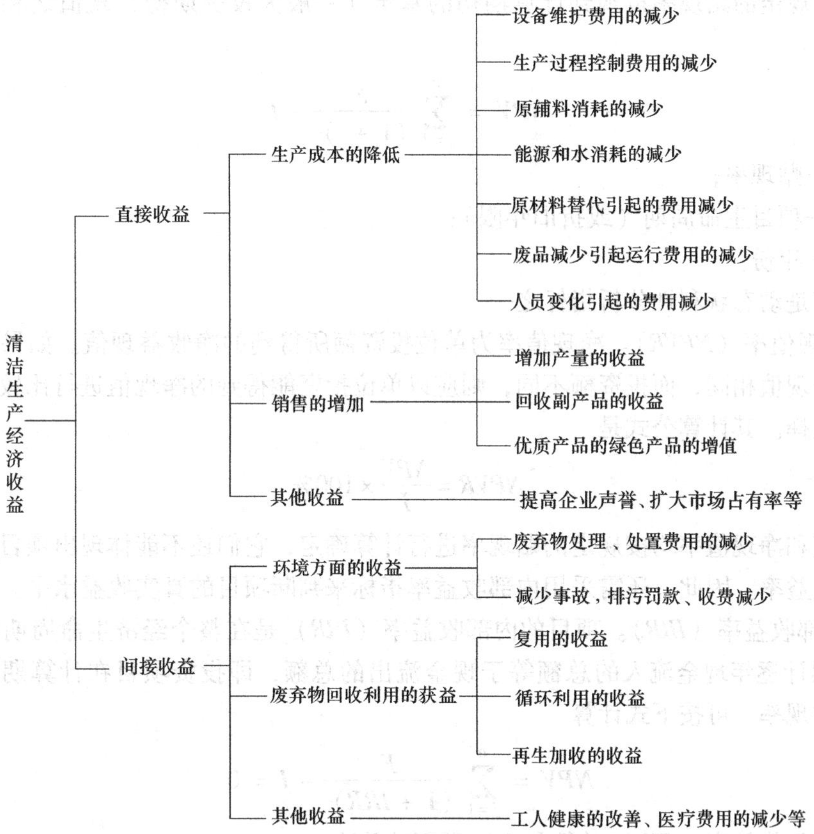

图6-13 清洁生产经济收益图

（3）经济评估指标及其计算

1）总投资费用（I）。对项目有政策补贴或其他来源补贴时

$$总投资费用(I) = 总投资 - 补贴$$

$$总投资 = 项目建设投资 + 建设期利息 + 项目流动资金$$

2）年净现金流量（F）。从企业角度出发，企业的经营成本、工商税和其他税金，以及利息支付都是现金流出。销售收入是现金流入，企业从建设总投资中提取的折旧费可由企业用于偿还贷款，故也是企业现金流入的一部分。净现金流量是现金流入和现金流出的差额，年净现金流量就是一年内现金流入和现金流出的代数和

$$年净现金流量(F) = 销售收入 - 经营成本 - 各类税 + 年折旧费$$

$$= 年净利润 + 年折旧费$$

3）投资偿还期（N）。这个指标是指项目投产后，以项目获得的年净现金流量来回收项目建设总投资所需的年限，可用下列公式计算

$$N = \frac{I}{F}$$

式中 I——总投资费用；

F——年净现金流量。

4）净现值（NPV）。净现值是指在项目经济生命周期内（或折旧年限内）将每年的净

现金流量按规定的贴现率折现到计算期初的基年（一般为投资期初）现值之和。其计算公式为

$$NPV = \sum_{j=1}^{n} \frac{F}{(1+i)^j} - I$$

式中 i——贴现率；

n——项目生命周期（或折旧年限）；

j——年份。

净现值是动态获利性分析指标之一。

5）净现值率（$NPVR$）。净现值率为单位投资额所得到的净收益现值。如果两个项目投资方案的净现值相同，而投资额不同，则应以单位投资能得到的净现值进行比较，即以净现值率进行选择。其计算公式是

$$NPVR = \frac{NPV}{I} \times 100\%$$

净现值和净现值率均按规定的贴现率进行计算确定，它们还不能体现出项目本身内在的实际投资收益率。因此，还需采用内部收益率指标来判断项目的真实收益水平。

6）内部收益率（IRR）。项目的内部收益率（IRR）是在整个经济生命周期内（或折旧年限内）累计逐年现金流入的总额等于现金流出的总额，即投资项目在计算期内，使净现值为零的贴现率，可按下式计算

$$NPV = \sum_{j=1}^{n} \frac{F}{(1+IRR)^j} - I = 0$$

计算内部收益率（IRR）的简易方法可用试差法。

$$IRR = i_1 + \frac{NPV_1(i_2 - i_1)}{NPV_1 + |NPV_2|}$$

式中 i_1——当净现值 NPV_1 为接近于零的正值时的贴现率；

i_2——当净现值 NPV_2 为接近于零的负值时的贴现率；

NPV_1、NPV_2——试算贴现率 i_1 和 i_2 时对应的净现值。

i_1 与 i_2 可查表获得。i_1 与 i_2 的差值为 1% ~2%。

（4）经济评估准则

1）投资偿还期（N）应小于定额投资偿还期（视项目不同而定）。定额投资偿还期一般由各个工业部门结合企业生产特点，在总结过去建设经验和统计资料的基础上，统一确定的回收期限，有的也根据贷款条件而定。一般：中费项目 $N<3$ 年，较高费项目 $N<5$ 年，高费项目 $N<10$ 年。投资偿还期小于定额偿还期，项目投资方案可接受。

2）净现值为正值：$NPV \geqslant 0$。当项目的净现值大于或等于零时（即为正值），则认为此项目投资可行；如净现值为负值，就说明该项目投资收益率低于贴现率，则应放弃此项目投资；当有两个以上投资方案时，应选择净现值最大的方案。

3）净现值率最大。在比较两个以上投资方案时，不仅要考虑项目的净现值大小，而且要选择净现值率最大的方案。

4）内部收益率（IRR）应大于基准收益率或银行贷款利率：$IRR \geqslant i$。内部收益率（IRR）是项目投资的最高盈利率，也是项目投资所能支付贷款的最高临界利率。如果贷款

利率高于内部收益率，则项目投资就会造成亏损。因此内部收益率反映了实际投资效益，可用以确定能接受投资方案的最低条件。

5. 推荐可实施方案

汇总列表比较各投资方案的技术、环境、经济评估结果，确定最佳可行的推荐方案，再按国家或地方的程序，进行项目实施前的准备，其间大致经过如下步骤：

1）编写项目建议书。

2）编写项目可行性研究报告。

3）财务评价。

4）技术报告（设备选型、报价）。

5）环境影响评价。

6）投资决策。

6.2.6 方案实施

方案实施是企业清洁生产审核的第六个阶段。目的是通过推荐方案（经分析可行的中/高费最佳可行方案）的实施，使企业实现技术进步，获得显著的经济和环境效益；通过评估已实施的清洁生产方案成果，激励企业推行清洁生产。本阶段工作重点是：总结前几个审核阶段已实施的清洁生产方案成果，统筹规划推荐方案的实施。

1. 组织方案实施

（1）统筹规划　可行性分析完成之后，从统筹方案实施的资金开始，直至正常运行与生产，这是一个非常烦琐的过程，因此有必要统筹规划，以利于该段工作的顺利进行。建议首先把其间所做的工作一一列出，制订一个比较详细的实施计划和时间进度表。需要筹划的内容有：

1）筹措资金。

2）设计。

3）征地、现场开发。

4）申请施工许可。

5）兴建厂房。

6）设备选型、调研设计、加工或订货。

7）落实配套公共设施。

8）设备安装。

9）组织操作、维修、管理班子。

10）制定各项规程。

11）人员培训。

12）原辅料准备。

13）应急计划（突发情况或障碍）。

14）施工与企业正常生产的协调。

15）试运行与验收。

16）正常运行与生产。

需要指出的是，在时间进度表中，还应列出具体的负责单位，以利于责任分工。统筹规划时建议采用甘特图形式制定实施进度表。某建材企业的实施方案进度见表6-9。

表6-9　某建材企业的实施方案进度表

内容	20____年												负责单位
	1月	2月	3月	4月	5月	6月	7月	8月	9月	10月	11月	12月	
1. 设计													专业设计院
2. 设备考察													环保科
3. 设备选型、订货													环保科
4. 落实公共设施服务													电力车间
5. 设备安装													专业安装队
6. 人员培训													烧成车间
7. 试运行													环保科
8. 正常生产													烧成车间

实施方案名称:采用微振布袋除尘器回收立窑烟尘。

(2) 筹措资金　资金的来源有两个渠道:

1) 企业内部自筹资金:企业内部资金包括两个部分,一是现有资金,二是通过实施清洁生产无/低费方案,逐步积累资金,为实施中/高费方案作准备。

2) 企业外部资金,包括:国内借贷资金,如国内银行贷款等;国外借贷资金,如世界银行贷款等;其他资金来源,如国际合作项目赠款、环保资金返回款、政府财政专项拨款、发行股票和债券融资等。

若同时有数个方案需要投资实施,则要考虑如何合理有效地利用有限的资金。在方案可分别实施且不影响生产的条件下,可以对方案实施顺序进行优化,先实施某个或某几个方案,然后利用方案实施后的收益作为其他方案的启动资金,使方案滚动实施。

(3) 实施方案　推荐方案的立项、设计、施工、验收等,按照国家、地方或部门的有关规定执行。无/低费方案的实施过程还要符合企业的管理要求和项目的组织、实施程序。

2. 汇总已实施的无/低费方案的成果

已实施的无/低费方案的成果主要有两个方面:环境效益和经济效益。通过调研、实测和计算,分别对比各项环境指标,包括物耗、水耗、电耗等资源消耗指标以及废水量、废气量和固废量等废弃物产生指标在方案实施前后的变化,获得无/低费方案实施后的环境效果;分别对比产值、原材料费用、能源费用、公共设施费用、水费、污染控制费用、维修费、税金以及净利润等经济指标在方案实施前后的变化,从而获得无/低费方案实施后的经济效益;

最后对本轮清洁生产审核中无/低费方案的实施情况作阶段性总结。

3. 评价已实施的中/高费方案的成果

为了积累经验，进一步完善所实施的方案，对已实施的方案，除了在方案实施前要做必要、周详的准备，并在方案的实施过程中进行严格的监督管理外，还要对已实施的中/高费方案成果进行技术、环境、经济和综合评价。将实施产生的效益与预期的效益相比较，用来进一步改进实施。对于计划实施的方案，应给出方案预计产生的效益分析汇总。

（1）技术评价　主要评价各项技术指标是否达到了原设计要求，若没有达到要求，如何改进等。内容主要包括：

1）生产流程是否合理。

2）生产程序和操作规程有无问题。

3）设备容量是否满足生产要求。

4）对生产能力与产品质量的影响如何。

5）仪表管线布置是否需要调整。

6）自动化程度和自动分析测试及监测指示方面还需哪些改进。

7）在生产管理方面还需作什么修改或补充。

8）设备实际运行水平与国内、国际同行的水平有何差距。

9）设备的技术管理、维修、保养人员是否齐备。

（2）环境评价　环境评价主要对中/高费方案实施前后各项环境指标进行追踪并与方案的设计值比较，考察方案的环境效果以及企业环境形象的改善。通过方案实施前后的数字可以获得方案的环境效益，通过方案的设计值与方案实施后的实际值的对比可以分析两者差距，相应地可对方案进行完善。环境评价包括以下6个方面的内容：

1）实测方案实施后，废物排放是否达到了审核重点要求达到的预防污染目标，废水、废气、废渣、噪声的实际削减量。

2）内部回用/循环利用程度如何，还应作的改进有哪些。

3）单位产品产量和产值的能耗、物耗、水耗降低的程度。

4）单位产品产量和产值的废物排放量，排放含量的变化情况；有无新的污染物产生；是否易处置，易降解。

5）产品使用和报废回收过程中还有哪些环境风险因素存在。

6）生产过程中危害健康、生态、环境的各种因素是否得到消除以及应进一步改善的条件和问题。

可按表6-10的格式列表对比进行环境评价。

表6-10　环境效果对比情况

评价内容	方案实施前	设计的方案	方案实施后
废水量			
水污染物量			
废气量			
大气污染物量			
固体废物量			
能耗			
物耗			
水耗			
……			

（3）经济评价 经济评价是评价中/高费清洁生产方案实施效果的重要手段，分别对比产值、原材料费用、能源费用、公共设施费用、水费、污染控制费用、维修费、税金以及净利润等经济指标在方案实施前后的变化以及实际值与设计值的差距，从而获得中/高费方案实施后所产生的经济效益的情况。

（4）综合评价 通过对每一个中/高费清洁生产方案进行技术、环境、经济三方面的分别评价，可以对已实施的各个方案成功与否得出综合、全面的评价结论。

4. 分析总结已实施方案对企业的影响

无/低费和中/高费清洁生产方案经过征集、设计、实施等环节，使企业面貌有了改观，有必要进行阶段性总结，以巩固清洁生产成果。

（1）汇总环境效益和经济效益 将已实施的无/低费和中/高费清洁生产方案成果汇总成表，内容包括实施时间、投资运行费、经济效益和环境效果，并进行分析。

（2）对比各项单位产品指标 虽然可以定性地从技术工艺水平、过程控制水平、企业管理水平、员工素质等方面考察清洁生产带给企业的变化，但最有说服力、最能体现清洁生产效益的是考察审核前后企业各项单位产品指标的变化情况。通过定性、定量分析，一方面企业可以从中体会清洁生产的优势，总结经验以利于在企业内推行清洁生产；另一方面也便于企业与国内外同类型先进企业的对比，寻找差距，分析原因，从而在深层次上寻求清洁生产机会。

（3）宣传清洁生产成果 在总结已实施的无/低费和中/高费方案清洁生产成果的基础上，组织宣传材料，在企业内大力宣传，为继续推行清洁生产打好基础。

6.2.7 持续清洁生产

持续清洁生产是企业清洁生产审核的最后一个阶段，目的是使清洁生产工作在企业内长期、持续地推行下去。本阶段工作重点是建立推行和管理清洁生产工作的组织机构，建立促进实施清洁生产的管理制度，制订持续清洁生产计划以及编写清洁生产审核报告。

1. 建立和完善清洁生产组织

清洁生产是一个动态的、相对的概念，是一个连续的过程，因而需要固定的机构、稳定的工作人员来组织和协调这方面工作，以巩固已取得的清洁生产成果，并使清洁生产工作持续地开展下去。

（1）明确任务 企业清洁生产组织机构的任务有以下四个方面：

1）组织协调并监督实施本次审核提出的清洁生产方案。

2）经常性地组织企业职工的清洁生产教育和培训。

3）选择下一轮清洁生产审核重点，并启动新的清洁生产审核。

4）负责清洁生产活动的日常管理。

（2）落实归属 清洁生产机构要想起到应有的作用，及时完成任务，必须落实其归属问题。企业的规模、类型和现有机构等千差万别，因而清洁生产机构的归属也有多种形式，各企业可根据自身的实际情况具体掌握。可考虑以下几种形式：

1）单独设立清洁生产办公室，直接归属厂长领导。

2）在环保部门中设立清洁生产机构。

3）在管理部门或技术部门中设立清洁生产机构。

不论是以何种形式设立的清洁生产机构，企业的高层领导要有专人直接领导该机构的工作，因为清洁生产涉及生产、环保、技术、管理等各个部门，必须有高层领导的协调才能有效地开展工作。

（3）确定专人负责 为避免清洁生产机构流于形式，确定专人负责是很有必要的。该职员须具备以下能力：

1）熟练掌握清洁生产审核知识。

2）熟悉企业的环保情况。

3）了解企业的生产和技术情况。

4）较强的工作协调能力。

5）较强的工作责任心和敬业精神。

2. 建立和完善清洁生产管理制度

清洁生产管理制度包括把审核成果纳入企业的日常管理轨道、建立激励机制和保证稳定的清洁生产资金来源。

（1）把审核成果纳入企业的日常管理 把清洁生产的审核成果及时纳入企业的日常管理轨道，是巩固清洁生产成效、防止走过场的重要手段，特别是通过清洁生产审核产生的一些无/低方案，如何使它们形成制度显得尤为重要。

1）把清洁生产审核提出的加强管理的措施文件化，形成制度。

2）把清洁生产审核提出的岗位操作改进措施，写入岗位的操作规程，并要求严格遵照执行。

3）把清洁生产审核提出的工艺过程控制的改进措施，写入企业的技术规范。

（2）建立和完善清洁生产激励机制 在奖金、工资分配、提升、降级、上岗、下岗、表彰、批评等诸多方面，充分与清洁生产挂钩，建立清洁生产激励机制，以调动全体职工参与清洁生产的积极性。

（3）保证稳定的清洁生产资金来源 清洁生产的资金来源可以有多种渠道，如贷款、集资等，但是清洁生产管理制度的一项重要作用是保证实施清洁生产所产生的经济效益全部或部分地用于清洁生产和清洁生产审核，以持续滚动地推进清洁生产。建议企业财务对清洁生产的投资和效益单独建账。

3. 制订持续清洁生产计划

清洁生产并非一朝一夕就可完成，因而应制订持续清洁生产计划，使清洁生产有组织、有计划地在企业中进行下去。持续清洁生产计划应包括：

1）清洁生产审核工作计划，指下一轮的清洁生产审核。新一轮清洁生产审核的启动并非一定要等到本轮审核的所有方案都实施以后才进行，只要大部分可行的无/低费方案得到实施，取得初步的清洁生产成效，并在总结已取得的清洁生产经验的基础上，即可开始新一轮审核。

2）清洁生产方案的实施计划，指经本轮审核提出的可行的无/低费方案和通过可行性分析的中/高费方案。

3）清洁生产新技术的研究与开发计划，根据本轮审核发现的问题，研究与开发新的清洁生产技术。

4）企业职工的清洁生产培训计划。

4. 编制清洁生产审核报告

编写清洁生产审核报告的目的是总结本轮清洁生产审核成果，为组织落实各种清洁生产方案、持续清洁生产计划提供一个重要的平台。以下是对编制清洁生产审核报告的要求。

前言

项目的基本情况，包括名称、成立背景、产品等，以及企业被审核之前在该行业的清洁生产审核现状。

第1章　审核准备

基本同“中期审核报告”，只需根据实际工作进展加以补充、改进和深化。

第2章　预审核

基本同“中期审核报告”，只需根据实际工作进展加以补充、改进和深化。

第3章　审核

基本同“中期审核报告”，只需根据实际工作进展加以补充、改进和深化。

第4章　方案产生和筛选

基本同“中期审核报告”，只需根据实际工作进展加以补充、改进和深化，但“4.4 无/低费方案的实施效果分析”中的内容归到第6章中编写。

第5章　可行性分析

5.1　市场调查和分析

仅当清洁生产方案涉及产品结构调整、产生新的产品和副产品以及得到用于其他生产过程的原材料时才需编写本节，否则不用编写。

5.2　环境评估

5.3　技术评估

5.4　经济评估

5.5　确定推荐方案

本章要求有如下图表：方案经济评估指标汇总表、方案简述及可行性分析结果表。

第6章　方案实施

6.1　方案实施情况简述

6.2　已实施的无/低费方案的成果汇总

6.3　已实施的中/高费方案的成果验证

6.4　已实施方案对企业的影响分析

本章要求有如下图表：已实施的无/低费方案环境效果对比一览表、已实施的中/高费方案环境效果对比一览表、已实施的清洁生产方案实施效果的核定与汇总表、审核前后企业各项单位产品指标对比表。

第7章　持续清洁生产

7.1　清洁生产的组织

7.2　清洁生产的管理制度

7.3　持续清洁生产计划

结论

结论包括以下内容：企业产污、排污现状（审核结束时）所处水平及其真实性、合理性评价；是否达到所设置的清洁生产目标；已实施的清洁生产方案的成果总结；拟实施的清洁生产方案的效果预测。

6.3 某汽车公司清洁生产审核案例

6.3.1 某汽车公司基本概况

某汽车有限公司是一家合资整车生产经营企业。公司成立于2003年7月，注册资本2亿美元，年产值近200亿元，公司现有在册员工2607人，其中具有大、中专以上学历的员工占70%左右。整车生产能力为12万辆。

公司以绿色工厂为建设目标，采取水性涂料喷涂，将有害物质（VOC）降到原来的1/10。在工厂排污方面，加强循环使用及净化功能，各项指标大大优于国家标准。通过生产工序的短流程化，降低了水、电、气等能源的消耗。同时，导入新的摩擦输送链生产线，大幅降低了作业环境噪声。大量运用辅助设备及机械手，减轻了人工搬运物件的工作负荷。诸多新技术、新系统的运用，使更高品质、更高效率的绿色工厂得以实现。

公司正在创建环境友好型企业，为此于2006年12月通过了ISO 14001环境管理体系认证，并于2007年2月至7月对全公司各生产部位进行了清洁生产审核，以进一步降低能耗、物耗、减少污染物的产生和排放，提高企业环境保护水平，全面达到环境友好型企业的要求。

6.3.2 清洁生产审核程序

1. 审核准备

（1）获得企业高层领导的支持和参与　公司高层非常重视清洁生产审核工作，认识到清洁生产审核是推进企业清洁生产工作的重要手段，总经理亲自对此作出部署，公司发文要求各单位、部门积极参与审核。公司派出4名专业技术人员参加了国家清洁生产中心举办的清洁生产审核师培训班学习，并通过了资格考核，同时还聘请了清洁生产审核专家对公司的44名有关人员进行清洁生产审核培训，各职能部门和生产车间主要负责人、技术骨干、环保员等管理人员均参加了培训。清洁生产工作由环境管理委员会全面负责，各部门和车间领导各负其责，公司全体干部和职工全面参与。

（2）组建企业清洁生产审核小组　环境管理代表、副总经理担任此次清洁审核领导小组负责人，清洁生产审核工作小组长设在规划发展科，各科环保员任联络员。聘请了清洁生产审核专家和汽车行业专家进行指导。清洁生产咨询机构成立了公司清洁生产审核项目组，指导企业开展清洁生产审核工作。

（3）审核工作计划　在专家小组的具体指导下，公司清洁生产审核小组按要求编制了详细的审核计划，见表6-11。

表6-11　清洁生产审核工作计划

阶段	工作内容	完成时间	责任部门	考核部门	产出
1. 筹划和组织	1. 取得领导支持 2. 组建审核小组 3. 制订工作计划 4. 开展宣传教育	2007年2月	审核小组	审核小组	1. 领导的参与 2. 审核小组 3. 审核工作计划 4. 障碍的克服

（续）

阶段	工作内容	完成时间	责任部门	考核部门	产出
2. 预评估	1. 进行现状调研 2. 进行现场考察 3. 评价产污状况 4. 确定审核重点 5. 设置清洁生产目标 6. 提出和实施无/低费方案	2007年3月	审核小组、相关部门	审核小组	1. 现状调查结论 2. 审核重点 3. 清洁生产目标 4. 现场考察产生的无/低费方案的实施
3. 评估	1. 准备审核重点资料 2. 实测输入输出物流 3. 建立物料平衡 4. 分析废弃物产生原因 5. 提出和实施无/低费方案	2007年4月	审核小组、相关部门	审核小组	1. 物料平衡 2. 废弃物产生原因 3. 审核重点无/低费的方案
4. 方案产生和筛选	1. 产生方案 2. 筛选方案 3. 研制方案 4. 继续实施无/低费方案 5. 核定并汇总无/低费方案实施效果	2007年4月	审核小组、相关部门	审核小组	1. 各类清洁生产方案的汇总 2. 推荐的供可行性分析方案 3. 中期评估前无/低费方案实施效果的核定与汇总
5. 可行性分析	1. 进行市场调查 2. 进行技术评估 3. 进行环境评估 4. 进行经济评估 5. 推荐可实施方案	2007年5月	审核小组、相关部门	审核小组	1. 市场调查和市场需求预测结果 2. 技术、环境和经济评估结果 3. 推荐的可实施方案
6. 方案实施	1. 组织方案实施 2. 汇总已实施的无/低费方案的成果 3. 验证已实施的中/高费方案的成果 4. 分析总结已实施方案对企业的影响	2007年5月	审核小组、相关部门	审核小组	1. 推荐方案的实施 2. 已实施方案的成果分析结论
7. 持续清洁生产	1. 建立和完善清洁生产组织 2. 建立和完善清洁生产管理制度 3. 制订持续清洁生产计划 4. 编制清洁生产审核报告	2007年6月	审核小组	审核小组	1. 清洁生产组织机构 2. 清洁生产管理制度 3. 持续清洁生产计划 4. 清洁生产审核报告
8. 审核验收	1. 总结本轮企业清洁生产审核成果 2. 清洁生产工作总结 3. 验收准备 4. 申报清洁生产审核验收	2007年7月	审核小组、相关部门	公司环境管理委员会	1. 企业现状 2. 存在的问题 3. 企业自查、自改，实施清洁生产方案前后对比以及取得的成果

（4）开展宣传与教育　清洁生产的思想是一项新的立足于整体预防环境战略的创造性思想，与以前末端治理为主的环境保护策略有着根本的区别，又涉及工艺、财务、节能、降耗等多部门和生产的全过程，因此审核领导小组和工作小组的同志，利用各种例会、电视录像、知识讲座以及下达文件，组织学习，广泛开展宣传教育活动，以提高全员对清洁生产审核的认识，使全体职工更进一步认识到清洁生产的重要性，提高了自觉参与清洁生产工作的积极性。

2. 预评估

（1）企业现状调查　公司生产工艺单元主要包括发动机铸造、发动机机加工、发动机装配、冲压件生产、压铸件生产、注塑件生产、焊装、涂装、总装、质量检测等。公司总工艺流程及涂装科工艺流程如图6-14和图6-15所示。

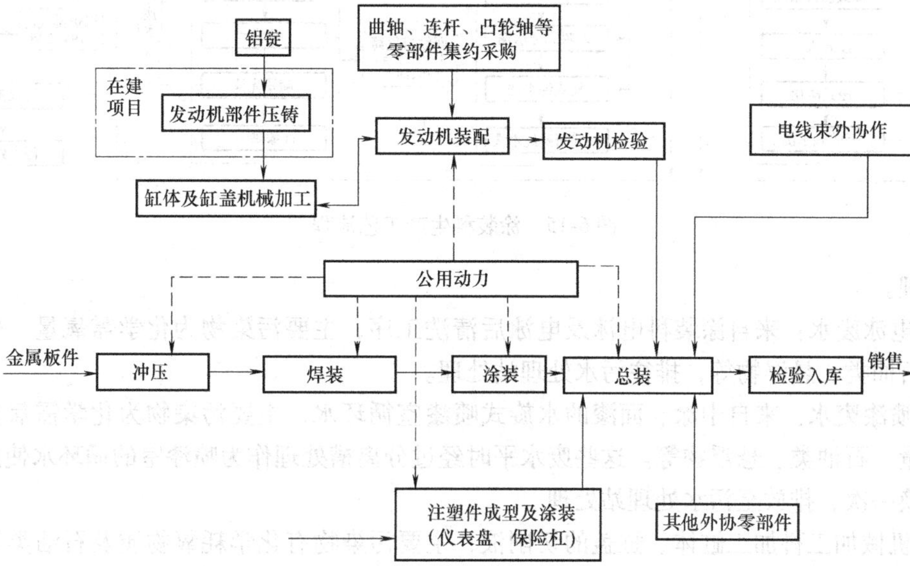

图6-14　公司总生产工艺流程

公司在产品制造过程中主要消耗物料及年消耗量（2006年）为：钢材（8703964t）、涂料（912666t）、稀释剂（2279117kg）、密封胶（575390t）、汽油（481t）、柴油（70t）、天然气（519万m^3）、水（684907m^3）等。主要消耗部位发生在冲压科、涂装科、合成树脂科、焊装科和检验科，其中涂装科是物料消耗的重点部位。

2006年全年耗水量68512t，单车耗水10.38t，耗电量54.24×10^6kW·h，单车消耗852kW·h，万元产值综合能耗0.2214t标准煤，以上数据表明，企业在物耗、能耗状况上处于较先进水平。产生三废情况如下：

1）废水。产生的废水包括生产废水和生活废水，生产废水主要是涂装科、合成树脂科涂装车间及机械加工科产生的工艺废水。各工艺生产废水性质如下：

① 脱脂废水：来自涂装科前处理的预脱脂、脱脂及脱脂后的清洗工序，主要污染物为化学需氧量、石油类、悬浮物、碱性物质，排往污水处理站处理。

② 磷化废水：来自涂装科表调、磷化及磷化后水洗等工序，主要污染物为化学需氧量、锌、磷酸盐、悬浮物、镍、活化剂等；磷化废水先经过车间镍预处理后，再排往污水处理站

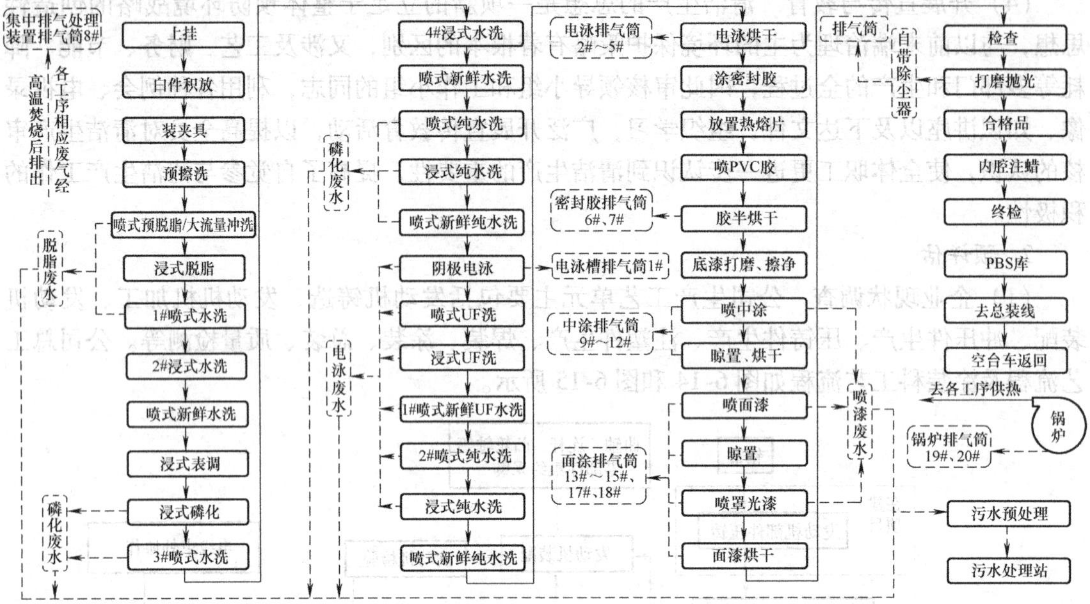

图 6-15　涂装科生产工艺流程

统一处理。

③ 电泳废水：来自涂装科电泳及电泳后清洗工序，主要污染物为化学需氧量、生化需氧量、石油类、悬浮物等，排往污水处理站处理。

④ 喷漆废水：来自中涂、面漆的水旋式喷漆室循环水，主要污染物为化学需氧量、生化需氧量、石油类、悬浮物等。这些废水平时经过分离槽处理作为喷漆室的循环水使用，每半年更换一次，排放至污水处理站处理。

⑤ 机械加工科加工缸体、缸盖的切削液，主要污染物有化学耗氧物质及石油类污染物的清洗废水、废润滑油、乳化液等，经过车间处理后排放至污水处理站处理。

生活废水主要来自公司两个食堂清洗蔬菜及餐具的废水，经过隔油沉淀池后，排放到污水处理站处理。

公司污水排放总量 31.3 万 t/a，其中污染物有化学需氧量（COD）23.8t/a，氨氮 0.23t/a。

2）废气。公司产生的大气污染物主要来源于工艺废气和燃料燃烧废气两大类，此外还有餐饮油烟废气。工艺废气包括漆雾废气、各烘干炉/脱臭炉有机废气、焊烟废气、含尘废气等，其中最主要的为涂装科及合成树脂科涂装车间的涂装废气。各类废气性质如下：

① 漆雾废气：主要产生在涂装科和合成树脂科的中涂、面漆工序中的喷漆、补漆等工位。使用的中层、面层涂料几乎不含苯，仅含有少量的甲苯、二甲苯，因而该工序产生的漆雾废气中主要污染物有甲苯、二甲苯、非甲烷总烃、丙烯酸漆雾、聚氨酯漆雾等。中涂和面漆喷涂均在水旋式喷漆室内，采用机械和手工喷涂相结合的方式进行喷涂，产生的漆雾由来自喷漆室上方的强风压入带有漆雾净化剂的旋流水中，聚在一起形成结块漆渣浮在水面而使废气得到净化。

② 电泳烘干/脱臭炉有机废气：电泳烘干室燃烧器使用天然气，燃烧后废气通过排气筒

高空排放。公司废气排放量为$3.66\times10^9m^3/a$，其中主要污染物有二氧化硫0.748t/a，烟尘（粉尘）5.3t/a，甲苯4.07t/a，二甲苯3.61t/a。

3）固体废物。公司产生的固体废物主要有包装废料、焊接残渣、磷化渣、聚氯乙烯废渣、油漆废渣、废油、废有机溶剂、污泥、废油棉纱、金属边角料以及其他垃圾。全年产生固体废物总量9057t，废油和有机溶剂3万L，其治理情况见表6-12。

表6-12 固体废物的产生和治理情况

固体废物名称	产生数量	毒性分析	处置方式
废钢铁	6294t	一般工业固废	100%回收
废塑料	301t	一般工业固废	100%回收
废油、有机溶剂	30400L	危险废物	交有资质单位回收使用
废漆渣、磷化渣	464.17t	危险废物	交有资质单位回收处置
污水处理站污泥	761.97t	危险废物	交有资质单位回收处置
其他固体废物	1237t	一般工业固废	100%回收

工厂建有较完善的污水处理设施和除尘、废气处理设施，其中在涂装科建有含镍废水预处理装置一套，采用中和、混凝沉淀，压滤工艺，产生镍渣固废和预处理合格的水，装置处理能力为10t/h；一套混凝/气浮漆渣分离装置，产生漆渣固废和循环水；在合成树脂科建有喷漆废水预处理装置一套；在机械加工科建有乳化液前处理装置一套，装置处理能力为$30m^3/d$。公司建有综合污水处理站，采用混凝、隔油、气浮、CASS生物处理等联合工艺，处理合格后排入市政管网，装置处理能力为$1440m^3/d$，日处理量平均$1200m^3/d$。

（2）产污原因初步分析　根据资料调研和现场考查情况，初步分析污染物产生的原因如下：

1）生产过程工艺污水的产生主要发生在涂装科和合成树脂科涂装工位，其产生的原因主要为：制备纯水过程中产生浓水，被作为废水排放了；在工件的表面处理工艺中，需要用到洗涤水和工艺水，洗涤水部分作为工艺水的补充，多余的部分作为废水排放，工艺水中部分指标超标后，需要不定期更换排放；在对喷涂中废涂料的收集、处理工艺中，部分废涂料成分转移至水中，产生废水。

2）废气产生部位主要发生在涂装科、注塑件涂装工位、焊装科、检测科和燃气锅炉。其中涂装废气主要是由于对工件的涂装表面进行干燥中产生的废蒸气，经RTO炉煅烧后排放，该部分由于采用了RTO炉回收VOC，使其实际排放中污染物成分含量较低；焊装废气主要为焊装烟尘，由焊接工艺所致，由于采用了有效的除尘装置，使其中的排尘量得到了控制。

固体废物种类较多，性质复杂，其产生的原因分别与工艺技术、设备和管理有关，改善工艺、改进设备运行状况、加强物料消耗和固体废物管理是减少固体废物产生的主要途径。

（3）确定审核重点　对全厂主要生产岗位进行了考查，确定备选审核重点，各备选审核重点基本情况见表6-13。

表 6-13 备选审核重点基本情况

车间序号	车间名称	主要消耗物料	主要废弃物
1	冲压	钢材、电、油	钢材余料、废油
2	焊装	焊材、电、油	废气、废渣、废油
3	涂装	涂料、密封胶、溶剂、化学药剂、水	废水、废气、固废
4	合成树脂	合成树脂、涂料、密封胶、溶剂、化学药剂、水	废水、废气、固废
5	机械加工	铝材、水、电、乳化剂	铝材余料、废水、废气
6	发动机装配	电、水	废水、固废
7	总装	机电配件、油、电	废水、固废
8	整车检验	油、水	废水、废气
9	锅炉	天然气、水、化学药剂	废水、废气、固废

在现场考察，对产、排污情况初步评价的基础上，清洁生产审核小组研究了本轮清洁生产审核的重点。

审核重点评价、选择的因素包括产生废弃物的种类和数量，主要物料的消耗量，能源、水的消耗量，工艺技术、设备的改进，清洁生产的机会等。

经过审核小组和专家对备选重点分别评价、打分（R），采用权重总和计分排序法选择审核重点。权重总和计分排序结果见表 6-14，涂装科被确定为本轮清洁生产审核的重点。

表 6-14 权重总和计分排序结果

因素	权重值 $W(1\sim10)$	备选审核重点计分									
		车间 1		车间 2		车间 3		车间 4		车间 5	
		R	$R\times W$	R	$R\times W$	R	$R\times W$	R	$R\times W$	R	$R\times W$
废弃物	10	7	70	5	50	10	100	8	80	7	70
主要物料消耗	9	6	42	6	42	10	90	7	63	6	54
能源、水耗	7	7	49	5	35	9	63	7	49	6	42
工艺、设备	6	4	24	4	24	6	36	7	42	5	30
清洁生产机会	5	4	20	4	20	9	45	8	40	7	35
总分 $\sum R\times W$	—	—	205	—	171	—	334	—	274	—	231
排序	—	—	4	—	5	—	1	—	2	—	3

因素	权重值 $W(1\sim10)$	备选审核重点计分							
		车间 6		车间 7		车间 8		车间 9	
		R	$R\times W$	R	$R\times W$	R	$R\times W$	R	$R\times W$
废弃物	10	2	20	3	30	6	60	5	50
主要物料消耗	9	3	27	4	36	3	27	3	27
能源、水耗	7	3	21	3	21	5	35	6	42
工艺、设备	6	2	12	3	18	4	24	3	18
清洁生产机会	5	2	10	3	15	4	20	4	20
总分 $\sum R\times W$	—	—	90	—	120	—	166	—	157
排序	—	—	9	—	8	—	6	—	7

（4）设置清洁生产目标　根据企业的情况，结合汽车行业清洁生产标准，审核小组研究设置了公司清洁生产目标，见表 6-15。目标项目的选择主要从减少物料、能源消耗；削减污染物产生量等方面考虑。

表 6-15 企业清洁生产目标

序号	项目	现状（2006年）	近期目标(2007年)		远期目标	
			目标值	减少量(%)	目标值	减少量(%)
1	耗水量/(t/台)	10.38	8.00	23.0	7.27	30.0
2	耗电量/(kW·h/台)	852	700	18.0	597	30.0
3	综合能耗/(t标煤/万元)	0.2214	0.1993	10.0	0.1771	20.0
4	COD排放量/(t/a)	23.8	22.6	5.0	1.7	10.0
5	涂料(涂装)/(kg/台)	13.83	13.28	4.0	13.14	5.0
6	密封胶/(kg/台)	8.72	8.28	5.0	7.85	10.0

（5）提出并实施清洁生产无/低费方案　公司在全员范围内通过发放清洁生产方案征集表广泛收集有关清洁生产方案，经过汇总、整理，提出了45项无/低费方案，从中筛选出31项可行的方案，按计划部署实施。可行的无/低费方案分类见表6-16。

表 6-16 提出的可行的无/低费方案汇总

序号	方案名称	类别区分	方案责任人	预计效果(以年计)	
				环境效果	经济效果/元
1	WAX削减	液态蜡		7.194	141946
2	表调使用时间延长	水		1.042	2554
		表调剂		2.139	14976
3	上涂色漆WS削减	WS		0.601	14116
4	中涂涂料损失削减	WS		0.449	39968
		中涂涂料		0.212	9835
5	中涂涂料排放的消减	中涂涂料		5.430	223611
6	分离槽成本控制	K3100		14.301	379200
		K4500		4.301	195017
7	镍处理成本控制	K8000		3.575	213911
8	液态蜡炉开启、关闭时间调整	电		4752	3326
		气		5280	11616
9	星期日分离槽停止运行	水		2880	7056
		电		131808	92266
10	周末中涂空调开动时间减少	电		122196	85537
		气			
11	周末面漆空调开动时间减少	电		82.464	57725
		气			
12	烤炉定点开启和关闭	电		166716	116701
		气		132924	292433
13	输送全面实现软停机	电		33779	23645
14	CCR星期六、日关闭电源	电		885	619

（续）

序号	方案名称	类别区分	方案责任人	预计效果（以年计）	
				环境效果	经济效果/元
15	星期日不生产时，ED 循环泵关闭一台	电		83250	58275
16	WIPE 前压缩空气吹扫自动控制	电		4966	4074
17	照明控制改善	电		269280	188496
18	前处理水洗槽更换频次降低	水		5400	3780
19	休息室换气风扇只开一半	电		1620	1134
20	前处理过滤袋再利用	过滤袋/个		294	20668
21	无纺布再利用	无纺布/m		3204	1442
22	节约遮蔽纸	遮蔽纸			2160
23	节约高温胶带	高温胶带		1365	24733
24	密封胶抹布使用量	抹布/条		3132	36018
25	更改研磨方法	砂纸			234960
26	生产停止时关闭 3#空调	电		22590	23719
27	回收贴膜工位剩余卷膜，用于 TUP 遮膜	膜			9600
28	焊装科压缩空气削减	电		36586	52265
29	总装玻璃胶适量化	玻璃胶		6.750	86400
30	设施管理科中水回用到压泥机	水		22590	55345
31	冲压照明控制系统改善	电		11177	7824

注：表中环境效果栏中的单位，电为 kW · h；气为 m^3；物料为 t。

3. 评估

（1）审核重点概况　通过预评估确定了涂装科为本次审核重点，审核小组对该部位进行了细致的考察，进一步收集了其平面布置图、组织机构图、工艺流程图、物料平衡资料、水平衡资料、生产管理资料等。

涂装科有一条车体涂装生产线，涂装主要工艺单元如图 6-16 所示。

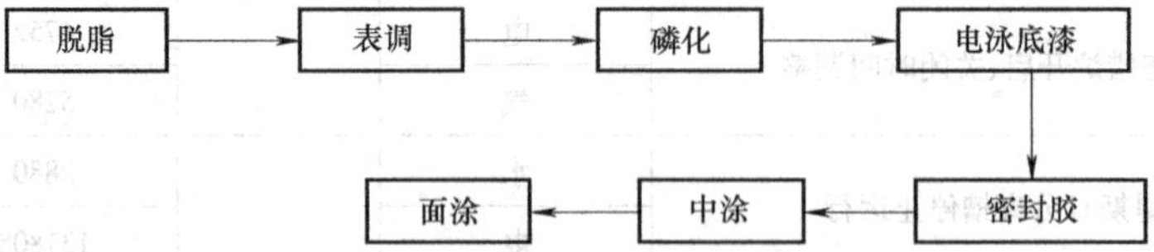

图 6-16　涂装主要工艺单元

1）脱脂工序。脱脂指用热碱液清洗和有机溶剂清洗，碱液由强碱、弱酸、聚合碱性盐（如磷酸盐、硅酸盐等）、活化剂（阳离子型或非离子型）等适当配制而成。

2）表调工序。金属表面调整，浸入槽内进行化学反应，使金属表面粗糙。

3）磷化工序。磷化处理是通过化学反应在金属表面形成一层磷化膜，可提高涂层的附着力、耐蚀性和耐水性。磷化处理后再进行 3 次水洗。

4）电泳工序。车身接通高压直流电正极，溶液接通负极，数分钟后漆的成分就均匀地吸附在车身的内外表面甚至夹层内所有接触液面的地方。

5）密封胶工序。密封胶主要粘贴于焊装车间焊接打点的位置，以保证下面的喷涂效果。

6）中涂工序。通过中涂增加车身的鲜亮性及丰满度，作为上涂的填充及增加电泳涂层与上涂的结合紧密性。

7）面涂工序。通过面涂色漆、清漆增加车身的鲜亮性、装饰性、耐久性及防腐性。

（2）实测输入、输出物流　对审核重点制订了输入、输出物流的实测计划，计划内容包括实测项目、测试点布设、责任部门、负责人、测试仪器及设备的准备、实测时间及周期等。实测工作由涂装科负责组织，严格按照审核要求，完成连续实测及数据统计。由于工艺决定了部分物料的统计周期较长，因此本次实测结果统计时间单位为1个月，在该生产周期内实际生产车辆数为9220台，物料数量单位均归整为kg。

（3）物料平衡　涂装科物料平衡图如图6-17所示，该平衡图未计入循环水和工艺辅料。涂装科输入、输出物料平衡结果见表6-17，产生废弃物清单见表6-18。工厂水平衡图如图6-18所示。

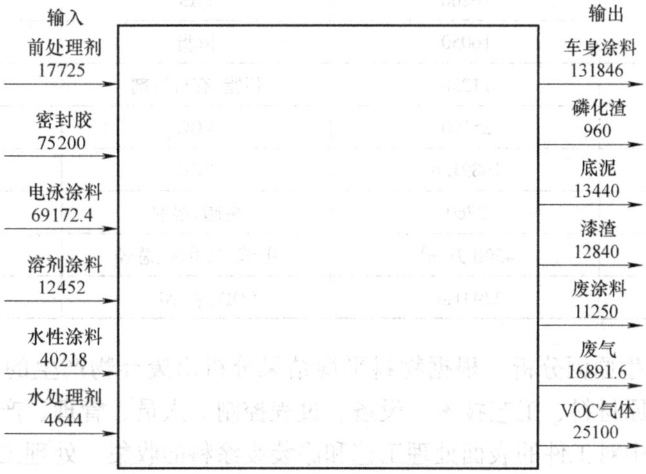

图6-17　涂装科物料平衡图（单位：kg）

表6-17　涂装科输入、输出物料平衡结果　（单位：kg）

序号	物料名称	输入	输出	备注
1	脱脂剂			
2	表调剂	17725		
3	磷化剂			
4	密封胶	75200		
5	电泳涂料	69172.4		
6	溶剂涂料	12452		
7	水性涂料	40218		
8	水处理剂	4644		
9	车身涂料		131846	
10	磷化渣		960	按含水20%折算干重

（续）

序号	物料名称	输入	输出	备注
11	底泥		13440	按含水 20% 折算干重
12	漆渣		12840	按含水 20% 折算干重
13	废涂料		11250	
14	RTO 炉排放废气		16891.6	
15	回收 VOC 气体		25100	
16	其他废料		3760	
合　计		219411.4	216087.6	平衡率 98.5%

表 6-18　涂装科产生废弃物清单

废弃物名称	数量/kg	有害成分	性质
磷化渣	1200	PO_4^{3-},Ni^{2+},Zn^{2+}	危险固废
底泥	16800	LAS	危险固废
漆渣	16050	树脂	危险固废
废涂料	11250	树脂,有机溶剂	危险废物
VOC 气体	25100	VOC	挥发性气体
水气	16891.6	VOC	废气
废密封胶	3760	树脂,溶剂	危险固废
排放废气	4500 万 m^3	甲苯、二甲苯、总烃	废气
污水	22931m^3	COD、油、Ni^{2+}	废水

(4) 废弃物产生原因分析　根据物料平衡结果分析出废弃物产生的原因如下：生产过程产生的废弃物与原材料、工艺技术、设备、过程控制、人员、管理、产品和废弃物特性等八个方面有关，其中对工件的表面处理工艺和涂装废涂料的收集、处理工艺是废水产生的主要原因。干燥尾气经过 RTO 炉回收 VOC 后，排放废气中污染物成分含量均较低，对环境影响较小。固体废物种类较多，性质复杂，其产生的原因分别与工艺技术、设备和管理有关，改善工艺、改进设备运行状况、加强物料消耗和固体废物管理是减少固体废物产生的主要途径。

(5) 处理对策　根据对废弃物产生原因的分析，为了减少废弃物的产生，除了改进工艺，提高设备运行状况外，通过改进管理，减少废涂料的产生，提高密封胶的利用率，是减少固体废物产生的重要途径。

生产过程 VOC 和废气的产生量与所用涂料的性质有关，如果全部采用水性涂料或固体份较高的涂料，可以有效减少废弃物的产生量。

提高过程的控制水平，精密控制加水量，可以减少水消耗量和污水的产生量。

4. *方案的产生与筛选*

(1) 备选方案的产生　根据物料平衡结果和生产过程的八个方面分别产生了清洁生产中/高费方案 10 项。

(2) 方案的筛选　采用简易的初步筛选和权重总和记分排序法筛选方案，方案筛选的

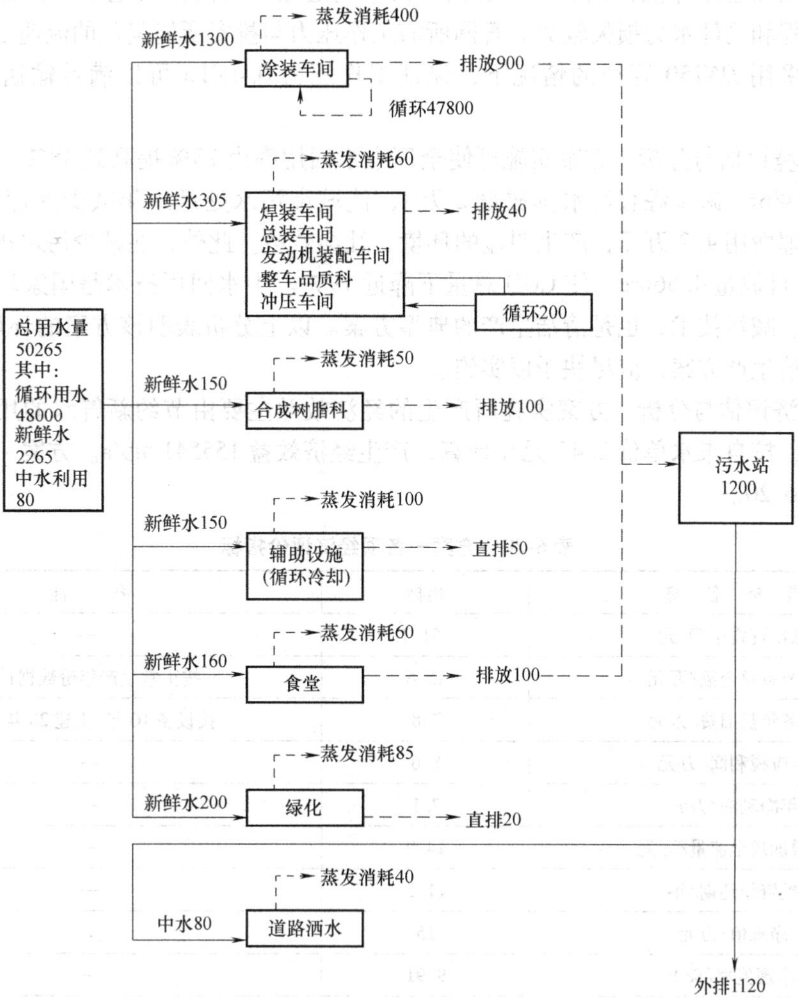

图6-18 工厂水平衡图（单位：m^3）

结果见表6-19。

表6-19 方案筛选的结果

方案编号	方案名称	方 案 内 容
方案一	中水回用工程	对污水管网的改造；回用污水处理站中水，用于车间保洁、绿化和道路冲洗
方案二	冲压地坑含油废水处理	冲压科地下含油废水用泵抽至乳化液管道，送至污水处理站处理并排放
方案三	前处理水洗补加自动控制改造	在水洗补水管处加装流量计和电磁阀，实现补水投加自动控制
方案四	RO浓水回收再利用	将RO纯水机排放的浓水进行回收再利用，用于车间保洁、前处理槽清洗等

5. 对方案一的可行性分析

（1）技术评估与分析　该方案通过对污水管网的改造，回用污水处理站中水，用于车间保洁、绿化和道路冲洗，主要需要解决的技术问题是，管网覆盖范围广，管道输送距离长，因此沿程和局部水力损失较大。管网所需工作压力与投资所能满足的流速之间的拟合曲线表明，在采用 *DN*150 管径的情况下，保证工作压力 0.4MPa 可以满足输送水力损失的要求。

（2）环境评估与分析　方案实施可使全厂中水回用率由23%提高到48%，每年节约新鲜水用量63486t，减少综合污水排放量6万t，使城市污水处理站年减少处理6万t污水，节约污水处理费用4.2万元，产生明显的环境、社会效益。此外，在减少污水排放的同时也减少了COD排放量4.56t/a，使COD总量下降近19%。中水回用技术是国家环保政策大力提倡的节水、减污技术，也是清洁生产的典型方案。以上分析表明该方案的环境效益明显，是较好的清洁生产方案，应尽快予以实施。

（3）经济评估与分析　方案实施所产生的经济效益主要由节约新鲜水的用量产生，年节水63486t，按自来水单价2.45元/t计算，产生经济效益155541元/a。方案一各项经济评价指标见表6-20。

表6-20　方案一各项经济评价指标

指　标　名　称	指标	备　　注
总投资费用/万元	151.3	—
年节省总金额/万元	15.6	按正常生产年份数据计算
设备年折旧费/万元	7.8	按设备10年,土建20年计算
年应税利润/万元	8.6	—
年净利润/万元	7.1	—
年增加现金流量/万元	14.9	—
投资偿还期/年	11.3	—
净现值/万元	15	—
净现值率(%)	9.91	—
内部收益率(%)	7.96	—

由上述指标可以看出，项目投资回收期为11.3年，考虑到项目可运行时间长，其投资回收期可行。项目的净现值大于零，其内部收益率大于银行利率，盈利能力基本满足了行业要求，项目在经济上是可行的。

6. 方案的实施

（1）中/高费方案实施计划　公司根据清洁生产审核确定的中/高费方案，下发了名为《关于实施清洁生产项目的决定》的文件，提出对“中水回用工程”“冲压地坑含油废水处理”“前处理水洗补加自动控制改造”“RO浓水回收再利用”等清洁生产方案实施。为此制订了清洁生产方案实施计划和时间进度表。

公司财务部门落实了清洁生产项目的资金来源，规划发展科对各方案研究了实施对策。

（2）已实施方案的效果　到清洁生产审核现场工作结束为止，共实施了34个清洁生产方案，其中无/低费方案31个，中/高费方案3个，计划实施1个中/高费方案。实施方案共投入资金154.8万元。

已实施方案的技术指标均达到了原设计要求，取得了良好的环境效益和经济效益，全面完成了本次清洁生产审核中提出的清洁生产近期目标任务。依据各方案实施的实际效果数据，对取得的效益统计如下：

1）环境效益。年节约水74054t，节电1.3×106kW·h，节约其他物料约67t，万元产值综合能耗从0.2214t标准煤下降为0.1123t标准煤（同比下降近50%）；COD排放从23.8t下降为19.1t，减少4.7t（同比削减20%）。

2）经济效益。年净增经济效益203.17万元，其中年节约原材料费102.17万元、能源费91万元、其他10万元。

3）技术进步。通过实施清洁生产方案，公司的生产技术有了明显的提高，整体水平达到同行业先进水平。审核目标完成情况详见表6-21。

表6-21　企业清洁生产审核目标完成情况

序号	项　目	审核前	审核目标		目标完成情况	
			目标值	减少率(%)	审核后	完成率(%)
1	耗水量/(t/台)	10.38	8.00	23.0	7.69	113
2	耗电量/(kW·h/台)	852	700	18.0	559	191
3	综合能耗/(t标煤/万元)	0.2214	0.1993	10.0	0.1123	507
4	COD排放量/(t/a)	23.8	22.6	5.0	19.1	400
5	涂料(涂装)/(kg/台)	13.83	13.28	4.0	13.14	125
6	密封胶/(kg/台)	8.72	8.28	5.0	7.85	200

7. 持续清洁生产

（1）组织机构　在整个清洁生产过程中，由于领导小组重视，各有关部门紧密配合，使审核工作得以顺利完成并取得一定的成效。公司领导和员工对清洁生产的意义和方法有了更深刻的理解。公司清洁生产领导小组决定将清洁生产管理职能归属公司规划发展科，经常性地对职工进行清洁生产教育和培训，选择和确立下一轮清洁生产审核重点，以便有计划地开展清洁生产活动。

（2）规章制度　公司将系列改进方案纳入了领导小组的管理范围，定期进行考核，有效地防止清洁生产流于形式和走过场。为了持续地推动清洁生产，公司在财务上单独建账，统计清洁生产产生的经济效益，并从中抽出部分资金建立奖励基金，用来激励和保障清洁生产活动的持续进行。

（3）新目标与规划　企业推行清洁生产是一个不间断的实施过程，因此必须根据企业的实际情况制订持续清洁生产计划，使清洁生产有组织有计划地持续进行下去，以便在全公司范围内推行清洁生产。

通过审核也发现公司某些生产环节还存在一些问题，如：

1）机加车间乳化液吹洗采用敞开式，造成车间环境污染，现场气味较重，建议改为封闭式吹洗方式，并对废气进行处理排放。

2）涂装工艺中面漆采用的溶剂漆固体分含量为50%，未达到清洁生产标准HJ/T 293—2006《清洁生产标准 汽车制造业（涂装）》的指标要求，建议改用水性涂料、节能粉末涂料或固体分含量大于70%的涂料。

根据清洁生产方案实施计划，本次清洁生产审核完成后，企业将进行下一轮清洁生产工作，完成中、远期清洁生产目标任务（表6-22），争创清洁生产先进企业，实现企业经济效益与环境效益的协调发展。

表6-22 企业清洁生产新目标

序号	项目	现状(2007年)	新目标值	
			目标值	增减量(%)
1	耗水量/(t/台)	7.69	7.31	5
2	耗电量/(kW·h/台)	559	536	4
3	综合能耗/(t标煤/万元)	0.1123	0.1078	4
4	COD排放量/(t/a)	19.1	18.5	3

复习与思考

1. 什么叫清洁生产审核？它有什么意义？
2. 清洁生产审核的对象和特点是什么？
3. 简述清洁生产审核的思路和原理。
4. 清洁生产审核的工作程序分为哪几个阶段？各个阶段的主要工作内容和工作重点有哪些？
5. 结合教材中的某汽车公司清洁生产审核案例，阐述清洁生产审核各阶段的具体内容。

第 7 章

清洁生产指标体系及评价

随着《中华人民共和国清洁生产促进法》的实施和清洁生产工作的开展，建立科学的清洁生产评价体系显得非常必要。清洁生产评价是通过对企业原材料的选取、生产过程到产品、服务的全过程进行综合评价，评定企业现有生产过程、产品、服务各环节的清洁生产水平在国际和国内所处的位置，并制定相应的清洁生产措施和管理制度，以增强企业的市场竞争力，达到节约资源、保护环境和持续发展的目的。

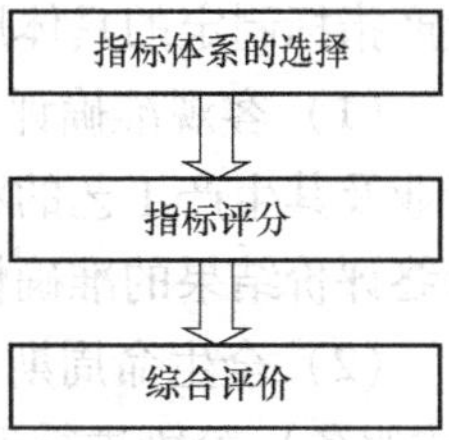

图 7-1　清洁生产评价步骤图

建立清洁生产指标体系，有助于评价企业开展清洁生产的状况，便于企业选择合适的清洁生产技术，促使企业积极推行清洁生产工作。清洁生产评价正逐步向量化评价的方向发展，量化的评价也主要通过选择指标体系、指标体系分值计算获得评价结果，主要的方法步骤如图 7-1 所示。

7.1　清洁生产指标体系

7.1.1　指标及指标体系定义

指标（Indicators）是预期中打算达到的指数、规格、标准，它既是科学水平的标志，也是进行定量比较的尺度。

指数（Index）是一类特殊的指标，是一组集成的或经过权重化处理的参数或指标，它能提供经过数据综合而获得的高度凝聚的信息。

指标体系（Indicators System）是指描述和评价某种事物的可度量参数的集合，是由一系列相互独立、相互联系、相互补充的数量、质量、状态等规定性指标所构成的有机评价系统。

清洁生产作为实现可持续发展的最佳途径，为我国建设资源节约型、环境友好型社会提供了重要基础，也越来越被企业界及社会各界所接受。我国现行的清洁生产评价工作，许多是进行定性论证和分析，缺乏定量评价指标，难以对清洁生产的水平和成果进行指标化管理，不利于《中华人民共和国清洁生产促进法》的推进。同时，清洁生产指标体系的建立，明确了生产全过程控制的主要内容和目标，使企业和管理部门对清洁生产的实际效果和管理目标具体化，便于进行量化对比和设定目标，为将清洁生产融入环境管理起到实效提供了技术支持，对提高我国清洁生产整体水平具有重要的指导意义。

清洁生产指标体系（Cleaner Production Indicators System）是由一系列相互独立、相互联系、相互补充的单项评价活动指标组成的有机整体，它所反映的是组织或更高层面上清洁生产的综合和整体状况。一个合理的清洁生产体系可以有效地促进组织清洁生产活动的开展以及整个社会的可持续发展。因此，清洁生产指标体系具有标杆的功能，是对清洁生产技术方案进行筛选的客观依据，为清洁生产绩效评价提供了一个比较标准。

7.1.2 清洁生产指标体系的确定原则

清洁生产指标既是管理科学水平的标志，也是定量比较的尺度。清洁生产指标应该是指国家、地区、部门和企业根据一定的科学、技术、经济条件，在一定时期内确定的必须达到的具体清洁生产目标和水平。清洁生产指标应该分类清晰、层次分明、内容全面，兼具科学性、可行性、简洁性和开放性，并且应该随着经济、社会和环境的变化而变化。因此，清洁生产指标制定的具体原则如下：

（1）客观准确评价原则。指标体系所选用的评价指标、评价模式要客观、充分地反映行业及其生产工艺的状况，真实、客观、完整、科学地评价生产工艺优劣性，保证清洁生产最终评价结果的准确性、公正性以及应用指导性。

（2）全生命周期评价原则。在评价一项技术时，不但要对工艺生产过程、产品的使用（或服务）阶段进行评价，还要考虑产品本身的状况和产品消费后的环境影响，即对产品设计、生产、储存、运输、消费和处理处置整个生命周期中原材料、能源消耗和污染物产生及其毒性的全面分析和评价，以体现全过程分析的思想。

（3）污染预防的原则。清洁生产指标的范围不需要涵盖所有的环境、社会、经济等指标，主要应反映出该行业所使用的主要的资源量及产生的废物量，包括使用能源、水量或其他资源的情况。通过对这些实际情况的评价，反映出项目的资源利用情况和节约的可能性，达到保护自然资源的目的。

（4）定量指标和定性指标相结合的原则。为了确保评价结果的准确性和科学性，必须建立定量的评价模式，选取可定量化的指标，计算其结果。但评价对象的生产过程复杂且涉及面广，因此对于不能量化的指标也可以选取定性指标。采用的指标均应力求科学、合理、实用、可行。

（5）重点突出，简明易操作原则。生产过程中所涉及的清洁生产环节很多，清洁生产指标体系要突出重点，意义明确，结构清晰，可操作性强。清洁生产指标体系是为评价一个活动是否符合清洁生产战略而制定的，是一套非常实用的体系。因此，既要考虑指标体系构架的整体性，又要考虑体系使用时的全面数据支持。也就是要求指标体系综合性强，同时要避免面面俱到，繁琐庞杂；既能反映项目的主要情况，又简便，易于操作和使用。

（6）持续改进原则。清洁生产是一个持续改进的过程，要求企业在达到现有指标的基础上向更高的目标迈进，因此，指标体系也应该相对应地体现持续改进的原则，引导企业根据自身现有的情况，选择不同的清洁生产目标实现持续改进。

7.2 我国清洁生产指标体系构架

清洁生产指标体系应有助于比较不同地区、行业、企业清洁生产情况，评价组织开展清洁生产的状况，指导组织正确选择符合可持续发展要求的清洁生产技术。总体而言，清洁生产指标体系应当包括两个方面的内容，一是适用于不同行业的通用性标准，二是适用于某个行业的特定指标，而每一方面又由众多不同指标构成。

清洁生产指标体系一般按照宏观指标和微观指标分类。

7.2.1　宏观清洁生产指标体系

宏观清洁生产指标主要用于社会和区域层面上。在此层面上，清洁生产指标常与循环经济指标和生态工业指标重叠。

宏观清洁生产指标由经济发展、循环经济特征、生态环境保护、绿色管理四大类指标构成。

经济发展指标又分为经济发展水平指标（GDP 年平均增长率、人均 GDP、万元 GDP 综合能耗、万元 GDP 新鲜水耗等）和经济发展潜力指标（清洁生产投入占 GDP 的比例、清洁生产技术对 GDP 的贡献率等）。

循环经济特征指标，主要有资源生产率（用来综合表示产业和人民生活中有效利用资源情况）和循环利用率（表示投入到经济社会的物质总量中循环利用量所占的比率）。

生态环境保护指标，主要有环境绩效指标、生态建设指标和生态环境改善潜力等指标。

绿色管理指标，主要有政策法规制度指标、管理与意识指标等。

7.2.2　微观清洁生产指标体系

微观清洁生产指标主要用于组织（或企业）层面。这一层面的清洁生产指标体系可以分为定量指标和定性指标两种类型。定量指标和定性指标体系一般皆包括一级评价指标和二级评价指标，可根据行业自身特点设立多级指标。一级评价指标是指标体系中具有普适性、概括性的指标。二级评价指标是一级评价指标之下，可代表行业清洁生产特点的、具体的、可操作的、可验证的指标。一级评价指标可分为资源与能源消耗指标、生产技术特征指标、产品特征指标、污染物产生指标、资源综合利用指标、环境管理与劳动安全卫生指标。可根据行业自身特点选择与确定，并给出明确定义。

根据清洁生产的一般要求，这些微观清洁生产指标体系中的资源与能源消耗指标、产品特征指标、污染物产生指标、资源综合利用指标等常为定量指标，生产技术特征指标、环境管理与劳动安全卫生指标等一般为定性指标。

定性要求一般以文字表述，根据对各产品的生产工艺和装备、环境管理等方面的要求及国内企业目前的水平划分不同的级别，促进企业不断提高，而定量要求一般以数值表述。

1. 原辅材料与资源能源指标

原辅材料指标应能体现原辅材料的获取、加工、使用等方面对环境的综合影响，因而可从毒性、生态影响、可再生性、能源强度及可回收利用性这五个方面建立指标。

1）毒性。原材料所含毒性成分对环境造成的影响程度。

2）生态影响。原材料取得过程中的生态影响程度。

3）可再生性。原材料可再生或可能再生的程度。

4）能源强度。原材料在采掘和生产过程中消耗能源的程度。

5）可回收利用性。原材料的可回收利用程度。

在正常的生产和操作情况下，生产单位产品对资源和能源的消耗程度可以部分地反映一个企业的技术工艺和管理水平，反映企业的生产过程在宏观上对生态系统的影响程度。因为在同等条件下，资源、能源消耗量越高，对环境的影响程度越大。

资源指标可以由单位产品的新鲜水消耗量、主要原材料单耗、主要原材料利用率以及水重复利用率等表示。

能源指标主要以单位产品电耗量、煤耗量以及综合能耗指标等表示。

2. 产品特征指标

清洁生产对产品的性能也有特定的要求。从整个生命周期考虑，产品的销售、使用、维护以及报废后的处理处置均会对环境造成影响，因此应该考虑产品的设计和寿命优化，以增加产品的利用效率并减少对环境的影响。产品特征指标包括；

1）销售。产品的销售过程中，即从工厂到运送给零售商和用户的过程中对环境造成的影响程度。

2）使用。产品在使用期内的正常使用可能对环境造成的影响程度。

3）维护。产品的质量、性能以及维护造成的环境影响情况。

4）寿命优化。在多数情况下产品的寿命是越长越好，因为可以减少对生产该种产品物料的需求，但有时并不尽然。如某一高耗能产品的寿命越长则总能耗越大，随着技术进步有可能产生同样功能的低耗能产品，而这种节能产品产生的环境效益有时会超过节省物料的环境效益，在这种情况下，产品的寿命越长对环境的危害越大。寿命优化就是要使产品的使用寿命、技术寿命（指产品的功能保持良好的时间）、美学寿命（指产品对用户具有吸引力的时间）处于优化状态，达到环境影响和使用性能的最佳结合。

5）报废。产品失去使用价值而报废后处理处置过程对环境的影响程度。

3. 污染物产生指标

污染物或废物被称为“放错地方的资源”，而污染物产生指标能反映生产过程状况，直接说明工艺的先进性或管理水平的高低。通常情况下，污染物产生指标分三类，即水污染物产生指标、大气污染物产生指标和固体废物产生指标。

1）水污染物产生指标。水污染物产生指标又可细分为两类，即单位产品废水产生量指标和单位产品主要水污染物产生量指标。

2）大气污染物产生指标。大气污染物产生指标和水污染物产生指标类似，也可细分为单位产品废气产生量指标和单位产品主要大气污染物产生量指标。

3）固体废物产生指标。对于固体废物产生指标，可简单地定义为“单位产品主要固体废物产生量”。

4. 资源综合利用特征指标

清洁生产在重视源头削减的同时，也强调对产生的污染物和废物回收利用和资源化处理。

资源综合利用特征指标即废物回收利用指标，是指生产过程所产生的具有可回收利用特点和价值的废物的回收和利用的比率，只有对这些废物进行回收和利用才可减少对环境的影响。这类指标主要包括废物利用的比例、途径和技术，以及生产出的产品，可以具体到废水回收利用率、废气回收利用率、副产品回收利用率、固体废物回收利用率等。

5. 生产技术性能指标

生产技术性能主要包括生产工艺、装备和过程控制系统等。生产工艺的先进程度和装备水平主要体现在污染预防水平，直接决定资源能源的消耗以及产品的质量。这类指标一般为定性指标，主要包括生产技术的先进性、技术装备水平及过程控制水平。

6. 环境管理和劳动安全卫生指标

清洁生产要求企业由落后的粗放型经营方式向集约型的经营方式转变，因此，管理水平的高低对于清洁生产具有较大的影响。

环境管理方面要求主要指组织的环境管理机构、生产管理、相关方管理、清洁生产审核和劳动安全管理五个方面达到的水平。

1）有健全的环境管理机构，为取得环境效益提供组织保障。

2）有系统的生产管理，将环境因素纳入企业的发展规划和生产管理中，这对资源消耗量大，污染严重的企业来说尤为重要。

3）相关方管理，是否按照 ISO 14000 要求，建立了相关方管理。

4）清洁生产审核，考虑企业是否将清洁生产纳入日常生产中，并不断提高职工清洁生产意识，这需要企业领导的支持，也需要职工自觉的行动。

5）劳动安全卫生方面的要求，主要是指组织可能对职工造成的危害及其防范措施是否健全和可行，是否符合国家有关标准或行业标准，并应经劳动行政、卫生行政、工会等有关部门审查同意等。劳动安全卫生指标还包括劳动安全设备的技术水平、防毒防尘、改善劳动条件专门拨款数量、事故损失额，以及职业健康影响等级、单位产出人员伤亡率、单位产出人员发病率、特定职业病发病率，还包括现场清洁卫生指标、现场安全状况、劳动安全和卫生管理措施及实施情况、设备事故率、设备监测和监督情况、监测和监督人员配备情况等。

7.3 清洁生产评价的方法和程序

科学客观地评价企业的清洁生产水平，了解企业的清洁生产潜力，有利于企业把握发展方向，实现持续发展。目前，清洁生产指标体系正在不断健全之中，清洁生产评价方法也不够完善和规范，清洁生产审核与评价结果也较粗糙、可操作性差。因此，在完善清洁生产指标体系的基础上，建立和实施一套科学的清洁生产评价方法，比较和认定各种清洁生产方案，对企业推进清洁生产，实施可持续发展具有重要意义。

清洁生产指标涉及面广，有定量指标和定性指标，相应地清洁生产评价方法也可采用定量条件下的评价和定量与定性相结合条件下的评价。

7.3.1 定量条件下的评价

为了对评价指标的原始数据进行“标准化”处理，使评价指标转换成在同一尺度上可以相互比较的量，因此该评价模式采用指数方法。该指标定量条件下的评价可分为单项评价指数、类别评价指数和综合评价指数。

1. 单项评价指数

单项评价指数是以类比项目相应的单项指标参考值作为评价标准计算得出。定量评价类别的分指标从其数值来看，可分为消极指标和积极指标两类，消极指标是指实际值越小越符合生产的要求的指标（如能耗、水耗、污染物的产生与排放量等指标），积极指标是指实际值越大越利于清洁生产的指标（如水重复利用率、高炉煤气回收率、高炉喷煤量、固体废物回收利用率等指标）。

指标数值越低（小）越符合清洁生产要求的指标，如污染物排放含量，评价指数计算公式为

$$I_i = \frac{C_i}{S_i}(i = 1,2,3,\cdots,n)$$

指数值越高（大）越符合清洁生产要求的指标，如资源利用率、水重复利用率，评价指数计算公式为

$$I_i = \frac{S_i}{C_i}(i = 1,2,3,\cdots,n)$$

式中 I_i——单项评价指数；

C_i——目标项目某单项评价指标对象值（实际值或设计值）；

S_i——类比项目某单项指标参考值（或评价基准值）。

评价指标基准值是衡量各定量评价指标是否符合清洁生产基本要求的评价基准，根据评价工作需要可取环境质量标准、排放标准或相关清洁生产技术标准要求的数值。

2. 类别指标评价指数

各分指标等标评价指数总和的平均值 Z_j 是反映 j 类别评价指标的重要参数，一般情况下，Z_j 越小，表明 j 类别指标的清洁生产水平越高，其中

$$Z_j = \sum_{i=1}^{n} I_i/n(j = 1,2,3,\cdots,m)$$

式中 Z_j——j 类别指标各分指标等标评价指数总和的平均值；

i——分指标的序号；

j——类别指标的序号；

n——第 j 类别指标中分指标的项目总数；

m——评价指标体系下设的类别指标数。

3. 综合评价指数

为了既使评价全面，又能克服个别评价指标指数对评价结果准确性的掩盖，避免确定加权系数的主观影响，采用了一种兼顾极值或突出最大值的计权型的综合评价指数。其计算公式为

$$I_p = [(I_{i,m}^2 + Z_{j,a}^2)/2]^{1/2}$$

$$Z_{j,a} = (\sum_{j=1}^{m} I_j)/m(j = 1,2,3,\cdots,m)$$

式中 I_p——清洁生产综合评价指数；

$I_{i,m}$——各项评价指数中的最大值；

$Z_{j,a}$——类别评价指数的平均值；

m——评价指标体系下设的类别指标数。

4. 企业清洁生产等级的确定

一般推荐采用分级制的模式来评价综合评价指数的水平，即将综合指数分成 5 个等级，

按清洁生产评价综合指数I_p所达到的水平给企业清洁生产定级，见表7-1。

表7-1 企业清洁生产的等级

项目	清洁生产	传统先进	一般	落后	淘汰
达到水平	国际先进水平	国内先进水平	国内平均水平	国内中下水平	淘汰水平
综合评价指数(I_p)	$I_p \leq 1.00$	$1.00 < I_p \leq 1.15$	$1.15 < I_p \leq 1.40$	$1.40 < I_p \leq 1.80$	$I_p > 1.80$

注：1. 清洁生产：指有关指标达到本行业领先水平，即$I_p \leq 1.00$。
2. 传统先进：指有关指标达到本行业先进水平，即$1.00 < I_p \leq 1.15$。
3. 一般：指有关指标达到本行业平均水平，即$1.15 < I_p \leq 1.40$。
4. 落后：指有关指标达到本行业中下水平，即$1.40 < I_p \leq 1.80$。
5. 淘汰：指有关指标达到本行业淘汰水平，即$I_p > 1.80$。

如果类别评价指数（Z_j）或单项评价指数的值（I_i）大于1.00时，表明该类别或单项评价指标出现了高于类比项目的指标，故可以据此寻找原因，分析情况，调整工艺路线或方案，使之达到类比项目的先进水平。

上述评价方法，需参照环境质量标准、排放标准、行业标准或相关清洁生产技术标准数值，因此选取目标值最为关键。

7.3.2 定量与定性相结合条件下的评价

要对项目进行清洁生产评价，必须针对清洁生产指标确定出既能反映主体情况又简便易行的评价方法。而清洁生产指标涉及面广，完全量化难度较大，实际评价过程拟针对不同的评价指标，确定不同的评价等级；对于易量化的指标评价等级可分细一些，不易量化的指标的等级则分粗一些，最后通过权重法将所有指标综合起来，从而判定项目的清洁生产程度。

1. 指标等级的确定

清洁生产指标可以分为定性指标和定量指标两大类。其中原辅材料指标、产品指标、管理指标在目前的情况下难以量化，属于定性指标，可以划分为较为粗略的等级。原辅材料指标和产品指标分为高、中、低三个等级，管理水平指标分为两个等级。定性指标数值的确定一般采用参考专家意见打分的方法。

资源指标和污染物排放指标易于量化，可以作定量评价，划分为较为详细的5个等级，即清洁、较清洁、一般、较差、很差。定量指标的数值可根据国内外同行业生产指标调查类比来确定。

为了统计和计算方便，定性评价和定量评价的等级分值范围均定为0～1。

（1）定性指标等级

1）高：表示所使用的原材料和产品对环境的有害影响比较小。

2）中：表示所使用的原材料和产品对环境的有害影响中等。

3）低：表示所使用的原材料和产品对环境的有害影响比较大。

可参照GB 12268—2005/XG1—2007《危险货物品名表》、《危险化学品名录》和《国家危险废物名录》等规定，结合本企业实际情况确定。

对定性评价分三个等级，按基本等量、就近取整的原则来划分不同等级的分值范围，具体见表7-2。

表 7-2　原材料指标和产品指标（定性指标）的等级评分标准

等　　级	分值范围	低	中	高
等级分值	[0,1.0]	[0,0.30]	[0.30,0.70]	[0.70,1.0]

注：确定分值时取两位有效数字。

(2) 定量指标等级

1) 清洁：有关指标达到本行业领先水平。

2) 较清洁：有关指标达到本行业先进水平。

3) 一般：有关指标达到本行业平均水平。

4) 较差：有关指标为本行业中下水平。

5) 很差：有关指标为本行业较差水平。

对定量指标依据同样的原则，但划分为五个等级，具体见表 7-3。

表 7-3　资源指标和污染物产生指标（定量指标）的等级评分标准

等级	分值范围	很差	较差	一般	较清洁	清洁
等级分值	[0,1.0]	[0,0.2]	[0.2,0.4]	[0.4,0.6]	[0.6,0.8]	[0.8,1.0]

注：确定分值时取两位有效数字。

一般来说将国际先进水平作为最高的指标数值，参考国内的清洁生产评价方法，几项评价指标体系的具体划分见表 7-4。

表 7-4　清洁生产指标评价体系

评　价　指　标		说　　明
原辅材料指标	毒性 生态影响 可再生性 能源强度	按照原辅材料的毒性、生态影响、可再生性、能源强度等分为三个等级进行打分，1 级表明基本没有毒性和生态影响，可再生性好，生产原辅材料消耗的能源强度较小，分值在 1 ~ 0.7 分范围内，2 级的分值在 0.6 ~ 0.4 分范围内，3 级的分值在 0.3 分以下
产品指标	使用性能 寿命优化 报废处理	按照产品的使用性能、寿命优化、报废后的处理分为三个等级，1 级表明产品在使用过程中对环境基本没有污染，使用寿命和美观寿命最佳，报废后基本可以回收，分值在 1 ~ 0.7 分范围内，2 级的分值在 0.6 ~ 0.4 分范围内，3 级分值在 0.3 分以下
资源指标	单位产品耗水量 单位产品能源消耗 单位产品物耗量	达到国际先进水平的为 1 级，接近国际先进水平为 2 级，达到和接近国内先进水平的为 3 ~ 4 级，低于国内先进水平的为 5 级。“接近”指的是在参考值指标的 10% 左右。1 级分值为 1 ~ 0.9 分，2 级 0.8 ~ 0.7 分，3 级 0.6 ~ 0.5 分，4 级 0.4 ~ 0.3 分，5 级 0.2 分以下
污染物指标	废水排放量 COD 排放量 固废排放量	与资源指标的分级体系与分值大致相同，同样参考国际、国内同行业生产指标
管理水平指标	企业清洁生产方针 职工清洁生产意识	由于管理水平概念比较笼统，企业的清洁生产方针和职工清洁生产意识分为两个等级。1 级表明企业和职工对清洁生产有所了解并在实际生产过程中有所应用，分值在 1 ~ 0.6 分之间。2 级表明企业和职工对于清洁生产了解的较少，清洁生产措施较少，分值在 0.5 ~ 0 分之间

需要说明的是，由于每个生产企业采用的原辅材料、生产的产品、生产工艺过程、污染物排放等项目有很大的区别，因此每个企业选择的具体指标会不同。

2. 综合评价

清洁生产指标的评价方法采用百分制，首先对原材料指标、产品指标、资源消耗指标和污染物产生指标按等级评分标准分别进行打分，若有分指标则按分指标打分，然后分别乘以各自的权重值，最后累加起来得到总分。通过总分值等的比较可以基本判定建设项目整体所达到的清洁生产程度，另外各项分指标的数值也能反映出该建设项目所需改进的地方。

（1）权重值的确定　权重值是衡量各评价指标在清洁生产评价指标体系中的重要程度。权重值的确定时，不同的计算方法具有各自的特点和适用条件，应依据行业特点，单独使用某种计算方法或综合使用多种计算方法。

清洁生产评价的等级分值范围为 0 ~ 1。为数据评价直观起见，考虑到指标的通用性，对清洁生产的评价方法采用百分制，一般设定指标的权重值在 1 ~ 10 之间，具体数值由指标的数量和在企业中的重要程度决定，所有权重值的和为 100。

如为了保证评价方法的准确性和适用性，在各项指标（包括分指标）的权重确定过程中，1998 年在原国家环境保护总局的“环境影响评价制度中的清洁生产内容和要求”项目研究中，采用了专家调查打分法。专家范围包括：清洁生产方法学专家、清洁生产行业专家、环评专家、清洁生产和环境影响评价政府管理官员。调查统计结果见表 7-5。

表 7-5　清洁生产指标权重值专家调查结果

评价指标	原材料指标					产品指标				资源指标			污染物产生指标	总权重值
	毒性	生态影响	可再生性	能源强度	可回收利用性	销售	使用	寿命优化	报废	能耗	水耗	其他		
权重	7	6	4	4	4	3	4	5	5	11	10	8	29	100
	25					17				29				

专家对生产过程的清洁生产指标比较关注，对资源指标和污染物产生指标分别都给出最高权重值 29；原材料指标次之，权重值 25；产品指标最低，权重值为 17。污染物产生指标权重值为 29，此类指标根据实际情况可选择包括几项大指标（如废水、废气、固体废物），每项大指标又可含几项分指标。因为不同企业的污染物产生情况差别太大，因而未对各项大指标和分指标的权重值加以具体规定，可依据实际情况灵活处理，但各项大指标权重值之和应等于 29，每一大指标下的分指标权重值之和应等于大指标的权重值。如果污染物产生指标包括三项大指标，如废水、废气、固体废物，它们的权重值可以分别取为 10、10、9，则废水所包含的分指标权重分值应为 10，废气、固体废物依次为 10 和 9；如果此项大指标仅包括一项指标，如造纸厂，污染物产生主要是废水，那么废水指标的权重就是污染物产生指标的权重，即为 29，废水指标所包括的几项分指标，权重值之和也应为 29。

资源指标包括三项指标：能耗、水耗、其他物耗，它们的权重值分别为 11、10、8。如果这三项指标中每一项指标下面还分别包括几项分指标，则根据实际情况另行确定它们的权重，但分指标的权重之和应分别等于这三项指标的权重值，即为 29。

原材料指标包括五项分指标：毒性、生态影响、可再生性、能源强度、可回收利用性。根据它们的重要程度，权重值分别为 7、6、4、4、4。

产品指标包括四项指标：销售、使用、寿命优化、报废，它们的权重值分别为3、4、5、5。

目前随着我国清洁生产指标体系的不断完善，国家发展与改革委员会针对不同行业的特点，颁布了一系列的清洁生产评价指标体系。

（2）确定企业清洁生产的等级　清洁生产综合水平评价采用分级对比评价法，按照如下公式计算清洁生产水平得分

$$E = \sum A_i W_i$$

式中　E——评价对象清洁生产水平等级得分；

A_i——评价对象第 i 种指标的清洁生产水平得分；

W_i——评价对象第 i 种指标的权重。

根据所获得的综合得分，可进行项目清洁生产水平的等级划分，具体情况见表7-6。

表7-6　总体评价结果等级划分

项目	指标分数	说　明
清洁生产	>80分	企业原材料的选取对环境的影响、产品对环境的影响、生产过程中资源的消耗程度以及污染物的排放量均处于同行业国际先进水平
较先进	70~80分	总体处于国内或省先进水平，某些指标处于国际先进水平
一般	55~70分	总体在省内处于中等、一般水平
落后	40~55分	企业的总体清洁生产水平低于国内一般水平，其中某些指标的水平在国内可能属“较差”或“很差”之列
淘汰	<40分	总体水平处于国内“较差”或“很差”水平，不仅消耗了过多的资源、产生了过量的污染物，而且在原材料的利用以及产品的使用及报废后的处置等方面均有可能对环境造成超出常规的不利影响

需要说明的是，清洁生产是一个相对的概念，因此清洁生产指标的评价结果也是相对的。从上述清洁生产的评价等级和标准的分析可以看出，如果一个项目综合评分结果大于80分，从平均意义上说，该项目原材料的选取对环境的影响、产品对环境的影响、生产过程中资源的消耗程度以及污染物的产生量均处于同行业领先水平，因而从现有的技术条件看，该项目属“清洁生产”。同理，若综合评分结果在70~80分，可认为该项目为“传统先进”项目，即总体处于先进水平；若综合评分结果在55~70分，可认为该项目为“一般”项目，即总体处于中等、一般的水平；若综合评分结果在40~55分，可判定该项目为“落后”项目，即该项目的总体水平低于一般水平，其中某些指标的水平可能属“较差”或“很差”水平，不仅消耗了过多的资源、产生了过量的污染物，而且在原材料的利用以及产品的使用及报废后的处置等方面均有可能对环境造成超出常规的不利影响。

7.3.3　清洁生产评价程序

企业进行清洁生产的评价需按一定的程序有计划、分步骤地进行。判定清洁生产的定量评价基本程序如图7-2所示。其中项目评价指标的原始数据主要来源于预审核、审核阶段中的资源、能源、原辅材料、工艺、设备、产品、环保、管理等分析数据。类比项目参考指标主要来源于国家行业标准、环境质量标准或对类比项目的实测、考察等调研资料。

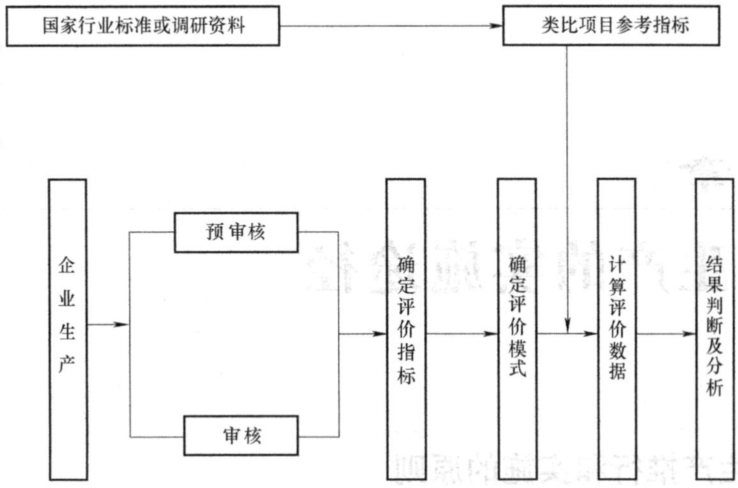

图7-2 清洁生产评价的程序

7.3.4 清洁生产评价报告书的编写要求

1. 编写原则

1）清洁生产指标基准数据的选取要有充足的依据。

2）清洁生产指标及其权重的确定要充分考虑行业特点。

3）报告书中应给出清洁生产水平的结论。

2. 内容

1）选取清洁生产指标。根据项目的实际情况，按照清洁生产指标选取方法来确定项目的清洁生产指标，主要包括原材料与资源能源指标、污染物产生指标、产品指标和环境经济效益指标等。每一类指标所包括的各项指标要根据项目的实际需要慎重选择。

2）收集并确定清洁生产指标数据。根据清洁生产审核中的预审核和审核阶段的结果，确定出项目相应的各类清洁生产指标数值。

3）进行清洁生产指标评价。通过与行业典型工艺基准数据的对比，评价项目的清洁生产水平。

4）给出项目清洁生产状况的评价并提出建议。对主要原材料消耗、资源消耗和污染物产生情况作出评价，对存在的问题提出建议。

复习与思考

1. 试解释什么是清洁生产指标体系？
2. 试述清洁生产指标体系的选取原则。清洁生产指标体系应从哪些环节来考虑？
3. 清洁生产评价指标体系是如何进行等级划分的？国内常用的清洁生产评价指标有哪些？
4. 简述中国清洁生产指标的结构。
5. 清洁生产评价方法有哪些？
6. 根据清洁生产评价的结论，如何对企业开展清洁生产提出建议？

8

第 8 章

清洁生产的实施途径

8.1 清洁生产推行和实施的原则

8.1.1 清洁生产推行的原则

清洁生产是一种新的环保战略，也是一种全新的思维方式，推行清洁生产是社会经济发展的必然趋势，必须对清洁生产有明确的认识。结合中国国情，参考国外实践，我国现阶段清洁生产的推动方式，要以行业中环境绩效、经济效益好和技术水平高的企业为龙头，由它们对其他企业产生直接影响，带动其他企业开展清洁生产。推进清洁生产应遵从以下基本原则：

1. 调控性

政府的宏观调控和扶持是清洁生产成功推行的关键。政府在市场竞争中起着引导、培育、管理和调控的作用，通过政府宏观调控可以规范清洁生产市场行为，营造公平竞争的市场环境，从而使清洁生产在全国范围内有序推进。政府的宏观调控不仅通过产业政策和经济政策的引导来实现，而且要完善清洁生产法制建设，通过加强清洁生产立法和执法来全面推进我国清洁生产的实施。

2. 自愿性

推行清洁生产牵涉社会、经济和生活的各个方面，需要各行业、各企业和个人积极参与，只有通过大力宣传，使社会所有单元都了解清洁生产的优势并自愿参与其中，通过建立和完善市场机制下的清洁生产运作模式，依靠企业自身利益来驱动，清洁生产才能迅速全面推进。

3. 综合性

清洁生产是一种预防污染的环境战略，具有很强的包容性，需要不同的工具去贯彻和体现。在清洁生产的推进过程中，要以清洁生产思想为指导，将清洁生产审计、环境管理体系、环境标志等环境管理工具有机地结合起来，互相支持，取长补短，达到完整的统一。

4. 现实性

清洁生产的实施受到经济、技术、管理水平等多方面条件的影响，因此制定清洁生产推进措施应充分考虑我国当前的生态形势、资源状况、环保要求及经济技术水平等，有步骤、分阶段地推进。忽视现实条件、好高骛远、希望一蹴而就来推进清洁生产的做法最终必将失败，充分考虑清洁生产的实施要求和企业的现实条件，分步推进才是持续清洁生产的保证。

5. 前瞻性

作为先进的预防性环境保护战略，清洁生产服务体系的设计应体现前瞻性。清洁生产服务体系包括清洁生产的政策、法律、市场规则等，其制定和实施需要一定的程序，周期相对较长，修订不易，因而在制定时必需有发展的眼光，充分考虑和预测社会、经济、技术以及生态环境的发展趋势。

6. 动态性

随着科学技术的进步、经济条件的改善，清洁生产的推进有不同的内涵，因此清洁生产是持续改进的过程，是动态发展的，一轮清洁生产审核工作的结束，并不意味着企业清洁生产工作的停止，而应看做是持续清洁生产工作的开始。

7. 强制性

全面推行清洁生产是我国社会经济可持续发展的重要保障，是突破我国经济高速发展过程中的低效高耗、生态环境破坏严重等瓶颈问题，实现经济转型的重大战略决策，其推行过程中必然对某些局部利益和当前利益产生影响，受到抵制，因而需要在一定程度上采取强制措施，强制推行。

8.1.2 企业清洁生产实施的原则

由于不同行业之间千差万别，同一行业不同企业的具体情况也不相同，因此企业在实施清洁生产的过程中侧重点各不相同。但一般来说，企业实施清洁生产应遵循以下五项原则：

1. 环境影响最小化原则

清洁生产是一项环境保护战略，因此其生产全过程和产品的整个生命周期均应趋向对环境的影响最小，这是实施清洁生产最根本的环境目标。

2. 资源消耗减量化原则

清洁生产要求以最少的资源生产出尽可能多且社会需求的优质产品，通过节能、降耗、减污来降低生产成本，提高经济效益，这有助于提高企业的竞争力，符合企业追求商业利润的要求，因此资源消耗减量化原则是持续清洁生产的内在动力。

3. 优先使用再生资源原则

人类社会经济活动离不开资源，不可再生资源的耗竭直接威胁人类社会的可持续发展。因此，企业在实施清洁生产过程中必须遵循优先使用再生资源的原则，以保证社会经济的持续发展，同时也是企业持续发展的保证。

4. 循环利用原则

物流闭合是无废生产与传统工业生产的根本区别。企业实施清洁生产要达到无废排放，其物料在一定程度上需要实现内部循环。如将工厂的供水、用水、净水统一起来，实现用水的闭合循环，达到无废水排放。循环利用原则的最终目标是有意识地在整个技术圈内组织和调节物质循环。

5. 原料和产品无害化原则

清洁生产所采用的原料和产品应不污染空气、水体和地表土壤，不危害操作人员和居民的健康，不损害景区、休憩区的美学价值。

8.2 清洁生产实施的主要方法与途径

清洁生产是一个系统工程，需要对生产全过程以及产品的整个生命周期采取污染预防和资源消耗减量的各种综合措施，不仅涉及生产技术问题，而且涉及管理问题。推进清洁生产就是在宏观层次上（包括清洁生产的计划、规划、组织、协调、评价、管理等环节）实现对生产的全过程调控，在微观层次上（包括能源和原材料的选择、运输、储存，工艺技术和设备的选用、改造，产品的加工、成型、包装、回收、处理，服务的提供，以及对废弃物进行必要的末端处理等环节）实现对物料转化的全过程控制，通过将综合预防的环境战略持续地应用于生产过程、产品和服务中，尽可能地提高能源和资源的利用效率，减少污染物的产生量和排放量，从而实现生产过程、产品流通过程和服务对环境影响的最小化，同时实现社会经济效益的最大化。

工农业生产过程千差万别，生产工艺繁简不一。因此，推进清洁生产应该从各行业的特点出发，在产品设计、原料选择、工艺流程、工艺参数、生产设备、操作规程等方面分析生产过程中减污增效的可能性，寻找清洁生产的机会和潜力，促进清洁生产的实施。近年来，国内外的实践表明，综合利用资源、改进产品设计来革新产品体系、改革工艺和设备、强化生产过程的科学管理、促进物料再循环和综合利用等是实施清洁生产的有效途径。

8.2.1 资源的综合利用

资源的综合性，首先表现为组分的综合性，即一种资源通常含有多种组分；其次是用途的综合性，同一种资源可以有不同的利用方式，生产不同的产品，可找到不同的用途。资源的综合利用是推行清洁生产的首要方向，因为这是生产过程的“源头”。如果原料中的所有组分通过工业加工过程的转化都能变成产品，这就实现了清洁生产的主要目标，如图 8-1 所示。

图 8-1 原料的综合利用

这里所说的综合利用，有别于“三废的综合利用”，这里是指并未转化为废料的物料，通过综合利用就可以消除废料的产生。资源的综合利用也可以包括资源节约利用的含义，物尽其用意味着没有浪费。

资源综合利用，增加了产品的生产，同时减少了原料费用，减少了工业污染及其处置费用，降低了成本，提高了工业生产的经济效益，可见是全过程控制的关键部位。资源综合利用的前提是资源的综合勘探、综合评价和综合开发，如图 8-2 所示。

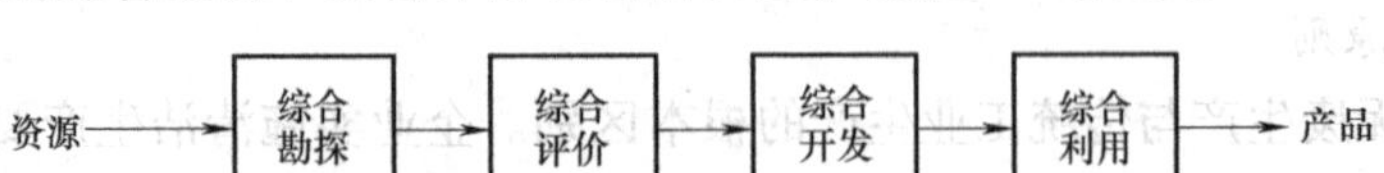

图 8-2 资源综合利用的全过程

1. 资源的综合勘探

资源的综合勘探要求对资源进行全面、正确地鉴别，考虑其中所有的成分。随着科学技术的发展，对资源的认识范围正在扩大。如 20 世纪 70 年代初，前苏联学者密尔尼科夫院士提出了“综合开发地下资源”的概念。按照他的概念，地下资源包括如下内容：

1）矿床可分为单一矿体和综合矿体。前者是矿物化学组成相近的一个矿体或相近的一组矿体，后者是矿物的化学组成相差甚大的一组矿体，如矿体中有铁矿、铝土矿、白垩、沙子、黏土等。

2）矿山剥离废石。

3）选矿和冶金的废料，如选矿场的尾矿，冶金厂的炉渣、尾矿，选矿场的废水等。

4）地下淡水、矿坑水和热水，如某一铅矿山每年可供水1亿m^3，用于半沙漠地区的灌溉，经济效益不在矿石之下。

5）地热。

6）天然和人工的地下洞穴，可用来安置工业设备、放原料或受纳废料。

在勘探的时候应该顾及上述内容。

2. 资源的综合评价

资源的综合评价，以矿藏为例，不但要评价矿藏本身的特点，如矿区地点、储量、品味、矿物组成、矿物学和岩相学特点、成矿特点等，还要评价矿藏的开发方案、选矿方案、加工工艺、产品形式等，同时还要评价矿区所在地交通、动力、水源、环境、经济发展特点、相关资源状况等，综合评价的结果应储存在全国性的资源数据库内。

3. 资源的综合开发

资源的综合开发，首先是在宏观决策层次上，从生态经济大系统的整体优化、实施持续发展战略的要求出发，规划资源的合理配置和投向，在使资源发挥最大效益的前提下，组织资源的综合开发。其次在资源开采、收集、富集和储运的各个环节中要考虑资源的综合性，避免有价组分遭到损失。对于矿产资源来说，随着高品位矿产资源的逐渐耗竭，中低品味资源的高效利用技术的突破在缓解资源危机、促进清洁生产上的重要性将更加突出。如我国已探明量磷矿资源总量居世界第二，但以中低品位为主，P_2O_5平均含量不足17%，P_2O_5含量大于30%的富矿仅占总量的8%，国土资源部已把磷矿列为我国2010年后不能满足国民经济发展需要的20种矿产之一。在现有技术经济条件下，我国中低品位磷矿成为一种“鸡肋”资源，“食之无味，弃之可惜”，因此，开发中低品位磷矿资源高效利用技术已成为一项紧迫的重大战略任务。在2006年6月召开的两院院士大会上，中国工程院课题组提出17项重大节约工程中，“磷资源节约及综合利用工程”为其中一项。华南农业大学新肥料资源研究中心经过10多年的研究，研发出系列“中低品位磷矿资源的高效利用技术”，并获得5项国内外发明专利，该技术突破了现有磷肥生产的资源局限，无需对中低品位的磷矿进行精选，且生产过程无需加入硫酸或少量加入硫酸即可，这一新技术可望为国内处于低谷的传统磷肥注入活力，提高市场竞争力，对磷肥产业提高经济效益和磷矿资源的合理利用均具有重大的战略意义。

4. 资源的综合利用

资源的综合利用，首先要对原料的每个组分列出清单，明确目前有用和将来有用的组分，制定利用的方案。对于目前有用的组分要考察其利用效益；对于目前无用的组分，显然在生产过程中将转化为废料，应将其列入科技开发的计划，以期尽早找到合适的用途。在原料的利用过程中应对每一个组分都建立物料平衡，掌握其在生产过程中的流向。

实现资源的综合利用，需要实行跨部门、跨行业的协作开发，一种可取的形式是建立原料开发区，组织以原料为中心的利用体系，按生态学原理，规划各种配套的工业，形成生产链，使在区域范围内实现原料的“吃光榨尽”。

8.2.2 改进产品设计

改进产品设计的目的在于将环境因素纳入产品开发的全过程，使其在使用过程中效率高、污染少，在使用后易回收再利用，在废弃后对环境危害小。近年来，产品的“绿色设计”“生态设计”等设计理念的贯彻实施，是清洁生产实施的重要手段。

目前，这种以“在不影响产品的性能和寿命前提下，尽可能体现环境目标”为核心的产品设计主要涉及以下几方面：

1）消费方式替代设计。如利用电子邮件替代普通信函、无纸办公等。

2）产品原材料环境友好型设计。它包括尽量避免使用或减少使用有毒有害化学物质，优先选择丰富易得的天然材料替代合成材料，优先选择可再生或次生原材料等。

3）延长产品生命周期设计。它包括加强产品的耐用性、适应性、可靠性等，以利长效使用以及易于维修和维护等。

4）易于拆卸的设计。其目的在于产品寿命完结时，部件可翻新和重新使用，或者可安全地把这些零件处理掉。

5）可回收性设计，即设计时应考虑这种产品的未来回收及再利用问题。它包括可回收材料及其标志、可回收工艺及方法、可回收经济性等，并与可拆卸设计息息相关。如一些发达国家已开始执行“汽车拆卸回收计划”，即在制造汽车零件时，就在零件上标出材料的代号，以便在回收废旧汽车时进行分类和再生利用。

8.2.3 革新产品体系

在当前科学技术迅猛发展的形势下，产品的更新换代速度越来越快，新产品不断问世。人们开始认识到，工业污染不但发生在生产产品的过程中，有时还发生在产品的使用过程中，有些产品使用后废弃，分散在环境中，也会造成始料未及的危害。如作为制冷设备中的冷冻剂以及喷雾剂、清洗剂的氟氯烃，生产工艺简单，性能优良，曾经成为广泛应用的产品，但自1985年发现其为破坏臭氧层的元凶后，现已被限制生产和限期使用，由氨、环丙烷等其他对环境安全的物质代替氟氯烃。

以甲基叔丁基醚（MTBE）替代四乙基铅作为汽油抗爆剂，不仅可以防止铅污染，而且还能有效提高汽油辛烷值，改善汽车性能，降低汽车尾气中CO含量，同时降低汽油生产成本。因此，自20世纪90年代初至今，MTBE的需求量、消费量一直处于高增长状态，目前世界汽油用MTBE年产能力超过2100万t。然而，MTBE是一种对水的亲和力极大而对土壤几乎没有亲和力、在非光照条件下难降解、具有松油气味的有机物，其从地下储油箱（油库）渗漏并进入地下水源中能造成严重污染（水中MTBE含量达到2μg/L即有明显的松油气味，对人们的身体健康会产生严重影响，无法饮用）。美国地质调查局在1993年和1994年对美国8个城市地下水进行调查发现，MTBE是地下水中含量排第二位的有机化合物（第一位是三氯甲烷）。在美国加利福尼亚，地下储油箱对地下水的污染是最严重的。1995年末，圣莫尼卡城市管理局检测了该城饮用水井中的MTBE，结果于1996年6月被迫关闭了一些水井，致使这座城市损失了71%的市内水源，约占其耗水量的1/2，为了解决水荒，不得不从外部调水，一年就要花3500万美元。此外，在美国的湖泊和水库中也发现有MTBE的污染，它们来自于轮船的发动机和地表径流。为此，美国加利福尼亚州以水污染为由禁止使用MTBE，美国国家环境保护部门也有类似动作。以MTBE替代四乙基铅解决了汽车尾气铅污染等问题，但又出现了水体污染新问题，这种“按下葫芦浮起瓢”的情况不仅说明环境问题的复杂多变性和人类改善环境的斗争的长期性、艰巨性，同时说明“更新产品体系”对清洁生产的必要性和迫切性。

在农业生产中，主要的农业生产资料——肥料和农药产品体系同样在不断地更新。肥料产品由单纯的有机肥到化学肥料，极大地提高了农业生产力，特别是粮食产量，据联合国粮农组织估计，发展中国家粮食的增产中55%来自于化学肥料。然而，目前普通化学肥料利用率低、浪费巨大、污染严重的问题已成为阻碍农业清洁生产的重要因素之一。在我国，完全放弃化学肥料回归单纯的有机肥料是无法满足13亿多人口的生活甚至生存需求的。因此，研制开发高效、无污染的“环境友好型肥料”，提高肥料的利用率，在保证增产的同时减少肥料损失造成的污染，是当今肥料科技创新的重要任务。近年来，在国家863项目支持下，以“控释肥料，生物肥料，有机无机复合肥料”等为代表的“环境友好型肥料”产品的研制开发为肥料产品的更新提供了有力的技术保障，是今后肥料的发展方向。同样，农药由剧毒、高残留的有机氯和有机磷农药到低毒、高效、低残留的氨基甲酸酯类农药的更新有力地促进了农业清洁生产，目前正朝着环境友好型的植物性杀虫剂的开发应用以及生物防治方向发展。

由此可见，污染的预防不但体现在生产全过程的控制之中，而且还要落实到产品的使用和最终报废处理过程中。对于污染严重的产品要进行更新换代，不断研究开发与环境相容的新产品。

8.2.4 改革工艺和设备

工艺是从原材料到产品实现物质转化的基本软件。一个理想的工艺是：工艺流程简单，原材料消耗少，无（或少）废弃物排出，安全可靠，操作简便，易于自动化，能耗低，所用设备简单等。设备的选用是由工艺决定的，它是实现物料转化的基本硬件。改革工艺和设备是预防废物产生、提高生产效率和效益、实现清洁生产最有效的方法之一，但是工艺技术和设备的改革通常需要投入较多的人力和资金，因而实施时间较长。

工艺和设备的改革主要采取如下四种方式。

1. 生产工艺改革

开发并采用低废或无废生产工艺和设备来替代落后的老工艺，提高生产效率和原料利用率，消除或减少废物，这是生产工艺改革的基本目标。如采用流化床催化加氢法代替铁粉还原法旧工艺生产苯胺，可减少铁泥渣的产生，废渣量由2500kg/t产品减少到5kg/t产品，并降低了原料和动力消耗，每吨苯胺产品蒸汽消耗可由35t降为1t，电耗由220kW·h降为130kW·h，苯胺收率达到99%。

采用高效催化剂提高选择性和产品收率，也是提高产量、减少副产品生产和污染物排放量的有效途径。如北京某合成橡胶厂丁二烯生产的丁烯氧化脱氢装置原采用钼系催化剂，由于转化率和选择性低，污染严重，后改用铁系B-02催化剂，选择性由70%提高到92%，丁二烯收率达60%，且大大削减了污染物的排放，见表8-1和表8-2。

表 8-1 丁烯氧化脱氢废水排放对比（以生产 1t 丁二烯计）

催化剂名称	废水量/(t/t)	COD/(kg/t)	—C═O/(kg/t)	—COOH/(kg/t)	pH 值
铁系 B-02 催化剂	19.5	180	12.6	1.78	6.32
钼系催化剂	23	220	39.6	30.6	2~3

表 8-2 丁烯氧化脱氢废气排放对比（以生产 1t 丁二烯计）

催化剂名称	废气排放量/(m^3/h)	CO/(m^3/h)	CO_2/(m^3/h)	烃类/(m^3/h)	有机氧化物/(kg/h)
铁系 B-02 催化剂	1974	12.83	268.71	12.37	0.04
钼系催化剂	4500	319	669	54.5	139.7

在工艺技术改造中采用先进技术和大型装置，以期提高原材料利用率，发挥规模效益，在一定程度上可以帮助企业实现减污增效。

2. 改进工艺设备

可以通过改善设备和管线或重新设计生产设备来提高生产效率，减少废物量。如优选设备材料，提高可靠性、耐用性；提高设备的密闭性，以减少泄漏；采用节能的泵、风机、搅拌装置等。如北京某石油化工厂乙二醇生产中的环氧乙烷精制塔原设计采用直接蒸汽加热，废水中 COD 负荷很大；后来改用间接蒸汽加热，不但减少了废水量和 COD 负荷，而且还降低了产品的单位能耗，提高了产品的收率，每年减少污水处理费用 20.8 万元，节约物料消耗 31.17 万元，经济、环境效益十分显著。

波兰 Ostrowiec 钢铁厂生产的钢铁制品最后一道工序是表面处理和涂饰。原来采用压缩空气枪进行喷涂，其涂料利用率低、废料产生量大、污染严重。该厂对喷涂工序开展了废料审计工作，试图通过改革工艺和改进管理达到提高喷涂质量、减少涂料消耗以及降低污染物排放量的目的。审计结果表明，改变现状的关键在于替代目前使用的压缩空气喷枪。压缩空气喷枪和较为先进的高压喷枪、静电喷枪的工作性能比较及高压喷枪和静电喷枪的经济指标测算见表 8-3 和表 8-4。这家钢铁厂通过采用比较先进的喷枪，明显地降低了涂料的消耗，提高了物料的利用率，减少了废料的排放和处理费用，降低了成本，改进了质量，改善了劳动条件和企业的形象，得到这些综合效益投资很小，而且这些投资在很短的时间内即可收回。

表 8-3 三种喷枪的工作性能比较

性能指标	压缩空气喷枪	高压喷枪	静电喷枪
喷涂效率(%)	30~50	65~70	85~90
涂料用量/m^3	8.0	6.8	5.6
溶剂用量/m^3	6.5	1.6	1.6
废料量/kg	2400	1400	500

表 8-4 高压喷枪和静电喷枪的经济指标测算

	高压喷枪	静电喷枪
投资/美元	4800	13000
节省费用/(美元/年)	38500	39400
投资回收期/月	1.5	4

3. 优化工艺控制过程

在不改变生产工艺或设备的条件下进行操作参数的调整，优化操作条件常常是最容易且最便宜的减废方法。大多数工艺设备都是采用最佳工艺参数（如温度、压力和加料量）设计以取得最高的操作效率，因而在最佳工艺参数下操作，避免生产控制条件波动和非正常停止运转，可大大减少废物量。

以乙烯生产为例，由于设备管理不好或者公用工程（水、电、蒸汽）可靠性差以及各种设备、仪表性能不佳等原因，会导致设备运转不稳定，甚至局部或全部停止运转。一旦停止运转，物料损失和污染均十分严重。30×10^4t/a 规模的乙烯设备每停止运转 1 次，火炬排放的物料约为 1000t（以原料计），直接经济损失约 40 万元；如按照产品价值计算间接经济损失，则可达 700 万元。从停止运转到恢复正常生产期间，各塔、泵等还会出现临时液体排放，增加废水中油、烃类的含量，有毒有害物质含量也会成倍增加。

4. 加强自动化控制

采用自动控制系统调节工作操作参数，维持最佳反应条件，加强工艺控制，可增加生产量、减少废物和副产品的产生。如安装计算机控制系统监测和自动复原工艺操作参数，实施模拟结合自动定点调节。在间歇操作中，使用自动化系统代替手工处置物料，通过减少操作失误，降低产生废物及泄漏的可能性。

我国经济发展中普遍存在技术含量低、技术装备和工艺水平不高、创新能力不强、高新技术产业化比重低、能耗高、能源消费结构不合理、国际竞争力不强等问题，这些问题已经成为制约我国经济可持续发展的主要因素，亟须利用高新技术进行改造和提升。在改革工艺和设备中首先应分析产品的生产全过程，将那些消耗高、浪费大、污染严重的陈旧设备和工艺技术替换下来，通过改革工艺和设备，使生产过程实现少废化或无废化。

8.2.5　生产过程的科学管理

有关资料表明，目前的工业污染约有 30% 以上是由于生产过程中管理不善造成的，只要加强生产过程的科学管理，改进操作，不需花费很大的成本，便可获得明显减少废弃物和污染的效果。在企业管理中要建立一套健全的环境管理体系，使环境管理落实到企业中的各个层次，分解到生产过程的各个环节，贯穿于企业的全部经济活动中，与企业的计划管理、生产管理、财务管理、建设管理等专业管理紧密结合起来，使人为的资源浪费和污染排放减至最小。

主要管理方法如下：

1）调查研究和废弃物审计。摸清从原材料到产品的生产全过程的物耗、能耗和废弃物产生的情况，通过调查，发现薄弱环节并改进。

2）坚持设备的维护保养制度，使设备始终保持最佳状况。

3）严格监督。对生产过程中各种消耗指标和排污指标进行严格的监督，及时发现问题，堵塞漏洞，并把员工的切身利益与企业推行清洁生产的实际成果结合起来进行监督、管理。

8.2.6　物料再循环和综合利用

工业生产中产生的“三废”污染物质从本质上讲，都是生产过程中流失的原材料、中间产物和副产物。因此，对“三废”污染物进行有效处理和回收利用，既可以创造财富，又可以减少污染。开展“三废”综合利用是消除污染、保护环境的一项积极而有效的措施，也是企业挖潜、增效、截污的一个重要方面。

在企业的生产过程中，应尽可能提高原料利用率和降低回收成本，实现原料闭路循环。在生产过程中比较容易实现物料闭路循环的是生产用水的闭路循环。根据清洁生产的要求，工业用水组成原则上应是供水、用水和净水组成的一个紧密的体系。根据生产工艺要求，一水多用，按照不同的水质需求分别供水，净化后的水重复利用。我国已经开展了一些实用的综合利用技术，如小化肥厂冷却水、造气水闭路循环技术，可以大大节约水资源，减少水体热污染；电镀漂洗水无排或微排技术，实行了漂洗水的闭路循环，因而不产生电镀废水和废渣；利用硝酸生产尾气制造亚硝酸钠；利用硫酸生产尾气制造亚硫酸钠等。

此外，一些工业企业产生的废物，有时难以在本厂有效利用，有必要组织企业间的横向联合，使废物复用，使工业废物在更大的范围内资源化。肥料厂可以利用食品厂的废物加工肥料，如味精废液 COD 很高，而其丰富的氨基酸和有机质可以加工成优良的有机肥料。目前，一些城市已建立了废物交换中心，为跨行业的废物利用协作创造了条件。

8.2.7 必要的末端处理

在目前技术水平和经济发展水平条件下，实行完全彻底的无废生产是很困难的，废弃物的产生和排放有时还难以避免，因此需要对它们进行必要的处理和处置，使其对环境的危害降至最低。此处的末端处理与传统概念的末端处理相比区别如下：

1）末端处理是清洁生产不得已而采取的最终污染控制手段，而不应像以往那样处于实际上的优先考虑地位。

2）厂内的末端处理可作为送往厂外集中处理的预处理措施，因而其目标不再是达标排放，而只需要处理到集中处理设施可以接纳的程度。

3）末端处理重视废弃物资源化。

4）末端处理不排斥继续开展推行清洁生产的活动，以期逐步缩小末端处理的规模，乃至最终以全过程控制措施完全替代末端处理。

为实现有效的末端处理，必须开发一些技术先进、处理效果好、投资少、见效快、可回收有用物质、有利于组织物料再循环的实用环保技术。目前，我国已经开发了一批适合国情的实用环保技术，需要进一步推广。同时，有一些环保难题尚未得到很好的解决，需要环保部门、有关企业和工程技术人员继续共同努力。

8.3 清洁生产实施的支持与保障体系

支持与保障体系的建立是清洁生产顺利实施的保证，包括完善清洁生产管理机构设置和职能，完善清洁生产法律、法规和政策体系，清洁生产教育，公众参与，清洁生产技术研发和清洁生产信息系统建设等。清洁生产实施的支持与保障体系如图 8-3 所示。

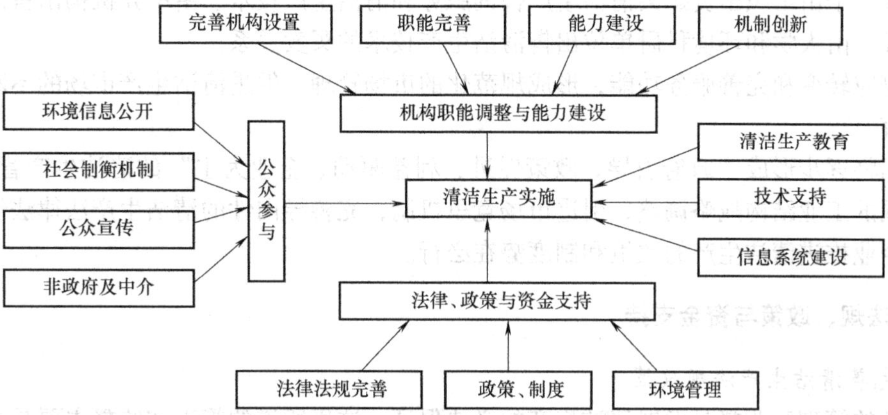

图8-3　清洁生产实施的支持与保障体系

8.3.1　机构功能调整及能力建设

1. 机构功能调整及职能完善

《中华人民共和国清洁生产促进法》第五条指出，国务院清洁生产综合协调部门负责组织、协调全国的清洁生产促进工作。国务院环境保护、工业、科学技术、财政部门和其他有关部门，按照各自的职责，负责有关的清洁生产促进工作。

环境管理部门经过30多年的发展，已经形成了从监测、监理、开发、管理、科技、宣传等系统化的管理机构，但仍主要是以末端控制管理模式建立的，应进一步进行职能完善，以适应清洁生产促进工作。

实施清洁生产不仅是工业领域的责任，也是国民经济的整体战略部署，需要各行各业共同努力，需要各部门（包括工业管理部门、环保管理部门、科技计划部门、金融财政部门等）通力合作。为此，各有关职能部门也应按照清洁生产要求进行机构功能调整及职能完善。

2. 管理能力建设

（1）人才结构调整　长期以来，环保管理部门人员多是环境类或相近专业的专业人员，但清洁生产与传统的环境管理不同，其涉及工艺、设备、过程控制和管理等相关专业。因此，为了做好清洁生产管理，应对人员的专业结构进行调整，相关高等院校也应注意培养复合型人才。

（2）人员素质培训　政府部门应开展清洁生产、循环经济和生态工业的知识、建设内容和方法的学习和培训，使各部门成员真正领悟清洁生产的内涵、本部门的主要工作职责及工作内容，提高各级管理人员的综合素质和业务技能，以适应促进清洁生产的需要。

（3）政务公开　建立清洁生产信息公开制度，让政府有关清洁生产的政策、决策更加透明，使政府和社会公众之间、政府部门之间更多地相互沟通，让老百姓更多地了解有关清洁生产政策，监督政府，更好地参与管理。

3. 机制保障

要加快推进清洁生产，建立符合社会主义市场经济体制的清洁生产运行机制是十分必要的。应制定相应的政策，以需求驱动替代目前的供给驱动，激发组织开展清洁生产的积极性，形成一个由组织出资购买清洁生产咨询服务和清洁生产技术、由中介机构出售清洁生产咨询服务、由大学和环境科研单位出售清洁生产技术的买卖关系。

政府应转变和完善服务功能，形成规范化的市场管理，促进清洁生产市场的不断完善和有序发育。

我国将逐步形成“政府引导、政策促进、利益驱动、企业为主”的清洁生产管理框架，结合我国的工业结构战略调整，引进市场竞争机制，完善导向性的清洁生产法律法规和有利于促进企业推进清洁生产的政策和制度势在必行。

8.3.2 法规、政策与资金支持

1. 完善清洁生产法规政策

有效的管理和监督是发展清洁生产的必要保证。这里所说的管理和监督主要是指通过相应的经济、法律、行政等一系列有效手段，对从事各种生产活动的单位和个人进行引导和制约，使他们的经济活动与清洁生产的要求相适应，并自觉应用清洁生产的工艺技术。

《中华人民共和国清洁生产促进法》的颁布和实施，标志着我国环境治理模式的重大变革，对我国各行各业开展清洁生产活动将起到重要作用。但《中华人民共和国清洁生产促进法》的有效执行还需要一系列支持性政策。支持性政策涉及国家和地方的经济政策（包括产权、市场、财政、金融、税收、投资等各种调控手段），通过配套的法律、法规和政策激励企业和全社会推进清洁生产实施。

（1）在我国宏观调控方面　今后制定的产业政策应把清洁生产作为工业生产的指导方针之一，按照污染预防的原则，鼓励发展物耗少、污染轻的工业企业，限制发展高物耗、重污染的工业企业。在编制社会经济发展中长期规划和年度计划时，对一些主要行业特别是原材料和能源行业应有推进清洁生产的具体目标和要求，不仅要纳入环境保护计划，还应列为工业部门的发展目标。

（2）完善经济政策方面　要从征收和使用两个方面来改革现行的排污收费制度，将收费标准提高，使其高于污染物治理的成本，给企业真正的经济压力，迫使企业在比较利益驱动下采取环境控制措施而不是交费排污；排污费使用角度主要考虑如何引导企业优先采取清洁生产而不是末端治理；完善对清洁产品认证、税收优惠制度，增强清洁产品的市场竞争能力；适当允许企业对实施清洁生产的固定资产实行加速折旧，提高企业把资金投向清洁生产的积极性；完善经济惩罚性政策，如对有害原材料和产品应征收附加税等；制定压力性政策，如各级政府部门在采购办公用品时优先购买清洁产品，促进清洁产品的销售，引导社会其他消费者消费清洁产品。扩大公众和非政府组织的积极参与，增强企业实施清洁生产的社会压力。

（3）开征环境保护税　将现行的排污、水污染、大气污染、工业废弃物、城市生活废弃物、噪声等收费制度改为征收环境保护税，建立起独立的环境保护税种，既唤起社会对环境保护的重视，又能充分发挥税收对环保工作的促进的作用。通过强化纳税人的环保行为，引导企业和个人放弃或收敛破坏环境的生产活动和消费行为；同时筹集环保资金，用于环境和资源的保护。在环境保护税的税率设计上，应根据污染物的特点实行差别税率，对环境危害程度大的污染物及其有害成分的税率应高于对环境危害程度小的污染物及其有害成分的税率。根据“专款专用”的原则，环境保护税收应当作为政府的专项基金，全部用于环境保

护方面的开支，并加强对其用途的审计监督，防止被挤占挪用。

2. 资金支持

清洁生产虽然会给企业带来客观的经济、环境效益，但实现清洁生产，有许多方案的实施需要一定的资金投入，许多企业经济效益不佳，资金缺乏，使得清洁生产所需资金得不到保障。部分企业连年技改，贷款庞大，利息负担重，也是实施清洁生产的经济障碍。中小型企业在商业贷款方面存在困难，严重影响它们实施清洁生产的积极性。

国家及有关行业主管部门应尽快制定一些倾斜政策（如一些政策性减、免税措施），鼓励清洁生产活动的开展，要借鉴国外的成功经验，规定县级以上政府应当鼓励和支持国内外经济组织通过国家的技改投资、金融市场、政府拨款、环境保护补助资金、社会捐款等渠道依法筹集中小企业清洁生产投资基金。开展清洁生产审核以及实施清洁生产的中小企业，可以向投资基金经营管理机构申请低息或无息贷款。

加大资金扶持力度。对具有高技术含量和推广价值的清洁生产项目以及清洁生产示范项目进行贴息扶持。市、县环保部门依法征收的排污费，可优先用于支持清洁生产项目，包括清洁生产试点企业的启动和污染治理项目。

另外，随着我国对外合作的不断扩大，各种无息、低息环保项目贷款支持逐年增加，可考虑争取国际组织（WB、UNEP、UNDP 等）的贷款或捐赠。

3. 环境管理

应当逐步摆脱过去以末端治理为主的环境管理指导思想、模式和做法，将全过程控制作为环境管理的指导思想。要建立以 ISO 14000 环境管理体系为基础的环境管理系统，指导组织的经营管理。

8.3.3　清洁生产教育

进行持续和深入的环境教育是解决环境问题必不可少的保障条件。在学校教育中引入环境和清洁生产内容，有助于提高全民的环境意识，有助于培养有志从事清洁生产的专业人员。为促进我国的清洁生产，学校的环境和清洁生产教育将是不可缺少的一环。

从小学到高等教育各层次均应开展环境和清洁生产教育。中小学环境教育主要是普及环境知识，培养中小学生热爱大自然、热爱生物、热爱环境、保护环境的意识；高等教育则主要是较为专业性的环境教育，为培养高层次的技术和管理人才服务。高等院校还应设置环境教育公选课系列课程（如清洁生产、循环经济、产业生态学、环境规划与管理、环境保护概论等），提高学生的综合素质，使学生能够将环境保护的理念贯穿在在未来的实际工作和实际生活中，为我国的可持续生产和可持续消费作出贡献。

8.3.4　公众参与

实施清洁生产不仅需要政府的促进和企业的自律，更需要广大社会公众的参与意识和参与能力。

1）促进政府、企业、社区环境信息公开

应在企业环境行为信息公开化和环保部门政务公开的基础上，进一步实施清洁生产信息公开化制度，积极引导广大公众对企业实施清洁生产以及政府的相关清洁生产政策、措施进行评判和监督，把清洁生产审核结果、环境标志、建设项目审批等情况向社会公示，接受公众监督，并定期邀请公众代表对环境政务公开提建议。

应按照《中华人民共和国清洁生产促进法》和《清洁生产审核暂行办法》的规定，在当地主要媒体上定期公布超标、超量排污严重的企业名单和相关情况；公布对强制实施清洁生产审核企业的审核结果等，以舆论和公众的力量促使这些企业进一步做好清洁生产工作。

2）建立社会制衡机制，鼓励公众参与

政府在作出决定之前要充分听取社会公众的意见，通过建立社会制衡机制促使各种社会团体、媒体、研究机构、社区和居民参与到清洁生产决策、管理和监督工作之中。

3）清洁生产宣传

应当运用各种手段和舆论传媒，开展各种层次的清洁生产的社会宣传，以提高公众的环境意识和对清洁生产的了解，鼓励公众参与清洁生产的积极性。

宣传的手段有：出版教材、专著、清洁生产手册，清洁生产案例研究、研讨会、信息交流会和示范项目等，充分利用电视、广播、网络等大众传媒媒介。

通过宣传，引导公众的绿色消费意识，改善公众的消费行为。公众消费意识的改变和对绿色产品的追求会通过市场力量迫使企业进行清洁生产。

4）非政府组织与中介的参与

鼓励和扶持中介与非政府组织从事清洁生产信息服务和中介服务工作。建立清洁生产、资源综合利用数据库和服务平台，为企业提供清洁生产信息服务和技术咨询服务，清洁生产审核、清洁生产培训等中介服务。

要制定相关政策，提高中介机构的服务质量，切实帮助组织创造经济效益和环境效益；另一方面，要使中介机构在服务过程中得到合理的经济收入。

8.3.5 清洁生产技术和研发能力建设

推行清洁生产，除了要大力宣传、提高认识、制定有利的环境经济政策之外，加强清洁生产科学研究和清洁生产技术开发，也是重要的基础工作。

1. 推广先进的清洁生产技术

各级行政主管部门和科技部门，应按市场运作方式，积极筛选成熟的符合国情的节能、降耗、减污的清洁生产关键技术项目，积极组织推广应用。

2. 建立清洁生产技术研发中心

鼓励企业、大学、环境科研单位结合，建立清洁生产技术研发中心。以企业需求为中心，组织清洁生产技术的研制和开发，为企业提供强有力的清洁生产技术支持。

将清洁生产技术研发计划纳入国家和行业科研计划，组织力量进行科学研究、攻关，开发出一批具有自主知识产权的清洁生产核心技术。

3. 鼓励企业内部技术革新

鼓励企业开发绿色产品和清洁生产工艺。要在企业内部发动各方面技术力量，集思广益，调动企业干部、职工的积极性。此外，有必要聘请有关技术专家，帮助调研国内外同行的先进技术，了解发展趋势，以及查阅国内外有关资料，寻求解决技术难题的办法。

8.3.6 清洁生产信息系统建设

获取清洁生产技术信息方面的困难常常使企业不了解清洁生产所带来的诸多益处。

在当今科学技术日新月异，信息传播快捷方便的时代，一方面要充分利用现代科学技术手段，加强高新技术改造传统工业，加大清洁生产技术的研究开发强度和推行力度，从而为清洁生产技术市场提供强有力的技术保障；另一方面要充分利用现代信息手段，及时准确地将清洁生产的技术、产品信息快捷方便地传递到企业决策者和消费者手中，以创建清洁生产的需求市场。

应建立分行业、分地区的清洁生产中心和信息网络。一方面我国工业门类齐全，行业生产特点千差万别，幅员辽阔，地区经济发展参差不齐，各行业清洁生产和地区清洁生产进展都不尽相同；另一方面企业急需清洁生产信息和技术。因此，应当建立行业清洁生产中心和地区的清洁生产中心，在此基础上逐步建立清洁生产信息网络并与国际清洁生产网络加强联系，汇集示范项目中各种各样的清洁生产方案，形成行业清洁生产数据库，为各行各业开展清洁生产提供信息支持和技术服务，扩大清洁生产信息交流。

8.4　企业实施清洁生产的障碍及对策分析

8.4.1　我国清洁生产实施现状

清洁生产是世界各国最近20多年来工业污染防治经验的结晶。自从联合国环境规划署工业与环境规划活动中心提出清洁生产概念并积极推行清洁生产以来，美国、德国、丹麦、荷兰、英国、加拿大、澳大利亚和日本等国都兴起了清洁生产浪潮，并获得了很大成功。同世界上其他致力于清洁生产的国家一样，我国也一直在向企业宣传清洁生产的概念并积极进行实践。十几年来，我国实施清洁生产的实践取得了较大的进展，主要表现在如下几方面：

1）确立清洁生产地位，颁布有关法律法规。自1993年10月在上海召开的第二次全国工业污染防治会议上，国务院、原国家经贸委及原国家环保总局的高层领导提出清洁生产的重要意义，明确了清洁生产在我国工业污染防治中的地位以来，其后的环境法律法规均体现了清洁生产思想，增加了促进和倡导清洁生产的条文，2003年1月1日起施行的《中华人民共和国清洁生产促进法》为推进我国清洁生产的全面实施提供了法律保障。

2）企业示范。自1993年以来，在环保部门、经济综合部门以及工业行业管理部门的推动下，全国共有24个省、自治区、直辖市已经开展或正在启动清洁生产示范项目，涉及的行业包括化学、轻工、建材、冶金、石化、电力、飞机制造、医药、采矿、电子、烟草、机械、纺织印染以及交通等，取得了良好的效果。

3）培训。截止到2000年5月，国内通过不同途径已组织了550个清洁生产培训班，共有16000多人次接受了清洁生产培训。其中，举办清洁生产审计员基础课程培训班11期，培训清洁生产外部审计员240名；清洁生产基础知识培训班80期，培训学员约5000人；企业清洁生产内审员培训班450期，培训学员10000人次。国家清洁生产中心自2001年开始举办清洁生产审核师培训班，截至2006年年底已举办了122期，共培训人员6439人。截至2006年年底，清洁生产审核机构为地方培训人员48372人。通过多种培训和示范，使不同层次的管理者了解了清洁生产，清洁生产技术人员也获得了专门的清洁生产知识和技能。

4）机构建设。到2000年末，全国已建立了21个清洁生产中心，包括1个国家级中心；4个工业行业中心：石化、化工、冶金和飞机制造业；16个地方中心：北京市、上海市、天津市、陕西省、黑龙江省、山东省、江西省、辽宁省、内蒙古自治区、新疆维吾尔自治区、甘肃省、呼和浩特市、太原市、咸阳市、长沙市和本溪市。为了进一步推动清洁生产工作在我国的深入开展，加强清洁生产审核机构的建设，原国家环保总局确定并发布了首批46家清洁生产审核试点机构，其中包括：2个大专院校的清洁生产中心（北京工商大学、南昌航空工业学院——已更名为南昌航空大学）；12个行业的研究院所及清洁生产中心；21个省级环保院所及清洁生产中心；11个市级环保院所、监测中心及清洁生产中心。

2005年12月31日，原国家环保总局出台了《重点企业清洁生产审核程序的规定》，大大推进了我国清洁生产审核的进程，清洁生产审核咨询机构的数量也大大增加。据国家环境保护部不完全统计，截至2006年年底，我国有清洁生产咨询服务机构270家。

8.4.2 实施清洁生产的主要障碍

尽管我国近10年来有不少重点企业在清洁生产方面进行了许多有益的探索，起到了一定的示范作用，但由于存在“环境意识不强、对清洁生产认识不深、资金不足、信息相对闭塞、技术水平较低、缺乏完善的政策体系支持”等多方面的障碍，阻碍了清洁生产的全面推行。

1. 观念障碍

首先，由于环境问题爆发在时间上的滞后性和在空间上的广泛性，容易麻痹人们的环境意识，淡化包括广大消费者在内的全民清洁生产意识的培养，致使作为清洁生产主体的企业缺乏来自清洁生产方面的压力，如强大的舆论压力、消费者抵制非清洁产品的市场压力等；其次，企业管理者和经营者对清洁生产存在诸多认识误区使实施清洁生产缺乏内在动力。企业管理者和经营者误将清洁生产等同于单纯的环保措施，对清洁生产在可持续发展中的重要作用和对增强企业综合竞争力的作用缺乏足够的认识；有的企业担心清洁生产的介入会打破原有的生产程序和操作习惯，增加管理难度；有的企业将清洁生产当成了企业的包袱，当做获得“绿色通行证”的权宜之计。企业员工对清洁生产认识不足，由于工作安全而不愿意改变现状、担心失败，使企业缺乏促使清洁生产的合力，缺乏群策群力的技术支持。

2. 组织管理障碍

企业实施清洁生产涉及部门多，协调工作困难。清洁生产涉及企业生产和经营管理的各个环节，而在清洁生产实施过程中往往由企业环保部门实际操作，缺乏对各部门统一协调的执行力。由于没有建立明确针对清洁生产的职责机构和规章制度，致使不少企业在清洁生产审计后期处于松散、停滞、无人过问状态。

3. 技术障碍

技术不足是企业推行清洁生产的“瓶颈”障碍。设备陈旧、工艺落后是我国能耗高、资源浪费、污染严重的一个重要原因。在陈旧的设备上朽木雕花是企业清洁生产遇到的一个重要技术障碍和困扰企业进行清洁生产投资的棘手问题，也是企业出现片面重技改思想倾向的技术根源。特别对于广大中小企业而言，自主开发能力和采用高新技术的能力很弱，而又缺乏在现有技术经济条件下的实用清洁生产技术。此外，企业对清洁生产技术、清洁产品和废物的供求信息不足，进一步限制了企业清洁生产的推行。

4. 经济障碍

资金不足是企业推行清洁生产的根本障碍。清洁生产虽然会给企业带来可观的经济、环境效益，但清洁生产方案的实施需要一定的资金投入，而许多企业由于经济效益不佳，资金缺乏，因而无法推行；而一些已经开展清洁生产的企业，绝大多数只是停留在实施一些无费或低费方案上，因而很难实现持续清洁生产。

此外，清洁生产的投、融资渠道不畅，部分企业连年技改，贷款庞大，利息负担重，也是清洁生产实施的又一经济障碍。

5. 政策原因

我国经济发展中的环境和资源的价值长期被低估或忽视，这样导致企业长期低廉或无偿使用资源与环境而无需承担相应的成本和代价，不仅虚夸了经济增长，扭曲了企业的生产和经营行为，还影响了企业开展清洁生产的积极性。另外，我国排污收费政策不合理。由于我国排污收费标准较低，收到的费用不足以治理污染物；同时，又由于收费中“讨价还价”问题的存在，结果使得企业缴纳排污费要比治理废弃物“合算”得多，这就在很大程度上挫伤了企业开展清洁生产的积极性，同时也留下了收费者和排污者共享环境“地租”的隐患。

此外，激励机制和约束机制相对滞后，影响清洁生产的进程。我国促进清洁生产的宏观和微观政策远未形成体系，有关清洁生产的产业、财税、金融乃至行政表彰与鼓励政策的建立及完善相对滞后，以法律法规为标志的清洁生产约束机制的配套建设也相对滞后。这在一定程度上，制约了企业管理理念的更新，生产、经营方式的转变，影响了清洁生产的进程。

8.4.3 推动清洁生产实施的对策

1. 加强宣传教育和人员培训

针对普遍存在的环境问题滞后性，清洁生产意识淡漠等问题，应充分运用电视、报纸、广播等媒体，有计划地做一些科普宣传。在学校教育，特别是中小学教育中，增加环境保护和经济社会可持续发展的内容，扫除“环境盲”，形成全社会保护环境、节约资源的道德风尚。通过宣传使人们明确其自身行为的环境效应。特别是要对具有决策职责的“一把手”进行环境意识、清洁生产意识的宣传与教育，使其认识到“为官一任，造福一方”，不应只顾及眼前的、暂时的政绩、业绩，而要考虑长远的、关系子孙后代的利益，并将可持续发展思想自觉运用到其经济社会的决策中去。在全国上下形成一种厉行节约、循环使用、爱护环境的良好习惯，为清洁生产的开展奠定意识基础。

扩大宣传范围，增加公众对清洁生产概念的了解。通过宣传争取企业的理解、支持和合作。宣传对象还应包括银行及金融机构，必须使它们了解清洁生产及其经济回报、较低的债务风险和信贷风险，把清洁生产列入它们的贷款要求中。

进行岗位示范培训，提高职工的技能，特别是对企业领导人员和工程设计人员、清洁生产审核人员的培训尤为重要。

2. 建立专门的清洁生产领导机构，协调和指导清洁生产活动

企业高层领导要直接参与清洁生产推行工作，组建专门的清洁生产领导机构，由企业主要领导亲自负责，并设立专职人员，指导清洁生产的开展。

在企业清洁生产专门机构人员的组成上，要求各专业人才都要有。这些人员要熟悉企业生产工艺，对清洁生产的内涵和技术方法比较了解，由此组成的领导机构才能正常发挥其指导功能。由企业负责人牵头清洁生产专门机构，才能有效地协调企业各个部门之间的关系，

使企业清洁生产顺利实施。

3. 调动一切因素，解决技术难题

针对技术障碍，首先要在企业内部发动各方面技术力量，集思广益，调动企业干部、职工的积极性，大家一起献计献策。应加快企业技术和管理人才的培养，建立人才的引进与流动机制，提高企业的技术创新能力和管理能力，如建立清洁生产技术信息网络，加强企业与科研机构的横向联系，并广泛进行国际合作。开发先进的清洁生产技术、提高自身的技术开发与应用能力，提高自身的管理水平。同时，在清洁生产技术的研制上，也应充分发挥专利制度的作用，保护专利者的知识产权，从而在技术的转让和采用上，很好地适应逐渐完善的市场机制。其次，可以聘请有关技术专家，帮助调研国内外同行业的先进技术，了解发展趋势，通过引进、消化吸收和再创新等步骤，寻求解决技术难题的办法。

此外，政府鼓励和支持清洁生产技术开发、组织科技攻关对于解决清洁生产技术难题同样具有重要作用。

4. 广辟资金渠道，多途径解决经济障碍

第一，要积极进行企业内部挖潜，积累资金；第二，在制订投资计划时，应考虑清洁生产方案；第三，优先实施低费、无费方案，并获得效益；第四，通过各种无息、低息环保项目贷款获取资金。

此外，国家在外部环境上应通过产业、金融和税收政策为企业推行清洁生产开辟更广泛的融资渠道，如辽宁省清洁生产中心，通过国际合作建立了清洁生产周转金的转向资金，通过周转金贷款审批制度的建立，极大增强了金融机构和企业参与清洁生产的内在动力，向清洁生产市场驱动机制的建立和健全迈出了坚实的一步。

5. 完善相应的政策激励机制和法律法规规范机制，推动持续清洁生产

推进清洁生产的发展，必须要有良好的政策激励和严格的法律规范，并严格执法。我国在现阶段，《中华人民共和国清洁生产促进法》已确立了一些具有法律效力的鼓励措施，如针对清洁生产进行研究、示范和培训，实施国家清洁生产重点技术改造项目，列入国务院和县级以上地方人民政府同级财政安排的有关技术进步专项资金的扶持范围；对利用废物生产产品的和从废物中回收原料的，税务机关按照国家有关规定，减征或者免征增值税；企业用于清洁生产审核和培训的费用，可以列入企业经营成本等，关键在于加大执行力度，确保这些措施落到实处，使企业的清洁生产行动给社会和企业都带来实实在在的效益。同时，在法律、法规方面，除了要严格执行《中华人民共和国环境保护法》、《中华人民共和国清洁生产促进法》外，还必须有针对性地加强行业、产品等生产中一切不利于生态环境发展的法律、法规建设，使破坏环境、滥用资源者承担应有的责任，付出应有的代价，这是推进清洁生产广泛、深入发展的根本保证。只有在加强环境保护和严格执行清洁生产的法律、法规的环境下，人们才能逐渐摒弃那些不利于环境建设的落后的生产技术、生产工艺和不利于环境保护、有害于消费者身心健康的产品，从而大大地加快清洁生产的发展进程。

复习与思考

1. 简述清洁生产推行和实施的原则。
2. 为什么说资源的综合利用是推行清洁生产的首要方向？
3. 如何通过“改进产品设计、创新产品体系”来促进清洁生产的实施？

4. 举例说明工艺和设备的改革是实现清洁生产最有效的方法之一。

5. 企业清洁生产意义上的科学管理包括哪些方面的内容？

6. 为什么在现有经济技术条件下废弃物的综合利用和污染的末端处理是清洁生产必要的实施手段？此处的末端处理与传统的污染末端处理相比有何本质区别？

7. 如何加强清洁生产管理部门能力建设？

8. 为什么要完善清洁生产法律法规和政策？

9. 为什么要加强清洁生产技术研发能力建设和清洁生产信息系统建设？

10. 清洁生产的实施在我国主要存在哪些障碍？如何克服这些障碍，促进我国清洁生产的持续健康发展？

第 9 章

生产过程的清洁生产

生产过程的清洁生产是指在生产过程中实施的清洁生产活动。联合国环境规划署在清洁生产定义中指出："对生产过程来说，清洁生产意味着节约能源和原材料，淘汰有害的原材料，减少和降低所有废物的数量和毒性。"生产过程的清洁生产是清洁生产领域中最为基本的内容，是清洁生产的中间环节，也是当前清洁生产实践最为普遍的形式。

9.1 生产过程的环境影响

9.1.1 生产过程及其特征

企业的生产过程是一个输入、转化、输出的过程，即各种原材料进入企业，经过生产转化，到形成一种新的使用价值的产品的全过程。生产过程是企业各项工作的基础，是企业实施生产活动的核心。企业不同，生产过程各有差别，但归纳起来可大致划分为以下几个部分：

（1）生产技术准备过程　主要指在投入正式生产操作前的有关生产技术准备工作，包括产品设计、工艺设计、工艺装备的设计和制造、物质准备、产品试制与鉴定、标准化工作、定额工作、劳动组织的配置、设备的合理摆放和调整等。生产技术准备过程决定着企业生产是否能够顺利进行。

（2）基本生产过程　指直接把劳动对象变为产品的过程，习惯上称为产品的加工过程，是实现产品使用价值的最基本阶段。它又可划分为两大类，一类是加工装配式生产过程，即先分别通过各种加工作业制造零件，然后通过装配活动把零件组合成部件，最后装配成产品的过程，如机械、电子等企业都采用这种生产过程；另一类为流程式生产过程，即通过一系列化学或物理处理，使原料变为产品的过程，如冶金、纺织、化工、水泥等企业都采用这种过程。基本生产过程对产品质量、成本影响很大，也决定着"三废"排放和环境影响的大小。

（3）辅助生产过程　主要指为保证基本生产过程的正常运转所进行的各种辅助性的生产活动，如为支持正常生产所提供的动力生产、工具制造、设备检修等。它们从属于基本生产过程。

（4）生产服务过程　指为基本生产过程、辅助生产过程提供服务的过程，比较典型的是原材料、半成品的供应、运输、保管及产品检验等。

上述各生产过程中，核心是基本生产过程。生产过程按照工艺加工性质，可划分为若干相互联系的工艺阶段（生产阶段）。如机械工厂一般分为准备、加工、装配三个工艺阶段，铜冶炼厂一般可分为粗炼、精炼、电解三个工艺阶段，水泥工厂一般可分为生料制备、熟料煅烧、水泥粉磨三个工艺阶段。若对工艺阶段进一步细分，又可以分为许多相互联系的工序。所谓工序，是指一个或一组工人，在同一个工作地点对同一个劳动对象进行加工的生产环节。工序是组成生产过程的最小单位，是企业生产技术工作、生产管理和组织工作的基础。组织生产过程就是要合理地安排生产工作，组织好各工序之间的配合。实施清洁生产，就要根据清洁生产的目标、任务和要求，以工序为基础，具体落实各生产过程、各工艺阶段和各工序的清洁生产措施和具体工作。

生产过程具有三个明显的特征：

（1）生产过程的彼此关联性　生产过程是将生产资源转化为产品的活动组合，输入资源是实施过程的基础或依据，转化是将资源先后转换成在制品、半成品、产成品的实施过程，输出产品则是完成过程的结果。生产过程的这些大分段和其中的小环节都是彼此相关不可缺少的。清洁生产必须着眼于生产过程彼此关联的特点，实施全过程的清洁化，采取严密措施控制全过程的“三废”产生与排放，切实控制到每个工艺阶段、每道工序的清洁生产状况及其原因分析和改进办法。

（2）生产过程的系统层次性　系统的最高层代表企业生产全部过程的计划、组织和控制，其下层子系统（车间）代表完成生产活动的局部生产过程或特定的工艺阶段，最基层是代表工序单元过程的设备、装置及其作业活动。作为系统最基层的工序生产作业，是企业生产过程系统的基础。生产过程的系统层次性表明，在对生产过程实施清洁生产时，既要从子系统的单元过程入手，又要在整个过程系统上进行综合。只有通过这种自下而上与自上而下的结合，才能有效地使一个生产系统不断地朝着更清洁的生产方向发展。

（3）生产过程的周期循环性　生产过程从资源输入到生产转化，再到产品输出，是一个完整的生产周期，前一个生产周期宣告结束即表示着下一个生产周期开始，周而复始，循环以往。生产过程的周期循环性，对清洁生产具有重要意义。如生产过程一切良好，资源利用充分，质量有良好保证，期量切合计划，“三废”控制达标，生产得以正常循环；而对于生产过程中出现的异常状况，包括资源超耗、质量波动、“三废”超标等，应立即会诊分析，采取改进措施，防止异常状况恶化循环，避免其对生产和环境带来危害。又如生产资源的使用，既可以使用自然资源，也可以使用再生资源，而从环保角度更应该采用能够循环使用的再生资源，把可能会被当做废物抛弃的物料回收重新投入生产过程循环利用，不但减少浪费，节约成本，更重要的意义在于达到减少环境污染的清洁生产目的。

9.1.2 生产过程对环境的影响

在人类活动中，生产活动是与环境发生作用最频繁的部分。随着社会生产力水平不断提高和人口数量不断增加，生产活动越来越深入和扩大，向自然界索取和消耗的资源越来越多，生产出的产品越来越丰富，而生产过程中产生和排放的废气、废水和废物也越来越多，造成日益恶化的环境污染，破坏生态平衡。生产过程对环境的影响主要包括以下三大类，如图9-1所示。

第一类是原材料和能源使用所造成的环境影响。这主要是可再生资源和不可再生资源

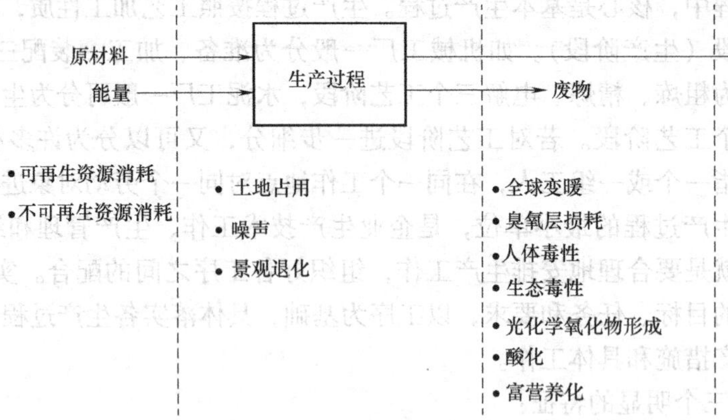

图 9-1 生产过程对环境的影响示意图

的消耗。地球上可供开采利用的资源特别是不可再生资源总是有限的，如石油、煤炭等化石能源，虽然开采利用还不到200年，现在却已经越来越稀缺，按照目前这样大规模的开发利用，最多不到100年就会枯竭。如果不及早研究和开发新的能源，社会经济将面临无动力运行的危险。第二类是生产过程本身所造成的环境影响，主要有噪声污染、振动污染、电磁污染、土地占用和景观退化等。这些影响往往不为人们所重视和警觉，但它们却是自然环境和人类健康的"慢性杀手"。第三类是由产业"三废"所引起的直接或间接的环境影响，主要有气候变暖、臭氧层损耗、光化学氧化物合成、酸雨、水体富营养化、人体毒性和生态毒性等，这是造成环境污染、破坏生态平衡、危及人类安全的主要原因。

生产过程对环境的影响，随着生产过程的变化和产业区别而不同。人类社会的初期，主要依靠简陋的工具、双手和体力捕获动物和采集植物，其生产和生活方式与高级动物觅食无根本区别，人类活动对自然环境破坏很小。人类社会进入到农业社会，人们从游牧到定居，开垦土地，制造过简单的金属工具，利用畜力，人类已经能够利用自身的力量影响和局部改变自然环境。18世纪的产业革命，由于科学技术的发展，生产力大大提高，人类不仅生产生活资料，而且生产生产资料，从利用分散的可再生能源转向利用集中的不可再生的化石燃料能源，从种植、养殖生物到开发和加工矿产原料，制造工业产品。在产业革命基础上发展起来的现代农业，在化肥工业、农业机械、遗传控制技术和合成杀虫剂等共同作用下，农业的生态环境受到了极大的影响。而现代工业生产过程比农业生产过程要消耗更多更大规模的自然资源和能源，发生更加频繁和更大规模的物理或化学反应，所产生的"三废"更多、更复杂，对环境污染更是大规模和难以处理，甚至根本无法治理。因此说，环境问题始于农业，而从20世纪50年代开始的现代环境问题，主要是从工业污染开始的，也主要是由工业生产过程中大量产生和排放的"三废"所造成的。以"大量生产、大量消费、大量排放"为表征的工业文明，无视生态环境的忍耐规律，以空前的规模和速度向着大自然进军，使得人类对生态环境的干扰破坏终于发生了质的变化。温室效应，臭氧层空洞，酸雨，森林破坏，水土流失和沙漠化，生物多样性锐减，大气、水污染引发诸多疾病和怪病，危及人类的生存和发展。地球在极大支撑人类社会发展的同时，也被迫向人类发出不断的警告和报复的行动。如果世界各国仍不重视环境问题，着力解决生产过程产生的环境污染问题；如果地球居民仍不放弃征服自然的幼稚思想，转而实行人类与自然友好相处的措施，社会经济将无法持续发展，人类社会也将面临灭顶之灾。

9.2 生产工艺的清洁化

生产工艺和生产设备是实施生产过程的基础和保证。实现生产过程清洁化的前提条件，除了产品设计清洁化外，还有生产工艺的清洁化。

9.2.1 改革生产技术和工艺

实施清洁生产，必须对原有的不清洁或不甚清洁的生产工艺技术进行改革，采用清洁的生产技术和清洁的生产工艺。所谓清洁生产技术，是指对生态系统不产生负面或消极的影响，或者产生的负面或消极的影响在生态系统自身允许范围内，以及在减少这种负面或消极影响方面取得明显进步的生产技术。所谓清洁生产工艺，是指在原料加工、使用、废弃等过程中无污染或少污染，无排放或少排放，尽量实现物料自循环，以及高效率的安全生产过程，在生产过程中要保证无毒排放或产生的副产品无毒。清洁的生产工艺可以将生产过程中可能产生的废料减量化、资源化、无害化，甚至将废物消灭在生产过程中。废物的减量化，就是改善生产技术和工艺，采用先进的设备，提高原料利用率，使原材料尽可能转化为产品从而使废物达到最小量。废物资源化是将生产环节中的废物综合利用，转化为下一步生产的资源，变废为宝。废物无害化就是减少或消除将要离开生产过程的废物的毒性，使之不危害环境和人类。

9.2.2 采用先进的生产设备和清洁的生产设备

所谓先进的生产设备，是指比原同类设备更具有节能、降耗、提高原材料利用率或提高生产效率和产品质量等特点的设备和装置。在现代生产的条件要求下，先进的生产设备也必须是清洁的生产设备。严格意义上的清洁生产设备，除了更具备先进设备的节能、降耗、提高原材料利用率等特点外，还要具有良好的密闭生产系统，以防止物料和废物的泄漏，实现物料自循环以及废物综合利用。因此，在生产过程中，要大力改进生产设备，采用先进的生产设备，优先采用不产生或少产生废物和污染（包括噪声污染等）的设备，提高设备效率，改进设备的运行条件，使生产设备为生产过程清洁化提供必备的条件和保证。

9.2.3 实施工艺创新

工艺是利用各种生产工具对原材料或半成品按照设计预期的产品要求进行加工及处理的方法和过程。工艺直接关系到产品制造方案的设计、生产路线的确立、原材料的选择、生产设备的配置、工艺装备的准备、产品质量的检测、产品的包装和运输等诸多环节，是建立生产制造系统的基础。工艺能力是社会生产力水平的主要标志，各个历史时期的工艺能力决定了产品的生产制造水平。随着时代的发展，工艺也在继承的基础上不断地创新、进步。无论是开发新产品以寻求新的经济增长点，还是提高产品质量以占领高端市场，或是降低原材料及能源消耗以节约生产成本，消除或减少环境污染以承担企业的社会责任，种种原因，都可以成为企业工艺创新的原动力。清洁生产活动实质上也主要是通过创新，尤其是工艺创新的过程来实现清洁生产所要达到的种种目的。

清洁生产与工艺创新有机结合，往往使企业能得到事半功倍的效果。清洁生产体现在工艺技术的创新上，具体包括采用先进的工艺设备，提高工艺管理水平，提高综合利用能力等环节。通过工艺创新，采用更先进的工艺设备，能够降低能源的消耗，提高原材料的利用率，提高产品的品质及格率，为企业创造直接的经济效益。通过工艺创新提高工艺管理水平，强化工艺管理力度，严格执行工艺纪律，可以减少跑、冒、滴、漏现象，降低生产过程中产品废品率，为开展清洁生产活动打下良好的基础。通过工艺创新，使原材料得到更充分的利用，将原材料更多的转化为产品，并有可能开发出新的产品品种，为企业提供新的经济增长点。通过工艺创新，可以减少或消除传统工艺中产生的废弃物，实现源头防治污染，降低了企业污染物排放及治理污染所产生的费用支出，为企业间接地带来了经济效益，特别是使企业能更好地承担社会责任，为改善环境、保护生态作出贡献。

9.2.4 改进工艺方案

工艺方案是在产品图样的工艺分析与审查后，根据工作图、产品技术条件、精度、强度、检验标准等制定的。它的内容包括工艺原则、物耗能耗、关键工序、物质条件、工艺路线、工艺装备系数和经济效果分析等。工艺方案是制定工艺规程、设计与修改工艺准备的指导性技术文件，决定着生产过程的展开与效果。应当参照同行企业排污先进水平和污染预防技术进行对比分析，从产品改变、原材料替代、工艺技术改革、工艺过程优化、原料配方调整、强化作业管理和废物回收利用等方面，结合工厂实际提出各种削减污染的改进方案；并且这种改进方案应该是在进行清洁生产审核，广泛发动职工和专家人员提建议、献方案的基础上形成的改进方案。在对改进方案进行汇总、筛选、评估和择优后，结合工厂、车间生产过程中的具体情况实施改进的工艺方案，以求取得清洁生产的良好效果。

9.3 生产过程的清洁化

生产过程的清洁化，实质上是进行生产过程的优化，即要求生产过程的进行尽可能减少对环境的影响。为此，必须对生产过程进行改进或重新设计，从生产技术选择、生产环节安排、生产过程能耗、生产工艺革新、运行操作管理等各方面具体着手优化生产过程，以达到节能降耗，减少“三废”产生和排放，减少对人体健康和环境的风险。

9.3.1 选择对环境影响小的生产技术

生产技术对环境的影响，最甚为化学技术，其次是物理技术，再次是生物技术。因此，选择生产技术，能采用物理技术的，就不要采用化学技术；能采用生物技术的，就不要采用化学技术和物理技术。一般来说，企业中产品设计与工艺设计是相互分离的，大多数情况下，设计人员并不总有机会去选择生产技术，而工艺技术人员也并不总有机会参与产品设计。因此，应大力倡导设计人员与工艺技术人员的相互沟通和协同配合，以使生产过程中能采用对环境影响小又不至于降低产品质量和生产效率的生产技术。

9.3.2 尽可能减少生产环节

企业生产过程主要体现为产品生产流程。某种产品的生产流程，包括若干生产环节。生产环节越多，生产步骤越长，所使用的能源和原材料（在制品）就越多，中间环节步骤代谢物常常作为废物排放，因此所造成的污染机会也越大。如某产品有五个生产环节，每个环节转化率为70%，那么总的转化率是16.8%；如果将其缩减为三个环节，那么总的转化率是34.3%，显然三个环节的原材料转化率比五个环节的转化率高出许多。这不仅提高了原材料的利用率，而且相应大大减少了废弃物，对环境的影响也大大减小。可见，改进生产流程，减少生产环节，是提高资源利用率和减少污染排放的强有力措施。

9.3.3 减少生产过程能耗

企业能耗主要集中在生产过程的能耗，而生产过程的能耗往往是造成工业污染的重要根源。因此，实现生产过程的清洁化，必须采取切实有效的措施减少能源消耗，高效利用能源和清洁利用能源，这不仅能减少生产污染，而且能有效地降低生产成本。首先，努力改进生产工艺条件，优先采用节能工艺，具体落实各种节能技术和节能措施，包括改进设备能耗和采用节能设备，改善热绝缘，实行余热回收利用等，如能耗大的化工行业和冶金行业，应采用热电联产技术，提高能源利用率。其次，要清洁利用常规能源，如采用洁净煤技术，逐步提高液体燃料、天然气的使用比例。最后，应尽可能采用清洁能源，包括可再生能源的利用和新能源的开发利用，如水电资源的充分开发利用，太阳能、生物质能、风能、潮汐能、地热能的开发利用。可再生能源和新能源一般都是无污染或极少污染的能源，其在生产过程中的应用，必然最有效地减少生产过程能耗对环境的影响，为企业生产过程的清洁化创造重要条件。

9.3.4 减少生产废弃物

企业产品工艺加工中产生各种边角余料和残渣，以及输送、挥发、沉淀、泄漏、误操作等造成物料的流失，这些都形成了工业生产中产生污染的来源。实行清洁生产要求优化生产过程，以提高生产效率，减少物料流失和废弃物产生。具体措施可以是选择合适的工业成型工艺和专用规格材料，使工艺加工中尽可能减少边角料；要求生产操作工人提高生产技术水平和工作责任心以及采取相应的严密管理措施，增加在制品合格率，减少废品损失和物料流失；建立从原材料投入到废物循环回收利用的生产闭合圈，采用工艺内部再循环工艺及厂内物料循环系统对废物进行再循环利用。厂内物料循环利用有多种形式：一是将回收的流失物料作为原料，直接返回到生产流程中；二是将生产过程中产生的废料经适当处理后作为原料或替代物返回生产流程中；三是废料经处理后作为其他生产过程的原料或作为副产品回收。通过生产过程中各种具体的工艺控制和管理措施，特别是加强工艺内部和工厂内部物料循环利用，必将大大减少生产过程废弃物的产生和排放。

9.3.5 改进运行操作管理

实现生产过程的清洁化，除了技术、设备等物化因素外，还有更重要的是人的因素，这主要体现在运行操作和管理上。很多工业生产产生的废物污染，相当程度上是由于生产过程中管理不善造成的。实践表明，强化管理至少能削减40%污染物的产生。清洁生产是一场新的工业革命，必须转变传统的旧式生产观念，建立起一套完善的严格的运行操作管理系统和健全的环境管理体系，使人为的资源浪费和污染物排放减至最小。加强和改进运行操作管理的内容包括：安装必要的高质量监测仪表，加强计量监督，及时发现问题；加强设备检查维护、维修，杜绝跑、冒、滴、漏；建立有环境考核指标的岗位责任制与管理职责，防止产生事故；完善可靠翔实的统计和审核，实行产品全面质量管理，实施有效的生产调度，合理安排批量生产日程，加强生产现场管理；实行技术革新，改进操作方法，厉行节约用水、用电、用料；原材料合理购进、储存与妥善保管；产成品合理包装、储存与运输；加强人员培训，提高职工技术操作水平、工作责任心和职业素养；建立激励机制和公平的奖励制度，以调动职工的积极性、主动性和创造性；落实安全生产和工业卫生措施，实现安全文明生产。

9.4 典型行业清洁生产工艺技术

在我国现阶段，农业、工业生产技术较发达国家落后很多，是造成资源浪费、生态破坏和环境污染的主要原因。因此，大力开展农业、工业清洁生产技术的研究和推广应用，对实现我国可持续发展战略意义重大。

9.4.1 农业清洁生产技术

农业清洁生产技术体系是国家急需的农业技术之一，在长期的农业生产中，人们为追求单位面积农作物产量的提高，大量使用农药、化肥、地膜等农用化学品及大量使用水资源灌溉等，导致了农业自然资源的退化和浪费及农业环境的污染。因此，大力开发以新型环境友好的化肥、农药和农膜及精准农业工程装备技术为主体的农业清洁生产技术体系，必将对中国农业的可持续发展产生深远影响。

农业清洁生产的关键技术主要包括合理施用化肥、减少农药用量、科学使用地膜、大力开发精准农业工程装备技术四个方面。

1. 合理施用化肥

合理施用化肥，充分利用有机肥，做到无机与有机结合，这有利于减少环境污染，实现农业清洁生产。

(1) 改进施肥技术　提高肥料利用率，减少化肥施用量，应大力推行配方施肥、测土施肥、诊断施肥等先进的平衡配套施肥技术；试验和推广卫星地理定位施肥技术；由化肥浅施技术改为深施技术，并根据化肥剂型的特征来确定是采用分期多次性的施肥技术还是一次性的施肥技术，同时施用硝化抑制剂、脲酶抑制剂等；大力推广应用控释肥等新型肥料，提高肥料利用率。只有这样，才可减少化肥施用量，从而减少环境污染。

(2) 广辟有机肥源　城镇人粪尿和有机废弃物及大、中型畜禽场的粪便是重要的大宗的有机肥源，应充分利用，变废为肥，化害为利。农户各家各户的猪、牛、羊、鸡、鸭、鹅粪，瓜皮果壳，地面上的树叶及河塘沟泥等，也是良好的有机肥，只要广为收集、合理利用，对实现作物高产高效十分有利。

(3) 发展生物养地　播种绿肥、扩种豆类作物，是持续培肥地力、缓解化肥供应不足的生物养地措施。这一措施在广大农村均适用，且增产效果显著。南方冬季播种绿肥紫云英、油菜、蚕豆等，春、夏季种植大豆、花生、绿豆、豇豆等，在一定程度上有利于减少化肥用量，对减少生产成本、保护农业生态环境具有显著作用，值得在广大农村推广。

（4）推广秸秆还田　作物秸秆是一种数量多、来源广、可就地利用的优质肥源。它具有补充和平衡土壤养分、增加土壤新鲜有机质、疏松土壤、改善土壤理化性状和提高土壤肥力的作用，秸秆分解时所产生的有机酸能促进土壤中难溶性磷酸盐转化为弱酸溶性醋酸盐，提高其有效性。秸秆还田是缓解当前有机肥源短缺、钾肥资源不足的一项有效措施。秸秆还田有以下几种形式：秸秆直接覆盖；秸秆耕翻还田；秸秆过腹还田，即秸秆先作饲料喂畜养禽，再以禽畜粪便肥田，实行农牧结合，实现农牧双丰收；秸秆氨化及快速堆沤等。

（5）利用沼肥肥田　许多研究和生产实践表明，沼气发酵残留物中，无论是沼液或沼渣，均含有丰富的有机质、腐殖酸和氮、磷、钾等营养成分，以及多种氨基酸、活性酶类物质、生长素、抗生素等。这些净化后的有机肥料和微量元素如能被广泛施用，对改良土壤、提高肥力、饲养禽畜都将收到理想效果。如就氮而言，1t 沼渣相当于 35kg 碳酸氢铵化肥，所以今后如用沼渣制作专用肥，将沼液制作添加剂或调配成生化农药，用于大田底肥、追肥、温室滴灌及叶肥喷施或饲养禽畜，均可减少化肥和农药用量，且增加土壤有机质，提高农作物和肉蛋产量，减少环境污染。

（6）肥料的无害化处理　人畜禽粪尿、生活垃圾、作物秸秆等，如不经处理直接投入农田使用，往往会成为动植物及人体病原菌的传染载体，因此必须对其进行“无害化处理”。现在通常采用的方法是高温堆肥和沼气发酵，这些处理有两个作用：一是可大大减少各种病原和寄生虫的数量及种类；二是使有机肥中的养分有效化，适合于农业利用。高温堆肥，只要物料中有机质超过 25%，碳氮比为 20～30 就可以顺利进行；在堆肥过程中一般 4～6d即可发热，肥堆温度大于50℃保持5～7d 或大于60℃保持3d，就能很好地完成无害化处理；堆肥达到预定温度，主要微生物、寄生虫和害虫、病菌可有效地被杀死。沼气发酵是另一种无害化处理方法。在沼气厌氧发酵中，产生的 NH_3，有很强的杀菌作用，厌氧条件对于寄生虫卵等也有很好的杀死作用，并且沼气可以利用，因而这是一种很好的方法。

（7）大力发展生物肥料　生物肥料或称微生物肥料，是指一类含有微生物的特定制品，应用于农业生产中，能够获得特定的肥料效应，在这种效应的产生中，制品中的活微生物起关键作用。微生物肥料一般包括根瘤菌肥料、固氮菌肥料、解磷微生物肥料、硅酸盐细菌肥料、光合细菌肥料、芽孢杆菌制剂、分解作物秸秆制剂、微生物生长调节剂、复合微生物肥料类等。其作用在于：增进土壤肥力；协助农作物吸收营养；增强作物抗病、抗虫和抗旱能力；减少化肥使用量，提高作物品质；节约能源，降低生产成本，与化学肥料相比，微生物肥料在生产时所消耗的能源要少得多；使用微生物肥料不仅用量少，而且由于它本身的无毒无害，因而不存在环境污染的问题。可见，在生产实践中，应大力提倡发展微生物肥料。

2. 减少农药用量

在农业生产实践中，通过生态控制病虫害，可以有效地减少农药使用量，从而达到保护农业生态环境的目的。其关键技术如下：

（1）以虫治虫　利用昆虫防治害虫的方法很多，如赤眼蜂防玉米螟，七星瓢虫捕食棉蚜等。广东省从 20 世纪 50 年代就开始系统地研究利用赤眼蜂防治甘蔗螟虫；20 世纪 70 年代以来，广东省又大面积释放赤眼蜂防治稻纵卷叶螟，取得了很好的效果。在东北、华北等地利用松毛虫赤眼蜂防治玉米螟也获得了成功，基本上代替了化学防治，降低了化学农药施用量，有效地防止了农药污染。农田蜘蛛是农作物害虫主要的捕食性天敌，主要捕食稻叶蝉和稻飞虱。蜘蛛种类多、数量大，具有良好的治虫特征。20 世纪 70 年代后期，湖南省有计划地进行稻田保护蜘蛛试验，面积发展到 6.67 万 hm^2 以上，取得了良好的防治稻叶蝉和稻飞虱的效果。

（2）以草治虫　广东省东莞市农科院将白花草引入柑橙园种植，不仅有效地增大了地面覆盖，起到了保土增肥、防晒保温、调节果园小气候、促进柑橙生长的作用，而且由于白花草对柑橙红蜘蛛的天敌钝绥螨的繁殖有利，既节省了农药，又达到了控制红蜘蛛的效果，同时提高了柑橙的食用质量。

（3）以微生物治虫　利用细菌、真菌、病毒、立克次体、拮抗体、原生动物等各种微生物防治虫害，是常见的生态控害技术。由于这些微生物对人畜和高等植物无害，且繁殖快、用量少、不污染环境，被害物不产生抗性，也不危害天敌，是一种很有发展前途的生物防治途径。目前，我国用于生物治虫的细菌制剂主要有苏云金杆菌类的青虫菌、杀螟杆菌、松毛虫杆菌、武汉杆菌等。每年生产的苏云金杆菌超过 1000t，主要用于防治粮、棉、油、烟、茶、麻、果树、园林等农作物和树木上的鳞翅目害虫，防治效果一般为 80%～90%。真菌制剂白僵菌广泛应用于防治玉米螟、大豆食心虫和松毛虫等，效果明显。如玉米心叶期使用颗粒剂一次，防治效果可达 80%～90%。

（4）以脊椎动物治虫　脊椎动物中主要是鸟、禽、蛙和鱼等动物，是人类能直接利用的良好天敌资源。将鸡、鸭等家禽放入农田中，可以取食各种害虫。如一只成年鸡在棉田一天可以分别吃掉金龟子、夜蛾、造桥虫、棉铃虫和红铃虫几十到上百个，能有效地防治棉田害虫。安徽省利辛县某村采用放鸡食虫的生物防治方法，使棉田害虫得到控制。有关试验表明，在稻田放养美国青蛙约每 15000 只/hm^2，可成功地控制稻田害虫，避免了大量使用农药，保护了生态环境，节省了除虫费用。美国青蛙是一种适应性较强的蛙类，适宜稻田人工养殖，且食量大、捕虫效果好。生产的水稻和美蛙均属无公害食品，商品价值较高。可见，稻田养蛙取得的经济效益和生态效益均显著，值得广泛推广。同样，稻田养鱼、养鸭等均具有良好效果，宜在生产中广为应用。

（5）以菌治病　防治作物病害的微生物主要有细菌、放线菌和真菌等。应用细菌防治作物病害最成功的是澳大利亚用土壤中分离的放射土壤杆菌 K84 菌株防治桃树等果树及林木冠瘿病，其防治效果达 90% 以上，先后在澳大利亚、法国、美国、意大利、新西兰、葡萄牙等 10 多个国家大面积推广应用成功，被誉为植物（作物）病害生物防治史上的里程碑。放线菌用于防治作物病害的成功例子很多，我国最早的是 20 世纪 50 年代从苜蓿根系获得的 5406 放线菌，试验后用于防治棉花病害、水稻烂种、小麦烂种等多种病害取得显著效果。我国研产的井冈霉素用于防治水稻纹枯病已有十多年的历史，取得了极大的成就。一些真菌（如木霉菌）用来防治作物立枯病、幼苗摔倒病和葡萄等作物的灰霉病，腐生性镰刀菌用来防治一些作物的枯萎病，均取得了良好的效果。

（6）以草治草　利用高密度种植的对人类有经济价值的草类来抑制农田杂草，不仅可有效减轻草害，还能不用或少用除草剂，有利于保护生态环境。广东省种植具有适应性强、繁殖速度快、优质高产和可多次利用等优点的白花草，可有效地抑制杂草生长，起到了“生物除草，以草治草”的作用，从而保护了当地的农业生态环境。

（7）农业作业防治病、虫、草害　综合运用耕作、栽培、施肥、灌溉等农业手段对农田生态环境进行管理，可行之有效地控制病、虫、杂草危害，对节省农药、降低成本、保护生态环境均有利。如合理密植可防治东亚飞蝗的发生和危害；轮作可切断土传性病害传播；棉田实行麦棉间作套种，可明显减轻棉铃虫危害等。

（8）开发无公害农药 利用现代生物技术和其他高新技术，开发出那些在生产、加工、储运过程中比较安全，在实际使用中防效显著，可控制目标生物种群，残留毒害低微，不易对人畜、有益生物、环境质量造成明显不良影响的无公害农药，将是农药发展的方向，也是生态控害的重要目标。无公害农药一般可分为矿质农药、动物源农药、微生物农药、植物性农药、化学合成的无公害农药等。大量研究和生产实践表明，科学合理的加工技术，是发展无公害农药品种和制剂的一条重要途径；科学正确的农药使用方法和技术，是发挥无公害农药潜力的基础保证；无公害农药的研究和发展，应仍以植物性农药和微生物性农药为主要领域，生物工程技术将成为无公害农药研究和发展的最主要途径。

3. 科学使用地膜

科学使用地膜应改变农业作业方式，增加农膜的回收率；开发回收地膜的再生技术，将回收的废地膜生产成合适的深加工产品；开发可降解塑料地膜等。

（1）适时揭膜技术 传统做法中，揭膜大多在作物收获后进行，新的揭膜技术将揭膜的时间改为收获前，并针对不同的农作物筛选出不同的最佳揭膜期。这种农业新技术称为适时揭膜技术。适时揭膜技术的好处是不仅能提高塑料地膜的回收率，减少塑料地膜对农田土壤的污染，而且可以提高农作物产量。其技术要点是：对塑料地膜栽培的玉米，海拔1000m以上地区采用侧膜栽培技术（即将塑料地膜覆盖在作物行间，作物栽培在地膜两侧，一般在玉米大“喇叭口期”揭膜），即在玉米移栽到大田80d，或在7月中旬连续5d日平均气温稳定在17℃以上时揭膜；在海拔1000m以下的地区，采用全覆盖塑料地膜栽培的玉米一般在拔节期揭膜，即在玉米出苗后45d或在5月中旬揭膜。对塑料地膜栽培的棉花，在现蕾期揭膜或在6月底7月初揭膜。选定最佳揭膜期后，具体的最佳揭膜时间最好选定在雨后初晴时，此时土壤较为湿润，两边压在土里的塑料地膜用力一拉即可拉出，可提高塑料地膜的回收率。采用适时揭膜技术，可同时获得良好的生态效益、社会效益和经济效益。

（2）选择耐老化易回收的塑料地膜 提高塑料地膜的强度、耐老化性能和使用寿命，可以减少塑料地膜使用后的破损。选择可方便回收又可多次使用的塑料地膜，不仅是防治塑料地膜污染的有效途径之一，也有利于节约资源和能源。

（3）严格执行现行塑料地膜标准 塑料地膜的厚度直接关系到保温、保湿、耐老化性能。塑料地膜过薄，强度过低，且易于老化，会造成难于回收、大量残留于农田的后果。我国塑料加工协会在调查研究的基础上，与农业部门协调，于1992年制定了强制性的有关塑料地膜的标准——GB 13735—1992《聚乙烯吹塑农用地面覆盖薄膜》，目的主要是保证塑料地膜的厚度，以保证一定的强度，便于农民在栽培的农作物收获后揭膜，提高塑料地膜的回收率。

（4）研制可降解地膜 为了彻底解决农用地膜对农业环境的污染问题，要加强研制和推广使用对环境温和的可降解地膜，对环境温和的可降解地膜降解和灰化后的产物对环境和农产品无害，一般可分为三类：生物可降解地膜，光可降解地膜和光、生物双降解地膜。随着科学技术的发展和科技工作者的努力，适合现代农业需求的可降解地膜一定能尽早研制成功。

4. 大力开发精准农业工程装备技术

在现代精准农业中，工程装备技术主要应用于农作物播种、施肥、灌溉和收获等各个环节。

（1）精准播种　将精准种子工程与精准播种技术有机结合，要求精准播种机播种均匀、精量播种、播深一致。精准播种技术既可节约大量优质种子，又可使作物在田间获得最佳分布，为作物的生长和发育创造最佳环境，从而大大提高作物对营养和太阳能的利用率。

（2）精准施肥　以科学合理的施肥方式和具有自动控制的精准施肥机械相结合，要求能根据不同地区、不同土壤类型以及土壤中各种养分的盈亏情况，作物类别和产量水平，将N、P、K和多种可促进作物生长的微量元素与有机肥加以科学配方，从而做到有目的的施肥，既可减少因过量施肥造成的环境污染和农产品质量下降，又可降低成本。明尼苏达大学在明尼苏达州汉斯卡农场的实验研究表明，传统农业每公顷施肥为119.8kg，而精准施肥平均为82kg。

（3）精准灌溉　灌溉的方法有地面灌溉（沟灌、畦灌）、喷灌和滴灌等。我国目前使用最多的是地面灌溉，但从农业现代化发展来看，喷灌、滴灌、微灌和渗灌等将会采用得越来越广泛，这些在自动监测控制条件下的精准灌溉工程技术，可以根据不同作物不同生育期土壤墒情和作物需水量，实施实时精量灌溉，可大大节约水资源，提高水资源有效利用率。

1）喷灌是利用水泵把水源的水经管道压送到喷头，经喷头喷洒到地面，像降雨一样对作物进行灌溉。喷灌的优点是省水，其灌溉效率为50%～75%，省工，增产，管道压水又不受地形限制，可少占耕地，尤其在干旱缺水的丘陵地带，优越性更为显著。但喷灌机械设备投资较高。

2）滴灌是一种新兴的灌溉技术，滴灌是通过安装在毛管上的滴头、孔口或滴灌带等灌水器将水以水滴的形式一滴一滴地、均匀而又缓慢地滴入作物根区的土壤。滴灌与喷灌相比，更为省水（灌溉效率为75%～90%）、省工、少占耕地和少受地形限制，更可结合施肥。所以滴灌最适于干旱的地区使用，也适合在温室、塑料大棚内使用。其最大优点是可根据作物需要供应水分，使作物根区土壤在整个生长过程中经常保持在最佳含水状态，使作物经常能以较低的能量吸收水分。1974年我国从墨西哥引进滴灌设备，开始了滴灌技术在我国的应用。30多年来，辽宁、北京、河北、山东、山西、河南、陕西等省市进行了果树、蔬菜、大田粮食作物的滴灌试验，均取得了较好的增产、节水效果，经济效益显著。

3）滴灌虽然是最节水的一种灌溉技术，但目前在我国总灌溉面积中所占比例不大，其主要有两个原因：滴灌系统投资、维修、运行费用太高，特别是当灌溉面积较小时，这时尽管常规的加压滴灌系统可以对小面积的耕地进行设计并运行，但由于供水设备及维护系统单位面积的投资比灌溉面积较大时更高，使人望而却步；滴灌系统过于复杂、专业化，对于大多数农民一家一户经营，根本无法使用。1985年以色列人提出了重力滴灌的思路。常规的滴灌系统，滴头的设计工作水头为10m，因此供水系统的费用较高。与一般滴灌系统相比，重力滴灌系统不需要依靠动能运转，不用配备昂贵的压力系统，运行时无需用电、用泵，大大方便了普通农户的使用。从加压滴灌到重力滴灌，滴灌系统降低能耗和简化控制的改进，完全符合清洁生产的理念。

（4）精准收获　利用精准收获机械做到颗粒归仓，同时可根据一定标准精确分级。

9.4.2 钢铁行业清洁生产工艺技术

就钢铁工业的清洁生产来说，同其他行业有所不同，钢铁工业在原料的选择、替代以及产品的更新方面，清洁生产的机会和潜力相对不大，而主要表现在对资源的高效利用、工艺流程的改革、工艺技术的提高以及过程的控制方面，以减轻资源强度和对生态环境的破坏。

1. 炼铁工序清洁生产技术

炼铁工序是钢铁生产的主要工序，也是钢铁联合企业的耗能和用水大户，其工序能耗约占总能耗的41%，用水量占总用量的20%左右。炼铁产生的废气废水污染也相对较重。因此，在炼铁工序大力推行清洁生产，对企业的节约资源和能源，增加企业效益，具有十分重要的意义。

（1）高炉富氧喷煤技术　高炉富氧喷煤技术通过在高炉冶炼过程中喷入大量的煤粉和一定量的氧气，强化高炉冶炼，达到提高产量、节约焦炭、降低能耗的目的。随着钢铁工业的发展，炼焦煤显得日益紧张，再加上世界上焦炉正趋于老化，新建焦炉投资巨大，环保要求日益严格等原因，用大煤量喷吹代替部分价格昂贵而紧缺的冶金焦是一大发展趋势。高炉富氧喷煤的特点如下。

1）高炉富氧喷煤技术可以大幅度增产节焦。根据工业试验，富氧量1%，可增加喷煤量23kg/t铁，综合焦比降低1.28%，煤焦置换比提高到0.88，增铁3%左右，吨铁成本降低6.91元。鼓风含氧量与喷煤量的一般关系为：不富氧，吨铁喷煤量应达到80~100kg；鼓风含氧量达到23%~25%，喷煤量可达到150kg左右；鼓风含氧量达到26%~28%，喷煤量可达200kg左右。

2）喷吹煤种应就近优化，选择灰分、硫分含量低的煤。根据我国煤炭资源特点，为解决喷吹用煤的供应问题，大多数企业应就近选择喷吹烟煤或烟煤与无烟煤混合喷吹，以减少煤炭运输量，同时选择灰分、硫分含量低的煤。

3）高炉采用富氧鼓风和喷煤后，吨铁可比能耗有所降低，高炉煤气热值有所提高。

4）节省投资，降低成本，减少污染。采用富氧喷煤技术与传统的新建高炉和焦炉相比，大约节约投资25%，生产成本也有所降低。因此，高炉采用大量喷煤技术具有明显的经济效益和环境效益，结合我国钢铁工业的发展，高炉采用这项技术是非常必要的。

（2）直接喷煤短流程　直接喷煤系统要求把制粉设备与喷吹设备建造在同一构筑物内，并且附近一般要设有比较大的储煤场或干煤棚。直接喷煤系统可以向一座大型高炉（如容积大于4000m^3的宝钢1号、2号和3号高炉）喷煤，也可以向邻近的几座高炉同时喷煤，喷吹输送距离可以达到300~600m。首钢2000年投产的直接喷煤系统可以向2号（1800m^3）和3号（2536m^3）高炉喷煤，喷吹输送距离分别为350m和550m。与间接喷煤流程相比，直接喷煤流程节省了一套收粉装置和仓式泵输粉装置，因此显著降低了喷煤系统的工程投资并减少了系统运行成本。近年来，我国2000m^3级以上大高炉新建的喷煤系统几乎全部采用了直接喷煤流程。

2. 炼钢工序清洁生产技术

钢的生产过程主要有冶炼（包括精炼）和浇铸两大环节。浇铸是炼钢和轧钢的中间工序，从转炉、电炉、平炉、精炼得到了合格钢液之后，还必须将钢液铸造成适合轧制、锻压等加工需要的钢锭或钢坯。

目前的两种浇铸工艺如下。

(1) 钢锭模浇铸工艺——模铸 将合格钢液装入钢液包，浇铸到钢锭模内，使钢液凝固成钢锭的全过程称为模铸。模铸钢锭还需送至初轧工序，初脱锭、加热、开坯后，轧制成材。

(2) 连续铸钢工艺——连铸 将合格钢液连续不断地浇铸到一个或一组实行强制水冷的并带有“活底”的结晶器内，钢液沿结晶器周边逐渐凝成钢壳，待钢液凝固到一定坯壳厚度，结晶器液面上升至一定厚度后，钢液便与“活底”黏结在一起，由拉矫机咬住与“活底”相连的装置，把铸坯拉出。这种使高温钢液直接浇铸成钢坯的新工艺叫做连续铸钢。

连铸与传统的“模铸-开坯”工艺相比，具有下述优点：

(1) 简化生产钢坯的工艺流程 连铸可直接从钢液浇铸成钢坯，省去了脱锭、整模、均热、开坯等一系列中间工序，使钢坯的生产流程大为缩短和简化，由此可节省大量资金。据统计，设备投资和操作费均可节省40%，占地面积减少5%，设备费用减少70%，耐火材料消耗降低15%，成本下降10%~20%。

(2) 降低能量消耗 由于连铸省掉了均热炉内再加热工序，可使能量消耗减少50%~70%。据日本的统计资料，生产一吨连铸坯比原来“模铸-开坯”方式节能0.42~1.26GJ，我国太钢二钢连铸坯吨能耗比初轧开坯吨能耗降低1.38GJ。

(3) 提高金属收得率和成材率 由于连铸从根本上消除了模铸的中注管和汤道的残钢损失，因而使钢液收得率提高；又因连铸钢坯减少了初轧开坯时金属损耗和不需要每根钢锭切去5%~7%的坯头，因而成材率可提高10%~15%。

(4) 改善劳动条件 模铸生产是在高温多尘条件下工作的，连铸机使铸锭工作机械化，从根本上改变了模铸工作条件，并为钢铁生产向连续化、自动化方向发展创造了有利条件。

(5) 提高钢坯质量 连铸的最大特点是：边浇铸、边凝固，通过调节冷却条件，实现合理的冷却，使钢坯结晶过程稳定，内部组织致密。

3. 轧钢工序清洁生产技术

(1) 连铸与轧钢的衔接方式 钢材生产中连铸与轧钢的两个工序的衔接模式一般有以下五种类型：

1) 连铸坯冷装炉加热轧制工艺（CC-CCR）：高温铸坯温度降至常温，加热到轧制温度后进行轧制。该工艺为常规长流程加热轧制工艺。

2) 连铸坯热装或热送热装炉轧制工艺（CC-HCR）：高温连铸坯温度有所降低，加热到轧制温度后进行轧制。该工艺有高温热装轧制工艺（CC-γHCR）和低温热装轧制工艺（CC-αHCR）两种类型。

3) 连铸坯直接轧制工艺（CC-HDR）：高温连铸坯不需进入加热炉加热，只略经补偿加热即可直接进行粗轧机轧制。

4) 薄板坯连铸连轧工艺：高温薄板连铸坯直接进行精轧机轧制，ISP、CSP、PTSR等薄板坯连铸连轧工艺即属这种类型。

5) 带钢连续铸轧工艺：由钢液直接铸轧出成品卷材，使其断面一次达到产品所要求的尺寸，是当今世界最先进、流程最短的轧制工艺。目前法国、韩国、德国、日本已投入大量人力和财力开展此项研究工作，并铸轧出厚度为0.1~5.0mm，宽度为200~600mm的带钢热轧卷。

(2) 连铸坯热装轧制和直接轧制工艺特点

1) 利用连铸坯冶金节约能源消耗，其节能量与热装或补偿加热入炉温度有关。如铸坯在500℃热装时，可节能 0.25×10^6kJ/t；800℃热装时，可节能 0.514×10^6kJ/t，即入炉温度越高节能越多，而直接轧制节能效果更为显著。据日本相关经验，运用该工艺可比常规冷装炉加热轧制工艺节能80%～85%。

2) 提高成材率，节约金属消耗。由于加热时间缩短，使铸坯烧损减少，高温热装和直接轧制，可使成材率提高0.5%～1.5%。

3) 简化生产工艺流程，减少占用厂房面积和运输等各项设备，节约基建投资和生产费用。

4) 大大缩短生产周期，直接轧制时，从钢液浇铸到轧出成品只需要十几分钟，从而增加生产调度及资金周转的灵活性。

5) 提高产品质量。由于加热时间短，氧化皮少，直接轧制工艺生产的钢材表面质量要比常规工艺生产的产品好得多。直接轧制工艺由于铸坯无加热炉滑道冷却痕（水印），使产品厚度精度也得到提高。连铸连轧工艺有利于微合金化技术及控轧控冷技术作用的发挥，使钢材组织性能有更大的提高。

4. 资源回收利用技术

(1) 冷轧盐酸酸洗液回收技术　目前盐酸酸洗废液回收方法有高温焙烧法、减压硫酸分解法和氯化法，其中高温直接焙烧法是主导技术。直接焙烧法以其加热方式不同，又分为两种：逆流加热的为喷雾焙烧法，顺流加热的为流化床焙烧法。盐酸酸洗废液再生回收原理是盐酸废液直接喷入焙烧炉与高温气体相接触，在高温状态下与水发生化学反应，使废液中的盐酸和氧化亚铁蒸发分解，生成 Fe_2O_3 和 HCl。

1) 流化床焙烧法流程。废酸洗液进入废酸储罐，用泵提升进入预浓缩器，与反应炉产生的高温气体混合、蒸发，经过浓缩的废酸用泵提升喷入流化床反应炉内，在反应炉高温状态下 $FeCl_2$ 与 H_2O、O_2 发生化学反应生成 Fe_2O_3 和 HCl 高温气体。HCl 高温气体上升到反应炉顶，先经过旋风分离器，除去气体中携带的部分 Fe_2O_3 粉再入预浓缩器进行冷却。经过冷却的气体进入吸收塔，经喷入新水或漂洗水形成再生酸再回到再生酸储罐。经补加少量新酸，使 HCl 含量达到原酸洗液含量后送回酸洗线使用。经过吸收塔的废气再送入收水器，除去废气中的水分后通过烟囱排入大气。流化床反应炉产生的氧化铁到达一定程度后，开始排料，排入氧化铁料仓，再回烧结厂使用。

2) 喷雾焙烧法流程。废酸进入废酸储罐，用泵提升经废酸过滤器，除去废酸中的杂质，再进入预浓缩器，与反应炉产生的高温气体混合，蒸发。经过浓缩的废酸用泵提升喷入反应炉，在反应炉高温状态下，$FeCl_2$ 与 H_2O、O_2 产生化学反应，生成 Fe_2O_3 和 HCl 气体（高温气体），HCl 气体离开反应炉先经过旋风分离器，除去气体携带的部分 Fe_2O_3 粉，再进入预浓缩器进行冷却。经过冷却的气体进入吸收塔，喷入漂洗水形成再生酸重新回到酸储罐，补加少量新酸使 HCl 含量达到原酸洗液含量时用泵送到酸洗线使用。经过吸收塔的废气再进入洗涤塔，喷入水进一步除去废气中的 HCl，经洗涤塔后通过烟囱排入大气。反应炉产生的 Fe_2O_3 粉落入反应炉底部，通过 Fe_2O_3 粉输送管进入铁粉料仓，废气经布袋除尘器净化后排入大气，Fe_2O_3 粉经包装机装袋后出售，作为磁性材料的原料。

冷轧工序是钢铁工业生产不可缺少的，随着国民经济的建设发展，对钢材品种多样化和高质量的要求，日显出其重要性。酸洗工艺是轧材生产保证产品表面质量的必要手段，其中盐酸法速度快、不过酸，故钢铁生产中采用盐酸洗工艺居多，废酸再生回用既解决环境污染，又可获得经济和社会效益。1975 年武钢冷轧厂从德国引进了流化床法（鲁奇法）废盐酸再生成套装置（设备），之后鞍钢、本钢、攀钢、宝钢三期、上海益昌等钢铁公司先后引进了和建成了多套喷雾焙烧法废盐酸再生装置。

（2）炼钢污泥在烧结中的应用技术　目前钢厂的炼钢工序产生大量的炼钢湿污泥。通过炼钢污泥烧结系统使炼钢污泥无需处理直接用于烧结生产。炼钢污泥的烧结工艺是经短流程处理后，供炼钢作为金属料、冷却剂、造渣剂或作为含铁料供烧结矿生产使用。

1）污泥造块工艺。炼钢污泥经自然堆放、水分渗透挥发后，掺入含铁料、生石灰、膨润土或焦粉等搅拌混合，再由专用设备挤压成椭圆块体，经竖炉焙烧后供转炉作为造渣剂、冷却剂使用。

2）生石灰消化工艺。炼钢污泥与生石灰按一定比例配料混合，完全消化后形成松散、无粉尘的粉状物料，或与钢渣、高炉灰等物料进一步混合后形成松散料，进入烧结配料工序，参与烧结矿生产。

3）泥浆管道输送工艺。炼钢污泥加水稀释成含量为 15% ~20% 的泥浆，经加压泵加压后，通过管道输送到烧结原料混合机，以泥浆水代替工业水加入烧结料生产烧结矿。

（3）转炉煤气净化回收技术　氧气转炉吹炼时产生大量含有 CO 和氧化铁粉尘的高温烟气，其中 CO 含量一般在 60% 以上，最高（吹氧中期）可达 90% 以上，当烟气 CO 含量高于 30% 时，即可用作燃料或化工原料（合成氨、合成甲醇等）。转炉煤气是一种优质气体燃料（有害成分含量少）。回收转炉煤气热值可达 6273 ~7527kJ/m^3（标），通常每吨转炉钢可回收煤气 60 ~80m^3（标），如宝钢平均吨钢煤气回收量已达 100m^3（标）以上。按转炉烟气进入净化系统时是否燃烧，热能回收方法有燃烧法和未燃烧法两大类。

燃烧法利用设在炉口的水冷烟罩将转炉烟气抽出的同时，引进大量过剩空气，使炉气中可燃成分全部燃烧，利用设置的废热锅炉回收其热能。回收余热后废气经两级文丘里管洗涤后排放，洗涤后含尘污水，经污水、污泥处理系统利用或达标排放。

当前世界上有代表性的未燃烧法转炉烟气净化及煤气回收方法有法国的 I-C 法（敞口烟罩）、德国的 KRUPP 法（双烟罩）和日本的 OG 法（单烟罩）以及德国的 LT 法（干式电除尘）等。

1）OG 法。OG 法技术先进，运行安全可靠，目前已成为世界上广泛采用的方法。OG 装置主要由烟气冷却系统、烟气净化系统以及其他附属设备组成。烟气冷却系统包括活动裙罩、固定烟罩和汽化冷却烟道，其中活动群罩和固定烟罩采用密闭热水循环冷却，烟道采用强制汽化冷却，并对冷却高温烟气所产生的蒸汽加以回收利用。活动裙罩通过液压装置进行升降，在回收期，为充分限制炉气在炉口燃烧，进行闭罩操作，在吹氧初期和吹氧末期的数分钟内，因炉气发生量少，并且 CO 含量较低，可操作活动裙罩，使炉气在炉口与一定比例的空气混合燃烧。闭罩操作高温烟气通过汽化冷却烟道，温度由 1450℃ 降到 1000℃ 以下，然后进入烟气净化系统。

烟气净化系统包括两级文氏管洗涤器和附属的 90° 弯管脱水器及挡水板、水雾分离器等设备。第一级文氏管采用手动可调喉口形式，烟气由 1000℃ 降至饱和温度 75℃，并进行粗除尘。第二级文氏采用R-D形式，由炉口微差压装置自动调节二文喉开度，以适应烟气量变化，控制烟气高速通过喉口，进行精除尘。二文喉的烟气温度继续下降，一般在67℃左右。烟气经文氏管降温净化后，通过90°弯管脱水器、挡水板及水雾分离器进行脱水。净化后的烟气通过文氏管型流量计由引风机排出。

排出的烟气（煤气）根据时间顺序控制装置，由气动三通切换阀进行自动切换，分别进行回收（煤气经水封止回阀和V形水封阀送入煤气柜储存）或放散（烟气过高80m放散塔点火后放散）。

2）LT法。LT法是德国鲁奇公司自20世纪60年代开始研究开发的，到第一套工业设备开始投入运行，经历了十余年的时间。1980年鲁奇（Lurgi）在蒂森（Thgssen）公司400t转炉上采用LT法投入生产，取得成功。自此LT法正式确立（即取用Lurgi的字头L与Thgssen的字头T合并成LT）。LT系统设备主要包括废气冷却器、干式电除尘器、ID风机、切换站和煤气冷却器。

9.4.3 化工行业清洁生产工艺技术

1. 醇醚混合物的双甲精制工艺

国内现有的以煤为原料的合成氨生产装置，其净化、精制工艺采用铜氨液和碱液脱除一氧化碳和二氧化碳。这种方法的缺点是工艺流程长、设备多、操作复杂、控制较难、能耗较高、维修工作量大，稍有处理失当，便易发生事故，影响合成氨生产稳定运行，不但要消耗大量较昂贵的电解铜，还会产生废液污染环境。因此，如何解决这些问题，成为人们重点研究的课题，已获中国专利的双甲精制新工艺，以双甲（甲基化、甲烷化）精制合成氨原料气取代传统的铜洗、碱洗工艺，大大简化了流程和设备，稳定操作，降低了物耗、能耗，精制质量高，根除了铜液、碱液对环境的污染，并同时副产甲醇，而且压力范围低，可自然反应，副产甲醇质量好，适应性强。

二甲醚是一种很重要的有机化工原料，它的用途很广，可作气雾剂、冷冻剂、烷基化剂、溶剂和燃料等。传统的制取二甲醚方法是用甲醇在催化剂的作用下脱水，生成二甲醚，其反应式为

$$2CH_3OH \longrightarrow (CH_3)_2O + H_2O$$

这种方法的缺点是以甲醇为原料，产品成本高，水解必须在150~270℃进行，过程要加热，能耗较高。

双甲精制工艺具有能耗、物耗低，操作简便，运行稳定等优点，是一种先进的合成氨原料净化精制工艺，副产醇醚混合物的合成氨流程示意如图9-2所示。

这种直接副产醇醚混合物（一步法合成醇醚混合物）的双甲精制新工艺不仅革新了合成氨的净化工艺，降低了合成氨生产成本，改善了合成氨生产条件，同时副产醇醚混合物。醇醚混合物中，醚含量最高可达40%~50%，可以经加压精馏得到99%以上的二甲醚。此法制取二甲醚比传统方法成本低，能耗低，过程简单。双甲燃料是氮肥厂原料气中少量有害一氧化碳、二氧化碳和弛放气中回收的氢合成的副产品，因此成本低，销售价格低，市场前景看好。醇醚混合物（双甲燃料）可代替石油液化气、柴油作民用燃料用于餐馆和家庭。这项技术居于国内领先地位，技术成熟可靠，已在全国各地的数百家小氮肥厂推广使用，经济效益和社会效益显著。

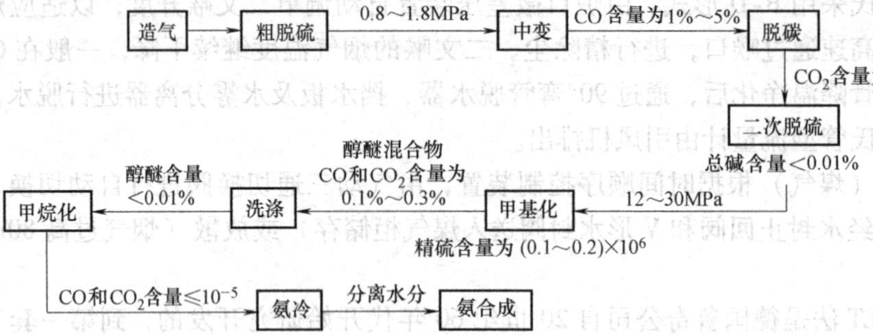

图 9-2 副产醇醚混合物的合成氨流程

2. 尿素的深度水解技术

尿素是一种高效氮肥，自问世以来发展很快，至今全世界的尿素总产量已达到 8000 万 t。我国自 20 世纪 60 年代开发和引进尿素生产技术，目前我国的尿素总产量达 3000 万 t，占世界总量的 37% 左右。

20 世纪 70 年代在工业国家推广的深度水解技术，可以解决尿素生产中尿素工艺冷凝液 NH_3-N 污染。我国引进的 50 万 t 级大型尿素装置先后配备了深度水解装置，每套装置年回收尿素 2000t 左右，价值 200 多万元；20 世纪 80 年代后建成的中型尿素装置（如 CO_2 气提法、氨气提法）也配备了深度水解装置；但早期建成的中小型尿素装置，基本上未配备深度水解装置，这部分尿素装置的产量之和占全国尿素总产量的一半以上，若进行深度水解回收尿素，每年总计可回收 12 万 t 尿素，相当于增加一套中型尿素装置，价值 1.2 亿元，更重要的是通过深度水解，使尿素装置排放的生产废水中的氨氮指标达标，它标志着尿素工厂进入了清洁生产的良性发展轨道。

所谓深度水解，是将尿素生产中要排放的工艺冷凝液中的尿素分解成氨和 CO_2，再进行解吸将氨和 CO_2 从工艺冷凝液中分离出来回收至生产系统，使排放废液中的氨氮低于排放标准。深度水解技术可使废液中的 NH_3-N 和 CO_2 残余量均为 $5g/m^3$，水解解吸后的残液完全符合国家和行业制定的排放标准，同时还可将残液处理后作为软水回收至锅炉房循环使用，不外排。

一般每年产 1t 尿素理论上需排出 300kg 废水，再加上喷射器、升压器等非工艺冷凝液，共计每吨尿素排放废液 400～500kg。深度水解技术装置越大，回收效益越好，如年产50 万 t 级的大型尿素装置，深度水解投资 400 多万元，每回收尿素 2000t，可降低成本 200 多万元，不到两年时间即可回收投资；对年产 13 万 t 级的中型尿素装置，深度水解投资 300 万元左右，年回收尿素 800t 左右，可降低成本 100 万元左右，三年可回收投资；对年产 4 万～6 万 t 级的小型尿素装置，深度水解投资 200 万元左右，年回收尿素 400t 左右，可降低成本 50 万元左右，需 4 年才能回收投资。

3. 离子膜法电解制烧碱

利用电流的化学效应，将直流电导入电解质的溶液或其熔融体中，产生电化学反应而达到生产目的的工业，叫做电化学工业，通称电解工业。

在电解工业中，利用电解食盐水溶液产生氯和烧碱的，叫氯碱工业。氯碱工业是基础原材料工业，是仅次于化肥、硫酸工业的第三大无机化工。其产品烧碱、聚氯乙烯、氯气、氢气等广泛应用于轻工、纺织、冶金、电力、国防等各个领域，对国民经济发展具有重大意义。

据2000年的统计，氯碱企业工业总产值504.65亿元，产品销售收入464.55亿元。目前，我国的氯碱工业从科研、设计到生产，形成了一个完整的工业体系。2000年全国烧碱产量达到667.8万t，居世界第二；聚氯乙烯产量达到了265万t，居世界第三。

电化学工业的一个主要特点是在生产过程中消耗大量电能，如每生产1t氯和1.12t烧碱就需要耗电2600~3000kW·h，这类工厂属于高能耗企业。

氯碱工业的生产方法有水银法、隔膜法和离子膜法。

(1) 水银法（简称M法） 采用汞阴极生产氯和烧碱，汞阴极法电解食盐水的生产工艺流程，能生产高纯氢氧化钠。该方法可以直接制得50%（质量分数）的液碱，不需要蒸发而直接使用，且产品质量好，纯度高（达99.5%）、含盐低（约为3×10^{-5}）、成本低、投资省，但汞污染严重。如1953年在日本发生的轰动一时的“水俣病”事件，就是汞中毒的一种病例。日本政府决定限期将全部水银法电解槽转换成非汞法，即隔膜法和离子膜法电解槽，并于1986年完成了水银法的转换。

(2) 隔膜法（简称D法） 电解制烧碱要求阳极材料既能导电又能耐氯、耐氯化钠溶液的腐蚀。传统的石墨阳极隔膜电解槽存在着显著缺点：石墨阳极随着运转时间的延长而逐渐损耗，使极距增大，其溶液的电压降逐渐增加，电耗增大。随着氯碱工业科技进步，1971年前后发明了钛基涂钌的形稳性金属阳极，逐步取代石墨阳极，消除了铅污染，保护了环境，使氯碱工业的发展迈上了新台阶。隔膜法电解将阳极产生的氯和阴极产生的氯氧化钠与氢分开，不至于发生爆炸和生成氯酸钠，比较理想的隔膜材料是石棉隔膜，即利用真空将石棉绒（纤维）吸附在阴极网上。世界卫生组织已经把石棉列为致癌物质，为消除石棉使用中对人体和环境的污染，研制了非石棉隔膜和以聚四氟乙烯纤维为主体的改性隔膜，以代替石棉隔膜。隔膜法电解生成的碱液仅含10%左右的NaOH，要制成30%~50%的成品碱液需消耗大量蒸汽，一般汽耗大于等于5t/t烧碱，而且产品质量较差。

(3) 离子膜法（简称工M法） 离子膜法电解生产的产品纯度高，能耗低，无汞、铅及石棉等污染。早在1952年就有人提出了用离子膜作为电解制碱的隔膜，20世纪60年代中期，美国杜邦公司首先开发了全氟磺酸阳离子交换膜，并成功地应用于氯碱电解，1975年日本旭化成公司首先实现了工业化。离子膜法制碱技术被世界公认为当代氯碱工业的最新技术成就。离子膜法电解可以说是隔膜法的一种衍生，它仍然利用以隔膜分离阴极、阳极产物的原理。离子膜具有特殊化学性能和离子选择透过性，保证高电流效率，在较大电流密度（3000~4000A/m^2）下运行仍能保持低电耗，目前国内吨碱电耗在2250~2350kW·h，甚至更低；日本氯工程公司电耗为2098kW·h/tNaOH，美国（ELTECH公司）为1600kW·h/tNaOH，同时能生产出含量为32%~35%的碱，电解产品可直接作为成品碱出售和使用。如需浓缩到50%，经过三效蒸发器浓缩，所耗汽为0.6t/t烧碱。它的总能耗比隔膜法低1/3左右，且碱中含NaCl含量小于5.0×10^{-5}，产品质量好，并消除了汞、铅及石棉等的污染。

1995年，我国烧碱生产量为496万t，其中水银法比例为2.9%，隔膜法比例为84%，离子膜法比例为11.29%。我国烧碱生产主要采用隔膜法，水银法已基本被淘汰。引进的先进的离子膜烧碱技术和装置大大改变了我国烧碱的品种结构，增加了大量高纯碱供纺织、化纤等工业的应用；同时也大大提高了我国制碱工业的技术水平，对消除铅、石棉等的危害和环境污染起到积极作用。离子膜烧碱工程作为“十五”化工重点建设七大工程之一，把发展离子膜烧碱作为烧碱产品结构调整的方向。到2000年我国离子膜烧碱产量已从1983年占烧碱总产量的2.7%发展到25%以上。

9.4.4 纺织印染行业清洁生产工艺技术

1. 清洁的染色/印花技术

(1) 冷轧堆染色技术　染色技术均是以湿热处理为基础的，如高温浸染、卷染或连续轧染，其主要缺点是能耗大，染色不透，易产生批间色差或头尾色差等质量问题。20世纪80年代初，在世界能源日趋紧张之际，欧美各国先后研发出冷轧堆染色和冷轧堆前处理新技术。20世纪80年代到90年代，我国也开始引进或自制冷轧堆设备，进行了冷轧堆染色技术的生产实践，佐证了冷轧堆染色技术具有工艺简单可靠、基建投资费用低、生产率高、准备周期短、重染性好、固色率高及染料渗透性极佳等优点。冷轧堆技术无疑是一种低能耗、对环境污染小、高效率、短流程的工艺。

冷轧堆染色工艺介于浸染与连续化染色工艺之间，是一种半连续化的染色工艺。明显节能、节约染料、生产灵活性大，特别适合小批量多品种的生产。据国外20世纪90年代的统计，活性染料染色工艺中，冷轧堆染色的比例已上升到20%。冷轧堆染色工艺应用最广的是短时冷轧堆法。

短时冷轧堆法由于采用了配液混合装置，工艺中染液稳定，易控制，因而堆放时间可相应缩短，而且工艺灵活性大，配液换色方便，一个袋卷上可以先后染多种色泽或品种。

短时冷轧堆设备上装有一套染液和碱液的计量混合装置，染料和碱剂分开配置，在装置内连续混合，浸轧时加到浸轧槽中，混合比为4:1（4份染料配1份碱剂）。这种方法可用较大的碱量，以加速固色，又保证染液有足够的稳定性，可减缓活性染料在较强碱剂中的水解，减少加工中的前后色差。

分开配制的碱剂和染料，浸轧前在混合装置内不能过早混合。轧槽内不能过早注入浸轧液。织物必须冷却后进入轧槽，采用小型轧槽、高工艺车速，确保染液的快速补充，保持工作液新鲜，这些方法都是减少染料水解的有效措施。

ME型活性染料冷轧堆染色工艺中，用于冷轧堆染色的活性染料要求有较高的反应性和耐水解稳定性，能在室温下完成固色反应，并有较高的固色率。ME型活性染料的反应性介于X型的K型之间，而耐水解稳定性远远优于X型和K型活性染料。因此，ME型活性染料完全适宜于织物冷轧堆染色。

两相浸轧汽蒸法是一种传统染色方法，通常简称轧蒸法。其工艺流程：半产品→浸轧染液→烘干→浸轧化学液→汽蒸→水洗→皂洗→水洗→烘干。该流程与冷轧堆染色的工艺流程相比，很突出的缺点是多了能耗大的中间烘干及汽蒸。

各种染色工艺的综合成本分析如下：以冷轧堆法为100%，那么两相轧蒸法是125%，热固法是125%，卷染法是118%，绳状浸染由于浴比大、固色率低，其成本比冷轧堆法高1倍。有单位以毛巾冷轧堆染色替代原卷染工艺，每年可节约用水15000t，省电3×10^4kW·h，节省蒸汽1800t。

冷轧工艺简单易行，使用可靠。织物在低温下通过浸轧染料与碱液并打卷，染料的固着反应在打成卷轴、室温堆置慢速转动中进行。堆置结束后进行常规水洗，洗去未固色的染料。工艺设备、能耗及劳动力的费用都较低。与中间烘干工艺相比，不会发生染料泳移的危险。即使是厚重织物，染料的渗透也极佳，得色率也非常高。

（2）棉转移印花技术　转移印花是指将彩色花纹图案，通过转移载体，完整地转移到基质上的过程。转移印花的种类很多，如干法分散染料气相热转移印花、热熔转移法和湿法水溶性染料转移印花法。热熔转移法是在转移纸的反面热压，使印花图案层热熔并转移到织物上；湿法转移法使用水溶性染料印在转移纸上，被转移织物润湿后，在轧压时水溶性染料的图案转移到湿的织物上。用于生产的传统方法属干法，采用升华气相转移分散染料进行转移印花，不需要进行后整理，只需冷却后打卷即可。干法转移印花的生产过程基本上是无水或少水的生产过程，没有“三废”处理问题，可大大节约后处理所需厂房、设备和污水处理的庞大费用及能源。干法转移印花最适合的面料是涤纶织物。这是因为涤纶的无定形部分存在着1～100μm的微小空隙，当温度上升到200℃左右时，无定形区分子运动剧烈，空隙扩大，逐渐软化成半熔融状态。由于范德瓦尔斯力的吸引，气态的分散染料能扩散而进入无定形区，达到上染着色的作用。天然纤维如棉则没有这类现象发生，所以分散染料便难以在棉织物上着色。为了使天然纤维物能够进行转移印花，可以通过对纤维的改性，使它对分散染料具有亲和力，并使分散染料在热压时可以上染着色；另外，可选用对天然纤维有亲和力的离子染料，在湿态下进行转移印花，并经适当处理使其固着。

活性染料湿转移印花是先将棉织物浸轧碱液，然后与转移印花纸相复合，施加一定的压力，织物所带碱液使转移印花纸上的色浆溶解，由于染料对织物的亲和力比对转移纸的亲和力大，染料转移到织物上，并进入织物纤维间隙中。在收卷堆置过程中，染料逐步完成吸附、扩散、固色过程。固色后对织物进行水洗，洗去微量的浆料和水解染料等杂质，并将织物洗至中性。约有95%的印浆从纸上转移到织物上，其中90%～98%可以固着，因此转移印花后水洗较容易，只需冲洗则可，和传统的直接印花相比，可以节省大量水，污水排放量少。由于转移印花时，色浆吸收的水比直接印花时少，所以染料的溶解性好，固色速率快，且水解稳定性好。

（3）印染业自动调浆技术和系统　纺织印染企业通过计算和自动配比，用工业控制机自动将对应阀门定位到电子秤上，并按配方要求来控制阀门加料，实现自动调浆，达到高精度配比。应用此项技术可节省水、能源，减少染化料消耗，降低打样成本，提高生产效率30%。

2. 清洁的整理技术

20世纪70年代末随着世界能源危机的加剧，作为耗能大户的染整行业也和其他行业一样，积极寻找和探索各种节省能源、降低成本的途径。“泡沫整理设备及工艺”因其显著的节能效果在西欧和美国迅速得到推广应用。

所谓泡沫整理，就是采用尽可能多的空气来取代配制整理液或染液时所需要的水，通过空气，将整理或染色化学药剂在水或其他溶液中的浓溶液或悬浮液膨胀转化成泡沫，然后强制泡沫扩散到被加工织物的表面并渗透织物内部。这样，就能保证在最小给湿量条件下化学药剂的均匀分布。

泡沫整理具有较高的节能降耗优点。

（1）节省烘燥热能　采用常规的浸轧方式，织物的含液率为50%～80%，而采用泡沫加工后，含液率可大大降低。通常棉织物的含液率为30%，涤棉织物的含液率为20%，纤织物的含液率为10%，因而可最大限度地节省烘干时所需的能量。

（2）降低水及化学药剂的耗量　由于在泡沫整理过程中用大量的空气取代了配制整理液和染液所需的水和化学药剂，因此，水和化学药剂的耗量大大降低。据测试，织物的水耗可降低50%～80%，化学药剂的耗量可降低20%，相应减少了污水排放对环境造成的污染。

（3）可推行“湿—湿”加工工艺　采用泡沫涂敷与织物本身的含湿量关系不大，故完全可以实施“湿—湿”加工工艺，以减少工艺流程中的中间烘燥工序。

（4）提高织物的加工质量　由于织物的含湿量明显降低，完全有可能排除烘燥过程中所产生的泳移现象，以树脂整理为例，织物表面树脂减少了，弹性比常规工艺高了许多。

通过预先编制的程序，可以准确地控制整理液或染液的含固量，在做树脂整理时，树脂用量可比常规工艺减少12%，而弹性仍略高于常规工艺。

进入21世纪以来，人们的观念已发生了巨大的变化，“绿色环保”已成为工厂的“主题”。泡沫整理（包括涂层、真空抽吸、喷雾给湿等）此类低给液设备必将会有着十分广阔的推广和应用前景。

3. 资源回收利用技术

（1）丝光淡碱液回用新技术　染整厂前处理的工艺碱耗，由于种种原因差距很大，有的厂100m布碱耗仅0.7kg，有些厂碱耗高达2.3kg以上，甚至还出现一些小厂碱耗近3kg。全国染整行业在20世纪80年代末期的平均碱耗为1.92kg/100m布（1989年《纺织工业统计年报》）。丝光是氧（氯）漂染色印花生产工艺中非常重要的一个工段，染整前处理工序的烧碱回收是回收丝光机用过的淡碱液，经净化、浓缩后补充部分新碱液。

棉布在烧碱的水溶液中浸渍之后，蜡质与其他杂质一起被碱化而除去，降低缩水率，使织物的吸水性得到提高，稳定织物尺寸，提高染料上染率，使织物具有良好的光泽。在传统的丝光生产工艺流程中，煮练、退浆、氧漂、丝光、皂洗、烧毛需用碱液，依质量浓度要求的高低排列分别是：丝光220～230g/L，烧毛18～20g/L，煮练14～18g/L，退浆11～14g/L，皂洗7～8g/L，氧漂用淡碱液调节pH值为10.5～11。传统的丝光工艺结束后碱液就和废水一起排放掉了。丝光淡碱液回收技术利于废水处理，另外也可使丝光处理降低成本。回收碱液对于降低生产成本有重要意义。常规的回用方法是用淡碱浓缩设备蒸汽加热浓缩回用，回用率很低，改革后的工艺流程为：丝光淡碱液→收集储存→浓缩设备浓缩→浓碱液→配成各生产工段相应质量浓度的碱液。

丝光产生的废碱液经沉淀池沉淀和过滤后，用泵打入冷堆用碱池，用水或浓碱调节碱的含量，然后用在冷堆配料上，经冷堆工艺后的废碱液进入废碱沉淀池，过滤后将沉淀物送入锅炉焚烧，其上清液进入锅炉水膜除尘喷淋系统和除渣系统，对过路的气体和固体废物经过脱硫处理，然后脱硫废水进入污水处理站，经过化学脱色，絮凝，生物厌氧、好氧，沉淀处理后，达标排放。

（2）对苯二甲酸的回收和提纯技术

1）适用范围：涤纶织物碱减量工艺。

2）主要内容：在一体化设备内，采用二次加酸反应，经离心分离后，回收粗对苯二甲酸。粗对苯二甲酸含杂质12%～18%，经提纯后，杂质含量低于1.5%，可以直接与乙二醇合成制涤纶切片。对苯二甲酸的回收率大于95%（当质量浓度以COD计大于20000mg/L时）。处理后尾水呈酸性，可以中和大量碱性印染废水。

3）主要效果：以每天处理废水100t的碱减量回收设备为例，处理每吨废水电耗1~1.5kW·h，回收粗对苯二甲酸约2t。

（3）上浆和退浆液中PVA（聚乙烯醇）回收技术

1）适用范围：纺织上浆、印染退浆工艺。

2）主要内容：上浆废水和退浆废水都是高含量有机废水，其化学需氧量（COD）高达4000~8000mg/L。目前主要浆料是PVA（聚乙烯醇），它是涂料、浆料、化学浆糊的主要原料。此项技术利用陶瓷膜"压滤"设备，浓缩、回收PVA并加以利用，同时减少废水污染。

3）主要效果：上浆、退浆液中PVA（聚乙烯醇）回收技术的应用，可以大幅度削减COD负荷，使印染厂废水处理难度大为降低，同时回收了资源，可以生产产品，达到清洁生产和资源回收目标，具有重要意义。

（4）冷凝水的回收利用技术 蒸汽作为一种载热体，在锅炉内产生，经管网输送到用热设备，把约80%的热量释放出来，气态的水蒸气变成液态的凝结水，由于这种水的水质较好，而且包含近20%的热量，应设法回收。染整行业用汽量大，根据1983年的调查，估计全国蒸汽供热系统每年要浪费3800万t标准煤，其中凝结水回收系统的浪费达1100万t标准煤。在1100万t标准煤中，由于疏水阀阻汽不好泄漏浪费占900万t标准煤。染整行业每吨蒸汽用疏水阀是全国平均值的1.5倍，浪费巨大。因此，提高蒸汽质量、节约蒸汽、凝结水回收是染整企业抓好供热系统节能的重要环节。

凝结水回收系统基本上可分为开式系统和闭式系统两大类。开式系统的优点是设备简单，操作方便，初始投资小，在开式系统中，凝结水箱不受压，上口敞开与大气相通。高温回水在用汽设备中是有压的，排出疏水阀在开式系统中是常压的，高温回水进入常压环境时，100℃以上的回水要释放出热量，闪蒸出二次蒸汽。这些二次蒸汽散失在车间内，夏季增高车间温度，冬季产生凝雾滴水等不良影响。水和热的损失为10%~15%，再加上蒸发损失会高于20%。而闭式系统优点是凝结水不和空气接触，可以回收凝结水的全部热量，系统寿命长，闭式系统通过射流泵直接向锅炉输送回收高温凝结水。

冷凝水的回用不但节省了水资源，而且可以大大节省能源消耗。染整烘干设备一般用汽压力为196.4kPa（2kg/cm^{2}表压），蒸汽的热焓是2703MJ/kg，其凝结水温度接近于用汽设备内相应压力的饱和温度，约为120℃，热焓（显热）为502MJ/kg，原水温20℃热焓约为83.7MJ/kg，可回收418.3MJ/kg热量，约占蒸汽总热量的15.5%。以5t/h供汽计，每年工作7200h，可节约标准煤5×7200×0.155t/7=797t。

9.5 绿色第三产业

三个产业理论是1935年由新西兰教授阿·费希尔首次提出的经济术语，是目前世界各国广泛接受的产业分类方法。三个产业的产值和人口的比例，可以清楚地显示一个国家的发展的水平。

第三产业主要指不生产物质产品的行业，即服务业。在我国，第三产业是指除了第一产业（农业、林业、牧业、渔业等）、第二产业（包括制造、自来水、电力、建筑等行业）以外的其他行业，如商业、服务行业、邮电通信、金融保险、科研、文教、卫生等。

根据有关统计资料，2005年，我国第三产业在GDP中所占的比例为40.7%，远远落后于发达国家60%~80%的水平。同时，第三产业中一些行业（如宾馆饭店业）在给客人提供舒适的居住、娱乐和满意的服务，创造经济效益的同时也带来了一些环境问题。采用清洁生产方法解决宾馆饭店业的环境问题，对于增加我国宾馆饭店业的市场竞争力，促进我国第三产业加速发展，具有十分重要的意义。

1. 第三产业的环境影响

第三产业对环境的影响，主要表现在以下几个方面：

（1）资源消耗量巨大　据有关调查显示，酒店宾馆单位建筑面积用电量是一般城市居民住宅楼用电量的10~20倍；办公机关及写字楼的资源消耗是住宅楼的10倍以上；三星级以上饭店人均日耗水量为0.5~1.1t，是居民耗水量的4~10倍。酒店的各种服务物资消耗量巨大（有大量一次性清洁用品）。一次性清洁用具垃圾不仅污染了环境，也过量消耗了某些资源。

（2）旅游业与环境保护之间的矛盾冲突很大　如很多高山型风景旅游地近年来大兴修建索道之风，修建索道通常会毁掉大量的主视面山体，并殃及沿途及山顶的树木植被，严重破坏自然环境和生态景观。

（3）废弃物数量巨大　酒店运营过程中排放大量的废热、废气、废水、生活垃圾等，对环境造成污染。所使用的一次性用品多为不可降解或降解率极低的塑料制品，用后如果不加以再生利用，会造成严重的固体废物污染。

2. 绿色经营和服务绿色化

绿色经营和服务绿色化就是把清洁生产模式、“绿色经营”概念引入第三产业领域，改善、优化第三产业的生产方式，减少第三产业的资源消耗和污染物的排放。要结合“绿色酒店”、“绿色餐饮”、“绿色学校”等的要求，按照各自特点开展清洁生产。

办公楼、写字楼服务过程的不清洁问题主要表现在高资源消耗和高能源消耗，因此，无纸化办公、节电办公等将是服务绿色化的主要努力方向。

旅游景区经营者，要在管理部门的监督下，按照规划进行开发。同时，要积极引导消费者的旅游消费方式和旅游价值观，充分挖掘旅游的文化内涵，大力倡导生态旅游以及与观光农业相结合的度假旅游，尽量减少不必要的基础设施建设。

3. 宾馆饭店业清洁生产目标：绿色饭店

绿色饭店是指运用安全、健康、环保理念，坚持绿色管理，倡导绿色消费，保护生态和合理使用资源的饭店。其核心是在为顾客提供符合安全、健康、环保要求的绿色客房和绿色餐饮的基础上，在生产运营过程中加强对环境的保护和资源的合理利用。

原国家经贸委2002年12月25日颁布了由中国饭店协会起草的中华人民共和国商业行业标准——SB/T 10356—2002《绿色饭店等级评定规定》，这个标准对绿色饭店的管理和评定条件作了具体规定，并于2003年3月1日开始实施。

我国绿色饭店标准的主要特点：

（1）绿色饭店标志　对达到或超过绿色饭店标准的饭店和餐馆，将准许使用绿色饭店标志，以星数表示绿色饭店等级。

（2）安全、健康、环保理念　安全是绿色饭店的一个基本特征。在饭店中影响安全的主要是公共安全和食品安全。

健康是指给消费者提供有益于健康的服务和享受，即绿色客房和绿色餐饮。绿色客房采用绿色建筑材料进行装修，室内空气质量（一氧化碳、总悬浮颗粒、挥发性有机物）达到GB 50325—2010《民用建筑工程室内环境污染控制规范》的要求，房内的用水设施、电器和提供的食品是环保标志的产品，纺织用品不使用偶氮染料产品。

环保理念包括：

1）减少浪费、实现资源利用的最大化。如在餐厅就餐，让消费者适量点菜，提供剩菜打包、剩酒寄存服务等。

2）在饭店建设和运营过程中，对环境的影响和破坏降低到最小。如一次性消耗用品的过度使用会导致污染；对没有使用完的牙膏、香皂等不再添加；牙刷、漱口杯、一次性清洁用品和毛巾、枕套、床单等客用棉织品，按顾客意愿更换，减少洗涤次数；使用可降解的材料，简化或取消客房内生活、卫浴用品的包装；采用大包装挤压式牙膏、浴液和洗发液等代替一次性牙膏、浴液和洗发液，既可以降低饭店成本，又可以减少对环境的污染。

3）饭店的物资消耗和能源消耗降低到最低点。如在客房随手关灯，随手关空调等。

复习与思考

1. 生产过程对环境的影响表现在哪三个方面？
2. 如何实现生产工艺的清洁化？
3. 如何实现生产过程的清洁化？
4. 试述四个关键农业清洁生产技术的主要内容。
5. 举例说明钢铁行业清洁生产的技术。
6. 举例说明化工行业清洁生产的技术。
7. 举例说明纺织印染行业清洁生产的技术。
8. 简述第三产业对环境的影响和我国绿色饭店标准的主要特点。

第10章 清洁产品

清洁产品是指在生命周期全过程中，资源利用效率高、能源消耗低，以及对生态环境和人类健康基本无害的产品。其内涵与清洁生产目标是相一致的，因此，清洁产品是清洁生产的基本内容之一。

清洁产品不仅体现了清洁生产过程中各物质材料的利用效率，而且作为一个纽带，将生产、消费与环境保护紧密地联系在一起，是人类实现可持续发展的重要途径。

随着环境保护意识和可持续发展思想的深入人心，人们对产品的环境质量要求越来越高，消费观念也在发生变化，崇尚自然、追求健康已成为生活及消费的潮流，并且常以“绿色”来表达这一理念，如人们常将具有环境友好特征的清洁产品称为“绿色产品”(Green Product)。

10.1 绿色产品概述

10.1.1 绿色产品的定义

绿色产品，又称环境意识产品（Environmental Conscious Product——ECP)，是相对于传统、不注重环境保护的产品而言的。“绿色产品”一词最早出现在美国20世纪70年代的《互不干涉污染法规》中。经过发展，虽然人们根据自己的理解，对绿色产品进行过多种定义，但由于对产品“绿色程度”的描述和量化特征还不够明确，因此目前还没有公认的权威定义，现在主要有如下几种描述：

1）绿色产品是指以环境和环境资源保护为核心概念而设计生产的可以拆卸并可分解的产品，其零部件经过翻新处理后，可以重新使用。

2）绿色产品是指那些旨在减少部件数量、合理使用原材料并使部件可以重新利用的产品。

3）绿色产品是当其使用寿命完结时，部件可以翻新和重复利用或能安全地被处理掉的产品。

4）绿色产品是从生产到使用，乃至回收的整个过程都符合特定的环境保护要求，对生态环境无害或危害极少，以及能作为资源进行再生或回收循环再用的产品。

5）绿色产品，就是符合环境标准的产品，即无公害、无污染和有助于环境保护产品。不仅产品本身的质量要符合环境、卫生和健康标准，其生产、使用和处理过程也要符合环境标准，既不会造成污染，也不会破坏环境。

以上各种定义表述虽不尽相同，但基本内容均表现为：绿色产品应有利于保护生态环境，不产生环境污染或使污染最小化，同时有利于节约资源和能源，而且以上特征应贯穿在产品生命周期全过程的各个环节之中。综上所述，绿色产品可定义为：能满足用户使用要求，并在其生命循环周期（原材料制备，产品规划、设计、制造、包装及发运、安装及维护、使用、报废回收处理及再使用）中能经济性地实现节省资源和能源，极小化或消除环境污染，且对接触者（生产者和使用者）具有良好保护的产品。

绿色产品的丰富内涵在环境保护方面主要体现在以下几方面：

（1）环境友好性　它是指产品从生产到使用乃至废弃、回收、处置的各个环节都对环境无害或危害甚小。因此，绿色产品生产企业在生产过程中选择的原料、采用的生产工艺均应是对环境影响小的，绿色产品在使用时不产生或很少产生环境污染，不对使用者造成危害，报废后在回收处理过程中很少产生废弃物。

（2）材料资源的最大限度利用　绿色产品应尽量减少材料的使用量和种类，特别是减少使用稀有、昂贵或有毒、有害的材料。这就要求从产品设计开始，考虑在满足产品基本功能的前提下，尽量简化产品结构，合理选用材料，并使产品中各种零部件能最大限度地得到再利用。

（3）能源的最大限度节约　绿色产品在其生命周期的各个环节所消耗的能源应最少，能量使用量减少，既节约了资源，也减少了对环境的污染。因此，资源及能源的节约利用本身就是很好的环境保护手段。

10.1.2 绿色产品的类型

1. 按使用类别划分

按使用类别绿色产品可划分为食品、洗涤用品、机动车、照明、家电、服装、建筑材料、化妆品、染料等几种类型。

虽然目前绿色产品的种类较多，但产品主要集中在汽车、食品、电器等领域。

2. 按产品生命周期环节特征划分

按产品生命周期环节特征划分，绿色产品包括以下几种类型：

1）回收利用型，如经过翻新的轮胎、再生纸等。

2）低毒低害物质型，如低污染油漆和涂料、锂电池等。

3）低排放型，如低排放雾化油燃烧炉，低排放、少污染印刷机等。

4）低噪声型，如低噪声摩托车、低噪声汽车等。

5）节水型，如节水型冲洗槽、节水型清洗机等。

6）节能型，如太阳能产品及机械表、高隔热型窗玻璃等。

7）可生物降解型，如生物降解膜或塑料、易生物降解的润滑油等。

10.1.3 发展绿色产品的意义

自20世纪70年代以来，工业化的高度发展带来的环境污染问题，不仅影响生态环境的质量，而且直接危及人类的生存与健康。绿色产品是以环境和环境资源保护为核心概念而设计生产的产品，因此绿色产品的发展，对于改善人类的生存环境和保护人体健康、促进经济发展和人类社会的可持续发展具有重要意义。

1. 发展绿色产品有利于环境保护

产品作为联系生产与生活的一个纽带，与当前人类所面临的生态环境问题有着密切的关系。过去由于产品生产只注重于其使用价值，而忽略了原料采用、生产过程中的"副产品"以及使用过后的处理等过程对环境产生的不良影响，因而容易造成产品生产及使用后对环境的污染。

绿色产品实行的是全过程控制，始终将节约资源、能源及保护环境的理念和方法融入产品的设计、生产及使用后的管理中，强调保护生态环境，实现最大限度地减少对环境的污染。

2. 发展绿色产品有利于资源的可持续利用

绿色产品在选用资源时，不但考虑资源的再生能力和不同时段的配置问题，而且考虑尽可能使用可再生资源；在设计时，尽可能保证所选用的资源在产品的整个生命周期中得到最大限度的利用，力求产品在整个生命周期循环中资源消耗量和浪费量最少。在选用能源类型时，尽可能选用太阳能、风能、天然气等清洁型能源，有效地缓解不可再生能源的危机。

3. 发展绿色产品有利于经济发展

随着人们环境意识的不断提高，绿色产品将逐渐被人们所接受，并将成为社会消费的主流。通过消费者的选择和市场竞争，引导企业自觉调整产业结构，生产环境友好产品，形成改善环境质量的规模效应，促进经济发展。

随着国际经济贸易一体化进程的不断深入，绿色产品将在提高产品的国际竞争力、促进我国出口贸易等方面起到积极的作用，也将会成为我国主要的出口创汇产品，推动我国经济的发展。

10.2 产品生态设计

10.2.1 产品生态设计的概念

产品生态设计，也称绿色设计或生命周期设计或环境设计，它是一种以环境资源为核心概念的设计过程。产品生态设计是指将环境因素纳入产品设计之中，在产品生命周期的每一个环节都考虑其可能产生的环境负荷，并通过改进设计使产品的环境影响降到最低程度。

产品生态设计从保护环境角度考虑，能减少资源消耗，可以真正地从源头开始实现污染预防，构筑新的生产和消费系统。从商业角度考虑，可以降低企业的生产成本，减少企业潜在的环境风险，提高企业的环境形象和商业竞争能力。

10.2.2 产品生态设计的原则

传统的产品设计主要考虑的因素有市场消费需求、产品质量、成本、制造技术的可行性等，很少考虑节省能源、资源再生利用以及对生态环境的影响。它没有将生态因素作为产品开发的一个重要指标，因此制造出来的产品使用过后，对废弃物没有有效的管理、处置及再生利用的方法，从而造成严重的资源浪费和环境污染。而产品生态设计，要求在产品及其生命周期全过程的设计中，充分考虑对资源和环境的影响，在考虑产品的功能、质量、开发周期和成本的同时，优化各有关设计因素，实现可拆卸性、可回收性、可维护性、可再用性等环境设计目标，使产品及其制造过程对环境的总体影响减到最小，资源利用效率最高。

产品生态设计的实施要考虑从原材料选择、设计、生产、营销、售后服务到最终处置的全过程，是一个系统化和整体化的统一过程。在进行生态设计时，应遵守以下生态设计原则。

1. 选择环境影响小的材料

环境影响小的材料包括：

1）清洁的材料。在生产、使用和最终处置过程中，选择产生有害废物少的材料。

2）可更新的材料。尽可能少用或不用诸如化石燃料、矿产资源（如铜）等不可更新的材料。

3）耗能较低的材料。选择在提炼和生产过程中耗能较少的原料，这就要求尽量减少对能源密集型金属的使用。

4）可再循环的材料。在产品使用过后可以被再次使用的材料，这类材料的使用可以减少对初级原材料的使用，节省能源和资源（如钢铁、铜等），但需要建立完善的回收机制。

2. 减少材料的使用量

产品设计尽可能减少原材料的使用量，从而实现节约资源，减少运输和储备的空间，减轻由于运输而带来的环境压力。如产品的折叠设计可以减少对包装物的使用及减少用于运输和储藏的空间。

3. 生产技术的最优化

生态设计要求生产技术的实施尽可能减少对环境的影响，包括减少辅助材料的使用和能源的消费，将废物产生量控制在最小值。通过清洁生产的实施，改进生产过程，不仅实现公司内部生产技术的最优化，还应要求供应商一同参与，共同改善整个供应链的环境绩效。生产技术的最优化可以通过以下方式实现：

1）选择替换技术。选择需要较少有害添加剂和辅助原料的清洁技术或选择产生较少排放物的技术以及能最有效利用原材料的技术。

2）减少生产步骤。通过技术上的改进减少不必要的生产工序，如采用不需另行表面处理的材料和可以集成多种功能的元件等。

3）选择能耗小和消费清洁能源的技术。如鼓励生产部门使用包括天然气、风能、太阳能和水电等可更新的能源及采用提高设备能源效率的技术等。

4）减少废物的生成。如改进设计，实现公司内部循环使用生产废弃物等。

5）生产过程的整体优化。如改进生产过程，使废物在特定的区域形成，从而有利于废物的控制和处置以及清洁工作的进行；加强公司的内部管理，建立完善的循环生产系统，提高材料的利用效率。

4. 营销系统的优化

这一战略追求的是确保产品以更有效的方式从工厂输送到零售商和用户手中，这往往与包装、运输和后勤系统有关。具体措施如下：

1）采用更少的、更清洁的和可再使用的包装，以减少包装废物的生成，节约包装材料的使用和减轻运输的压力。如建立有效的包装回收机制，减少PVC包装物的使用，在保证包装质量的同时尽可能减少包装物的重量和尺寸等。

2）采用能源消耗少、环境污染小的运输模式。陆地运输环境影响大于水上运输，汽车运输环境影响大于火车运输，飞机运输环境影响是最大的，因此，应尽量选择对环境影响小的运输方式。

3）采用可以更有效利用能源的后勤系统，包括要求采购部尽可能在本地寻找供应商，以避免长途运输的环境影响；提高营销渠道的效率，尽可能同时大批量出货，以避免单件小批量运输；采用标准运输包装，提高运输效率。

5. 减少消费过程的环境影响

产品最终是用来使用的，应该通过生态设计的实施尽可能减少产品在使用过程中造成的环境影响。具体措施如下：

1）降低产品使用过程的能源消费。如使用耗能最低的元件、设置自动关闭电源的装置、保证定时装置的稳定性、减轻需要移动产品的重量以减少为此付出的能源消费等。

2）使用清洁能源。设计产品以风能、太阳能、地热能、天然气、低硫煤、水力发电等清洁能源为驱动，减少环境污染物的排放。

3）减少易耗品的使用。许多产品的使用过程需消耗大量的易耗品，应该通过设计上的改进减少易耗品的消耗。

4）使用清洁的易耗品。通过设计上的改进，使消费清洁的易耗品成为可能，并确保这类易耗品对环境的影响尽可能小。

5）减少资源的损耗和废物的产生。产品设计应使用户更为有效地使用产品和减少废物的产生，包括通过清晰的指令说明和正确的设计，避免客户对产品的误用，鼓励设计不需要使用辅助材料的产品以及具有环境友好性特征的产品。

6. 延长产品生命周期

产品生命周期的延长是生态设计原则中最重要的一个内容，因为通过产品生命周期的延长，可以使用户推迟购买新产品，避免产品过早地进入处置阶段，提高产品的利用效率，减缓资源枯竭的速度。具体措施如下：

1）提高产品的可靠性和耐久性。可以通过完美的设计、高质量材料的选择和生产过程严格控制的一体化实现。

2）便于修复和维护。可以通过设计和生产工艺上的改进减少维护或使维护及维修更容易实现，此外建立完善的售后服务体系和对易损部件的清晰标注也是必要的。

3）采用标准的模式化产品结构。通过设计努力使产品的标准化程度增加，在部分部件被淘汰时，可以通过及时更新而延长整个产品的生命周期，如计算机主机板的插槽设计结构使计算机的升级换代成为可能。

7. 产品处置系统的优化

产品在被用户消费使用后，就会进入处置阶段。产品处置系统的优化原则指的是再利用有价值的产品元部件和保证正确的废物处理。这要求在设计阶段就考虑使用环境影响小的原材料，以减少有害废物的排放，并设计适当的处置系统以实现安全焚烧和填埋处理。具体措施如下：

（1）产品的再利用　要求产品作为一个整体尽可能保持原有性能，并建立相应的回收和再循环系统，以发挥产品的功能或为产品找到新的用途。

（2）再制造和再更新　不适当的处置会浪费本来具有使用价值的元部件，通过再制造和再更新可以使这些元部件继续发挥原有的作用或为其找到新的用途，这要求设计过程中注意应用标准元部件和易拆卸的连接方式。

（3）材料的再循环　由于投资小，见效快，再循环已成为一个常用原则。设计上的改进可以增加可再循环材料的使用比例，从而减少最终进入废物处置阶段材料的数量，节省废物处置成本，并通过销售或利用可再循环材料带来经济效益。

（4）安全焚烧　当无法进行再利用和再循环时，可以采取安全焚烧的方法获取能量，但应通过焚烧设计上的改进减少最终进入环境的有害废物数量。

（5）废物填埋处理　只有在以上原则都无法应用的情况之下，才能采用这一原则，并注意处置的正确方式，应避免有害废物的渗透威胁地下水和土壤，同时进入这一阶段的材料比率应为最低。

10.2.3　产品生态设计案例

1. 中国办公家具

（1）项目　哈尔滨四达家具实业有限责任公司为了降低公司产品对环境的影响，参照一个在隔断方面有突出作用的办公室装备系统，最终设计出一种比较廉价、易于生产和有吸引力的办公室家具系统。

（2）环境优点　与具有同类功能的产品相比，质量减轻46%，生产能耗降低67%，脲醛树脂使用减少36%。

（3）一般优点　办公室布局更灵活、效率更高，隔墙具有半透明（传播白天光线）和吸声特性。

2. 哥斯达黎加的高能效照明系统

（1）项目　哥斯达黎加圣何塞市的SYLVANIA公司为中美洲市场开发照明系统。公司开展该项目的目的是降低其产品的环境影响，具体表现为降低能耗，提高产品质量。这种生态设计不仅对该产品的环境影响产生积极效果，而且也提供了良好的营销机会。

（2）环境改善　与同类产品相比，质量减轻42%，生产能源消耗降低65%，汞含量降低50%，涂料用量减少40%，铜用量减少65%，体积减小65%。

（3）一般改善　提高美学价值；降低成本；产品灵活，可提供不同的功能。

10.3　产品的环境标志

10.3.1　环境标志的概念

环境标志（又叫绿色标志），它是由政府的环境管理部门依据有关的环境法律、环境标准和规定，向某些商品颁发的一种特殊标志。这种标志是一种贴在产品上的图形，它证明该产品不仅质量上符合环境标准，而且其设计、生产、使用和处理等全过程也符合规定的环境保护要求，对生态无害，有利于产品的回收和再利用。它是一种环保产品的证明性商标，受法律保护，是经过严格检查、检测与综合评定，并由国家专门委员会批准使用的标志。

10.3.2 环境标志发展简介

1. 国外环境标志进展

绿色产品的概念是20世纪70年代在美国政府起草的环境污染法规中首次提出的，但真正的绿色产品首先诞生于德意志联邦共和国。1987年该国实施一项被称为“蓝色天使”的计划，对在生产和使用过程中都符合环保要求，且对生态环境和人体健康无损害的商品，由环境标志委员会授予绿色标志，这就是第一代绿色标志。

国外对于环境标志有多种称呼，而且每个国家都有各自不同的环境标志。如德国的“蓝色天使”、北欧的“白天鹅”、美国的“绿色印章”、加拿大的“环境选择”、日本的“生态标签”等，国际标准化组织将其统称为环境标志（图10-1～图10-6）。只有经过严格认证，获得绿色标志（或称环境标志）的产品才是绿色产品。

目前，德国绿色标志产品已达7500多种，占其全国商品的30%。继德国之后，日本、

图10-1 德国的环境标志

图10-2 北欧的环境标志

图10-3 美国的环境标志

图10-4 加拿大的环境标志

图10-5 日本的环境标志

图10-6 中国的环境标志

美国、加拿大等30多个国家和地区也相继建立自己的绿色标志认证制度，以保证消费者自识别产品的环保性质，同时鼓励厂商生产低污染的绿色产品。目前绿色商品涉及诸多领域和范围，如绿色汽车、绿色电脑、绿色相机、绿色冰箱、绿色包装、绿色建筑等。

2. 中国环境标志进展

原国家环保局于1993年7月23日向原国家技术监督局申请授权原国家环保局组建“中国环境标志产品认证委员会”，1993年8月我国推出了自己的环境标志图形（十环标志，图10-6），十环标志图的中心由青山、绿水和太阳组成，代表了人类所赖以生存的自然环境；外围是10个紧扣的环，代表公众参与，共同保护环境，而10个紧扣的“环”字正好与环境的“环”字同字，整个标志寓意着全民联合起来，共同保护人类赖以生存的家园。

1994年5月17日成立中国环境标志产品认证委员会，标志着我国环境标志产品认证工作的正式开始。它是由原国家环保总局、原国家质检总局等11个部委的代表和知名专家组成的国家最高规格的认证委员会，其常设机构为认证委员会秘书处，代表国家对绿色产品进行权威认证。2003年，原国家环保总局将环境认证资源进行整合，中国环境标志产品认证委员会秘书处与中国环境管理体系认证机构认可委员会（简称环认委）、中国认证人员国家注册委员会环境管理专业委员会（简称环注委）、中国环境科学研究院环境管理体系认证中心共同组成中环联合认证中心（原国家环保总局环境认证中心），形成以生命周期评价为基础，一手抓体系、一手抓产品的新的认证平台。

中国环境标志立足于整体推进ISO 14000国际环境管理标准，把生命周期评价的理论和方法、环境管理的现代意识和清洁生产技术融入产品环境标志认证，推动环境友好产品发展，坚持以人为本的现代理念，开拓生态工业和循环经济。

中国环境标志要求认证企业建立融ISO 9000、ISO 14000和产品认证为一体的保障体系。同时，对认证企业实施严格的年检制度，确保认证产品持续达标，保护消费者利益，维护环境标志认证的权威性和公正性。

1994~2003年，我国已颁布了包括纺织、汽车、建材、轻工等51个大类产品的环境标志标准，共有680多家企业的8600多种产品通过认证，获得环境标志，形成了600亿元产值的环境标志产品群体，我国的环境标志已成为公认的绿色产品权威认证标志，为提高人们的环境意识、促进我国可持续消费做出了卓越贡献。我国加入WTO以后，绿色壁垒成为我国对外贸易中的新问题，环境标志成为提高我国产品市场竞争力、打入国际市场的重要手段。

10.3.3 环境标志产品范围

环境标志产品是以保护环境为宗旨的产品。从理论上讲，凡是对环境造成污染或危害，但采取一定措施即可减少这种污染或危害的产品，均可以成为环境标志的对象。由于食品和药品更多地与人体健康相联系，因此国外在实施环境标志制度时，一般不包括食品和药品。

根据产品环境行为的不同，环境标志产品可分为以下几种类型：节能、节水、低耗型产品，可再生、可回用、可回收产品，清洁工艺产品，可生物降解产品。

10.3.4 环境标志的作用

1. 通过市场调节，增加企业效益

环境标志不是靠法律的强制手段或行政命令使企业承担环境义务，而是通过市场使企业自觉地把它的经济效益和环境效益紧紧地联系在一起，对产品“从摇篮到坟墓”的全过程进行控制，因为没有环境标志的产品将很难在市场上销售，而没有市场，企业获利将无从谈起。所以企业为了生存，会主动采用无废少废、节能节水的新技术、新工艺和新设备，生产绿色产品，获得环境标志。同时因为每3~5年环境标志都要重新进行认证，这样也促使企业及时调整产品的结构，以消除或减少生产对生态环境的破坏，节约能源和不可再生的资源，使更多的产品，获得环境标志认证。如我国青岛海尔冰箱厂1988年就开始吸收国外的先进技术，1990年9月推出了削减50%氟利昂的电冰箱，1990年11月获“欧洲环境标志”，仅销往德国的该类电冰箱就达5万多台，在数量上居亚洲国家之首。1995年广东科龙公司为保护臭氧层，生产出了无氟绿色电冰箱，获得美国环境标志的认证，使得无氟电冰箱在美的销量大大增加，提高了企业创汇的能力。

2. *在消费者和生产者之间构建诚信保证平台，提高消费者的环境保护意识，推动可持续消费*

环境标志产品，是经过独立第三方认证的产品，表明产品是在一定的标准指导下生产，其质量符合相应的要求。因此，环境标志的使用能够在生产者和消费者之间建立起产品质量和环境保护的诚信关系，为实现消费者通过产品消费支持环境保护的意愿提供了有效途径，同时也有利于提高广大消费者的环境意识。德意志联邦共和国曾进行了一次对7500个家庭的抽样调查，结果发现，78.9%的家庭都知道什么是绿色产品，并且对绿色产品表现出强烈的购买兴趣。美国的一项调查也发现，即使多花费5%，也乐于购买绿色产品的人占80%；多花费15%，也乐于购买绿色产品的人占50%。因此可以看出，通过选购、处置带有环境标志商品的日常活动，将会提高消费者的环境意识，同时消费者也参与了环境保护的活动。

3. *打破绿色壁垒，促进产品国际贸易*

有环境标志的产品在市场上取得的较好的经济效益，与公众的购买倾向是密不可分的，也就是说，环境因素将成为衡量产品销路的一个重要因素。通过市场供需原理，企业会尽一切力量满足消费者的需求，通过增加销售量而获得更多的利润。在当今竞争激烈的国际贸易市场上，环境标志就像一张“绿色通行证”，在已实行环境标志的一些国家，无环境标志实际上已成为一种非正式的贸易壁垒。这些国家把它当做贸易保护的有力武器，严格限制非环境标志产品进口。可以说谁拥有清洁产品，谁就拥有市场。实行环境标志有利于各国参与世界经济大循环，增强本国产品在国际市场上的竞争力；也可以根据国际惯例，限制别国不符合本国环境保护要求的商品进入国内市场，从而保护本国利益。

10.3.5 环境标志的法律保证

环境标志制度是建立在信息引导和市场自由竞争基础上的，在经过探索、试验后，必然会存在一个从政策引导到制定法律的过渡问题。环境标志除被社会所接受外，还需要以一种具有稳定性、普遍性的社会规范形式（法律形式）存在。目前，我国已转入市场经济的轨道，环境标志制度借用市场经济的竞争机制，在生产经营者自愿的基础上生产销售被认定为有益环境的产品，以增强该产品在市场上的竞争力；同时，消费者在选择商品时以个人的环保意识和直接的参与行为，来影响生产经营者努力增加在产品的生产、处置各环节的环保投入，以此达到最佳的经济效益和环境效益。经济手段是保护环境的有效方法，法律规定则是保护环境、保证环境标志制度顺利实行的可靠保证。

1. 国外环境标志的立法保证

虽然各国的法律体系不尽相同，但环境标志计划之间却有很多相似的法律规定。大部分国家的环境标志计划都聘请法律顾问，依照法律规定把环境标志登记注册为商标，与使用标志者签订合同，防止错误使用标志，保护标志计划的顺利实施。

环境标志被注册登记为商标，以便保护它的非行政性和防止不正当的使用，各国的做法不完全相同。在德国，商标所有权归联邦环境自然保护和核安全部；在日本，所有权归环境协会。实践证明，这种商标保护方式对防止“假冒”环境标志产品是非常必要的。

许多环境标志计划中也建立了后续行为法律程序，对于不当使用环境标志的行为都制定了处罚措施，以保证环境标志的正确使用。如澳大利亚的标志计划中建立了仲裁机构，由四个标志评审团成员组成，决定对不当使用标志的行为做出适当反应，该机构可以决定警告违反合同的团体或提出调停。不管仲裁机构的决定如何，商家均可在法庭上控告其认为是对其采取了不正当竞争行为（如未获环境标志而自行张贴标志的行为）的违法者。

2. 我国环境标志的商标保护

我国环境标志计划采取的法律保障措施，主要是对环境标志进行商标注册、与申请使用环境标志的生产者签订环境标志使用合同书，相应受我国商标法和合同法的保护。

环境标志商标属证明商标，证明生产某产品的厂商的身份、商品的原料、商品的功能或商品质量的标记。使用这种商标的商品，其生产、经营者自已不得注册，需由商会、实业或其他团体申请注册，申请人（商标所有人）对于使用该证明商标的商品质量具有鉴定能力，并负有保证其质量的责任。大多数国家的商标法中规定：证明商标不得转让、租借、抵押，同时还对使用证明商标者，违反该商标章程的行为和假冒证明商标的行为，应当承担的法律责任作出明确规定。

我国环境标志符合证明标志的所有条件，是一种典型的证明商标。由原国家技术监督局授权的“中国环境标志产品认证委员会”已于1994年5月17日正式成立，认证委员会依据已颁发的《中国环境标志产品认证委员会章程》和《环境标志产品认证管理办法》开展认证工作，同时中国环境标志图形已确定，并已由“中国环境标志产品认证委员会”作为申请人在国家商标局对其进行了注册，从而使我国环境标志图形取得了注册商标专用权，认证委员会则是此认证商标的所有人。

我国法律对环境标志的商标保护：我国现有的法律中与环境标志保护有关的法律主要有《中华人民共和国商标法》、《中华人民共和国产品质量法》和《中华人民共和国反不正当竞争法》。

《中华人民共和国商标法》规定：经商标局核准注册的商标为注册商标，包括商品商标、服务商标、证明商标；商标注册人享有商标专用权，受法律保护。

《中华人民共和国商标法》中有关证明商标的定义是：“证明商标，是指由对某种商品或者服务具有监督能力的组织所控制，而由该组织以外的单位或者个人使用其商品或者服务，用以证明该商品或者服务的原产地、原料、制造方法、质量或者其他特定品质的标志。”

《中华人民共和国商标法》第四十条规定，需要使用注册商标的人要与商标注册人签订商标使用许可合同，并保证使用该注册商标的商品质量：“商标注册人可以通过签订商标使用许可合同，许可他人使用其注册商标。许可人应当监督被许可人使用其注册商标的商品质量。被许可人应当保证使用该注册商标的商品质量。”另外，该法律还在第五十二至第五十九条对商标侵权行为及对侵权行为的制裁都作了明确的规定。

《中华人民共和国产品质量法》在“总则”中作为一条原则规定：“禁止伪造或者冒用认证标志等质量标志”；在第二章“产品质量的监督管理”中第十四条和第十五条对产品质量认证制度的建立原则和方法、产品质量检测机构等作出规定；第三章中规定生产者、销售者不得伪造或者冒用认证标志等质量标志；第五章“罚则”中对违反有关规定的行为处罚的办法作出规定。

《中华人民共和国反不正当竞争法》第五条规定：经营者不得假冒他人的注册商标；也不得在商品上伪造或冒用认证标志、名优标志等质量标志。这一规范市场主体行为的法律界定了“不正当竞争行为”（如假冒注册商标、伪造或冒用认证标志和虚假广告），规定了市场“监督检查”制度，并明确了不正当竞争行为应承担的“法律责任”。

以上三个法律，为“环境标志”的实施创造了良好的环境，市场的有序竞争，使环境标志产品竞争优势得以充分发挥，并且随着人们环境保护意识的提高和环境标志产品被社会接受程度的提高，对环境友好的产品的市场将不断扩大，生产经营者和消费者的合法权益都将获得法律保障。

3. 环境标志的合同保障

我国的“环境标志使用合同书”使环境标志的实施更具合理性与法规性。我国的“环境标志使用合同书”属格式合同，它在甲方（中国环境标志产品认证委员会秘书处）和乙方（认证申请单位）之间建立了一个共同的具有法律和债务责任的合同，其中主要对乙方如何使用环境标志、合同期限及甲方对乙方的认证监督方面作了规定。

企业申请使用环境标志完全是自愿的，同时企业只有依法签订“环境标志使用合同书”，才能使用环境标志。合同自签订之日起，即具有法律效力，因此合同是对中国环境标志产品认证委员会与认证申请单位双方的一个有效的法律约束文件。

10.3.6 中国实施环境标志的策略

环境标志的产生与发展依赖于公众的环境保护意识，没有消费者选购环境标志产品，环境标志工作就无法开展。由于环境标志产品在生产过程中，除考虑产品的一般特性外，还要考虑产品环境因素，增加研究工作和技术的投入，因此其生产不能完全做到遵循成本最低原则。在目前情况下，环境标志产品的价格会比普通产品价格高。当前，在我国公众整体的环保意识较差，购买倾向以产品价格为主要选择因素的情况下，企业在选择环境标志产品种类时，应充分考虑我国公众的环境意识水平，既要使标志产品有较好的环境性能，又能吸引消费者购买，保持其强劲的市场竞争力。

我国实施环境标志的策略如下：

1. 有步骤、分阶段、逐步扩大环境标志产品实施范围

任何产品都有环境行为，不论它是在设计、生产、使用中，还是在处理、处置中，都会或多或少地与环境发生关系。根据标志产品“全过程控制”的原则，所有具有环境行为的产品都可以进行环境标志产品认证，所以从理论上讲，所有产品都可以纳入环境标志产品的范围。

现阶段我国主要适宜在低毒污染类、低排放类、可回收利用类、节能节水类、可生物降

解类、纯天然食品类产品中开展标志工作。除此之外，对于在广告中涉及老年人、妇女和儿童特殊保健作用又与环境行为有关的产品，为区别真伪，也将列入环境标志的工作范围。

2. 企业自愿申请标志产品认证

环境标志是“软的市场手段”，应该是一种自愿性行为。目前标志产品在消费者心目中还远远没有达到足够高的地位，因此，强制性认证必将受到企业的抵制，但随着社会的进步、公众环保意识的提高，环境标志完全有可能与产品质量保证、卫生保证、安全保证一样，成为产品进入市场的必要前提和准入标准。

环境标志不同于以往的排污收费、超标处罚等环境管理手段，它将环境保护与市场经济结合起来，由企业自愿申请，可以调动企业参与环境保护的积极性，使企业由以往的被动治理转变为主动防治，鼓励了环境行为优良的产品及其企业的发展。

3. 标志产品应体现出导向作用

标志产品是同类产品中环境性能优越的产品，从体现导向作用出发，标志产品的数量应有一个适当的比例。控制标志产品的比例，主要依靠控制标志产品技术指标的难易程度，国外又称其为标准阈值。从市场的角度考虑，较低的标准阈值会使大多数产品达到要求，则标志产品的声誉以及对消费者、制造商的吸引力将受到损害；同样，较高的标准阈值，意味着标志产品只能占有较小市场份额。

4. 在出口产品中开展标志工作

在出口产品中开展标志工作，是我国环境标志工作的重要方向。当前，一方面，公众整体环保意识较差，是我国现阶段实施环境标志的一个最大的制约因素；另一方面，环境标志在很多国家，被当做贸易保护的一个有力武器，许多国家严禁无环境标志的产品进口，环境标志成为国际贸易市场中的一张“绿色通行证”。因此，在出口商品中实施环境标志，对于增强产品竞争力、打破贸易保护壁垒以及扩大我国环境标志的国际影响，有着十分现实的意义。

5. 标志产品的种类尽可能与国外产品一致

国外环境标志工作已有十几年的历史，其中积累了不少经验。有选择地从国外标志产品中提出适合我国的种类，是我国开展标志工作的一条捷径，有利于与国际环境标志工作接轨，有利于我国与其他国家标志工作的经验交流，有利于国际贸易发展。

10.4 绿色食品和有机食品

10.4.1 绿色食品和有机食品产生的背景

在现代农业生产中，一方面，为了追求较高的生产水平，大量投入各种物质，农业环境质量已经有不同程度的下降，使农业的可持续发展受到极大的影响。如由于过量施用化肥，造成江河、湖泊、水库富营养化，地下水硝酸盐污染；农药、除草剂的任意大量使用，使作物农药残留污染日益严重。另一方面，由于各种物质的大量投入，使一些农药、除草剂及重金属等随食物链传递，影响到食品的安全和人类健康，人们迫切希望农业生产体系生产出既保护环境又安全健康的食品，绿色食品（Green Food）及有机食品（Organic Food）的生产体系就在这样的背景条件下应运而生。

目前，我国的无公害农产品、绿色食品及有机产品的生态体系都是与食品安全和生态环境相关的农产品生产体系。三者之间的关系是：无公害食品关系整个国家食品质量安全，所有食品都应该达到无害化的目标；绿色食品是在全面满足食品质量安全的前提下，能达到促进市场销售和满足环境保护的要求；有机食品是以可持续发展、环境保护为基础，追求健康生活和与自然融合的理念。

10.4.2 绿色食品

1. 绿色食品的概念及特征

绿色食品是遵循可持续发展原则，按照特定生产方式生产，经专门机构认证，许可使用绿色食品标志的、无污染的、安全、优质、营养类食品。

绿色食品与普通食品相比有三个显著特征：

(1) 强调产品出自良好生态环境　绿色食品生产从原料产地的生态环境入手，由法定的环境监测部门对产品原料产地及其周围生态环境因子进行定点采样监测，判定其是否具备生产绿色食品的基础条件，而不是简单地禁止生产过程中化学合成物质的使用。这样既可保证绿色食品生产原料和初级产品的质量，又利于强化企业和农民的资源及环境保护意识，最终将农产品生产和食品加工业的发展建立在资源和环境可持续利用的基础上。

(2) 对产品实行全程质量控制　绿色食品生产实施“从农田到餐桌”全程质量控制，而不是简单地对最终产品的有害成分含量和卫生指标进行测定，从而在农业和食品生产领域树立了全新的质量观。通过产前环节的环境监测和原料检测，产中环节具体生产、加工操作规程的落实，以及产后环节产品质量、卫生指标、包装、保鲜、运输、储藏、销售的有效控制，提高全过程的技术含量，确保绿色食品的整体产品质量。

(3) 对产品依法实行标志管理　绿色食品标志是一个质量证明商标，属知识产权范畴，受《中华人民共和国商标法》保护。政府授权专门机构管理绿色食品标志，这是一种将技术手段和法律手段有机结合起来的生产组织和管理行为，而不是一种自发的民间自我保护行为。对绿色食品实行统一、规范的标志管理，不仅使生产行为纳入了技术和法律监控的轨道，而且使生产者明确了自身和对他人的权益责任，同时也有利于企业争创名牌，树立品牌商标保护意识，提高企业社会知名度和产品市场竞争力。

2. 绿色食品标志

中国绿色食品标志是由中国绿色食品发展中心在国家工商行政管理局商标局正式注册的质量证明商标，从而使绿色食品标志商标专用权受《中华人民共和国商标法》保护，这样既有利于约束和规范企业的经济行为，又有利于保护广大消费者的利益。

与环境标志相同，绿色食品标志作为一种特定的产品质量的证明商标，其商标专用权受《中华人民共和国商标法》保护。作为质量证明商标标志，绿色食品标志有三条一般商品标志不具备的特定含义：

1) 有一套特定的标准——绿色食品标准。

2) 有专门的质量保证机构和除工商行政管理机构之外的标志管理机构。

3) 标志商标注册在产品上，只有该标志商标的转让权、授予权，无使用权。

绿色食品标准分为两个技术等级，即AA级绿色食品标准和A级绿色食品标准，生产出的食品相应称为AA级绿色食品和A级绿色食品，两者的最大区别是：A级绿色食品在生产过程中允许限量使用限定的化学合成物质；AA级绿色食品在生产过程中不使用任何有害化学合成物质。

我国的绿色食品标志由“绿色食品”、“Green Food”、绿色食品标志图形分离或组合形式构成（图10-7）。

3. 绿色食品产地及生产要求

图10-7　中国绿色食品标志的四种形式

1）绿色食品生产基地要求。绿色食品生产基地应选择在无污染和生态环境良好地区。基地选点应远离工矿区和公路铁路干线，避开工业和城市污染源的影响，同时绿色食品生产基地应具有可持续的生产能力。另外，生产基地还要满足绿色食品产地环境质量标准的要求。

2）绿色食品生产要求。绿色食品的生产必须严格执行绿色食品生产的一系列标准，在标准的指导下完成绿色食品的生产、加工、储藏、保鲜和运输，并建立相应的质量管理体系，以确保标准的落实。

绿色食品的标准包括：绿色食品肥料、农药、饲料和饲料添加剂、兽药的使用原则，绿色食品添加剂、产地环境质量标准及绿色食品动物卫生准则。

4. 绿色食品认证

绿色食品认证是依据产品标准和相应技术的要求，经认证机构确认，并通过颁发认证证书和认证标志来证明某一产品符合相应标准和相应技术要求的活动。其认证具有以下几个特征：①质量认证的对象是产品或服务；②质量认证的依据是绿色食品标准；③认证机构属于第三方性质；④质量认证合格的表示方式是颁发“认证证书”和“认证标志”，并予以注册登记。

绿色食品的质量管理是通过绿色食品标志许可使用的认证，引导企业在生产过程中建立质量管理体系，以补充技术规范对产品的要求。因此，绿色食品认证具有产品质量认证和质量体系认证双重性质。

10.4.3　有机食品

1. 有机食品的概念及特征

根据GB/T 19630.1～19630.4—2011，有机农业定义为：遵照特定的农业生产原则，在生产中不采用基因工程获得的生物及其产物，不使用化学合成的农药、化肥、生长调节剂、饲料添加剂等物质，遵循自然规律和生态学原理，协调种植业和养殖业的平衡，采用一系列可持续的农业技术以维持持续稳定的农业生产体系的一种农业生产方式。

有机食品是指来自有机农业生产体系，根据有机认证标准生产、加工，并经独立认证机构认证的食品，包括粮食、食用油、蔬菜、水果、畜禽产品、水产品、奶制品、蜂产品、茶叶、酒类、饮料、调味料等。

除有机食品外，还有有机化妆品、纺织品、林产品、生物农药、有机肥料，它们被统称为有机产品。

有机食品必须具备的四个条件：

1）原料必须来自已经建立或正在建立的有机农业生产体系，或者是采用有机方式采集的野生天然产品。

2）产品在整个生产过程中，必须严格遵循 GB/T 19630.1～19630.4—2011 的生产、加工、包装、储藏、运输等要求。

3）在有机食品的生产和流通过程中，有完善的跟踪审查体系和完整的生产和销售的档案记录。

4）必须通过独立的有机产品认证机构的认证审查。

有机食品的特征：

1）有机食品在生产加工过程中，绝对禁止使用农药、化肥、激素等人工合成物质以及转基因产品；绿色食品在生产加工过程中，仅禁止使用转基因产品；无公害农产品在生产和加工过程中，对化学合成的产品及转基因产品均允许使用。

2）有机食品在生产中有转换期要求。考虑到某些物质在环境中或生物体内残留，有机食品的生产（包括种植和养殖业）必须有转换期，绿色食品及无公害农产品生产中无此要求。

3）在数量上严格控制有机食品，要求定地块、定产量，通过产品标志使用量严格控制销售量。绿色食品及无公害农产品没有如此严格的要求。

2. 有机产品标志

目前，我国的有机产品认证标志分为“中国有机产品认证标志”和“中国有机转换产品认证标志”两种。所有的有机认证产品，包括有机食品在内，在有机产品转换期内生产的产品或者以转换期内生产的产品为原料加工的产品，应当使用“中国有机转换产品认证标志”，如图 10-8 所示。通过转换期后，应当使用“中国有机产品认证标志”，如图 10-9 所示。

图 10-8　中国有机转换产品认证标志

图 10-9　中国有机产品认证标志

与环境标志一样，有机产品标志作为一种特定的产品质量的证明商标，其商标专用权受《中华人民共和国商标法》保护。作为质量证明商标标志，有机产品和绿色食品的标志与一般商品的标志不同。

有机产品的获证单位或者个人，应当按照规定在获证产品或者产品的最小包装上加施有机产品认证标志。

3. 有机食品产地及生产要求

（1）有机食品产地环境要求　根据 GB/T 19630.1～19630.4—2011 的要求，有机生产需要在适宜的环境条件下进行。有机生产基地应远离城区、工矿区、交通主干线、工业污染源、生活垃圾场等。基地的环境质量应符合以下要求：①土壤环境质量符合 GB 15618—1995《土壤环境质量标准》中的二级标准；②农田灌溉用水水质符合 GB 5084—2005《农田灌溉水质标准》的规定；③环境空气质量符合 GB 3095—1996《环境空气质量标准》中二级标准和 GB 9137—1988《保护农作物的大气污染物最高允许浓度》的规定。

(2) 有机食品生产要求 GB/T 19630.1～19630.4—2011，以国际有机食品标准为基础，将食品安全、环境保护和可持续发展作为一个整体。因此，有机食品的生产过程必须实行全过程控制。

为保证有机食品的质量及其完整性，有机食品的生产者、加工者和经营者都必须建立与完善以 ISO 9000 质量管理体系为基础的内部质量保证体系，以实施从田间到餐桌的全过程控制，确保有机食品在生产、加工、运输、储藏、销售的各个环节处于可控状态。有机管理体系包括文件、资源、内部检查、追踪体系和持续改进的管理系统，同时，建立并保持一套完整的文档记录系统，以便对生产过程进行跟踪审查。

4. 有机食品的认证

有机食品认证是依据产品标准和相应技术要求，经认证机构确认，并通过颁发认证证书和认证标志来证明某一产品符合相应标准和相应技术要求的活动。其认证具有以下几个特征：①质量认证的对象是农产品或服务；②质量认证的依据是有机产品标准；③认证机构属于第三方性质；④质量认证合格的表示方式是颁发“有机转换产品认证证书”和“有机产品认证证书”。

有机产品的认证机构通常都有自己申请注册的认证标志，并在产品包装上注明，向消费者证明该产品是在有机标准指导下生产的，符合产品质量要求。

中绿华夏有机食品认证中心（简称 COFCC）标志（图 10-10），采用人手和叶片为创意元素，含义包括：其一是一只手向上持着一片绿叶，寓意人类对自然和生命的渴望；其二是两只手一上一下握在一起，将绿叶拟人化为自然的手，寓意人类的生存离不开大自然的呵护，人与自然需要和谐美好的生存关系。

图 10-10 中绿华夏有机食品认证中心标志

南京国环有机产品认证中心（简称 OFDC）标志（图 10-11），由两个同心圆、图案组成，中心的图案代表着 OFDC 认证的植物和动物产品。文字表达分为有机认证、有机转换认证和中国良好农业规范认证。凡符合认证标准并获得 OFDC 认证的产品均可申请使用该标志，经 OFDC 颁证委员会审核同意后，颁发并授予该标志的使用。标志的大小可以根据使用方的需要变化，但其形状和颜色不可变更。有机产品认证标志右方的 IFOAM（国际有机农业运动联盟）英文标志，可用于 OFDC 获得 IFOAM 认可的认证项目（作物栽培、食用菌、畜禽养殖、水产养殖、野生采集、加工产品、有机肥和植保产品）的产品标志上。

图 10-11 南京国环有机产品认证中心标志

各认证机构都制定有各自的认证原则和程序，以保证认证的客观性、透明性和信任度。由于各个国家的有机食品认证标准不尽相同，因此有机食品在哪里销售，就执行哪里的标准。如有机食品销往欧洲国家，则执行《欧共体有机农业条例》(2092/91)；有机食品在国内销售，则执行 GB/T 19630.1～19630.4—2011。

5. 绿色食品与有机食品的区别

有机食品与绿色食品的主要区别如下：

(1) 认证管理机构不同 有机食品认证由中国国家认证认可监督管理委员会认可的独立第三方认证机构进行，绿色食品认证由中国绿色食品发展中心进行。

(2) 生产加工依据标准不同 第一，在有机食品的生产加工过程中绝对禁止使用化学合成的农药、化肥、食品添加剂、饲料添加剂、兽药及激素等物质，并且不允许使用基因工程技术；AA 级绿色食品标准与上述有机食品标准基本相同；A 级绿色食品允许限量使用限定的化学合成生产资料。第二，从生产其他食品到生产有机食品需要有 2～3 年的转换期，而绿色食品的生产没有转换期的要求。第三，在数量控制上，有机食品的认证要求定地块、定产量，而绿色食品没有如此严格要求。因此，生产有机食品比生产其他食品难得多，需要建立全新的生产体系和监控体系，并采用相同的病虫害防治、地力保持、种子培育、产品加工和储存等替代技术。

(3) 产品的标志不同 有机食品、绿色食品均有不同的、具有特殊代表意义的、经国家注册的可在商品包装与商标同时使用的专用标志。

(4) 认证方法不同 有机食品及 AA 级绿色食品认证实行检查员制度，在认证方法上是以实地检查认证为主，检测认证为辅，认证检查重点是各种农事记录、生产资料的购买及应用等记录。A 级绿色食品的认证是以检查认证和检测认证并重为原则，在环境技术条件的评价方法上，采用调查评价与检测认证的方式。

(5) 认证证书的有效期限不同 有机食品认证证书的有效期是一年，绿色食品认证证书的有效期是三年。

(6) 产品消费市场不同 国内市场，有机食品主要是针对收入高、生活富裕、知识层次较高的群体；国际市场，有机食品是农产品出口的优势产品。绿色食品主要针对工薪阶层或中等收入群体。有机食品与绿色食品的比较见表 10-1。

表 10-1 有机食品与绿色食品的比较

项目 \ 食品	有机食品	绿色食品(A 级)	绿色食品(AA 级)
名称	国际常见的法定名称为“有机食品”、“生物食品”和“生态食品”	绿色食品	绿色食品
生产标准	根据 EEC2092/91, IFOAM 基本标准, FAO/WHO CODEX ALIMENTARIUS 有机食品指南标准	农业部 A 级绿色食品生产标准	农业部 AA 级绿色食品生产标准
生产环境	未受污染	未受污染	未受污染
农药、化肥等化学物质的使用	禁止使用	有限制的使用	禁止使用
基因工程技术及其生物	禁止使用	部分禁止使用	部分禁止使用
辐射处理技术	禁止使用	未作严格规定	未作严格规定

（续）

项目 \ 食品	有机食品	绿色食品（A级）	绿色食品（AA级）
转换期	作物2~3年，畜禽几周至1年	不需转换期	未作严格规定
允许使用的物质	强调使用农场自产的物质，限制使用农场外的物质	未作严格规定	未作严格规定
允许物质的使用量	根据作物的需求使用，不允许污染环境	未作严格规定	未作严格规定
生产方法	开发、应用对环境无害的生产方法	无特殊规定	无特殊规定
畜禽养殖	根据畜禽的自然生活习性和土地的载畜量饲养	未作严格规定	未作严格规定
环境安全	尽最大可能保护作物、畜禽、自然动物的多样性，使水土流失等生态破坏问题减少到最低程度	未作严格规定	未作严格规定
检查认证单位	通过ISO认证	无此特殊要求	无此特殊要求
认证有机食品数量	严格的控制数量（明确地块、限定养殖场规模）	没有特别规定	没有特别规定
认证证书有效期	1年	3年	3年
国际贸易	国外消费者认可有机食品，愿意高价购买	不能作为有机食品销售	不能作为有机食品销售

10.5 发展绿色包装

绿色包装一般是指采用对环境和人体无污染，可回收循环利用或再生利用的包装材料及其制品的包装。绿色包装的本质是对生态环境的损害最小及有利于资源再生，要求绿色包装产品必须符合“3R1D”原则，即减少包装材料消耗（Reduce），包装容器的再填充使用（Reuse），包装材料的回收循环使用（Recycle），以及包装材料具有降解性（Degradable）。大量的包装废弃物，造成了严重的环境污染和对生态环境的破坏以及资源浪费。实施绿色包装既是保护环境的需要，也是增强产品竞争力的重要手段。绿色包装具有以下特点：①包装材料最省，废弃物最少；②易于回收循环使用和再生利用；③包装材料可自行降解；④包装材料对人体和生物系统无毒无害；⑤包装产品不产生环境污染。绿色包装可划分为四大类：一是重复再用包装，即对产品包装的反复利用，如啤酒、饮料、酱油、醋等包装采用玻璃瓶反复使用；二是再生利用包装，即对产品的包装经加工后制成新的包装再次利用，如聚酯瓶在回收之后，可用物理和化学两种方法再生；三是可食性包装，即用可食性包装膜和可食用保鲜膜制成的包装；四是可降解包装，即以化学结构发生变化的塑料制成的包装，具体又分为光降解塑料包装、化学降解塑料包装、生物降解塑料包装、复合降解材料包装等。

绿色包装是随着环境保护的兴起而产生的一种清洁生产措施和环境保护行为。特别是环保新材料、新技术的不断涌现，使得绿色包装逐步成为企业现实的选择。纵观世界绿色包装的实施，其发展是健康的、持续的。企业绿色包装的发展趋势，一是发展“适度”包装，提高包装用纸的强度、厚度，尽量避免“过分包装”“豪华包装”以及超过产品体积20%的“增肥大包装”，减少包装材料的使用量，减少包装废弃物的生产量；二是绿色包装要以节约能量、节省资源和环境保护为目标，使包装朝着经济、自动、高效和多功能方面发展；

三是要低耗、高效获得商品最佳包装和回收利用废旧包装；四是应用高性能、功能性包装材料及制品来代替一般传统的包装；五是进一步提高包装回收复用率，发展周转包装，如废纸、铝罐等包装废弃物，回收后再生利用；六是选用对环境和人体无害无毒的包装材料，大力发展绿色包装。

绿色包装是一个完整的工程系统，其中绿色包装设计是首要环节。绿色包装设计的目标，就是在设计上除了满足包装整体的保护功能、视觉功能，达成经济方便、满足消费者的心愿的目的之外，更重要的是产品要符合环境标准，即对人体、环境有益；包装产品的整个生产过程也要符合清洁的生产过程，即生产中所有的原料、辅料要无毒无害，生产工艺不产生对大气及水源的污染，以及流通、储存中保证产品的环境质量，以达到产品整个生命周期符合国际环境标准的目标。

绿色包装系统设计的原则，一是要使整个系统成为绿色包装系统，其总系统的各个子系也都成为无污染环节，以此全面保证最终产品的环境友好型；二是生产过程中要节约能源，节省材料，充分利用再生资源；三是包装产品要轻量化、可重复使用、可循环再生、可获得新的价值及可降解腐化；四是产品符合国际潮流，受人青睐，物美价廉，市场看好，实用性强，使用方便，迎合消费者的心理，融入国际环保大趋势，满足人们的环保型消费要求。上述原则可简化为“三化三可”，即简单化、轻量化、材料单一化和可循环再生、可重复使用、可降解腐化。绿色包装系统的设计方案应按照包装产品的整个生命周期形成的先后顺序进行设计和规划，其主要内容包括选择包装材料、确定生产技术要求、包装产品设计、运输包装设计、销售包装设计、包装废弃物的回收再造和处理的设计、包装成本计算等。

目前可降解包装材料和可食性包装材料在世界环保大潮的推动下已成为全世界关注的中心，成为世界性的研究课题。特别是可食性包装材料，以其代替塑料包装已成为当前包装业的一大热点。可食性包装材料是天然的有机小分子及高分子物质，可以由人体自然吸收，也可以由自然界风化和微生物分解。可食性包装材料的原材料来自自然界中的植物、动物或自然合成的有机小分子和高分子物质，如蛋白质、氨基酸、脂肪、纤维素、凝胶等。可食性包装材料的特点是质轻、透明、卫生、无毒无味，可直接贴紧食物包装，保质、保鲜效果好。目前所面世的谷物质薄膜、胶原薄膜、纤维素薄膜都是典型的代表。作为大豆蛋白质、淀粉混合所制成的包装膜，它能够保持水分、阻隔氧气，保持食品原味和营养价值；动物蛋白质胶原制成的可食性薄膜也与之类似，但强韧性更好一些，并在耐水性、隔绝水蒸气方面更有特性，可作为肉类食品、咖啡等的包装；用甲壳素制成的纤维素薄膜，有较好的水溶性，适宜做各种形状的食品容器；也适合真空包装；从贝类中提取的壳聚糖，与月桂酸结合在一起可以制成可食性薄膜，有很好的保鲜作用；用脱乙酰壳多糖作原料加工成包装纸，可用于快餐面、调味品、面包及各种食品的包装，可直接烹调，不必去除袋子；用虫胶和淀粉混合可制成耐水耐油的包装纸或涂层，用于快餐食品包装；我国以特有的植物——魔芋制成的替代包装，具有可食性和较好的强度、韧性和包装性。总之，可食性包装原料来源广泛、易制作、经济、方便、环保性强，有着广阔的发展前景，正在日益成为世间最庞大的食品行业的重要包装物，成为实现绿色包装、推动环境保护的重要工具。

复习与思考

1. 什么是绿色产品？其主要特征有哪些？

2. 发展绿色产品的意义何在?
3. 什么是生态设计?进行生态设计应遵循哪些原则?
4. 何谓环境标志?环境标志的作用是什么?
5. 我国的环境标志法律保障体系是怎样的?
6. 中国环境标志的实施策略是怎样的?
7. 绿色食品和有机食品有什么区别?
8. 什么是绿色包装?简述绿色包装产品的“3R1D”原则。

附　录

附录 1　中华人民共和国清洁生产促进法

（2002 年 6 月 29 日第九届全国人民代表大会常务委员会第二十八次会议通过，根据 2012 年 2 月 29 日第十一届全国人民代表大会常务委员会第二十五次会议《关于修改〈中华人民共和国清洁生产促进法〉的决定》修正）

第一章　总　　则

第一条　为了促进清洁生产，提高资源利用效率，减少和避免污染物的产生，保护和改善环境，保障人体健康，促进经济与社会可持续发展，制定本法。

第二条　本法所称清洁生产，是指不断采取改进设计、使用清洁的能源和原料、采用先进的工艺技术与设备、改善管理、综合利用等措施，从源头削减污染，提高资源利用效率，减少或者避免生产、服务和产品使用过程中污染物的产生和排放，以减轻或者消除对人类健康和环境的危害。

第三条　在中华人民共和国领域内，从事生产和服务活动的单位以及从事相关管理活动的部门依照本法规定，组织、实施清洁生产。

第四条　国家鼓励和促进清洁生产。国务院和县级以上地方人民政府，应当将清洁生产促进工作纳入国民经济和社会发展规划、年度计划以及环境保护、资源利用、产业发展、区域开发等规划。

第五条　国务院清洁生产综合协调部门负责组织、协调全国的清洁生产促进工作。国务院环境保护、工业、科学技术、财政部门和其他有关部门，按照各自的职责，负责有关的清洁生产促进工作。

县级以上地方人民政府负责领导本行政区域内的清洁生产促进工作。县级以上地方人民政府确定的清洁生产综合协调部门负责组织、协调本行政区域内的清洁生产促进工作。县级以上地方人民政府其他有关部门，按照各自的职责，负责有关的清洁生产促进工作。

第六条　国家鼓励开展有关清洁生产的科学研究、技术开发和国际合作，组织宣传、普及清洁生产知识，推广清洁生产技术。

国家鼓励社会团体和公众参与清洁生产的宣传、教育、推广、实施及监督。

第二章　清洁生产的推行

第七条　国务院应当制定有利于实施清洁生产的财政税收政策。

国务院及其有关部门和省、自治区、直辖市人民政府，应当制定有利于实施清洁生产的产业政策、技术开发和推广政策。

第八条　国务院清洁生产综合协调部门会同国务院环境保护、工业、科学技术部门和其他有关部门，根据国民经济和社会发展规划及国家节约资源、降低能源消耗、减少重点污染物排放的要求，编制国家清洁生产推行规划，报经国务院批准后及时公布。

国家清洁生产推行规划应当包括：推行清洁生产的目标、主要任务和保障措施，按照资源能源消耗、污染物排放水平确定开展清洁生产的重点领域、重点行业和重点工程。

国务院有关行业主管部门根据国家清洁生产推行规划确定本行业清洁生产的重点项目，制定行业专项清洁生产推行规划并组织实施。

县级以上地方人民政府根据国家清洁生产推行规划、有关行业专项清洁生产推行规划，按照本地区节约资源、降低能源消耗、减少重点污染物排放的要求，确定本地区清洁生产的重点项目，制定推行清洁生产的实施规划并组织落实。

第九条 中央预算应当加强对清洁生产促进工作的资金投入，包括中央财政清洁生产专项资金和中央预算安排的其他清洁生产资金，用于支持国家清洁生产推行规划确定的重点领域、重点行业、重点工程实施清洁生产及其技术推广工作，以及生态脆弱地区实施清洁生产的项目。中央预算用于支持清洁生产促进工作的资金使用的具体办法，由国务院财政部门、清洁生产综合协调部门会同国务院有关部门制定。

县级以上地方人民政府应当统筹地方财政安排的清洁生产促进工作的资金，引导社会资金，支持清洁生产重点项目。

第十条 国务院和省、自治区、直辖市人民政府的有关部门，应当组织和支持建立促进清洁生产信息系统和技术咨询服务体系，向社会提供有关清洁生产方法和技术、可再生利用的废物供求以及清洁生产政策等方面的信息和服务。

第十一条 国务院清洁生产综合协调部门会同国务院环境保护、工业、科学技术、建设、农业等有关部门定期发布清洁生产技术、工艺、设备和产品导向目录。

国务院清洁生产综合协调部门、环境保护部门和省、自治区、直辖市人民政府负责清洁生产综合协调的部门、环境保护部门会同同级有关部门，组织编制重点行业或者地区的清洁生产指南，指导实施清洁生产。

第十二条 国家对浪费资源和严重污染环境的落后生产技术、工艺、设备和产品实行限期淘汰制度。国务院有关部门按照职责分工，制定并发布限期淘汰的生产技术、工艺、设备以及产品的名录。

第十三条 国务院有关部门可以根据需要批准设立节能、节水、废物再生利用等环境与资源保护方面的产品标志，并按照国家规定制定相应标准。

第十四条 县级以上人民政府科学技术部门和其他有关部门，应当指导和支持清洁生产技术和有利于环境与资源保护的产品的研究、开发以及清洁生产技术的示范和推广工作。

第十五条 国务院教育部门，应当将清洁生产技术和管理课程纳入有关高等教育、职业教育和技术培训体系。

县级以上人民政府有关部门组织开展清洁生产的宣传和培训，提高国家工作人员、企业经营管理者和公众的清洁生产意识，培养清洁生产管理和技术人员。

新闻出版、广播影视、文化等单位和有关社会团体，应当发挥各自优势做好清洁生产宣传工作。

第十六条 各级人民政府应当优先采购节能、节水、废物再生利用等有利于环境与资源保护的产品。

各级人民政府应当通过宣传、教育等措施，鼓励公众购买和使用节能、节水、废物再生利用等有利于环境与资源保护的产品。

第十七条 省、自治区、直辖市人民政府负责清洁生产综合协调的部门、环境保护部门，根据促进清洁生产工作的需要，在本地区主要媒体上公布未达到能源消耗控制指标、重点污染物排放控制指标的企业的名单，为公众监督企业实施清洁生产提供依据。

列入前款规定名单的企业，应当按照国务院清洁生产综合协调部门、环境保护部门的规定公布能源消耗或者重点污染物产生、排放情况，接受公众监督。

第三章 清洁生产的实施

第十八条 新建、改建和扩建项目应当进行环境影响评价，对原料使用、资源消耗、资源综合利用以及污染物产生与处置等进行分析论证，优先采用资源利用率高以及污染物产生量少的清洁生产技术、工艺和设备。

第十九条 企业在进行技术改造过程中，应当采取以下清洁生产措施：

（一）采用无毒、无害或者低毒、低害的原料，替代毒性大、危害严重的原料；

（二）采用资源利用率高、污染物产生量少的工艺和设备，替代资源利用率低、污染物产生量多的工艺和设备；

（三）对生产过程中产生的废物、废水和余热等进行综合利用或者循环使用；

（四）采用能够达到国家或者地方规定的污染物排放标准和污染物排放总量控制指标的污染防治技术。

第二十条 产品和包装物的设计，应当考虑其在生命周期中对人类健康和环境的影响，优先选择无毒、无害、易于降解或者便于回收利用的方案。

企业对产品的包装应当合理，包装的材质、结构和成本应当与内装产品的质量、规格和成本相适应，减少包装性废物的产生，不得进行过度包装。

第二十一条 生产大型机电设备、机动运输工具以及国务院工业部门指定的其他产品的企业，应当按照国务院标准化部门或者其授权机构制定的技术规范，在产品的主体构件上注明材料成分的标准牌号。

第二十二条 农业生产者应当科学地使用化肥、农药、农用薄膜和饲料添加剂，改进种植和养殖技术，实现农产品的优质、无害和农业生产废物的资源化，防止农业环境污染。

禁止将有毒、有害废物用作肥料或者用于造田。

第二十三条 餐饮、娱乐、宾馆等服务性企业，应当采用节能、节水和其他有利于环境保护的技术和设备，减少使用或者不使用浪费资源、污染环境的消费品。

第二十四条 建筑工程应当采用节能、节水等有利于环境与资源保护的建筑设计方案、建筑和装修材料、建筑构配件及设备。

建筑和装修材料必须符合国家标准。禁止生产、销售和使用有毒、有害物质超过国家标准的建筑和装修材料。

第二十五条 矿产资源的勘查、开采，应当采用有利于合理利用资源、保护环境和防止污染的勘查、开采方法和工艺技术，提高资源利用水平。

第二十六条 企业应当在经济技术可行的条件下对生产和服务过程中产生的废物、余热等自行回收利用或者转让给有条件的其他企业和个人利用。

第二十七条 企业应当对生产和服务过程中的资源消耗以及废物的产生情况进行监测，

并根据需要对生产和服务实施清洁生产审核。

有下列情形之一的企业，应当实施强制性清洁生产审核：

（一）污染物排放超过国家或者地方规定的排放标准，或者虽未超过国家或者地方规定的排放标准，但超过重点污染物排放总量控制指标的；

（二）超过单位产品能源消耗限额标准构成高耗能的；

（三）使用有毒、有害原料进行生产或者在生产中排放有毒、有害物质的。

污染物排放超过国家或者地方规定的排放标准的企业，应当按照环境保护相关法律的规定治理。

实施强制性清洁生产审核的企业，应当将审核结果向所在地县级以上地方人民政府负责清洁生产综合协调的部门、环境保护部门报告，并在本地区主要媒体上公布，接受公众监督，但涉及商业秘密的除外。

县级以上地方人民政府有关部门应当对企业实施强制性清洁生产审核的情况进行监督，必要时可以组织对企业实施清洁生产的效果进行评估验收，所需费用纳入同级政府预算。承担评估验收工作的部门或者单位不得向被评估验收企业收取费用。

实施清洁生产审核的具体办法，由国务院清洁生产综合协调部门、环境保护部门会同国务院有关部门制定。

第二十八条 本法第二十七条第二款规定以外的企业，可以自愿与清洁生产综合协调部门和环境保护部门签订进一步节约资源、削减污染物排放量的协议。该清洁生产综合协调部门和环境保护部门应当在本地区主要媒体上公布该企业的名称以及节约资源、防治污染的成果。

第二十九条 企业可以根据自愿原则，按照国家有关环境管理体系等认证的规定，委托经国务院认证认可监督管理部门认可的认证机构进行认证，提高清洁生产水平。

第四章 鼓励措施

第三十条 国家建立清洁生产表彰奖励制度。对在清洁生产工作中做出显著成绩的单位和个人，由人民政府给予表彰和奖励。

第三十一条 对从事清洁生产研究、示范和培训，实施国家清洁生产重点技术改造项目和本法第二十八条规定的自愿节约资源、削减污染物排放量协议中载明的技术改造项目，由县级以上人民政府给予资金支持。

第三十二条 在依照国家规定设立的中小企业发展基金中，应当根据需要安排适当数额用于支持中小企业实施清洁生产。

第三十三条 依法利用废物和从废物中回收原料生产产品的，按照国家规定享受税收优惠。

第三十四条 企业用于清洁生产审核和培训的费用，可以列入企业经营成本。

第五章 法律责任

第三十五条 清洁生产综合协调部门或者其他有关部门未依照本法规定履行职责的，对直接负责的主管人员和其他直接责任人员依法给予处分。

第三十六条 违反本法第十七条第二款规定，未按照规定公布能源消耗或者重点污染物产生、排放情况的，由县级以上地方人民政府负责清洁生产综合协调的部门、环境保护部门按照职责分工责令公布，可以处十万元以下的罚款。

第三十七条 违反本法第二十一条规定，未标注产品材料的成分或者不如实标注的，由县级以上地方人民政府质量技术监督部门责令限期改正；拒不改正的，处以五万元以下的罚款。

第三十八条 违反本法第二十四条第二款规定，生产、销售有毒、有害物质超过国家标准的建筑和装修材料的，依照产品质量法和有关民事、刑事法律的规定，追究行政、民事、刑事法律责任。

第三十九条 违反本法第二十七条第二款、第四款规定，不实施强制性清洁生产审核在清洁生产审核中弄虚作假的，或者实施强制性清洁生产审核的企业不报告或者不如实报告审核结果的，由县级以上地方人民政府负责清洁生产综合协调的部门、环境保护部门按照职责分工责令限期改正；拒不改正的，处以五万元以上五十万元以下的罚款。

违反本法第二十七条第五款规定，承担评估验收工作的部门或者单位及其工作人员向被评估验收企业收取费用的，不如实评估验收或者在评估验收中弄虚作假的，或者利用职务上的便利谋取利益的，对直接负责的主管人员和其他直接责任人员依法给予处分；构成犯罪的，依法追究刑事责任。

第六章 附 则

第四十条 本法自2003年1月1日起施行。

附录2 中华人民共和国节约能源法

（2007年10月28日第十届全国人民代表大会常务委员会第三十次会议通过）

第一章 总 则

第一条 为了推动全社会节约能源，提高能源利用效率，保护和改善环境，促进经济社会全面协调可持续发展，制定本法。

第二条 本法所称能源，是指煤炭、石油、天然气、生物质能和电力、热力以及其他直接或者通过加工、转换而取得有用能的各种资源。

第三条 本法所称节约能源（以下简称节能），是指加强用能管理，采取技术上可行、经济上合理以及环境和社会可以承受的措施，从能源生产到消费的各个环节，降低消耗、减少损失和污染物排放、制止浪费，有效、合理地利用能源。

第四条 节约资源是我国的基本国策。国家实施节约与开发并举、把节约放在首位的能源发展战略。

第五条 国务院和县级以上地方各级人民政府应当将节能工作纳入国民经济和社会发展规划、年度计划，并组织编制和实施节能中长期专项规划、年度节能计划。

国务院和县级以上地方各级人民政府每年向本级人民代表大会或者其常务委员会报告节

能工作。

第六条 国家实行节能目标责任制和节能考核评价制度，将节能目标完成情况作为对地方人民政府及其负责人考核评价的内容。

省、自治区、直辖市人民政府每年向国务院报告节能目标责任的履行情况。

第七条 国家实行有利于节能和环境保护的产业政策，限制发展高耗能、高污染行业，发展节能环保型产业。

国务院和省、自治区、直辖市人民政府应当加强节能工作，合理调整产业结构、企业结构、产品结构和能源消费结构，推动企业降低单位产值能耗和单位产品能耗，淘汰落后的生产能力，改进能源的开发、加工、转换、输送、储存和供应，提高能源利用效率。

国家鼓励、支持开发和利用新能源、可再生能源。

第八条 国家鼓励、支持节能科学技术的研究、开发、示范和推广，促进节能技术创新与进步。

国家开展节能宣传和教育，将节能知识纳入国民教育和培训体系，普及节能科学知识，增强全民的节能意识，提倡节约型的消费方式。

第九条 任何单位和个人都应当依法履行节能义务，有权检举浪费能源的行为。

新闻媒体应当宣传节能法律、法规和政策，发挥舆论监督作用。

第十条 国务院管理节能工作的部门主管全国的节能监督管理工作。国务院有关部门在各自的职责范围内负责节能监督管理工作，并接受国务院管理节能工作的部门的指导。

县级以上地方各级人民政府管理节能工作的部门负责本行政区域内的节能监督管理工作。县级以上地方各级人民政府有关部门在各自的职责范围内负责节能监督管理工作，并接受同级管理节能工作的部门的指导。

第二章 节能管理

第十一条 国务院和县级以上地方各级人民政府应当加强对节能工作的领导，部署、协调、监督、检查、推动节能工作。

第十二条 县级以上人民政府管理节能工作的部门和有关部门应当在各自的职责范围内，加强对节能法律、法规和节能标准执行情况的监督检查，依法查处违法用能行为。

履行节能监督管理职责不得向监督管理对象收取费用。

第十三条 国务院标准化主管部门和国务院有关部门依法组织制定并适时修订有关节能的国家标准、行业标准，建立健全节能标准体系。

国务院标准化主管部门会同国务院管理节能工作的部门和国务院有关部门制定强制性的用能产品、设备能源效率标准和生产过程中耗能高的产品的单位产品能耗限额标准。

国家鼓励企业制定严于国家标准、行业标准的企业节能标准。

省、自治区、直辖市制定严于强制性国家标准、行业标准的地方节能标准，由省、自治区、直辖市人民政府报经国务院批准；本法另有规定的除外。

第十四条 建筑节能的国家标准、行业标准由国务院建设主管部门组织制定，并依照法定程序发布。

省、自治区、直辖市人民政府建设主管部门可以根据本地实际情况，制定严于国家标准或者行业标准的地方建筑节能标准，并报国务院标准化主管部门和国务院建设主管部门备案。

第十五条 国家实行固定资产投资项目节能评估和审查制度。不符合强制性节能标准的项目，依法负责项目审批或者核准的机关不得批准或者核准建设；建设单位不得开工建设；已经建成的，不得投入生产、使用。具体办法由国务院管理节能工作的部门会同国务院有关部门制定。

第十六条 国家对落后的耗能过高的用能产品、设备和生产工艺实行淘汰制度。淘汰的用能产品、设备、生产工艺的目录和实施办法，由国务院管理节能工作的部门会同国务院有关部门制定并公布。

生产过程中耗能高的产品的生产单位，应当执行单位产品能耗限额标准。对超过单位产品能耗限额标准用能的生产单位，由管理节能工作的部门按照国务院规定的权限责令限期治理。

对高耗能的特种设备，按照国务院的规定实行节能审查和监管。

第十七条 禁止生产、进口、销售国家明令淘汰或者不符合强制性能源效率标准的用能产品、设备；禁止使用国家明令淘汰的用能设备、生产工艺。

第十八条 国家对家用电器等使用面广、耗能量大的用能产品，实行能源效率标识管理。实行能源效率标识管理的产品目录和实施办法，由国务院管理节能工作的部门会同国务院产品质量监督部门制定并公布。

第十九条 生产者和进口商应当对列入国家能源效率标识管理产品目录的用能产品标注能源效率标识，在产品包装物上或者说明书中予以说明，并按照规定报国务院产品质量监督部门和国务院管理节能工作的部门共同授权的机构备案。

生产者和进口商应当对其标注的能源效率标识及相关信息的准确性负责。禁止销售应当标注而未标注能源效率标识的产品。

禁止伪造、冒用能源效率标识或者利用能源效率标识进行虚假宣传。

第二十条 用能产品的生产者、销售者，可以根据自愿原则，按照国家有关节能产品认证的规定，向经国务院认证认可监督管理部门认可的从事节能产品认证的机构提出节能产品认证申请；经认证合格后，取得节能产品认证证书，可以在用能产品或者其包装物上使用节能产品认证标志。

禁止使用伪造的节能产品认证标志或者冒用节能产品认证标志。

第二十一条 县级以上各级人民政府统计部门应当会同同级有关部门，建立健全能源统计制度，完善能源统计指标体系，改进和规范能源统计方法，确保能源统计数据真实、完整。

国务院统计部门会同国务院管理节能工作的部门，定期向社会公布各省、自治区、直辖市以及主要耗能行业的能源消费和节能情况等信息。

第二十二条 国家鼓励节能服务机构的发展，支持节能服务机构开展节能咨询、设计、评估、检测、审计、认证等服务。

国家支持节能服务机构开展节能知识宣传和节能技术培训，提供节能信息、节能示范和其他公益性节能服务。

第二十三条 国家鼓励行业协会在行业节能规划、节能标准的制定和实施、节能技术推广、能源消费统计、节能宣传培训和信息咨询等方面发挥作用。

第三章 合理使用与节约能源

第一节 一般规定

第二十四条 用能单位应当按照合理用能的原则，加强节能管理，制定并实施节能计划和节能技术措施，降低能源消耗。

第二十五条 用能单位应当建立节能目标责任制，对节能工作取得成绩的集体、个人给予奖励。

第二十六条 用能单位应当定期开展节能教育和岗位节能培训。

第二十七条 用能单位应当加强能源计量管理，按照规定配备和使用经依法检定合格的能源计量器具。

用能单位应当建立能源消费统计和能源利用状况分析制度，对各类能源的消费实行分类计量和统计，并确保能源消费统计数据真实、完整。

第二十八条 能源生产经营单位不得向本单位职工无偿提供能源。任何单位不得对能源消费实行包费制。

第二节 工业节能

第二十九条 国务院和省、自治区、直辖市人民政府推进能源资源优化开发利用和合理配置，推进有利于节能的行业结构调整，优化用能结构和企业布局。

第三十条 国务院管理节能工作的部门会同国务院有关部门制定电力、钢铁、有色金属、建材、石油加工、化工、煤炭等主要耗能行业的节能技术政策，推动企业节能技术改造。

第三十一条 国家鼓励工业企业采用高效、节能的电动机、锅炉、窑炉、风机、泵类等设备，采用热电联产、余热余压利用、洁净煤以及先进的用能监测和控制等技术。

第三十二条 电网企业应当按照国务院有关部门制定的节能发电调度管理的规定，安排清洁、高效和符合规定的热电联产、利用余热余压发电的机组以及其他符合资源综合利用规定的发电机组与电网并网运行，上网电价执行国家有关规定。

第三十三条 禁止新建不符合国家规定的燃煤发电机组、燃油发电机组和燃煤热电机组。

第三节 建筑节能

第三十四条 国务院建设主管部门负责全国建筑节能的监督管理工作。

县级以上地方各级人民政府建设主管部门负责本行政区域内建筑节能的监督管理工作。

县级以上地方各级人民政府建设主管部门会同同级管理节能工作的部门编制本行政区域内的建筑节能规划。建筑节能规划应当包括既有建筑节能改造计划。

第三十五条 建筑工程的建设、设计、施工和监理单位应当遵守建筑节能标准。

不符合建筑节能标准的建筑工程，建设主管部门不得批准开工建设；已经开工建设的，应当责令停止施工、限期改正；已经建成的，不得销售或者使用。

建设主管部门应当加强对在建建筑工程执行建筑节能标准情况的监督检查。

第三十六条 房地产开发企业在销售房屋时，应当向购买人明示所售房屋的节能措施、保温工程保修期等信息，在房屋买卖合同、质量保证书和使用说明书中载明，并对其真实性、准确性负责。

第三十七条 使用空调采暖、制冷的公共建筑应当实行室内温度控制制度。具体办法由国务院建设主管部门制定。

第三十八条 国家采取措施，对实行集中供热的建筑分步骤实行供热分户计量、按照用热量收费的制度。新建建筑或者对既有建筑进行节能改造，应当按照规定安装用热计量装置、室内温度调控装置和供热系统调控装置。具体办法由国务院建设主管部门会同国务院有关部门制定。

第三十九条 县级以上地方各级人民政府有关部门应当加强城市节约用电管理，严格控制公用设施和大型建筑物装饰性景观照明的能耗。

第四十条 国家鼓励在新建建筑和既有建筑节能改造中使用新型墙体材料等节能建筑材料和节能设备，安装和使用太阳能等可再生能源利用系统。

第四节　交通运输节能

第四十一条 国务院有关交通运输主管部门按照各自的职责负责全国交通运输相关领域的节能监督管理工作。

国务院有关交通运输主管部门会同国务院管理节能工作的部门分别制定相关领域的节能规划。

第四十二条 国务院及其有关部门指导、促进各种交通运输方式协调发展和有效衔接，优化交通运输结构，建设节能型综合交通运输体系。

第四十三条 县级以上地方各级人民政府应当优先发展公共交通，加大对公共交通的投入，完善公共交通服务体系，鼓励利用公共交通工具出行；鼓励使用非机动交通工具出行。

第四十四条 国务院有关交通运输主管部门应当加强交通运输组织管理，引导道路、水路、航空运输企业提高运输组织化程度和集约化水平，提高能源利用效率。

第四十五条 国家鼓励开发、生产、使用节能环保型汽车、摩托车、铁路机车车辆、船舶和其他交通运输工具，实行老旧交通运输工具的报废、更新制度。

国家鼓励开发和推广应用交通运输工具使用的清洁燃料、石油替代燃料。

第四十六条 国务院有关部门制定交通运输营运车船的燃料消耗量限值标准；不符合标准的，不得用于营运。

国务院有关交通运输主管部门应当加强对交通运输营运车船燃料消耗检测的监督管理。

第五节　公共机构节能

第四十七条 公共机构应当厉行节约，杜绝浪费，带头使用节能产品、设备，提高能源利用效率。

本法所称公共机构，是指全部或者部分使用财政性资金的国家机关、事业单位和团体组织。

第四十八条 国务院和县级以上地方各级人民政府管理机关事务工作的机构会同同级有

关部门制定和组织实施本级公共机构节能规划。公共机构节能规划应当包括公共机构既有建筑节能改造计划。

第四十九条 公共机构应当制定年度节能目标和实施方案，加强能源消费计量和监测管理，向本级人民政府管理机关事务工作的机构报送上年度的能源消费状况报告。

国务院和县级以上地方各级人民政府管理机关事务工作的机构会同同级有关部门按照管理权限，制定本级公共机构的能源消耗定额，财政部门根据该定额制定能源消耗支出标准。

第五十条 公共机构应当加强本单位用能系统管理，保证用能系统的运行符合国家相关标准。

公共机构应当按照规定进行能源审计，并根据能源审计结果采取提高能源利用效率的措施。

第五十一条 公共机构采购用能产品、设备，应当优先采购列入节能产品、设备政府采购名录中的产品、设备。禁止采购国家明令淘汰的用能产品、设备。

节能产品、设备政府采购名录由省级以上人民政府的政府采购监督管理部门会同同级有关部门制定并公布。

第六节 重点用能单位节能

第五十二条 国家加强对重点用能单位的节能管理。

下列用能单位为重点用能单位：

（一）年综合能源消费总量一万吨标准煤以上的用能单位；

（二）国务院有关部门或者省、自治区、直辖市人民政府管理节能工作的部门指定的年综合能源消费总量五千吨以上不满一万吨标准煤的用能单位。

重点用能单位节能管理办法，由国务院管理节能工作的部门会同国务院有关部门制定。

第五十三条 重点用能单位应当每年向管理节能工作的部门报送上年度的能源利用状况报告。能源利用状况包括能源消费情况、能源利用效率、节能目标完成情况和节能效益分析、节能措施等内容。

第五十四条 管理节能工作的部门应当对重点用能单位报送的能源利用状况报告进行审查。对节能管理制度不健全、节能措施不落实、能源利用效率低的重点用能单位，管理节能工作的部门应当开展现场调查，组织实施用能设备能源效率检测，责令实施能源审计，并提出书面整改要求，限期整改。

第五十五条 重点用能单位应当设立能源管理岗位，在具有节能专业知识、实际经验以及中级以上技术职称的人员中聘任能源管理负责人，并报管理节能工作的部门和有关部门备案。

能源管理负责人负责组织对本单位用能状况进行分析、评价，组织编写本单位能源利用状况报告，提出本单位节能工作的改进措施并组织实施。

能源管理负责人应当接受节能培训。

第四章 节能技术进步

第五十六条 国务院管理节能工作的部门会同国务院科技主管部门发布节能技术政策大纲，指导节能技术研究、开发和推广应用。

第五十七条 县级以上各级人民政府应当把节能技术研究开发作为政府科技投入的重点领域，支持科研单位和企业开展节能技术应用研究，制定节能标准，开发节能共性和关键技术，促进节能技术创新与成果转化。

第五十八条 国务院管理节能工作的部门会同国务院有关部门制定并公布节能技术、节能产品的推广目录，引导用能单位和个人使用先进的节能技术、节能产品。

国务院管理节能工作的部门会同国务院有关部门组织实施重大节能科研项目、节能示范项目、重点节能工程。

第五十九条 县级以上各级人民政府应当按照因地制宜、多能互补、综合利用、讲求效益的原则，加强农业和农村节能工作，增加对农业和农村节能技术、节能产品推广应用的资金投入。

农业、科技等有关主管部门应当支持、推广在农业生产、农产品加工储运等方面应用节能技术和节能产品，鼓励更新和淘汰高耗能的农业机械和渔业船舶。

国家鼓励、支持在农村大力发展沼气，推广生物质能、太阳能和风能等可再生能源利用技术，按照科学规划、有序开发的原则发展小型水力发电，推广节能型的农村住宅和炉灶等，鼓励利用非耕地种植能源植物，大力发展薪炭林等能源林。

第五章 激励措施

第六十条 中央财政和省级地方财政安排节能专项资金，支持节能技术研究开发、节能技术和产品的示范与推广、重点节能工程的实施、节能宣传培训、信息服务和表彰奖励等。

第六十一条 国家对生产、使用列入本法第五十八条规定的推广目录的需要支持的节能技术、节能产品，实行税收优惠等扶持政策。

国家通过财政补贴支持节能照明器具等节能产品的推广和使用。

第六十二条 国家实行有利于节约能源资源的税收政策，健全能源矿产资源有偿使用制度，促进能源资源的节约及其开采利用水平的提高。

第六十三条 国家运用税收等政策，鼓励先进节能技术、设备的进口，控制在生产过程中耗能高、污染重的产品的出口。

第六十四条 政府采购监督管理部门会同有关部门制定节能产品、设备政府采购名录，应当优先列入取得节能产品认证证书的产品、设备。

第六十五条 国家引导金融机构增加对节能项目的信贷支持，为符合条件的节能技术研究开发、节能产品生产以及节能技术改造等项目提供优惠贷款。

国家推动和引导社会有关方面加大对节能的资金投入，加快节能技术改造。

第六十六条 国家实行有利于节能的价格政策，引导用能单位和个人节能。

国家运用财税、价格等政策，支持推广电力需求侧管理、合同能源管理、节能自愿协议等节能办法。

国家实行峰谷分时电价、季节性电价、可中断负荷电价制度，鼓励电力用户合理调整用电负荷；对钢铁、有色金属、建材、化工和其他主要耗能行业的企业，分淘汰、限制、允许和鼓励类实行差别电价政策。

第六十七条 各级人民政府对在节能管理、节能科学技术研究和推广应用中有显著成绩以及检举严重浪费能源行为的单位和个人，给予表彰和奖励。

第六章 法律责任

第六十八条 负责审批或者核准固定资产投资项目的机关违反本法规定，对不符合强制性节能标准的项目予以批准或者核准建设的，对直接负责的主管人员和其他直接责任人员依法给予处分。

固定资产投资项目建设单位开工建设不符合强制性节能标准的项目或者将该项目投入生产、使用的，由管理节能工作的部门责令停止建设或者停止生产、使用，限期改造；不能改造或者逾期不改造的生产性项目，由管理节能工作的部门报请本级人民政府按照国务院规定的权限责令关闭。

第六十九条 生产、进口、销售国家明令淘汰的用能产品、设备的，使用伪造的节能产品认证标志或者冒用节能产品认证标志的，依照《中华人民共和国产品质量法》的规定处罚。

第七十条 生产、进口、销售不符合强制性能源效率标准的用能产品、设备的，由产品质量监督部门责令停止生产、进口、销售，没收违法生产、进口、销售的用能产品、设备和违法所得，并处违法所得一倍以上五倍以下罚款；情节严重的，由工商行政管理部门吊销营业执照。

第七十一条 使用国家明令淘汰的用能设备或者生产工艺的，由管理节能工作的部门责令停止使用，没收国家明令淘汰的用能设备；情节严重的，可以由管理节能工作的部门提出意见，报请本级人民政府按照国务院规定的权限责令停业整顿或者关闭。

第七十二条 生产单位超过单位产品能耗限额标准用能，情节严重，经限期治理逾期不治理或者没有达到治理要求的，可以由管理节能工作的部门提出意见，报请本级人民政府按照国务院规定的权限责令停业整顿或者关闭。

第七十三条 违反本法规定，应当标注能源效率标识而未标注的，由产品质量监督部门责令改正，处三万元以上五万元以下罚款。

违反本法规定，未办理能源效率标识备案，或者使用的能源效率标识不符合规定的，由产品质量监督部门责令限期改正；逾期不改正的，处一万元以上三万元以下罚款。

伪造、冒用能源效率标识或者利用能源效率标识进行虚假宣传的，由产品质量监督部门责令改正，处五万元以上十万元以下罚款；情节严重的，由工商行政管理部门吊销营业执照。

第七十四条 用能单位未按照规定配备、使用能源计量器具的，由产品质量监督部门责令限期改正；逾期不改正的，处一万元以上五万元以下罚款。

第七十五条 瞒报、伪造、篡改能源统计资料或者编造虚假能源统计数据的，依照《中华人民共和国统计法》的规定处罚。

第七十六条 从事节能咨询、设计、评估、检测、审计、认证等服务的机构提供虚假信息的，由管理节能工作的部门责令改正，没收违法所得，并处五万元以上十万元以下罚款。

第七十七条 违反本法规定，无偿向本单位职工提供能源或者对能源消费实行包费制的，由管理节能工作的部门责令限期改正；逾期不改正的，处五万元以上二十万元以下罚款。

第七十八条 电网企业未按照本法规定安排符合规定的热电联产和利用余热余压发电的机组与电网并网运行，或者未执行国家有关上网电价规定的，由国家电力监管机构责令改正；造成发电企业经济损失的，依法承担赔偿责任。

第七十九条 建设单位违反建筑节能标准的，由建设主管部门责令改正，处二十万元以上五十万元以下罚款。

设计单位、施工单位、监理单位违反建筑节能标准的，由建设主管部门责令改正，处十万元以上五十万元以下罚款；情节严重的，由颁发资质证书的部门降低资质等级或者吊销资质证书；造成损失的，依法承担赔偿责任。

第八十条 房地产开发企业违反本法规定，在销售房屋时未向购买人明示所售房屋的节能措施、保温工程保修期等信息的，由建设主管部门责令限期改正，逾期不改正的，处三万元以上五万元以下罚款；对以上信息作虚假宣传的，由建设主管部门责令改正，处五万元以上二十万元以下罚款。

第八十一条 公共机构采购用能产品、设备，未优先采购列入节能产品、设备政府采购名录中的产品、设备，或者采购国家明令淘汰的用能产品、设备的，由政府采购监督管理部门给予警告，可以并处罚款；对直接负责的主管人员和其他直接责任人员依法给予处分，并予通报。

第八十二条 重点用能单位未按照本法规定报送能源利用状况报告或者报告内容不实的，由管理节能工作的部门责令限期改正；逾期不改正的，处一万元以上五万元以下罚款。

第八十三条 重点用能单位无正当理由拒不落实本法第五十四条规定的整改要求或者整改没有达到要求的，由管理节能工作的部门处十万元以上三十万元以下罚款。

第八十四条 重点用能单位未按照本法规定设立能源管理岗位，聘任能源管理负责人，并报管理节能工作的部门和有关部门备案的，由管理节能工作的部门责令改正；拒不改正的，处一万元以上三万元以下罚款。

第八十五条 违反本法规定，构成犯罪的，依法追究刑事责任。

第八十六条 国家工作人员在节能管理工作中滥用职权、玩忽职守、徇私舞弊，构成犯罪的，依法追究刑事责任；尚不构成犯罪的，依法给予处分。

第七章 附 则

第八十七条 本法自2008年4月1日起施行。

附录3 中华人民共和国循环经济促进法

（2008年8月29日第十一届全国人民代表大会常务委员会第四次会议通过）

第一章 总 则

第一条 为了促进循环经济发展，提高资源利用效率，保护和改善环境，实现可持续发展，制定本法。

第二条 本法所称循环经济，是指在生产、流通和消费等过程中进行的减量化、再利用、资源化活动的总称。

本法所称减量化，是指在生产、流通和消费等过程中减少资源消耗和废物产生。

本法所称再利用，是指将废物直接作为产品或者经修复、翻新、再制造后继续作为产品使用，或者将废物的全部或者部分作为其他产品的部件予以使用。

本法所称资源化，是指将废物直接作为原料进行利用或者对废物进行再生利用。

第三条 发展循环经济是国家经济社会发展的一项重大战略，应当遵循统筹规划、合理布局，因地制宜、注重实效，政府推动、市场引导，企业实施、公众参与的方针。

第四条 发展循环经济应当在技术可行、经济合理和有利于节约资源、保护环境的前提下，按照减量化优先的原则实施。

在废物再利用和资源化过程中，应当保障生产安全，保证产品质量符合国家规定的标准，并防止产生再次污染。

第五条 国务院循环经济发展综合管理部门负责组织协调、监督管理全国循环经济发展工作；国务院环境保护等有关主管部门按照各自的职责负责有关循环经济的监督管理工作。

县级以上地方人民政府循环经济发展综合管理部门负责组织协调、监督管理本行政区域的循环经济发展工作；县级以上地方人民政府环境保护等有关主管部门按照各自的职责负责有关循环经济的监督管理工作。

第六条 国家制定产业政策，应当符合发展循环经济的要求。

县级以上人民政府编制国民经济和社会发展规划及年度计划，县级以上人民政府有关部门编制环境保护、科学技术等规划，应当包括发展循环经济的内容。

第七条 国家鼓励和支持开展循环经济科学技术的研究、开发和推广，鼓励开展循环经济宣传、教育、科学知识普及和国际合作。

第八条 县级以上人民政府应当建立发展循环经济的目标责任制，采取规划、财政、投资、政府采购等措施，促进循环经济发展。

第九条 企业事业单位应当建立健全管理制度，采取措施，降低资源消耗，减少废物的产生量和排放量，提高废物的再利用和资源化水平。

第十条 公民应当增强节约资源和保护环境意识，合理消费，节约资源。

国家鼓励和引导公民使用节能、节水、节材和有利于保护环境的产品及再生产品，减少废物的产生量和排放量。

公民有权举报浪费资源、破坏环境的行为，有权了解政府发展循环经济的信息并提出意见和建议。

第十一条 国家鼓励和支持行业协会在循环经济发展中发挥技术指导和服务作用。县级以上人民政府可以委托有条件的行业协会等社会组织开展促进循环经济发展的公共服务。

国家鼓励和支持中介机构、学会和其他社会组织开展循环经济宣传、技术推广和咨询服务，促进循环经济发展。

第二章 基本管理制度

第十二条 国务院循环经济发展综合管理部门会同国务院环境保护等有关主管部门编制全国循环经济发展规划，报国务院批准后公布施行。设区的市级以上地方人民政府循环经济发展综合管理部门会同本级人民政府环境保护等有关主管部门编制本行政区域循环经济发展规划，报本级人民政府批准后公布施行。

循环经济发展规划应当包括规划目标、适用范围、主要内容、重点任务和保障措施等，并规定资源产出率、废物再利用和资源化率等指标。

第十三条 县级以上地方人民政府应当依据上级人民政府下达的本行政区域主要污染物排放、建设用地和用水总量控制指标，规划和调整本行政区域的产业结构，促进循环经济发展。

新建、改建、扩建建设项目，必须符合本行政区域主要污染物排放、建设用地和用水总量控制指标的要求。

第十四条 国务院循环经济发展综合管理部门会同国务院统计、环境保护等有关主管部门建立和完善循环经济评价指标体系。

上级人民政府根据前款规定的循环经济主要评价指标，对下级人民政府发展循环经济的状况定期进行考核，并将主要评价指标完成情况作为对地方人民政府及其负责人考核评价的内容。

第十五条 生产列入强制回收名录的产品或者包装物的企业，必须对废弃的产品或者包装物负责回收；对其中可以利用的，由各该生产企业负责利用；对因不具备技术经济条件而不适合利用的，由各该生产企业负责无害化处置。

对前款规定的废弃产品或者包装物，生产者委托销售者或者其他组织进行回收的，或者委托废物利用或者处置企业进行利用或者处置的，受托方应当依照有关法律、行政法规的规定和合同的约定负责回收或者利用、处置。

对列入强制回收名录的产品和包装物，消费者应当将废弃的产品或者包装物交给生产者或者其委托回收的销售者或者其他组织。

强制回收的产品和包装物的名录及管理办法，由国务院循环经济发展综合管理部门规定。

第十六条 国家对钢铁、有色金属、煤炭、电力、石油加工、化工、建材、建筑、造纸、印染等行业年综合能源消费量、用水量超过国家规定总量的重点企业，实行能耗、水耗的重点监督管理制度。

重点能源消费单位的节能监督管理，依照《中华人民共和国节约能源法》的规定执行。

重点用水单位的监督管理办法，由国务院循环经济发展综合管理部门会同国务院有关部门规定。

第十七条 国家建立健全循环经济统计制度，加强资源消耗、综合利用和废物产生的统计管理，并将主要统计指标定期向社会公布。

国务院标准化主管部门会同国务院循环经济发展综合管理和环境保护等有关主管部门建立健全循环经济标准体系，制定和完善节能、节水、节材和废物再利用、资源化等标准。

国家建立健全能源效率标识等产品资源消耗标识制度。

第三章 减 量 化

第十八条 国务院循环经济发展综合管理部门会同国务院环境保护等有关主管部门，定期发布鼓励、限制和淘汰的技术、工艺、设备、材料和产品名录。

禁止生产、进口、销售列入淘汰名录的设备、材料和产品，禁止使用列入淘汰名录的技术、工艺、设备和材料。

第十九条 从事工艺、设备、产品及包装物设计，应当按照减少资源消耗和废物产生的要求，优先选择采用易回收、易拆解、易降解、无毒无害或者低毒低害的材料和设计方案，并应当符合有关国家标准的强制性要求。

对在拆解和处置过程中可能造成环境污染的电器电子等产品，不得设计使用国家禁止使用的有毒有害物质。禁止在电器电子等产品中使用的有毒有害物质名录，由国务院循环经济发展综合管理部门会同国务院环境保护等有关主管部门制定。

设计产品包装物应当执行产品包装标准，防止过度包装造成资源浪费和环境污染。

第二十条 工业企业应当采用先进或者适用的节水技术、工艺和设备，制定并实施节水计划，加强节水管理，对生产用水进行全过程控制。

工业企业应当加强用水计量管理，配备和使用合格的用水计量器具，建立水耗统计和用水状况分析制度。

新建、改建、扩建建设项目，应当配套建设节水设施。节水设施应当与主体工程同时设计、同时施工、同时投产使用。

国家鼓励和支持沿海地区进行海水淡化和海水直接利用，节约淡水资源。

第二十一条 国家鼓励和支持企业使用高效节油产品。

电力、石油加工、化工、钢铁、有色金属和建材等企业，必须在国家规定的范围和期限内，以洁净煤、石油焦、天然气等清洁能源替代燃料油，停止使用不符合国家规定的燃油发电机组和燃油锅炉。

内燃机和机动车制造企业应当按照国家规定的内燃机和机动车燃油经济性标准，采用节油技术，减少石油产品消耗量。

第二十二条 开采矿产资源，应当统筹规划，制定合理的开发利用方案，采用合理的开采顺序、方法和选矿工艺。采矿许可证颁发机关应当对申请人提交的开发利用方案中的开采回采率、采矿贫化率、选矿回收率、矿山水循环利用率和土地复垦率等指标依法进行审查；审查不合格的，不予颁发采矿许可证。采矿许可证颁发机关应当依法加强对开采矿产资源的监督管理。

矿山企业在开采主要矿种的同时，应当对具有工业价值的共生和伴生矿实行综合开采、合理利用；对必须同时采出而暂时不能利用的矿产以及含有有用组分的尾矿，应当采取保护措施，防止资源损失和生态破坏。

第二十三条 建筑设计、建设、施工等单位应当按照国家有关规定和标准，对其设计、建设、施工的建筑物及构筑物采用节能、节水、节地、节材的技术工艺和小型、轻型、再生产品。有条件的地区，应当充分利用太阳能、地热能、风能等可再生能源。

国家鼓励利用无毒无害的固体废物生产建筑材料，鼓励使用散装水泥，推广使用预拌混凝土和预拌砂浆。

禁止损毁耕地烧砖。在国务院或者省、自治区、直辖市人民政府规定的期限和区域内，禁止生产、销售和使用粘土砖。

第二十四条 县级以上人民政府及其农业等主管部门应当推进土地集约利用，鼓励和支持农业生产者采用节水、节肥、节药的先进种植、养殖和灌溉技术，推动农业机械节能，优先发展生态农业。

在缺水地区，应当调整种植结构，优先发展节水型农业，推进雨水集蓄利用，建设和管护节水灌溉设施，提高用水效率，减少水的蒸发和漏失。

第二十五条 国家机关及使用财政性资金的其他组织应当厉行节约、杜绝浪费，带头使用节能、节水、节地、节材和有利于保护环境的产品、设备和设施，节约使用办公用品。国务院和县级以上地方人民政府管理机关事务工作的机构会同本级人民政府有关部门制定本级国家机关等机构的用能、用水定额指标，财政部门根据该定额指标制定支出标准。

城市人民政府和建筑物的所有者或者使用者，应当采取措施，加强建筑物维护管理，延长建筑物使用寿命。对符合城市规划和工程建设标准，在合理使用寿命内的建筑物，除为了公共利益的需要外，城市人民政府不得决定拆除。

第二十六条 餐饮、娱乐、宾馆等服务性企业，应当采用节能、节水、节材和有利于保护环境的产品，减少使用或者不使用浪费资源、污染环境的产品。

本法施行后新建的餐饮、娱乐、宾馆等服务性企业，应当采用节能、节水、节材和有利于保护环境的技术、设备和设施。

第二十七条 国家鼓励和支持使用再生水。在有条件使用再生水的地区，限制或者禁止将自来水作为城市道路清扫、城市绿化和景观用水使用。

第二十八条 国家在保障产品安全和卫生的前提下，限制一次性消费品的生产和销售。具体名录由国务院循环经济发展综合管理部门会同国务院财政、环境保护等有关主管部门制定。

对列入前款规定名录中的一次性消费品的生产和销售，由国务院财政、税务和对外贸易等主管部门制定限制性的税收和出口等措施。

第四章 再利用和资源化

第二十九条 县级以上人民政府应当统筹规划区域经济布局，合理调整产业结构，促进企业在资源综合利用等领域进行合作，实现资源的高效利用和循环使用。

各类产业园区应当组织区内企业进行资源综合利用，促进循环经济发展。

国家鼓励各类产业园区的企业进行废物交换利用、能量梯级利用、土地集约利用、水的分类利用和循环使用，共同使用基础设施和其他有关设施。

新建和改造各类产业园区应当依法进行环境影响评价，并采取生态保护和污染控制措施，确保本区域的环境质量达到规定的标准。

第三十条 企业应当按照国家规定，对生产过程中产生的粉煤灰、煤矸石、尾矿、废石、废料、废气等工业废物进行综合利用。

第三十一条 企业应当发展串联用水系统和循环用水系统，提高水的重复利用率。

企业应当采用先进技术、工艺和设备，对生产过程中产生的废水进行再生利用。

第三十二条 企业应当采用先进或者适用的回收技术、工艺和设备，对生产过程中产生的余热、余压等进行综合利用。

建设利用余热、余压、煤层气以及煤矸石、煤泥、垃圾等低热值燃料的并网发电项目，应当依照法律和国务院的规定取得行政许可或者报送备案。电网企业应当按照国家规定，与综合利用资源发电的企业签订并网协议，提供上网服务，并全额收购并网发电项目的上网电量。

第三十三条 建设单位应当对工程施工中产生的建筑废物进行综合利用；不具备综合利用条件的，应当委托具备条件的生产经营者进行综合利用或者无害化处置。

第三十四条 国家鼓励和支持农业生产者和相关企业采用先进或者适用技术，对农作物秸秆、畜禽粪便、农产品加工业副产品、废农用薄膜等进行综合利用，开发利用沼气等生物质能源。

第三十五条 县级以上人民政府及其林业主管部门应当积极发展生态林业，鼓励和支持林业生产者和相关企业采用木材节约和代用技术，开展林业废弃物和次小薪材、沙生灌木等综合利用，提高木材综合利用率。

第三十六条 国家支持生产经营者建立产业废物交换信息系统，促进企业交流产业废物信息。

企业对生产过程中产生的废物不具备综合利用条件的，应当提供给具备条件的生产经营者进行综合利用。

第三十七条 国家鼓励和推进废物回收体系建设。

地方人民政府应当按照城乡规划，合理布局废物回收网点和交易市场，支持废物回收企业和其他组织开展废物的收集、储存、运输及信息交流。

废物回收交易市场应当符合国家环境保护、安全和消防等规定。

第三十八条 对废电器电子产品、报废机动车船、废轮胎、废铅酸电池等特定产品进行拆解或者再利用，应当符合有关法律、行政法规的规定。

第三十九条 回收的电器电子产品，经过修复后销售的，必须符合再利用产品标准，并在显著位置标识为再利用产品。

回收的电器电子产品，需要拆解和再生利用的，应当交售给具备条件的拆解企业。

第四十条 国家支持企业开展机动车零部件、工程机械、机床等产品的再制造和轮胎翻新。

销售的再制造产品和翻新产品的质量必须符合国家规定的标准，并在显著位置标识为再制造产品或者翻新产品。

第四十一条 县级以上人民政府应当统筹规划建设城乡生活垃圾分类收集和资源化利用设施，建立和完善分类收集和资源化利用体系，提高生活垃圾资源化率。

县级以上人民政府应当支持企业建设污泥资源化利用和处置设施，提高污泥综合利用水平，防止产生再次污染。

第五章 激励措施

第四十二条 国务院和省、自治区、直辖市人民政府设立发展循环经济的有关专项资金，支持循环经济的科技研究开发、循环经济技术和产品的示范与推广、重大循环经济项目的实施、发展循环经济的信息服务等。具体办法由国务院财政部门会同国务院循环经济发展综合管理等有关主管部门制定。

第四十三条 国务院和省、自治区、直辖市人民政府及其有关部门应当将循环经济重大科技攻关项目的自主创新研究、应用示范和产业化发展列入国家或者省级科技发展规划和高技术产业发展规划，并安排财政性资金予以支持。

利用财政性资金引进循环经济重大技术、装备的，应当制定消化、吸收和创新方案，报有关主管部门审批并由其监督实施；有关主管部门应当根据实际需要建立协调机制，对重大技术、装备的引进和消化、吸收、创新实行统筹协调，并给予资金支持。

第四十四条 国家对促进循环经济发展的产业活动给予税收优惠，并运用税收等措施鼓励进口先进的节能、节水、节材等技术、设备和产品，限制在生产过程中耗能高、污染重的产品的出口。具体办法由国务院财政、税务主管部门制定。

企业使用或者生产列入国家清洁生产、资源综合利用等鼓励名录的技术、工艺、设备或者产品的，按照国家有关规定享受税收优惠。

第四十五条 县级以上人民政府循环经济发展综合管理部门在制定和实施投资计划时，应当将节能、节水、节地、节材、资源综合利用等项目列为重点投资领域。

对符合国家产业政策的节能、节水、节地、节材、资源综合利用等项目，金融机构应当给予优先贷款等信贷支持，并积极提供配套金融服务。

对生产、进口、销售或者使用列入淘汰名录的技术、工艺、设备、材料或者产品的企业，金融机构不得提供任何形式的授信支持。

第四十六条 国家实行有利于资源节约和合理利用的价格政策，引导单位和个人节约和合理使用水、电、气等资源性产品。

国务院和省、自治区、直辖市人民政府的价格主管部门应当按照国家产业政策，对资源高消耗行业中的限制类项目，实行限制性的价格政策。

对利用余热、余压、煤层气以及煤矸石、煤泥、垃圾等低热值燃料的并网发电项目，价格主管部门按照有利于资源综合利用的原则确定其上网电价。

省、自治区、直辖市人民政府可以根据本行政区域经济社会发展状况，实行垃圾排放收费制度。收取的费用专项用于垃圾分类、收集、运输、储存、利用和处置，不得挪作他用。

国家鼓励通过以旧换新、押金等方式回收废物。

第四十七条 国家实行有利于循环经济发展的政府采购政策。使用财政性资金进行采购的，应当优先采购节能、节水、节材和有利于保护环境的产品及再生产品。

第四十八条 县级以上人民政府及其有关部门应当对在循环经济管理、科学技术研究、产品开发、示范和推广工作中做出显著成绩的单位和个人给予表彰和奖励。

企业事业单位应当对在循环经济发展中做出突出贡献的集体和个人给予表彰和奖励。

第六章 法律责任

第四十九条 县级以上人民政府循环经济发展综合管理部门或者其他有关主管部门发现违反本法的行为或者接到对违法行为的举报后不予查处，或者有其他不依法履行监督管理职责行为的，由本级人民政府或者上一级人民政府有关主管部门责令改正，对直接负责的主管人员和其他直接责任人员依法给予处分。

第五十条 生产、销售列入淘汰名录的产品、设备的，依照《中华人民共和国产品质量法》的规定处罚。

使用列入淘汰名录的技术、工艺、设备、材料的，由县级以上地方人民政府循环经济发展综合管理部门责令停止使用，没收违法使用的设备、材料，并处五万元以上二十万元以下的罚款；情节严重的，由县级以上人民政府循环经济发展综合管理部门提出意见，报请本级人民政府按照国务院规定的权限责令停业或者关闭。

违反本法规定，进口列入淘汰名录的设备、材料或者产品的，由海关责令退运，可以处十万元以上一百万元以下的罚款。进口者不明的，由承运人承担退运责任，或者承担有关处置费用。

第五十一条 违反本法规定，对在拆解或者处置过程中可能造成环境污染的电器电子等产品，设计使用列入国家禁止使用名录的有毒有害物质的，由县级以上地方人民政府产品质量监督部门责令限期改正；逾期不改正的，处二万元以上二十万元以下的罚款；情节严重的，由县级以上地方人民政府产品质量监督部门向本级工商行政管理部门通报有关情况，由工商行政管理部门依法吊销营业执照。

第五十二条 违反本法规定，电力、石油加工、化工、钢铁、有色金属和建材等企业未在规定的范围或者期限内停止使用不符合国家规定的燃油发电机组或者燃油锅炉的，由县级以上地方人民政府循环经济发展综合管理部门责令限期改正；逾期不改正的，责令拆除该燃油发电机组或者燃油锅炉，并处五万元以上五十万元以下的罚款。

第五十三条 违反本法规定，矿山企业未达到经依法审查确定的开采回采率、采矿贫化率、选矿回收率、矿山水循环利用率和土地复垦率等指标的，由县级以上人民政府地质矿产主管部门责令限期改正，处五万元以上五十万元以下的罚款；逾期不改正的，由采矿许可证颁发机关依法吊销采矿许可证。

第五十四条 违反本法规定，在国务院或者省、自治区、直辖市人民政府规定禁止生产、销售、使用粘土砖的期限或者区域内生产、销售或者使用粘土砖的，由县级以上地方人民政府指定的部门责令限期改正；有违法所得的，没收违法所得；逾期继续生产、销售的，由地方人民政府工商行政管理部门依法吊销营业执照。

第五十五条 违反本法规定，电网企业拒不收购企业利用余热、余压、煤层气以及煤矸石、煤泥、垃圾等低热值燃料生产的电力的，由国家电力监管机构责令限期改正；造成企业损失的，依法承担赔偿责任。

第五十六条 违反本法规定，有下列行为之一的，由地方人民政府工商行政管理部门责令限期改正，可以处五千元以上五万元以下的罚款；逾期不改正的，依法吊销营业执照；造成损失的，依法承担赔偿责任：

（一）销售没有再利用产品标识的再利用电器电子产品的；

（二）销售没有再制造或者翻新产品标识的再制造或者翻新产品的。

第五十七条 违反本法规定，构成犯罪的，依法追究刑事责任。

第七章 附 则

第五十八条 本法自2009年1月1日起施行。

附录4 啤酒行业清洁生产标准

项　目	一　级	二　级	三　级
一、生产工艺与装备要求			
1. 工艺	罐体密闭发酵法		
2. 规模	10万t新建厂	5万t新建厂	—
3. 糖化	粉碎工段有粉尘回收装置,或采用增湿粉碎		
	麦汁过滤采用干排糟技术		
	煮沸锅配备二次蒸汽回收装备	—	
	麦汁冷却采用一段冷却技术		
	清洗采用CIP清洗技术		
	配备冷凝水回收系统		
	配备热凝固物回收系统	—	
4. 发酵	发酵过程由计算机控制		
	发酵室安装二氧化碳回收装置		
	啤酒过滤采用硅藻土过滤、纸板或膜过滤		
	清洗采用CIP清洗技术		
	配置冷凝固物/废酵母回收系统		
5. 包装	采用洗瓶(罐)、罐装、杀菌、贴标机械化罐装线		
6. 输送和储存	输送和储存液质半产品和产品的管道和容器材质采用不锈钢、铜或碳钢涂料,不得产生对人体有害的气味和物质		
二、资源能源利用指标			
1. 原辅材料的选择	生产啤酒的主要原料为麦芽、辅料和酒花符合有关标准(国标和行标,如GB 4927—2008《啤酒》、QB/T 3770.1—1999《压缩啤酒花及颗粒啤酒花》、QB/T 3770.2—1999《压缩啤酒花及颗粒啤酒花-取样和试验方法》、QB/T 1686—2008《啤酒麦芽》等)。使用的辅料或添加剂应符合GB 2760—2011《食品安全国家标准　食品添加剂使用标准》,应对人体健康没有任何损害		
2. 能源	使用清洁能源,燃料含硫量符合当地环保要求		
3. 洗涤剂	清洗管道和容器的洗涤剂不含任何对人体有害和对设备有腐蚀作用的物质		
4. 取水量/(m^3/kL)	≤6.0	≤8.0	≤9.5
5. 11°P啤酒耗粮/(kg/kL)	≤158	≤161	≤165
6. 耗电量/(kW·h/kL)	≤85	≤100	≤115
7. 耗标煤量/(kg/kL)	≤80	≤110	≤130
8. 综合能耗/(kg/kL)	≤115	≤145	≤170

（续）

项　　目	一　　级	二　　级	三　　级
三、产品指标			
1. 啤酒包装合格率（%）（近三年）	≥99.5	≥99.0	≥98.0
2. 优级品率（%）	90	60	30
3. 啤酒包装	应使用环境友好的包装材料（瓦楞纸箱、塑料周转箱和热塑包装），并符合食品卫生标准的有关要求，啤酒瓶使用按有关国家标准（GB 4544—1996《啤酒瓶》）执行		
4. 处置	近10年，没有因任何啤酒质量问题和其他理由将其倒入下水道、受纳水体和环境中	近5年，没有因任何啤酒质量问题和其他理由将其倒入下水道、受纳水体和环境中	近3年，没有因任何啤酒质量问题和其他理由将其倒入下水道、受纳水体和环境中
四、污染物产生指标（末端处理前）			
1. 废水产生量/（m^3/kL）	≤4.5	≤6.5	≤8.0
2. COD产生量（处理前）/（kg/kL）	≤9.5	≤11.5	≤14.0
3. 啤酒总损失率（%）	≤4.7	≤6.0	≤7.5
五、废物回收利用指标			
1. 酒糟回收利用率	100%回收并加工利用（加工成颗粒饲料或复合颗粒饲料等产品）	100%回收并利用（直接作饲料等）	
2. 废酵母回收利用率	100%回收并加工利用（生产饲料添加剂、医药、食品添加剂等产品）	100%回收并利用（直接作饲料等）	
3. 废硅藻土回收利用率	100%回收并妥善处置（填埋等），不直接排入下水道和环境中		
4. 炉渣回收利用率	100%回收并利用	100%回收并妥善处理	
5. 二氧化碳（发酵产生）回收利用率	回收并利用所有可回收的二氧化碳		50%以上回收并利用
六、环境管理要求			
1. 环境法律法规标准	符合国家和地方有关环境法律、法规，污染物排放达到国家和地方排放标准、总量控制和排污许可证管理要求		
2. 环境审核	按照啤酒制造业的企业清洁生产审核指南的要求进行了审核；按照GB/T 24001—2004《质量管理体系　要求及使用指南》建立并运行环境管理体系，环境管理手册、程序文件及作业文件齐备	按照啤酒制造业的企业清洁生产审核指南的要求进行了审核；环境管理制度健全，原始记录及统计数据齐全有效	按照啤酒制造业的企业清洁生产审核指南的要求进行了审核；环境管理制度、原始记录及统计数据基本齐全
3. 生产过程环境管理	有原材料质检制度和原材料消耗定额管理，对能耗和物耗指标有考核，有健全的岗位操作规程和设备维护保养规程等		
4. 废物处理处置	污染控制设备配套齐全，并正常运行		
5. 相关方环境管理	购买有资质的原材料供应商的产品，对原材料供应商的产品质量、包装和运输等环节施加影响；危险废物送到有资质的企业进行处理		

附录5 国家重点行业清洁生产技术导向目录

一、第一批导向目录简介

国家重点行业清洁生产技术导向目录（1）

编号	技术名称	适用范围	主要内容	投资及效益分析
			冶金行业	
1	干熄焦技术	焦化企业	干法熄焦是用循环惰性气体作热载体，由循环风机将冷的循环气体输入到红焦冷却室冷却，高温焦炭至250℃以下排出。吸收焦炭显热后的循环热气导入废热锅炉回收热量产生蒸汽。循环气体冷却、除尘后再经风机返回冷却室，如此循环冷却红焦	按100×10^4t/a焦计，投资2.4亿元人民币，回收期（在湿法熄焦基础上增加的投资）6～8a。建成后可产蒸汽（按压力为4.6MPa）5.9×10^5t/a。此外，干法熄焦还提高了焦炭质量，其抗碎强度M40提高3%～8%，耐磨强度M10提高0.3%～0.8%，焦炭反应性和反应后强度也有不同程度的改善。由于干法熄焦于密闭系统内完成熄焦过程，湿法熄焦过程中排放的酚、HCN、H_2S、NH_3基本消除，减少焦尘排放，节省熄焦用水
2	高炉富氧喷煤工艺	炼铁高炉	高炉富氧喷煤工艺是通过在高炉冶炼过程中喷入大量的煤粉并结合适量的富氧，达到节能降焦、提高产量、降低生产成本和减少污染的目的。目前，该工艺的正常喷煤量为200kg/t铁，最大能力可达250kg/t铁以上	经济效益以日产量9500t铁（年产量为346万t铁）计算，喷煤比为120kg/t铁时，年经济效益为1985万元；喷煤比为200kg/t铁时，年经济效益为6160万元
3	小球团烧结技术	大、中、小型烧结厂的老厂改造和新厂建设	通过改变混合机工艺参数，延长混合料在混合机内的有效滚动距离，加雾化水，加布料刮刀等，使烧结混合料制成3mm以上的小球大于75%，通过蒸汽预热，燃料分加，偏析布料，提高料层厚度等方法，实现厚料层、低温、匀温、高氧化性气氛烧结。通过这种方法烧出的烧结矿，上下层烧结矿质量均匀。烧结矿强度高、还原性好	以1台$90m^2$烧结机的改造和配套计算，总投资约380万元，投资回收期0.5a，年直接经济效益895万元，年净效益798万元。使用该技术还可减少燃料消耗、废气排放量及粉尘排放量，提高烧结矿质量和产量。同时，可较大幅度降低烧结工序能耗，提高炼铁产量和降低炼铁工序能耗，促进炼铁工艺技术进步
4	烧结环冷机余热回收技术	大、中型烧结机	通过对现有的冶金企业烧结厂烧结冷却设备，如冷却机用台车罩子、落矿斗、冷却风机等进行技术改造，再配套除尘器、余热锅炉、循环风机等设备，可充分回收烧结矿冷却过程中释放的大量余热，将其	按照烧结厂烧结机$90m^2\times2$估算投资，约需4000万～5000万元。烧结环冷机余热得到回收利用，实际平均蒸汽产量16.5t/h；由于余热废气闭路循环，当废气经过配套除尘器时，可将其中的烟尘（主要是烧结矿粉）捕集回收，既减少烟尘排放，又回

（续）

编号	技术名称	适用范围	主 要 内 容	投资及效益分析
冶金行业				
4	烧结环冷机余热回收技术	大、中型烧结机	转化为饱和蒸汽，供用户使用。同时除尘器所捕集的烟尘，可返回烧结利用	收了原料，烧结矿粉回收量336kg/h
5	烧结机头烟尘净化电除尘技术	24～450m^2 各种规格烧结机机头烟尘净化	电除尘器是用高压直流电在阴阳两极间造成一个足以使气体电离的电场，气体电离产生大量的阴阳离子，使通过电场的粉尘获得相同的电荷，然后沉积于与其极性相反的电极上，以达到除尘的目的	以将原4台75m^2 烧结机的多管除尘器改为4台104m^2 三电场电除尘器计算，总投资1100万元，回收期15a，年直接经济效益255万元，年创净效益71万元。同时烧结机头烟尘达标排放，年减少烟尘排放6273t
6	焦炉煤气H.P.F法脱硫净化技术	煤气的脱硫、脱氰净化	焦炉煤气脱硫脱氰有多种工艺，近年来国内自行开发了以氨为碱源的H.P.F法脱硫新工艺。H.R.F法是在H.P.F(醌钴铁类)复合型催化剂作用下，H_2S、HCN先在氨介质存在下溶解、吸收，然后在催化剂作用下铵硫化合物等被湿式氧化形成元素硫、硫氰酸盐等，催化剂则在空气氧化过程中再生。最终，H_2S以元素硫形式，HCN以硫氰酸盐形式被除去	按处理30000m^3/h煤气量计算，总投资约2200万元，其中工程费约1770万元。主要设备寿命约20a。同时每年从煤气中(按含H_2S 6g/Nm^3计)除去H_2S约1570t，减少SO_2排放量约2965t/a，并从H_2S有害气体中回收硫黄，每年约740t。此外，由于采用了洗氨前煤气脱硫，此工艺与不脱硫的硫铵终冷工艺相比，可减少污水排放量，按相同规模可节省污水处理费用约200万元/a
7	石灰窑废气回收液态二氧化碳	石灰窑废气回收利用	以石灰窑窑顶排放出来的含有约35%左右二氧化碳的窑气为原料，经除尘和洗涤后，采用“BV”法，将窑气中的二氧化碳分离出来，得到高纯度的食品级的二氧化碳气体，并压缩成液体装瓶	以5000t/a液态二氧化碳规模计，总投资约1960万元，投资回收期为7.5a，净效益160万元/a。同时每年可减少外排粉尘600t，减少外排二氧化碳5000t，环境效益显著
8	尾矿再选生产铁精矿	磁选厂尾矿资源的回收利用	利用磁选厂排出的废弃尾矿为原料，通过磁力粗选得到粗精矿，经磨矿单体充分解离，再经磁选及磁力过滤得到合格的铁精矿，供高炉冶炼	按照处理尾矿量160万t/a、生产铁精矿4万t/a(铁品位65%以上)的规模计算，总投资约630万元，投资回收期1a，年净经济效益680万元，减少尾矿排放量4万t/a，具有显著的经济效益和环境效益，也有助于生态保护
9	高炉煤气布袋除尘技术	中小型高炉煤气的净化	高炉煤气布袋除尘是利用玻璃纤维具有较高的耐温性能(最高300℃)，以及玻璃纤维滤袋具有筛滤、拦截等效应，能将粉尘阻留在袋壁上，同时稳定形成的一次压层(膜)也有滤尘作用，从而使高炉煤气通过这种滤袋得到高效净化，以提供高质量煤气给用户使用	以300m^3级高炉为例，总投资约600万元，其中投资回收期2a，直接经济效益300万元/a，净效益270万元/a。减少煤气洗涤污水排放量300万m^3/a，主要污染物排放量200t/a，节约循环水300万～400万m^3/a，节电80万～100万kW·h/a，节约冶金焦炭1500t/a，高炉增产3000t/a

（续）

编号	技术名称	适用范围	主要内容	投资及效益分析
		冶金行业		
10	LT法转炉煤气净化与回收技术	大型氧气转炉炼钢厂	转炉吹炼时，产生CO和烟尘含量高的转炉煤气（烟气）。为了回收利用高热值的转炉煤气，须对其进行净化。首先将转炉煤气经过废气冷却系统，然后进入蒸发冷却器，喷水蒸发使烟气得到冷却，并由于烟气在蒸发器中得到减速，使其颗粒的粉尘沉降下来，此后将烟气导入设有四个电场的静电除尘器，在电场作用下，使得粉尘和雾状颗粒吸附在收尘极板上，这样得到精净化。当符合煤气回收条件时，回收侧的阀自动开启，高温净煤气进入煤气冷却器喷淋降温于约73℃，而后进入煤气储柜。经加压机加压后将高洁度的转炉煤气（含尘$10mg/Nm^3$）提供给用户使用	以年产300万t炼钢为例：LT废气冷却系统，如按回收蒸汽平均90kg/t标准煤计算，相当于10kg/t标准煤，年回收标准煤约3万t。LT煤气净化回收系统，回收煤气量75～$90Nm^3/t$标准煤，相当于23kg/t标准煤，年回收煤气折算标准煤7万t。每年总回收二次能源（折算标准煤）10万t
11	LT法转炉粉尘热压块技术	与LT法转炉煤气净化回收技术配套	粉尘在充氮气保护下，经输送和储存，将收集的粉尘按粗、细粉尘以0.67:1的配比混合，加入间接加热的回转窑内进行氮气保护加热。当粉尘被加热至580℃时，即可输入辊式压块机，在高温、高压下压制成45mm×35mm×25mm成品块。约500℃的成品块经冷却输送链在机力抽风冷却下，成品块温度降至80℃，装入成品仓内。定期用汽车运往炼钢厂作为矿石重新入炉冶炼	LT系统年回收含铁高的粉尘16kg/t×3000000t/a=48000t/a，可以全部压制成块（45mm×35mm×25mm）用于炼钢
12	轧钢氧化铁皮生产还原铁粉技术	适用大中型轧钢厂（低碳、低合金钢轧制过程）产生的氧化铁皮，也可用于高品位铁精矿、铁砂等含铁资源的综合利用	采用隧道窑固体碳还原法生产还原铁粉。主要工序有：还原、破碎、筛分、磁选。铁皮中的氧化铁在高温下逐步被碳还原，而碳则气化成CO。通过二次精还原提高铁粉的总铁含量，降低O、C、S含量，消除海绵铁粉碎时所产生的加工硬化，从而改善铁粉的工艺性能	按年产12000t还原铁粉计算，总投资约10600万元，投资回收期5t。净效益2190万元/t。按此规模每年可综合利用20000t轧钢氧化铁皮

（续）

编号	技术名称	适用范围	主要内容	投资及效益分析
冶金行业				
13	锅炉全部燃烧高炉煤气技术	一切具有富余高炉煤气的冶金企业	冶金高炉煤气含有一定量的CO，煤气热值约3100kJ/m^3。除用于钢铁厂炉窑的燃料外，余下煤气可供锅炉燃烧。由于锅炉一般是缓冲用户，煤气参数不稳定，长期以来仅为小比例掺烧，多余煤气排入大气，这样既浪费了能源又污染了大气环境。当采用稳定煤气压力且对锅炉本体进行改造等措施后，可实现高炉煤气的全部利用，并可以确保锅炉安全运行	与新建燃煤锅炉房相比，全烧高炉煤气锅炉房由于没有上煤、除灰设施，具有占地小、投资省、运行费用低等优点。以一台75t/h全烧高炉煤气锅炉为例，年燃用高炉煤气583×$10^6m^3/a$，仅此一项，年节约能源5.2万t标准煤，减少向大气排放CO 134×$10^6m^3/a$，具有明显的经济效益和环境效益
石油化工行业				
14	含硫污水汽提氨精制	炼油行业含硫污水汽提装置	从汽提塔的侧线抽出的富氨气，经逐级降温、降压、高温分水，低温固硫三级分凝后，反应获得粗氨气，粗氨气进入冷却结晶器，获得含有少量H_2S的精氨气，再使其进入脱硫剂罐，硫固定在脱硫剂的空隙内，氨气得到进一步脱硫，脱硫后的氨气经氨压机压缩，进入另一个脱硫剂罐，经两段脱硫和压缩的氨气，冷却成为产品液氨外销或内用	以100t/h加工能力的含硫污水汽提装置计算，总投资为1506万元。每年回收近千吨液氨，回收的液氨纯度高，可外销，也可内部使用，从而节约大量资金。污水汽提净化水中的H_2S、氨氮的含量大幅度降低，减少了对污水处理场的冲击，使污水处理场总排放口合格率保持100%。污水汽提装置运行以后，厂区的大气环境得到了明显改善，不再被恶臭气味困扰
15	淤浆法聚乙烯母液直接进蒸馏塔	淤浆法聚乙烯生产工艺	原来母液经离心机分离后通过泵将母液送至蒸馏塔中，再从蒸馏塔打进汽提塔，将母液中的低聚物与己烷分离。现改为母液直接进塔，这样可以使母液的温度不会下降，从而达到了节能的效果；同时也可以防止低聚物析出沉淀在蒸馏塔内，减轻大检修时的清理工作。更主要的是母液直接进塔可增加汽提塔的处理能力，负荷可提高5t以上，从而确保生产的正常运行	技术改造属中小型，总投资仅4万元，全年运行总节省资金达142万元。减少清理费2万元，同时减少因清理储罐和管线造成的环境污染，生产装置的安全也得到了保证

（续）

编号	技术名称	适用范围	主 要 内 容	投资及效益分析
石油化工行业				
16	含硫污水汽提装置的除氨技术	非加氢型含硫污水汽提装置	解决了汽提后净化水中残存 NH_3-N 的形态分析研究，建立了相应分析方法，根据分析获得的固定铵含量，采用注入等当量的强碱性物质进行汽提，并经过精确的理论计算，以确定最佳注入塔盘的位置。经工业应用，可有效地将 NH_2-N 脱除至(15～30)×10^{-6}	80t/h 汽提装置需增加一次性投资约 60 万元。注碱后，成本增加及设备折旧每年需 54 万元。注碱后通过增加回收液氨、节约新鲜水和节约软化水等，经济效益约每年 97 万元。由于废水的回用，每年污水处理场少处理废水 36×10^4t，节约 108 万元，同时由于 NH_3-N 达标，可节省污水处理场技术改造一次性投资上千万元
17	汽提净化水回用	石油炼制	含硫污水净化后可以代替新鲜水使用，通过原油的抽提作用可以减少污染物排放总量，其中酚去除率 85% 以上，COD 去除率约 60%。二次加工装置的部分工艺注水也可以用净化水代替，这些工艺注水变成含硫污水回用到污水汽提装置，形成闭路循环	以每小时回用 30t 含硫污水为例，净化水回用管网系统投资 70 万元，投资回收期 8 个月，经济效益 198.4 万元，减少废水排放量 36 万 t/a，减少 COD 排放量 54t/a
18	成品油罐三次自动切水	油品储罐	利用连通器原理和油水之间的密度差，有效地分离成品油中的水和切水中的油，并自动将回收的成品油送回成品库	以 10t/h 储罐为例，总投资 37 万元，半年时间可回收投资，经济、环境、社会效益显著
19	火炬气回收利用技术	石油炼制	在火炬顶部安装两种高空点火装置，利用电焊发弧装置，产生面状电弧火源，两种装置交替或同时工作，保证安全可靠。利用 PCC 和计算机全线自动监控，对点火过程、水封罐、各种气体流量自动调节，并自动记录系统动作	全国石化生产企业现有火炬 130 支，年排放可燃气体约 100 万～150 万 t，全部回收利用，经济效益可达 10 亿～15 亿元/a，目前经治理可回收利用 80% 的资源，投资回收期 0.5～0.8a
20	含硫污水汽提装置扩能改造	石油化工等含硫含氨污水处理	对含硫污水汽提塔中 LPC-1(100X) 高效陶瓷规整填料及不锈钢阶梯环进行了通量、传质和压降性能的测试，其特点为：在老塔塔体不变的情况下，更换填料可使处理量提高 70% 以上；传质效果好，分离效率高，提高了净化水的质量；压降低，可降低装置能耗；操作弹性大，处理量变化时，只需要相应调整蒸汽用量即可保证净化水合格	以处理能力由 28 万 t/a 提高到 48 万 t/a 计算，总投资 665 万元（包括机泵、仪表、填料、除油器等）。改造后处理能力扩大到 60t/h 以上，能耗下降，每年节约 184 万元，投资偿还期约 3.6a。改造后净化水质量提高，H_2S 在 50mg/L 以下，NH_3-N 为 50～150mg/L，净化水回注率 25%～30%，降低了下游污水处理的费用

（续）

编号	技术名称	适用范围	主要内容	投资及效益分析
		石油化工行业		
21	延迟焦化冷焦处理炼油厂“三泥”	燃料型炼油厂污水处理产生的“三泥”与生产石油焦的延迟焦化装置	利用延迟焦化装置正常生产切换焦炭塔后，焦炭塔内焦炭的热量将“三泥”中的水分轻油汽化，大于350℃的重质油焦化，并利用焦炭塔泡沫层的吸附作用，将“三泥”中的固体部分吸附，蒸发出来的水分、油气至放空塔，经分离、冷却后，污水排向含硫污水汽提装置进行净化处理，油品进行回收利用	以10.25t/塔计算，总投资30万元左右，净利润80万元/a，投资偿还期0.37a。使用该技术每年可回收油品816t，节省用于“三泥”处理的设备投资和运行费用，防止由此而引起的二次污染，经济效益、环境效益和社会效益显著
22	合建池螺旋鼓风曝气技术	大、中、小炼油（燃料油、润滑油、化工型）厂	空气从底部进入，气泡旋转上升径向混合、反向旋转，使气泡多次被切割，直径变小，气液激烈掺混，接触面增大，以利于氧的转移。在曝气器中因气水混合液的密度小，形成较大的上升流速，使曝气器周围的水向曝气器入口处流动，形成水流大循环，有利于曝气器的提升、混合、充氧等	以800~1000t/h污水处理能力计算，总投资80万~120万元，主要设备寿命15~20a。具有操作人员少、节电、维修费用少、处理效果好、排水合格率高等优点，总计每年可节省费用约40万~80万元
23	PTA（精对苯二甲酸装置）母液冷却技术	PTA装置	利用空气鼓风机与特殊结构的喷嘴使物料喷雾，并与空气进行逆向接触冷却物料，利用新型塔板的不同排列实现了固体物料的防堵和良好的冷却效果，并成功地设计了在线清堵流程，实现了不停车即可清除物料	35万t/a PTA装置的母液冷却装置，总投资约355万元，经济效益87万元/a。污水温度可降到45℃，保护了污水处理中分解分离菌，有利于污水的处理
		化工行业		
24	合成氨原料气净化精制技术——双甲新工艺	大、中、小型合成氨厂	此工艺是合成氨生产中一项新的净化技术，是在合成氨生产工艺中，利用原料气中CO、CO_2与H_2合成，生成甲醇或甲基混合物。流程中将甲醇化和甲烷化串接起来，把甲醇化、甲烷化作为原料气的净化精制手段，既减少了有效氢消耗，又副产甲醇，达到变废为宝	以年产5万t氨、副产1万t甲醇计，总投资300万~500万元，投资回收期2~3a。因没有铜洗，吨氨节约物耗（铜、冰醋酸、氨）14元，节约蒸汽30元，节约氨耗6.5元等，每万吨合成氨可节约74万元；副产甲醇，按氨醇比5:1计算，1万t氨副产2000t甲醇，利润40万~100万元，年产5万t的合成氨装置可获得经济效益570万~870万元

（续）

编号	技术名称	适用范围	主要内容	投资及效益分析
化工行业				
25	合成氨气体净化新工艺—NHD技术	各种工艺气体的净化，特别是以煤为原料的硫化氢、二氧化碳含量高的氨合成气、甲醇合成气和羰基合成气的净化	NHD溶剂是国内新开发的一种高效优质的气体净化剂，其有效成分为多聚乙二醇二甲醚的混合物，是一种有机溶剂，对天然气、合成气等气体中的酸性气（硫化氢、有机硫、二氧化碳等）具有较强的选择吸收能力。该溶剂脱除酸性气采用物理吸收、物理再生工艺，能使净化气中的酸性气达到生产合成氨、甲醇、制氢等的工艺要求	以年产40000t合成氨计，改造总投资（由碳丙工艺改造，含基建投资、设备投资等）约80万元，投资回收期0.31a。新建总投资（基建投资、设备投资等）约400万元，投资回收期0.89a。应用此项技术的企业年经济效益均在200万元以上
26	天然气换热式转化造气新工艺及换热式转化炉	以天然气、炼厂气、甲烷富气等为原料，生产合成氨及甲醇的生产装置。也适用于小氮肥装置的技术改造和技术革新	该工艺是将加压蒸汽转化的方箱式一段炉改为换热式转化炉，一段转化所需的反应热由二段转化出口高温气来提供，不再由烧原料气来提供。由于二段高温转化气的可用热量是有限的，不能满足一段炉的需要，又受氢氮比所限，因此在二段炉必须加入富氧空气（或纯氧）	按照装置设计能力为年产15000t合成氨规模的粗合成气计算，项目总投资1300万元，投资利润率约9%，投资利税率约10%，投资收益率约20%。本技术节能方面有较大的突破，这将大大增强小厂产品竞争能力
27	水煤浆加压气化制合成气	以煤化工为原料的行业	德士古煤气化炉是高浓度水煤浆（煤浓度达70%）进料、液态排渣的加压纯氧气流床气化炉，可直接获得烃含量很低（含CH_4低于0.1%）的原料气，适合于合成氨、合成甲醇等使用	年产30万t合成氨、52万t尿素装置以及辅助装置约需30.5亿元，投资回收期12a，主要设备使用寿命15～20a
28	磷酸生产废水封闭循环技术	料浆法3万t/a磷铵装置；二水法1.5万t/aH_3PO_4（以P_2O_5计）装置	二水法磷酸生产中的含氟含磷污水，经多次串联利用后，进入盘式过滤机冲洗滤盘，产生冲盘磷石膏污水。冲盘污水经过二级沉降，分离出大颗粒和细颗粒。二级沉降的底流进入稠浆槽作为二洗液返回盘式过滤机，清液作为盘式过滤机冲洗水利用，实现冲盘污水的封闭循环	1.5万t/aH_3PO_4（以P_2O_5计）装置总投资为54万元，投资回收期1a。回收污水中可溶性P_2O_5，污水回用后节水效益和节省排污费每年达63万元
29	磷石膏制硫酸联产水泥	磷肥行业	磷石膏是磷铵生产过程中的废渣，用磷石膏、焦炭及辅助材料按照配比制成生料，在回转窑内发生分解反应。生成的氧化钙与物料中的二氧化硅、三氧化二铝、三氧化二铁等发生矿化反应形成水泥熟料。含7%～8%二氧化硫的窑气经除尘、净化、干燥、转化、吸收等过程制得硫酸	年产15万t磷铵、20万t硫酸、30万t水泥的装置总投资95975万元，每年可实现销售收入84000万元，利税22216万元，投资回收期4.32a。每年能吃掉60万t废渣，13万t含8%硫酸的废水，节约堆存占地费300万元，节约水泥生产所用石灰石开采费10500万元和硫酸生产所需的硫铁矿开采费16000万元。从根本上解决了石膏污染地表水和地下水的问题

（续）

编号	技术名称	适用范围	主要内容	投资及效益分析
化工行业				
30	利用硫酸生产中产生的高、中温余热发电	适用于硫酸生产行业	利用硫铁矿沸腾炉炉气高温(900℃)余热及 SO_2 转化成 SO_3 后放出的中温(200℃)余热生产中压过热蒸汽，配套汽轮发电机发电。蒸汽量达到0.9t/t酸，蒸汽消耗指标为5.94kg/kW·h。汽轮机采用凝结式汽机，冷凝水可回收利用	新建300kW机组，总投资680万元。年创利税190万元，投资回收期3.5a。每年可节约6000t标准煤；减排 SO_2 192t，CO8t，NO_x 54t，经济效益、环境效益显著
31	气相催化法联产三氯乙烯、四氯乙烯	该技术应用于有机化工生产，适用于改造5000t/a以上三氯乙烯装置	将乙炔、三氯乙烯分别经氯化生成四氯乙烷或五氯乙烷，二者混合后(亦可用单一的四氯乙烷或五氯乙烷)经气化进入脱HCl反应器，生成三、四氯乙烯。反应产物在解吸塔除去HCl后，导入分离系统，经多塔分离，分出精三氯乙烯和精四氯乙烯，未反应的物料返回脱HCl反应器，循环使用。精三氯乙烯部分送氯化塔生成五氯乙烷，部分经后处理加入稳定剂作为产品。精四氯乙烯经后处理加入稳定剂，即为成品	以1万t/a(三氯乙烯5000t，四氯乙烯以5000t)计，总投资3000万元，投资回收期2~3a。新工艺比皂化法工艺成本降低约10%，新增利税每年约800万~1000万元。同时彻底消除了皂化工艺造成的污染，改善了环境
32	利用蒸氨废液生产氯化钙和氯化钠	纯碱生产	氨碱法生产纯碱后的蒸氨废液中含有大量的 $CaCl_2$ 和NaCl，其溶解度随温度而变化，经多次蒸发将 $CaCl_2$ 和NaCl分离，制成产品	按照NaCl、$CaCl_2$ 年产量分别为13000t和28000t计算，年经济效益为1551万元和3477万元，合计5028万元
33	蒽醌法固定床钯触媒制过氧化氢	化肥、氯碱化工、石化等具有副产氢气的行业	该技术以2-乙基蒽醌为载体，与重芳烃等混合溶剂一起配制成工作液。将工作液与氢气一起通入一装有钯触媒的氢化塔内，进行氢化反应，得到相应的2-乙基氢蒽醌。2-乙基氢蒽醌再被空气中的氧氧化恢复成原来的2-乙基蒽醌，同时生成过氧化氢。利用过氧化氢在水和工作液中溶解度的不同以及工作液和水的密度差，用水萃取含有过氧化氢的工作液得到过氧化氢的水溶液。后者再经溶剂净化处理、浓缩等，得到不同浓度的过氧化氢产品	年产10000t27.5%的 H_2O_2，总投资约3000万元；投资回收期3a左右。该技术具有明显的经济效益，按上述生产规模计算，每年可获得税后利润500万元左右。由于该技术中采用以污治污技术，环境效益明显

（续）

编号	技术名称	适用范围	主要内容	投资及效益分析
轻工行业				
34	碱法/硫酸盐法制浆黑液碱回收	适用于碱法/硫酸盐法蒸煮工艺，对所产生的黑液进行碱及热能回收，并大幅度降低污染	碱回收主要包括黑液的提取、蒸发、燃烧、苛化等工段。提取：要求提取率高，浓度高，温度高。蒸发：提取的稀黑液需进入蒸发工段浓缩，使黑液固形物含量达55%～60%以上。燃烧：浓黑液送燃烧炉利用其热值燃烧。燃烧后有机物转化为热能回收，无机物以熔融状流出燃烧炉进入水中形成滤液。苛化：澄清后的滤液进入苛化器与石灰反应，转化为NaOH及Na_2S	在稳定、正常运行条件下，碱回收的投资回收期约5～10a，木浆回收期较短，非木浆较长。按年产34000t浆（日产100t浆）计算，碱回收的直接经济效益（商品碱价按1700元/t，回收碱按800元/t计）7344万元/a。按吨浆COD产生量1400kg，碱回收去除COD80%计，日产100t浆的企业每年可减少COD排放38080t
35	射流气浮法回收纸机白水技术	适用于造纸白水中纤维、填料及水的回收；也适用于各类废水处理中的固液分离及污泥浓缩	压力溶气水经减压释放出直径约为50μm气泡的气—水混合液与含有悬浮物的废水（如纸机白水中的纤维及填料）混合，形成气—固复合物进入气浮池进行分离。分离后的水则由设在气浮池适当位置的集水管道收集后送至清水池，浮在池表面的悬浮物（如纸浆、填料）则收集到浆池，不能上浮的沉淀物沉积在气浮池的泥斗中，定期排放，以保证出水水质稳定	以回收纸机白水300m^3/d为例，总投资35万元，回收年限1.5a，年净效益23万元，年削减废水排放量81万m^3，SS596t，COD300t。年节约水量81万t，节约纸浆180t
36	多盘式真空过滤机处理纸机白水	年产1万t以上的大、中型纸浆造纸厂，用于造纸白水中纤维，填料及水的回收	滤盘表面覆盖着滤网，为了回收白水中细小纤维，预先在白水中加入一定量的长纤维作预挂浆，滤盘在液槽内转动，预挂浆在网上形成一定厚度的浆层，并依靠水退落差造成的负压（或抽真空），使白水中的细小纤维附着在表面，当浆层露出液面，负压作用消失，高压喷水把浆层剥落，滤盘周而复始工作，白水中细小纤维和化学物质得到回收，同时也净化了白水	以年产1万t的纸浆造纸厂为例，采用多盘式真空过滤机处理纸机白水，总投资62万元，回收期1a。年直接经济效益96万元，净效益92万元；年回收纸浆（绝干）纤维1462t，年节约清水137万t；年少排废水108万t；悬浮物1919t，少缴排污费约2万元
37	超效浅层气浮设备	水的回收和污水净化	超效气浮在原理上与传统溶气气浮相同。所不同的是，它是一先进的快速气浮系统，成功地运用了浅池理论和“零速”原理，通过精心设计，集凝聚、气浮、撇渣、沉淀、刮泥为一体，是一种水质净化处理的高效设备	以6000m^3/d处理设备为例，设备投资为100万元左右。设备用作废纸中段水、纸机的白水回收，投资回收期约1a，即使考虑土建投资在内，投资回收期也不足1a

（续）

编号	技术名称	适用范围	主要内容	投资及效益分析
轻工行业				
38	玉米酒精糟生产全干燥蛋白饲料(DDGS)	地处能原丰富，以玉米为原料的大、中型酒精生产企业	玉米酒精糟固液分离，分离后的滤液部分回用，部分蒸发浓缩至糖浆状，再将浓缩后的浓缩物与分离的湿糟混合、干燥制成全干燥酒精糟蛋白饲料。DDGS 蛋白含量达 27% 以上，其营养价值与大豆相当，是十分畅销的精饲料	6 万 t 酒精 DDGS 蛋白饲料生产线，总投资 2988 万元；年产 DDGS 蛋白饲料 5.4 万 ~ 5.6 万 t；废水达标排放，彻底消除污染
39	差压蒸馏	大、中型酒精生产装置	差压蒸馏在两塔以上的生产工艺中使用，各塔在不同的压力下操作，第一效蒸馏直接用蒸汽加热，塔顶蒸汽作为第二效塔釜再沸温度器的加热介质，它本身在再沸器中冷凝，依次逐渐进行，直到最后一效塔顶蒸汽用冷却水冷凝	配套 3 万 t 酒精蒸馏生产线（大部分采用不锈钢材质）投资 1100 万元（不包括土建）。吨酒精节约蒸汽 3.6t，年节约蒸汽 10.8 万 t
40	薯类酒精糟厌氧-好氧处理	以薯类为原料的大、中、小酒精生产工艺	薯类酒精糟通过厌氧发酵，既可去除有机污染物，产生沼气（甲烷含量大于 56%）用于燃料、发电等，又可以把废液中植物不能直接利用的氮、磷、钾转化为可利用的有机肥料。发酵后的消化液分离污泥后进入曝气池进行好氧处理，出水达标排放。厌氧污泥脱水后可作优质肥料，曝气池产生的剩余活性污泥返回厌氧罐进行处理	以年产 1 万 t 的酒精厂计算，总投资 550 万元，投资回收期 6a（含建设期）。年直接经济效益厌氧部分：沼气用于烧锅炉 70 万元，沼气用于发电 200 万元；好氧部分：废水达标排放，节省排污费 54.4 万元；干污泥（含水 80%）用作肥料，年收益 20 万元。采用厌氧-好氧处理工艺，污染物总去除率 COD 可达 98.3%，$BOD_5$99.1%，SS99.2%，废水全部达标排放
41	饱和盐水转鼓腌制法保存原皮技术	大、中、小型皮革企业猪、牛皮原料皮的保藏	饱和盐水转鼓腌制法保存原皮技术是一种动态腌皮加工过程。在腌制过程中，皮、盐在转鼓中均匀混合，盐里腌，利用率高，其用量仅为皮重的 30% 左右	以年产 30 万张猪皮制革厂为例，投资约 20 万元。传统撒盐法年消耗盐用量约 1050t，饱和盐水转鼓腌制法年耗盐 450t，年节约资金 20 万元，1a 即可收回投资。同时饱和盐水转鼓腌制法保存原皮技术克服了传统撒盐法由于原皮带有的污染或粪便对盐腌皮质量产生的不利影响，以及被污染的腌皮场地和旧盐对原皮造成的损害，提高了盐腌皮的保存期，具有较好的环境效益和经济效益
42	含铬废液补充新鞣液直接循环再利用技术	适用于各种类型的制革厂	建立一封闭的铬液循环系统，将制革生产的浸酸操作和鞣制操作分开，设置专门的铬鞣区域，使废铬液与其他废液彻底分开，并循环利用	建立一套完善的 500t/d 的废铬液循环利用系统需资金约 20 万元，系统建成使用后 1a 即可收回投资，同时减少了含铬废液的排放

（续）

编号	技术名称	适用范围	主要内容	投资及效益分析
轻工行业				
43	啤酒酵母回收及综合利用	各种规模啤酒厂的废啤酒酵母回收利用	将啤酒发酵过程中产生的废酵母泥进行固液分离以回收啤酒和酵母。分离后的啤酒应用膜分离技术进行微孔精滤，去除杂菌及酵母菌，精滤后的啤酒清澈透明，以1%比例兑入成品啤酒中，不影响啤酒质量。酵母饼经自溶，烘干，粉碎得酵母粉，是优质蛋白饲料添加剂	以年产5万t啤酒厂为例，总投资80万元，投资回收期12~14个月。直接经济效益76万元/a，净效益70万元/a。啤酒酵母回收后可减少啤酒废水污染负荷50%左右（COD），减少废水治理基建投资37%，减少酒损1%
44	味精发酵液除菌体生产高蛋白饲料，浓缩等电点提取谷氨酸，浓缩废母液生产复合肥技术	味精厂	避免菌体及其破裂后的残片释放出的胶蛋白、核蛋白和核糖核酸影响谷氨酸的提取与精制；发酵液除菌体与浓缩均能提高谷氨酸提取率与精制得率；发酵液提取谷氨酸后废母液COD高达100000mg/L，有利于进一步生产复合有机肥料而消除污染	以年产5000t谷氨酸计，若全部采用国产设备总投资600万元，若提取采用进口设备总投资2800万元。年产蛋白饲料600t，复合有机肥6000t。综合利用部分产出可抵消废水处理运转费用。对排放口进行的72h连续监测，日COD减少80%（约20t），BOD减少91%，SS减少71%，NH_3-N减少85%，为废水的二级生化处理创造了条件
纺织行业				
45	转移印花新工艺	涤纶、锦纶、丙纶等合成纤维织物	利用分散染料将预先绘制的图案印在纸上（80g/m新闻纸），再利用分散染料加热升华及合成纤维加热膨胀特性，通过加热、加压将染料转移到合成纤维中，冷却后达到印花的目的	印纸机20万~30万元/台，转移印花机10万~20万元/台，投资回收期为0.5~1a，设备寿命10~15a。同时消除了印染废水的产生和排放
46	超滤法回收染料	棉印染行业，回收还原性染料等疏水性染料	将聚砜材料（成膜剂）、二甲基甲酰胺（溶剂）、乙二醇甲醚（添加剂）通过铸膜器，采用急剧凝胶工艺制成具有一定微孔的聚砜超滤膜，组装成超滤器，在压力0.2MPa下，对氧化后的还原染料残液进行过滤、回收	超滤器约5万元/台，1a左右可以回收设备费用。降低了废水中的色度，减少了印染废水中COD的产生量
47	涂料染色新工艺	棉染整行业，针织染整行业、毛巾、床单行业等织物染色	采用涂料着色剂（非致癌性）和高强度粘合剂（非醛类交联剂）制成轧染液，通过浸轧均匀渗透并吸附在布上，再通过烘干、焙固，使染液（涂料和粘合剂）交链，固着在织物上，常温自交链粘合，不需要焙固即可固着在织物上，染后不需洗涤便可直接出成品	利用原有部分染色设备，不需再投资，工艺简单、成本低；目前涂料染色占织物染色总量的30%左右，比使用传统染料染色，节省了显色、固色、皂洗、水洗等诸多工序，节约了大量水、汽、电的消耗

（续）

编号	技术名称	适用范围	主 要 内 容	投资及效益分析
纺 织 行 业				
48	涂料印花新工艺	棉印染行业、针织印染行业	采用涂料（颜料超细粉）、着色剂及交联粘合剂制成印浆，通过印花、烘干、焙固3个步骤即可完成印花，比传统的染料印花减少了显色、固色、皂洗、水洗等诸多工序，节约了水、汽、电，并减少了废水排放量	利用原有设备，不需再投资。与传统印花相比，各项费用可节省15%～20%。目前涂料印花数量占印花织物总量的60%。节约了水、汽、电，并减少了废水排放量
49	棉布前处理冷轧堆一步法工艺	棉印染行业、针织印染行业、毛巾和谷巾加工、床单行业等使用棉及涤棉织物前处理	采用高效炼漂助剂及碱氧一步法工艺，使传统前处理工艺退浆、煮炼、漂白3个工序合并成经浸轧堆置水洗1道工序，成品质量可达到3道工序的质量水平	新建一条生产线，设备投资180万～250万元，每年节省劳工费用45万元，总计节约350万～400万元
50	酶法水洗牛仔织物	棉型牛仔织物	采用纤维素酶水洗牛仔布（布料或成衣），可以达到采用火山石磨洗效果	提高了产品质量，改善了服用性能，手感好，但成本与石磨法基本持平，产品附加值增加。同时降低了废水的pH值，减少了废水中悬浮物的含量，提高了废水的可生化性
51	丝光淡碱回收技术	棉及涤棉织物的棉印染行业	丝光时采用250g/L以上的浓碱液（NaOH）浸轧织物，丝光后产生50g/L的残碱液。通过采用过滤（去除纤维等杂质），蒸浓（三效真空蒸发器）技术，使残碱液浓缩至260g/L以上。再回用于丝光、煮炼等工艺	一套碱回收装置及配套设备，总投资300万～400万元，年回收碱液5400t，价值约270万元，减少废水COD排放量40%，并改善废水pH值
52	红外线定向辐射器代替普通电热元件及煤气	棉印染行业、棉针织染整行业，造纸、轻工、烟草等行业烘干工艺	利用双孔石英玻璃壳体（背面镀金属膜），直接反射能量，提高热效率。能谱集中在2.5～15μm，辐射能量与烘干介质能有效匹配，采用高温电热合金材料为激发元件的发热体和冷端处理工艺，延长了辐射器的使用寿命，热惯性小，升温快，辐射表面温场分布均匀	改造一台定型机10万元，一台烘干机2～3万元，投资2～3个月即可回收。改善了操作环境，热效率高，提高了能源的利用率
53	酶法退浆	棉及涤棉织物、人造棉、涤粘织物	利用高效淀粉酶（BF-7658酶）代替烧碱（NaOH）去除织物上的淀粉浆料，退浆效率高，无损织物，减少对环境的污染	沉淀酶、果胶酶等与烧碱价格基本持平，但由于产品质量好（特别是高档免烫织物），附加值也高。同时降低了废水的pH值，提高了废水的可生化性

（续）

编号	技术名称	适用范围	主 要 内 容	投资及效益分析
		纺 织 行 业		
54	粘胶纤维厂蒸煮系统废气回收利用	以棉短绒为原料的人造纤维厂	采用蓄热器（40m^3），气、液、固三相分离器（分离出短纤维），蒸汽喷射式热泵，将热能加以回收，再用于新料的加热等，形成一个封闭的系统，实现生产全过程自动控制	若按15个蒸球计算，总投资36万元，3a即可回收投资
55	用高效活性染料代替普通活性染料，减少染料使用量	使用活性染料较多的棉印染行业及针织、巾被等行业	采用新型双活性基团（一氯均三嗪和乙烯砜基团）代替普通活性染料，提高染料上染率，减少废水中染料残留量	每百米节约染料费10～20元，节约能源（水、电、汽）费用4元；年产2000万m的中型企业，年节约费用280万～480万元
56	从洗毛废水中提取羊毛脂	进口羊毛，国产新疆、内蒙古等地区羊毛	在连续式五槽洗毛机中，利用逆流漂洗原理，在第二、三槽中投加纯碱及洗涤剂以去除羊毛所含油脂并利用蝶片式离心机将油脂分离出来。第四、五槽漂洗液不断向一、二、三槽补充，大大减少洗毛废水排放量和新鲜用水量	总投资38.5万元（一条洗毛线提取羊毛脂及其配套设备），每年节约费用36.7万元（包括节省药剂、新鲜水及提取羊毛脂），投资回收期1.4a。同时减少了洗毛废水排放量和新鲜用水量
57	涤纶纺真丝绸印染工艺碱减量工段废碱液回用技术	涤纶碱减量工艺中的碱回收（适宜间断式收挂炼槽工艺）	涤纶碱减量废液中，含有对苯二甲基酸甲酯、乙二胺及较大量碱残留液，通过适度冷却采用专用的加压过滤设备，使碱液保留在净化液中，经过补碱重新回用于生产中	总投资10万元，综合经济效益每年4.1万元，投资回收期2.8a，主体设备寿命7a

二、第二批导向目录简介

国家重点行业清洁生产技术导向目录（2）

编号	技术名称	适用范围	主 要 内 容	投资及效益分析
		冶 金 行 业		
1	高炉余压发电技术	钢铁企业	将高炉副产煤气的压力能、热能转换为电能，既回收了减压阀组释放的能量，又净化了煤气，降低了由高压阀组控制炉顶压力而产生的超高噪声污染，且大大改善了高炉炉顶压力的控制品质，不产生二次污染，发电成本低，一般可回收高炉鼓风机所需能量的25%～30%	投资一般在3000万～5000万元左右，投资回收期大约为3～5a，节能环保效果明显

（续）

编号	技术名称	适用范围	主要内容	投资及效益分析
冶金行业				
2	双预热蓄热式轧钢加热炉技术	型材、线材和中板轧机的加热炉	采用蓄热方式（蓄热室）实现炉窑废气余热的极限回收，同时将助燃空气、煤气预热至高温，从而大幅度提高炉窑热效率的节能、环保新技术	对中小型材、线材、中板、中宽带及窄带钢的加热炉（每小时加热能力100t左右），改造投资在800万~1000万元（其中蓄热式系统投资200万~300万元），在正常运行情况下，整个加热炉改造投资回收期为1a左右。废气中有害物质排放大幅度降低
3	转炉复吹溅渣长寿技术	转炉	采用“炉渣——金属蘑菇头”生成技术，在炉衬长寿的同时，保护底吹供气元件在全炉役始终保持良好的透气性，使底吹供气元件的一次性寿命与炉龄同步，复吹比100%，提高复吹炼钢工艺的经济效益	改造投资约100万~500万元，投资回收期在1a之内
4	高效连铸技术	炼钢厂	用洁净钢水，高强度、高均匀度的一冷、二冷，高精度的振动、导向、拉矫、切割设备运行，在高质量的基础上，以高拉速为核心，实现高连浇率、高作业率的连铸系统技术与装备。主要包括：接近凝固温度的浇铸，中间包整体优化，结晶器及振动高优化，二冷水动态控制与铸坯变形优质化，引锭，电磁连铸6大方面的技术和装备	投资：方坯连铸10~30元/t能力，板坯连铸30~50元/t能力，比相同生产能力的常规连铸机投资减少40%以上，提高效率60%~100%，节能20%，经济效益50~80元/t坯，投资回收期小于1a
5	连铸坯热送热装技术	同时具备连铸机和型线材或板材轧机的钢铁企业	该技术是在冶金企业现有的连铸车间与型线材或板材轧制车间之间，利用现有的连铸坯输送辊道或输送火车（汽车），增加保温装置，将原有的冷坯输送改为热连铸坯输送至轧制车间热装进行轧制，该技术分3种形式：热装、直接热装、直接轧制。该技术的使用，大大降低了轧钢加热炉加热连铸坯的能源消耗，同时减少了钢坯的氧化烧损，并提高了轧机产量	一般连铸方坯投资在1000万~2000万元；连铸板坯投资在3000万~5000万元。正常运行情况下，1~2a即可收回投资

（续）

编号	技术名称	适用范围	主要内容	投资及效益分析
冶金行业				
6	交流电动机变频调速技术	使用同步电动机、异步电动机的冶金、石化、纺织、化工、煤炭、机械、建材等行业	把电网的交流电经变流装置，直接变换成频率可调的交流电供给电动机。改变变流器的输出电压（或频率），即可改变电动机的速度，达到调速的目的	在总装机容量为10万kW的热连轧采用，节能率为12%～16%。风机、水泵类应用，一般可节电20%以上
7	转炉炼钢自动控制技术	转炉炼钢厂	在转炉炼钢三级自动化控制设备基础上，通过完善控制软件，开发和应用计算机通信自动恢复程序、静态模型和动态模型系数优化、转炉长寿炉龄下保持复吹等技术，实现转炉炼钢从吹炼条件、吹炼过程控制，直至终点前动态预测和调整，吹制设定的终点目标自动提枪的全程计算机控制，实现转炉炼钢终点成分和温度达到双命中，做到快速出钢，提高钢水质量，提高劳动生产率，降低成本	投资约为7300万元。该技术使吹炼氧耗降低4.27Nm^3/t·s，铝耗减少0.276kg/t·s，钢水铁损耗降低1.7kg/t·s，既减少了钢水过氧化造成的烟尘量，又节约了能源，年经济效益可达千万元以上
8	电炉优化供电技术	大于30t交流电弧炉	通过对电弧炉炼钢过程中供电主回路的在线测量，获取电炉变压器一次侧和二次侧的电压、电流、功率因数、有功功率、无功功率及视在功率等电气运行参数。对以上各项电气运行参数进行分析处理，可得到电弧炉供电主回路的短路电抗、短路电流等基本参数，进而制定电弧炉炼钢的合理供电曲线	以一座年产钢20万t炼钢电弧炉为例，采用该技术后，平均可节电10～30kW·h/t，冶炼通电时间可缩短3min左右，年节电300万kW·h，电炉炼钢生产效率可提高5%左右。利税增加100万元以上
9	炼焦炉烟尘净化技术	机械化炼焦炉	采用有效的烟尘捕集、转换连接、布袋除尘器、调速风机等设施，将炼焦炉生产的装煤、出焦过程中产生的烟尘有效净化	以JN43焦炉两座炉一组（能力为年产焦炭60万t）的装煤、出焦除尘为例，投资为2600万元（装煤除尘地面站为1200万元，出焦除尘地面站为1400万元）。年回收粉尘超过1万t，环境效益显著
10	洁净钢生产系统优化技术	大中型钢铁厂	对转炉钢铁企业现有冶金流程进行系统优化，采用高炉出铁槽脱硅，铁水包脱硫，转炉脱磷，复吹转炉冶炼，100%钢水精炼，中间包冶金后进入高效连铸机保护浇铸，生产优质洁净钢，提高钢材质量，降低消耗和成本	设备投资约20～50元/t钢，增加效益为20～30元/t钢，投资回收期小于2a，环境效益显著

（续）

编号	技术名称	适用范围	主要内容	投资及效益分析
冶金行业				
11	铁矿磁分离设备永磁化技术	金属矿（磁性）分选和非金属矿的除杂（铁、钛）	采用高性能的稀土永磁材料，经过独特的磁路设计和机械设计，精密加工而成的高场强的磁分离设备，分选磁场强度最高达1.8特斯拉	与电磁设备相比，节约电能90%以上，节水40%以上，设备重量减轻60%，使用寿命可达20a。与淘汰设备相比，节水70%，提高回收率20%以上
12	长寿高效高炉综合技术	$1000m^3$ 以上高炉	在确保冷却水无垢无腐蚀的前提下，应用长寿冷却壁设计、长寿炉缸炉底设计及长寿冷却器选型及布置技术，通过采用专家系统技术、人工智能控制技术、现代项目管理等技术，严格规范高炉设计、建设、操作及维护，从而确保一代高炉寿命达到15a以上	以$1000m^3$ 高炉计算，采用长寿高效高炉综合技术，一次性投资比普通高炉提高1000万元左右，但寿命可达到15a以上，减少大修费用约8000万元，去除喷补费用，加上增加的产量，年经济效益为9000万～10000万元左右
13	转炉尘泥回收利用技术	转炉炼钢	转炉尘泥量大，不易利用，浪费资源，污染环境。本技术是回收转炉尘泥，制成化渣剂用于转炉生产，可有效缓解转炉炉渣返干，减少粘枪事故，提高氧枪寿命，改进转炉顺行；同时，可降低原料用量，增加冶炼强度，缩短冶炼时间，提高生产效率，使转炉炼钢指标得到显著改善	采用此技术，仅计算提高金属收得率和降低石灰用量所降低的成本，扣除用球增加的成本，可降低炼钢成本8.34元/t，年经济效益为1000多万元
14	转炉汽化冷却系统向真空精炼供汽技术	转炉炼钢厂真空精炼工程	将转炉汽化冷却系统改造之后，使之具有“一机两用”功能，既优先向真空泵供汽、又能将多余蒸汽外送	以80t转炉配置真空精炼炉为例，建设投资节约750万元，与锅炉供汽工艺相比年节约运行费约300万元。真空炉越大经济效益越好
机械行业				
15	铸态球墨铸铁技术	球墨铸铁生产厂	通过控制铸件冷却速度、加入合金元素、调整化学成分、采用复合孕育等措施，使铸件铸态达到技术条件规定的金相组织和机械性能，从而取消正火或退火等热处理工序。铸态稳定生产的球铁牌号为：QT400—15、QT450—10、QT500—7、QT600—3、QT700—2	不需增加硬件设施，重点是调整化学成分和生产工艺。取消热处理工序后，每吨铸件可节省100～180kg标准煤，节约热处理费用约600元。目前我国球铁产量约为150万t，若有1/4采用铸态球铁，则每年可节省3.75万～6.75万t标准煤，降低成本2.25亿元

（续）

编号	技术名称	适用范围	主要内容	投资及效益分析
		机械行业		
16	铸铁型材水平连续铸造技术	生产铸铁型材的矿山机械、通用机械、冶金、农机等行业	铁水熔化控制成分温度，经炉前处理得到的合格铁水，注入保温炉内，然后流入等截面形状的水冷石墨型结晶器，经冷却表面形成有足够强度的凝固外壳，由牵引机拉出，定时向保温炉内注入定量铁水，铁水不断流入结晶器，如此冷却—凝固—牵引，反复连续工作生产出所需产品。现可生产直径30~4250mm圆形及相应尺寸方形和异型截面的灰铁和球铁型材	年产3000t型材厂，总投资600万元，年利润200万~300万元，投资回收期3a。与砂型铸造相比具有效率高、质量好、污染少等优点
17	V法铸造技术（真空密封造型）	中、大型无芯、少芯，内腔不太复杂的铸铁、铸钢及有色金属等铸件	借助真空吸力将加热呈塑性的塑料薄膜覆盖在模型及型板上，喷刷涂料，放上特制砂箱，并加入无粘结剂的干砂，震实，复面膜，抽真空，借助砂型内外压力差，使砂紧实并具有一定硬度，起膜后制成砂型。下芯、合型后即可浇注，待铸件凝固后，除去真空，砂型自行溃散，取出铸件。最大砂箱尺寸达7000mm×4000mm×1100/800mm	年产5000t半机械化V法铸造厂，约需投资500万元，其中设备投资250万~300万元，达产后年产值约2000万元，投资回收期3~4a。由于采用干砂造型，落砂清理方便，劳动量可减少35%左右，劳动强度降低，作业环境好，铸件尺寸精度高，表面光洁，轮廓清晰，成本低
18	消失模铸造技术	多品种、一定批量、形状复杂中小型铸件	采用聚苯乙烯（EPS）或聚甲基丙烯酸甲酯（EPMMA）泡沫塑料模型代替传统的木制或金属制模型。EPS珠粒经发泡、成型、组装后，浸敷涂料并烘干，然后置于可抽真空的特制砂箱内，充填无粘结剂的干砂，震实，在真空条件下浇注。金属液进入型腔时，塑料模型迅速气化，金属液占据模型位置，凝固后形成铸件	年产3000t消失模铸件厂约需投资600万元，年产值1500万~2000万元，投资回收期约3a。由于不用砂芯，没有分型面，铸件披缝少，砂子为干砂，砂子与金属液间有涂料层相隔，落砂容易清理，减少扬尘，且劳动量减少30%~50%；铸件综合成本比高压造型和树脂砂降低20%~30%
19	离合器式螺旋压力机和蒸空模锻锤改换电液动力头	模锻锤等高能耗设备的更新和改造	国内自主开发的6300~25000kN系列离合器式高能螺旋压力机作精密模锻主机，与加热、制坯、切边和传送装置配套，适用于批量较大的精锻件生产。用电液动力头替换蒸空模锻锤汽缸，节能效果显著，投资较少。适用于投资少、锻件精度要求较低的企业	离合器式高能螺旋压力机比蒸空锻锤节材10%~15%，节能95%，模具寿命提高50%~200%，锻件精度高、生产率高、节省后续加工，比双盘摩擦压力机节能、精度高，比热模锻压力机，显著节约投资

（续）

编号	技术名称	适用范围	主 要 内 容	投资及效益分析
		机 械 行 业		
20	回转塑性加工与精密成形复合工艺及装备	汽车、拖拉机、农机、机床、五金工具等行业中各种精密锻件批量生产	回转塑性加工成形主要包括辊锻、楔横轧、摆辗、轧环等，既可用于直接生产锻件，也可与精密成形设备组合，采用复合工艺生产各种实心轴、空心轴、汽车前轴、连杆曲柄、摇臂、轿车传动轴、喷油器等精密成形零件	以年产10万件8t以下载重车前轴计，采用复合工艺主机只要2500t高能螺旋压力机（或摩擦压力机），投资约1500万元，投资回收期3a，较通常的万吨热模锻压力机节省投资1亿元。具有节省投资、质量好、产品成本低、减少噪声的特点
21	真空加热油冷淬火、常压和高压气冷淬火技术	切削刀具、模具、航空器械零部件的热处理	在冷壁式炉中实施钢件的真空加热、油中淬火和在1～20bar压力下的中性或惰性气体中的冷却，可使工模具、飞机零件获得无氧化、无脱碳的光亮表面，明显减少零件热处理畸变，数倍延长其使用寿命。真空热处理技术的普及程度是当前热处理技术是否先进的主要标志，而气冷淬火更是先进的清洁生产技术	微型轴承用真空热处理取代盐浴和氨分解保护加热淬火，可节电约62%，劳动生产率提高100%，人工减少40%，成本降低75%，零件畸变减少1/2～2/3，使用寿命增长一倍以上，消除环境污染。自攻螺钉搓丝板用真空淬火代替盐浴，完全杜绝废盐、废水排放，工件表面光亮，畸变减少5/6，使用寿命提高2～3倍，人工费减少50%
22	低压渗碳和低压离子渗碳气冷淬火技术	汽车、摩托车、船舶、发动机、齿轮、特大型轴承套圈的优质无污染渗碳淬火	高温渗碳可明显提高生产效率，低压渗碳在10～30mbar脉冲供气亦可明显提高渗速。使用真空炉有条件提高渗碳温度（从900～930℃提高到1030～1050℃）。在工件和电极上施加电场的低压离子渗碳能更进一步发挥低压渗碳的优越性，并使在低压下使用甲烷渗碳成为可能。渗碳后施行高压气淬能使工件畸变减至最低程度	低压渗碳和低压离子渗碳虽一次投资比气体渗碳高20%～60%，但由于生产过程中水电消耗少，节省清洗工序，生产成本降低5%，零件质量好，能延长寿命至少30%，设备投资3～5a即可收回，而设备寿命一般在20a以上。由于低压用气量很少，又可以省略清洗工序，无废气，环境效益明显
23	真空清洗干燥技术	机器零件、切削刀具、模具热处理的前后清洗	用加热的水系清洗液、清水、防锈液在负压下对零件施行喷淋、浸泡、搅动清洗，随后冲洗、防锈和干燥。在负压下，清洗液的沸点比常压低，容易冲洗干净和干燥。此方法可代替碱液和用氟氯烷溶剂清洗，能实行废液的无处理排放，不使用破坏大气臭氧层物质	一次投资30万～40万元，主要设备可使用10～15a，真空清洗干净，工件表面残留物少，对环境没有污染

（续）

编号	技术名称	适用范围	主要内容	投资及效益分析
		机械行业		
24	机电一体化晶体管感应加热淬火成套技术	汽车、拖拉机、摩托车、冶金、工程机械、工具等行业零件的热处理	采用新型电子器件 SIT、IGBT全晶体管感应电源，将三相工频电流通过交-直-交转换和逆变形成稳定的大功率高频电流，配之以数控淬火机床、计算机能量监控系统、热交换自动温控冷却系统，组成机电一体化感应加热淬火成套装备，实现被加热零件的连续加热和淬火冷却，可列入加工生产线的自动化生产	电效率比电子管式电源由 50% 提高到 80%。由于加热快，用水基介质冷却，完全无污染。一条 PC 钢棒调质生产线，年处理 3000～5000t，创利达 600 万～1000 万元
25	埋弧焊用烧结焊剂成套制备技术	化工设备、锅炉、压力容器、油气管线等产品的焊接	国内现有埋弧焊用的熔炼焊剂，在制造过程中能源消耗大，严重污染环境。烧结焊剂制备技术，是将按一定配比要求的矿石粉和铁合金用液体粘结剂制粒后，经低温烘干（200～300℃），高温烧结（700～950℃）后，经分筛处理即成成品焊剂	该技术需建设一条烧结焊剂生产线，根据年产量不同，设备投资约 200 万～500 万元，可生产碳素钢和低合金钢埋弧焊用通用焊剂。生产上述类型烧结焊剂按年产 2000t 计算，年可获利 110 万元，2～3a 收回成本，比熔炼焊剂节电 50%～60%，无污染
26	无毒气保护焊丝双线化学镀铜技术	制造镀铜气体保护焊焊丝	采用可靠的镀铜前脱脂除锈工艺，如砂洗、电解热碱洗、电解酸洗等，再采用优化的镀铜液，确保化学置换反应稳定可靠，最终使镀铜质量达到国家镀铜焊丝优等品标准。该技术无任何毒性，比氰化电镀在环保上有明显优势	投资约 100 万元，回收期 1.5～2a
27	氯化钾镀锌技术	各种钢铁零件电镀锌	氯化钾镀锌技术无氰无毒无铵，镀液中的氯化钾对锌虽有络合作用，但它主要是起导电作用，氯的存在有助于阳极溶解。其镀液稳定，电流效率高，沉积速度快，镀层结晶细微光亮，废水易于处理	主要设备与氰化镀锌、碱性锌酸盐镀锌相同，投资相近，但原料费用可降低 1/3。槽液无氰无毒无铵，减少污染，废水处理费用低
28	镀锌层低铬钝化技术	机电、仪表、机械配件和日用五金零件等产品的电镀处理	镀锌层对铁基金属有很好的保护作用，但锌是活性很强的两性金属，需用铬酸溶液进行钝化处理。低铬钝化液与高铬钝化液不同，它的钝化膜不是在空气中形成，而是在溶液中形成，因此，其钝化膜致密，耐蚀性高	低铬钝化与高铬钝化的设备相同，但低铬钝化铬酸浓度低，因而铬的流失率低，可使清洗水中流失的铬减少 80%，降低原料成本；废水中六价铬浓度低，处理费用低，同时也减少污染

（续）

编号	技术名称	适用范围	主要内容	投资及效益分析
机械行业				
29	镀锌镍合金技术	钢板、车辆、家用电器和食品包装盒等产品的电镀处理	镀锌层在大陆性气候条件下防护性较好，但在海洋性气候中易被腐蚀。镉镀层在海洋性气候条件下，耐蚀性能好，但镉的毒性大，污染严重。锌镍合金镀层具有良好的防护性，且可减少氢脆和镉脆	设备与氰化镀锌、氯化钾镀锌相同，投资相近。镀锌镍合金技术的生产成本较低，防护性能高，可焊性好，毒性降低，减少污染
30	低铬酸镀硬铬技术	耐磨、耐腐蚀等钢铁零部件，以及修复磨损的零部件和切削过度的工件	通过将原镀铬液中铬酐浓度由250g/L降低至150g/L以下，严格控制工艺，获得硬度HV900以上的铬层，节省资源	可利用原有设备，无需投资，原料利用率高，成本降低。低铬酸镀硬铬工艺产生的铬雾气体和镀件带出液中含铬量减少1/3以上，处理费用降低，有利于环境保护
有色金属行业				
31	选矿厂清洁生产技术	矿山选矿	简化碎矿工艺，减少中间环节，降低电耗；采用多碎少磨技术降低碎矿产品粒径；采用新型选矿药剂CTP部分代替石灰，提高选别指标；安装用水计量装置降低吨矿耗水量；将防尘水及厂前废水经处理后重复利用，提高选矿回水率；采用大型高效除尘系统替代小型分散除尘器，减少水耗、电耗，提高除尘效率	以3万t/d生产能力的选矿厂计，改造项目总投资265万元，其中设备投资98万元，年创经济效益406.8万元，同时，降低物耗、能耗，减少污染物的排放，改善车间作业环境
32	白银炉炼铜工艺技术	铜冶炼	白银炉炼铜技术是铜精矿焙烧和熔炼相结合的一种方法，是以压缩空气（或富氧空气）吹入熔体中，激烈搅动熔体的动态熔炼为特征。技术特点：炉料制备简单；熔炼炉料效率高；炉渣含三氧化二铁（Fe_2O_3）少，含铜低；能耗低，提高铜回收率；烟尘少，环境污染小	建一座$100m^2$白银炉投资约5000万元，年产粗铜5万t，2a可收回全部投资，经济效益显著，同时，大大减少了废气、烟尘的排放，具有良好的环境效益
33	闪速法炼铜工艺技术	大型铜、镍冶炼	粉状铜精矿经干燥至含水分低于0.3%后，由精矿喷嘴高速喷入闪速炉反应塔中，在塔内的高温和高氧化气氛下精矿迅速完成氧化造渣过程，继而在下部的沉淀池中将铜锍和炉渣澄清分离，二氧化硫含量高的冶炼烟气经余热锅炉冷却后送烟气制酸系统	能耗仅为常规工艺的1/3～1/2，冶炼过程余热可回收发电；原料中硫的回收率高达95%；炉体寿命可达10a。烟气含量高便于采用双接触法制酸，转化率99.5%以上，尾气中二氧化硫低于$300mg/Nm^3$，减少污染

（续）

编号	技术名称	适用范围	主要内容	投资及效益分析
有色金属行业				
34	诺兰达炼铜技术	年产粗铜10万t以上的铜冶炼行业	该技术的核心是诺兰达卧式可转动的圆筒形炉，炉料从炉子的一端抛撒在熔体表面迅速被熔体浸没而熔于熔池中。液面下面的风口鼓入富氧空气，使熔体剧烈搅动，连续加入炉内的精矿在熔池内产生气、固、液三相反应，生成铜锍、炉渣和烟气，熔炼产物在靠近放渣端沉淀分离，烟气经冷却制酸	炉体结构简单，使用寿命长，对物料适应性大，金银和铜的回收率高，能生产高品位冰铜。由于没有水冷元件，热损失小，能充分利用原料的化学反应热，综合能耗低。技改投资为国内同类投资的一半，经济效益显著。硫实收率大于96%，具有良好的环境效益
35	尾矿中回收流精矿选矿技术	伴生有硫铁矿（黄铁矿）的有色金属硫化矿、贵金属矿及单一硫铁矿等矿产资源和含有硫铁矿的选矿废弃尾矿等	将尾矿库储存浸染矿选铜尾矿和现产浸染矿选铜尾矿，电铲采集，运至造浆厂房矿仓，1.2MPa水枪造浆，擦洗机擦洗与粉碎，旋硫器与浓密机分级浓缩至要求浓度后送浮选作业，添加丁基黄药与2#油，产出硫精矿；浸选铜尾矿直接加入硫酸铜（$CuSO_4$）活化，加入丁基黄药与2#油，产出硫精矿。一尾选硫与浸选硫可单选，也可合选。技术关键：尾矿水力造浆技术、擦洗机破碎与擦洗技术、旋流器分级技术、浮选选硫技术、运输、卸车防粘技术。特点是应用范围广，分选效率高	投资1500万元，年产值4253万元，利润535万元，投资回收期小于3a。减少尾渣排放量20%，缓解硫资源紧张的矛盾
36	氢氧化铝气态悬浮焙烧技术	1300t/d以上规模的氧化铝生产	焙烧系统是由一台稀相闪速焙烧主炉和一组内衬耐火材料的高效旋风换热设备组成。其主要工作原理为：含水10%的氢氧化铝经文丘里预热干燥器及两级旋风预热器预热至425℃左右后，进入焙烧炉锥部。在焙烧炉内与高热气流（1100℃）进行快速热交换。由于炉体结构及物料、高温气流的合理配置，使得氢氧化铝始终处于悬浮状态，从而能够快速完成焙烧过程。经焙烧后的氧化铝经高温旋风筒分离，进入由四级旋风筒和一级流化床组成的冷却系统。冷却后的氧化铝（低于80℃）进入下一道工序。废气经一级预热旋风分离后进入电除尘器，经除尘后（含尘量低于$50mg/Nm^3$）排入大气。其主要特点是热效率高，能耗低，不产生燃烧烟尘	总投资5000万元，较引进设备节省投资4000万元，投资回收期2.2a；因电耗、煤气消耗的降低以及收尘系统的优化，使吨氧化铝焙烧成本降低约26.3元，年节约运行费用1340万元。由于采用煤气为燃料，消除了“煤烟型”污染和无组织排放；工艺物料经高效回收，粉尘浓度远远低于排放标准

（续）

编号	技术名称	适用范围	主要内容	投资及效益分析
有色金属行业				
37	串级萃取分离法生产高纯稀土技术	有色金属元素分离提取，如钴、镍、铜、锂等；放射性元素分离提纯，如铀、钍等；制药行业中有效药物的提取；污水中重金属有害元素的去除	在生产高纯稀土元素及其化合物工业生产中，广泛使用溶剂萃取法分离稀土元素。有机萃取剂能与稀土元素生成络合物，但与不同元素生成的络合物稳定性不相同，利用这种稳定性的差异可以使稀土元素获得分离。但一次萃取作用不能使某种元素获得产品要求的纯度，需进行连续多次萃取分离，这就是串级萃取分离技术。萃取技术可分为液相—液相萃取和液相—固相萃取，固相一般指将被萃物制备成微小颗粒的矿浆，也称为矿浆萃取	生产规模10000t/a，总投资5000万元，产值1亿元，利润1000万元。不产生废气、废渣，废水经处理后排放或回用
38	电热回转窑法从冶炼砷灰中生产高纯白砷技术	有色金属冶炼砷烟尘处理	高砷烟尘中的砷主要呈三氧化二砷的形态存在，它是一种低沸点的氧化物，并具有“升华”的特性。利用这一性质，在高温条件下使三氧化二砷在回转窑内挥发，随烟气进入冷凝收尘系统，温度降低再结晶析出，得到白砷产品。高砷烟尘中的锡、铅、铁等氧化物因沸点较高，在电热回转窑控制的温度条件下不挥发，进入残渣，从而达到三氧化二砷与锡、铅、铁等氧化物分离的目的。锡在残渣（窑渣）中富集，返回锡系统处理可以得到回收	以高砷烟尘处理量4～9t/d（1200～2700t/a）计，总投资约100万元。每年可产出白砷420多吨，回收锡75t（折合精锡65t），总产值160万元，利润70多万元。同时，可避免砷灰对环境的污染，资源得到综合利用
39	低浓度二氧化硫烟气制酸技术	冶炼化工等低浓度（1%～3%）二氧化硫烟气治理	由铅烧结机排出的二氧化硫烟气，经过湿法动力波洗涤净化，经加热达到转化器的操作温度后，在转化器内转化为三氧化硫，经冷却形成部分硫酸蒸汽。在WSA冷凝器内，硫酸蒸汽与三氧化硫气体全部冷凝成硫酸，硫酸含量大于96%，制酸尾气中二氧化硫含量小于200mg/Nm³，尾气达标排放	总投资1.4亿元，SO_2转化率大于99.2%，年产成品酸63000t以上，经济效益明显。尾气中SO_2含量小于2×10^{-4}，硫酸雾小于45mg/Nm³，年削减SO_2排放2.8万t左右，减少粉尘排放量100t，确保粉尘、二氧化硫、三氧化硫达标排放，大大改善环境质量

（续）

编号	技术名称	适用范围	主要内容	投资及效益分析
有色金属行业				
40	从尾矿中回收绢云母技术	金属矿山开采	从金属矿山尾矿库获取尾矿，利用特殊的分级设备及选矿设备回收加工 -10μ、-5μ、-3μ 以及更细的绢云母，经过改性设备并辅以改性药方得到改性产品。改性产品可应用于橡胶工业作增强剂，应用于工程塑料行业作填充剂，应用于油漆工业作特种防污防锈涂料，应用于造纸、化妆品行业作填充料	以新建 10000t/a 绢云母回收厂为例，总投资 1270 万元，年销售收入 2393 万元，利税总额 1849 万元，投资回收期 0.9a。主要设备的使用寿命为 10a。减少矿山尾矿排放量
41	煅烧炉余热利用新技术	炭素行业	采用新型有机热载体，利用煅烧炉排出的高温烟气，通过热媒交换炉将热媒加热，通过管道送至炭素生产工艺中的沥青熔化、混捏等用热设备，改变了传统采用蒸汽加热方式，节约能源。经过热媒交换炉后的烟气由于温度较高，经过水加热器还可生产热水。采用热媒加热后，提高了沥青熔化温度，改善了产品质量，提高了生产效率	单台改造投资 340 万元。按照炭素厂年产阳极糊 1 万 t、炭阳极小块 2.1 万 t、炭阳极大块 2.4 万 t 计算，年可节约蒸汽消耗 9.6 万 t，扣除电耗、热媒消耗、设备折旧等，年创经济效益 460 万元，投资回收期 0.74a
42	电解铝、炭素生产废水综合利用技术	铝电解及炭素生产行业	电解铝及炭素生产废水主要污染物是悬浮物、氟化物、石油类等，污水经格栅除去杂物后，进入隔油池除去大部分浮油，加入药剂经反应池和平流沉淀池沉降浮油，渣进入储油池，底泥浓缩压滤，澄清水经超效气浮，投加药剂深度处理，再经高效纤维过滤，送各车间循环利用	总投资 646 万元。年节约新水 225 万 t，废水经处理后循环利用
43	氧化铝含碱废水综合利用技术	氧化铝生产行业	含碱污水经格栅、沉砂池除去杂物及泥砂后，进入两个平流沉淀池进行沉淀处理，底流由虹吸泥机吸出送脱硅热水槽加热后再送二沉降赤泥洗涤，溢流进入三个清水缓冲池，再用泵送高效纤维过滤器进一步除去悬浮物，净化后得到再生水送厂内各工序回用。避免了生产原料碱的浪费，节约水资源，而且降低了废水的处理成本	以处理水量 $840m^3/h$ 计，总投资 600 万元。年节约新水 264 万 t；回收污水中的碱（折合碳酸钠）1500t，节约费用 165 万元；水处理成本费 194 万元/a（水处理成本 0.3 元/m^3），年经济效益为 208 万元。废水基本实现“零排放”

（续）

编号	技术名称	适用范围	主要内容	投资及效益分析
			石油行业	
44	双保钻井液技术	石油钻井作业	采用毒性小、生物降解性好的环保型钻井液添加剂配制保护环境、保护油层的“双保”钻井液体系，强化固相控制技术，可从源头控制生产过程中污染物的产生，最大限度地减少钻井废物量，降低钻井污染；对废弃钻井液进行化学强化固液分离、电絮凝浮选和固化等处置方法，实现废物的综合利用	投资800万元，综合经济效益700万元/a，投资回收期1.1a
45	废弃钻井液固液分离技术	石油钻井作业	采用特殊脱稳剂和高效絮凝剂与废弃钻井液进行絮凝反应，反应物以高效离心机进行强化离心分离，离心分离脱出的废液进行处理后达标排放；离心分离出的固相达标可外排填埋/固化，满足环保标准要求	投资1000万元，经济效益500万元/a，投资回收期2a
46	废弃钻井液固化技术	石油钻井作业	在废弃钻井液中加入高价金属离子盐和高效絮凝剂可以使废弃钻井液失稳脱水，再与胶结材料混合，可发生固结反应，生成一定强度的固结体，将废弃钻井液中的有害物质固结成一体，减弱废弃物对环境的影响	总投资1000万元，投资回收期1.9a
47	炼油化工污水回用技术	炼油行业	采用絮凝、浮选和杀菌等工序处理，控制循环水补充水的油、化学需氧量（COD）、悬浮物、氨氮、电导率等水质指标，使指标达到回用要求	总投资160万元，经济效益可达37万元/a，投资回收期约4.3a
			建材行业	
48	新型干法水泥窑纯余热发电技术	水泥行业	窑头、窑尾分别加设余热锅炉回收余热。回收窑头、窑尾余热时，优先考虑满足生产工艺要求，在确保煤磨和原料磨的烘干所需热量后，剩余的废热通过余热锅炉回收生产蒸汽。一般窑尾余热锅炉直接产生过热蒸汽提供给汽轮机发电，窑头锅炉若带回热系统的可直接生产过热蒸汽，若不带回热系统的则生产部分饱和蒸汽和过热水送至窑尾锅炉过热	以2000t/d新型干法水泥窑，发电系统装机3000kW计，总投资2088万元。按达到的生产水平2300kW计算，年新增发电能力1623万kW·h，扣去自耗电12%，年供电量1428万kW·h，可降低生产成本297.7万元，投资净利润率14.26%，具有良好的经济效益

（续）

编号	技术名称	适用范围	主要内容	投资及效益分析
建材行业				
49	新型干法水泥采用低挥发分煤技术	水泥行业	为保证低挥发分燃煤在回转窑和分解炉内的稳定正常着火和燃烧，采取以下主要措施：一是采用新型大推力多通道煤粉燃烧器，强化煤粉与空气的混合；二是采用部分离线型分解炉，使初始燃烧区有较高的氧含量和燃烧温度；适当加大分解炉炉容，延长煤粉停留时间；三是增加煤粉细度，提高煅烧速率，缩短燃尽时间	该技术可以大幅度降低水泥燃料成本，减少污染物排放。按年产30万t水泥熟料计，总投资约260万元，投资回收期为1~2a
50	利用工业废渣制造复合水泥技术	水泥行业	使用钢渣、磷渣、铜渣、粉煤灰、煤矸石多种工业废渣作为水泥掺和料与少量熟料（≤30%）一起，采用机械激发、复合胶凝效应等多机理激发的技术手段制造水泥。对性能不明的工业废渣作掺和料，要进行必要的物理化学性能测试	以年产10万t水泥规模为例。按老厂改造、分别粉磨方案计算，需要投资440万元。按老厂改造、混合粉磨方案计算，需要投资190万元。按建新厂、分别粉磨方案计算，需要投资1100万元。从经济上看，建新厂2.5a可收回全部投资；按老厂改造、分别粉磨方案1a可收回全部投资；按老厂改造、混合粉磨方案，半年可收回全部投资。与传统工艺相比，粉尘产生量可减少35%以上，二氧化碳、氮氧化物产生量减少40%以上，吨水泥熟料消耗和煤耗均减少40%以上，水泥生产成本大大降低；同时，使工业废渣得到综合利用
51	环保型透水陶瓷铺路砖生产技术	陶瓷行业	利用煤矸石及工业尾矿、建筑垃圾废砖瓦、生活垃圾废玻璃等作为骨料，加入粘结剂和成孔剂，烧制成具有良好透水性、防滑性、耐磨性、吸声性的陶瓷铺路砖	年产120万m^2环保型透水陶瓷砖，投资3600万元，年销售额9700万元，投资回收期约2.5a
52	挤压联合粉磨工艺技术	年产20万~100万t水泥企业的生料和水泥成品的粉磨作业，以及高炉矿渣、煤等脆性物料的粉磨作业	由关键设备辊压机、打散分级机以及传统粉磨设备球磨机构成。挤压后的物料粒度大幅度下降，易磨性显著改善，与辊压机配套使用的打散分级机集料饼打散与颗粒分级两项功能，球磨机选用先进的高细高产磨技术，开路操作。高效率的磨内筛分装置具有类似选粉机的分选功能，可有效抑制过粉磨现象；强化研磨功能的微段研磨体的加入以及极具针对性的研磨体级配，可有效提高粉磨效率，实现大幅度增产	日产700t挤压粉磨系统，投资600万元；日产1000t挤压粉磨系统，投资800万元；日产2000t挤压粉磨系统，投资1800万元。投资回收期约3a。该技术节能效果明显，台时产量增加80%~90%，节电30%，研磨体消耗降低60%；同时，设备噪声明显降低，粉尘排放得到有效控制

（续）

编号	技术名称	适用范围	主要内容	投资及效益分析
		建材行业		
53	开流高细、高产管磨技术	水泥生料、熟料，非金属矿、工业废渣的高细粉磨和深加工	该技术是对普通开流管磨机内的隔仓板及出口篦板进行改造，并在隔仓板间增设筛分装置，使物料能在磨内实现颗粒分级，从而大大提高系统的粉磨效率	根据磨机的规格不同，投资规模在20万元与50万元之间不等。投资回收期为6个月到1a。该技术不造成任何环境污染，磨机台时产量增加30%～40%，降低钢材消耗及能耗25%～30%
54	快速沸腾式烘干系统	水泥、非金属、化工及各类工业废渣的烘干处理	该技术是对回转式烘干系统进行综合技术改造，其中供热系统采用小炉床型高温沸腾炉；烘干机内部使用新型组合式物料装置；通风、除尘系统因条件不同有针对性地选用收尘设备。整套系统集烘干、节能、环保为一体，从而大大提高系统的热效率	根据生产规模不同，总投资在10万～80万元之间不等，投资回收期为3～6个月，主要设备使用寿命为5～8a，该项技术是对各类工业废渣及粉尘进行综合治理，废气中粉尘排放量低于80mg/Nm^3，台时产量增加80%～120%，节能40%～80%，能达到增产增效、综合利用废渣、降低能耗及粉尘治理之目的
55	高浓度、防爆型煤粉收集技术	建材、冶金、电力行业煤粉制备系统	采用全新的防燃、防爆结构设计，外加齐全的安全监测与消防措施，消除了收尘器内部燃烧、爆炸的隐患；采用计算机自动控制高压脉冲多点喷吹清灰，确保收尘器长期稳定、高效的运行	以每小时产10t煤粉规模为例，投资98万元，仅节电一项，1a可创效益30万元
56	散装水泥装、运、储、用技术	水泥、流通、建筑业	散装水泥采用密封装、卸、运输方式，不存在破包问题，可大量减少水泥粉尘排放，同时，可降低袋装水泥包装物的消耗，降低生产和使用的成本	袋装水泥生产和使用的综合成本要比散装水泥高出约50元/t。若全部实现散装化，全国每年能节约240亿元。投入产出效益为1:3

三、第三批导向目录简介

国家重点行业清洁生产技术导向目录（3）

编号	技术名称	适用范围	主要内容	主要效果
1	利用焦化工艺处理废塑料技术	钢铁联合企业焦化厂	利用成熟的焦化工艺和设备，大规模处理废塑料，使废塑料在高温、全封闭和还原气氛下，转化为焦炭、焦油和煤气，使废塑料中有害元素氯以氯化铵可溶性盐方式进入炼焦氨水中，不产生剧毒物质二恶英（Dioxins）和腐蚀性气体，不产生二氧化硫、氮氧化物及粉尘等常规燃烧污染物，实现废塑料大规模无害化处理和资源化利用	对原料要求低，可以是任何种类的混合废塑料，只需进行简单破碎加工处理。在炼焦配煤中配加2%的废塑料，可以增加焦炭反应后强度3%～8%，并可增加焦炭产量

（续）

编号	技术名称	适用范围	主要内容	主要效果
2	冷轧盐酸酸洗液回收技术	钢铁酸洗生产线	将冷轧盐酸酸洗废液直接喷入焙烧炉与高温气体接触，使废液中的盐酸和氯化亚铁蒸发分解，生成 Fe_2O_3 和 HCl 高温气体。HCl 气体从反应炉顶引出、过滤后进入预浓缩器冷却，然后进入吸收塔与喷入的新水或漂洗水混合得到再生酸，进入再生酸储罐，补加少量新酸，使 HCl 含量达到酸洗液浓度要求后送回酸洗线循环使用。通过吸收塔的废气送入收水器，除水后由烟囱排入大气。流化床反应炉中产生的氧化铁排入氧化铁料仓，返回烧结厂使用	此技术回收废酸并返回酸洗工序循环使用，降低了生产成本，减少了环境污染。废酸回收后的副产品氧化铁（Fe_2O_3）是生产磁性材料的原料，可作为产品销售，也可返回烧结厂使用
3	焦化废水 A/O 生物脱氮技术	焦化企业及其他需要处理高浓度 COD、氨氮废水的企业	焦化废水 A/O 生物脱氮是硝化与反硝化过程的应用。硝化反应是废水中的氨氮在好氧条件下，被氧化为亚硝酸盐和硝酸盐；反硝化是在缺氧条件下，脱氮菌利用硝化反应所产生的 NO_2^- 和 NO_3^- 来代替氧进行有机物的氧化分解。此项工艺对焦化废水中的有机物、氨氮等均有较强的去除能力，当总停留时间大于 30h 后，COD、BOD、SCN^- 的去除率分别为 67%、38%、59%，酚和有机物的去除率分别为 62%、36%，各项出水指标均可达到国家污水排放标准	工艺流程和操作管理相对简单，污水处理效率高，有较高的容积负荷和较强的耐负荷冲击能力，减少了化学药剂消耗，减轻了后续好氧池的负荷及动力消耗，节省运行费用
4	高炉煤气等低热值煤气高效利用技术	钢铁联合企业	高炉等副产煤气经净化加压后与净化加压后的空气混合进入燃气轮机混合燃烧，产生的高温高压燃气进入燃气透平机组膨胀做功，燃气轮机通过减速齿轮传递到汽轮发电机组发电；燃气轮机做功后的高温烟气进入余热锅炉，产生蒸汽后进入蒸汽轮机做功，带动发电机组发电，形成煤气-蒸汽联合循环发电系统	该技术的热电转换效率可达 40% ~45%，接近以天然气和柴油为燃料的类似燃气轮机联合循环发电水平；用相同的煤气量，该技术比常规锅炉蒸汽多发电 70% ~90%，同时，用水量仅为同容量常规燃煤电厂的 1/3，污染物排放量也明显减少

（续）

编号	技术名称	适用范围	主要内容	主要效果
5	转炉负能炼钢工艺技术	大中型转炉炼钢企业	此项技术可使转炉炼钢工序消耗的总能量小于回收的总能量，故称为转炉负能炼钢。转炉炼钢工序过程中消耗的能量主要包括：氧气、氮气、焦炉煤气、电和使用外厂蒸汽，回收的能量主要是转炉煤气和蒸汽，煤气平均回收量达到 $90m^3$/t（钢）；蒸汽平均回收量 80kg/t（钢）	吨钢产品可节能 23.6kg 标准煤，减少烟尘排放量 $10mg/m^3$，有效地改善区域环境质量。我国转炉钢的比例超过 80%，推广此项技术对钢铁行业清洁生产意义重大
6	新型顶吹浸没喷枪富氧熔池炼锡技术	金属锡冶炼企业	该技术将一根特殊设计的喷枪插入熔池，空气和粉煤燃料从喷枪的末端直接喷入熔体中，在炉内形成一个剧烈翻腾的熔池，强化了反应传热和传质过程，加快了反应速度，提高了熔炼强度	该技术熔炼效率高，是反射炉的 15～20 倍，燃煤消耗降低 50%；热利用效率高，每年可节约燃料煤万吨以上；环保效果好，烟气总量小，可以有效地脱除二氧化硫
7	300kA 大型预焙槽加锂盐铝电解生产技术	大型预焙铝电解槽	在铝电解质预焙槽电解工艺中加入锂盐，降低电解质的初晶点，提高电解质电导率，降低电解质密度，使生产条件优化，产量提高	大型预焙槽添加锂盐后，电流效率明显提高，每吨铝直流电单耗下降 368kW·h、氟化铝单耗下降 8.51kg，槽日产提高 55.69kg
8	管-板式降膜蒸发器装备及工艺技术	氧化铝生产行业	采取科学的流场和热力场设计，开发应用方管结构，改善了受力状况，提高蒸发效率的同时大幅度降低制造费用；利用分散、均化技术，简化布膜结构，实现免清理；利用蒸发表面积和合理的结构配置，实现了汽水比 0.21～0.23 的国际领先水平，大幅度降低了系统能耗；引入外循环系统改变蒸发溶液参数，从而避免了碳酸钠在蒸发器内结晶析出	氧化铝的单位汽耗由原来的 6.04t 降到 4.10t，年均节煤 8 万 t 以上；年均节水 200 万 t，同时减排污水 230 万 t
9	无钙焙烧红矾钠技术	红矾钠生产企业	将铬矿、纯碱与铬渣粉碎至 200 目后，按配比在回转窑中高温焙烧，使 $FeO \cdot Cr_2O_3$ 氧化成铬酸钠。将焙烧后的熟料进行湿磨、过滤、中和、酸化，使铬酸钠转化成红矾钠，并排出芒硝渣，蒸发（酸性条件）后得到红矾钠产品	与传统有钙焙烧红矾钠工艺相比，无钙焙烧工艺不产生致癌物铬酸钙，每吨产品的排渣量由 2t 降到 0.8t，渣中 Cr^{6+} 含量由 2% 降低到 0.1%
10	节能型隧道窑焙烧技术	烧结墙体材料行业	以煤矸石或粉煤灰为原料，使用宽断面隧道窑"快速焙烧"工艺，设置快速焙烧程序和"超热焙烧"过程，实现降低焙烧周期，提高能源利用效率	砖瓦焙烧周期由 45～55h 降低为 16～24h。置换出来的热量得到充分利用，热利用率达 67%，热工过程节能效率达 40%

（续）

编号	技术名称	适用范围	主要内容	主要效果
11	煤粉强化燃烧及劣质燃料燃烧技术	建材、冶金及化工行业回转窑煤粉燃烧	该技术采用了热回流技术和浓缩燃烧技术，有效地实现“节能和环保”。由于强化回流效应，使煤粉迅速燃烧，特别有利于烧劣质煤、无烟煤等低活性燃料，因此可采用当地劣质燃料，促进能源合理使用，提高资源利用效率。一次风量小，节能显著	对煤种的适应性强，可烧灰分35%的劣质煤，降低一次风量的供应，一次风量占燃烧空气量小于7%；NO_x减少30%以上
12	少空气快速干燥技术	陶瓷、电瓷、耐火材料、木材、墙体材料生产企业	采用低温高湿方法，使湿坯体在低温段由于坯体表面蒸汽压的不断增大，阻碍外扩散的进行，吸收的热量用于提升坯体内部温度，提高内扩散速度，使预热阶段缩短。等速干燥阶段借助强制排水的方法，进一步提高干燥的效率，达到快速干燥的目的	干燥周期缩短6～8h，节能50%以上。干燥占地面积减少1/2，产品合格率提高5%
13	石英尾砂利用技术	硅质原料生产企业	新型提纯石英尾砂的“无氟浮选技术”，精砂产率高、质量好、无二次氟污染，产品广泛用于无碱电子玻纤、高白料玻璃器皿及装饰玻璃、电子级硅微粉等行业，同时解决了石英尾砂综合利用的问题。此工艺产生的废水经处理后返回生产过程循环使用	此项技术可解决石英尾砂占地和随风飞沙造成的环境污染问题
14	水泥生产粉磨系统技术	水泥原料、熟料、矿渣、钢渣、铁矿石等物料粉磨工艺	采用“辊压机浮动压辊轴承座的摆动机构”和“辊压机折页式复合结构的夹板”专利技术，设计粉磨系统，可大幅降低粉磨电耗，节约能源，改善产品性能	水泥产量大幅度提高，单位电耗下降约20%
15	水泥生产高效冷却技术	水泥生产企业	将篦床划分成为足够小的冷却区域，每个区域由若干封闭式篦板梁和盒式篦板构成的冷却单元（通称“充气梁”）组成，用管道供以冷却风。这种配风工艺可显著降低单位冷却风量，提高单位篦面积产量。另一特点是降低料层阻力的影响，达到冷却风合理分布，进一步提高冷却效率	与二代篦冷机相比，新篦冷系统热耗降低25～30kcal/kg熟料，降低熟料总能耗3%（冷却系统热耗约占熟料总能耗15%）

（续）

编号	技术名称	适用范围	主要内容	主要效果
16	水泥生产煤粉燃烧技术	新型干法水泥生产线	煤粉燃烧系统是水泥熟料生产线的热能提供装置，主要用于回转窑内的煤粉燃烧。此技术可用各种低品位煤种，利用不同风道层间射流强度的变化，在煤粉燃烧的不同阶段，控制空气加入量，确保煤粉在低而平均的过剩系数条件下完全燃烧，有效控制一次风量，同时减少有害气体氮氧化物的产生	提高水泥熟料产量5% ~10%，提高熟料早期强度3 ~5MPa，单位熟料节省热耗约2%
17	玻璃熔窑烟气脱硫除尘专用技术	浮法玻璃、普通平板玻璃、日用玻璃生产企业	以氢氧化镁为脱硫剂，与溶于水的SO_2反应生成硫酸镁盐，达到脱去烟气中SO_2的目的。经净化后的烟气，在脱硫除尘装置内进行脱水。脱水后的烟气，不会造成引风机带水、积灰和腐蚀	脱硫效率82.9%，除尘效率93.5%
18	干法脱硫除尘一体化技术与装备	燃煤锅炉和生活垃圾焚烧炉的尾气处理	向含有粉尘和二氧化硫的烟气中喷射熟石灰干粉和反应助剂，使二氧化硫和熟石灰在反应助剂的辅助下充分发生化学反应，形成固态硫酸钙（$CaSO_4$），附着在粉尘上或凝聚成细微颗粒随粉尘一起被袋式除尘器收集下来。此工艺的突出特点是集脱硫、脱有害气体、除尘于一体，可满足严格的排放要求	能有效脱除烟气中粉尘、SO_2、NO_x等有害气体，粉尘排放量小于50mg/Nm^3，SO_2排放量小于200mg/Nm^3，NO_x排放量小于300mg/Nm^3，HCl及重金属含量满足国家排放标准
19	煤矿瓦斯气利用技术	煤矿瓦斯气丰富的大型矿区	把目前向大气直排瓦斯气改为从矿井中抽出瓦斯气，经收集、处理和存储，调压输送到城镇居民区，提供生活燃气	节约能源，减少因燃煤产生的环境污染
20	柠檬酸连续错流变温色谱提纯技术	柠檬酸生产企业	采用弱酸强碱两性专用合成树脂吸附发酵提取液中的柠檬酸。新工艺用80℃左右的热水，从吸附了柠檬酸的饱和树脂上将柠檬酸洗脱下来。用热水代替酸碱洗脱液，彻底消除酸、碱污染。废糖水循环发酵，提高柠檬酸产率，基本消除废水排放，柠檬酸收率大于98%，产品质量明显提高	柠檬酸产率提高10%，每吨柠檬酸产生的废水由40t下降为4t，并无固体废渣和废气产生

（续）

编号	技术名称	适用范围	主要内容	主要效果
21	香兰素提取技术	香兰素生产	从化学纤维浆废液中提取香兰素。基本原理是利用纳滤膜不同分子量的截止点，在压力作用下使化学纤维浆废液中、低相对分子质量的香兰素（152左右）几乎全部通过，而相对分子质量大（5000以上）的木质素磺酸钠和树脂绝大部分留存，将香兰素和木质素分开，使香兰素产品纯度提高	香兰素提取率从80%提高到95%以上，半成品纯度由65%提高到87%，工艺由原传统的18道简化为9道
22	木塑材料生产工艺及装备	木塑型材、板材的生产	利用废旧塑料和木质纤维（木屑、稻壳、秸秆等）按一定比例混合，添加特定助剂，经高温、挤压、成型可生产木塑复合材料。木塑材料具有同木材一样的良好加工性能，握钉力优于其他合成材料；具有与硬木相当的物理机械性能；可抗强酸碱、耐水、耐腐蚀、不易被虫蛀、不长真菌，其耐用性明显优于普通木质材料	由于采用的原料95%以上为废旧材料，实现废物利用和资源保护，所加工的产品也可回收再利用
23	超级电容器应用技术	可替代铅酸电池，为电动车辆提供动力电源	超级电容器是采用电化学技术，提高电容器的比能量（W·h/kg）和比功率（W/kg）制成的高功率电化学电源，有牵引型和启动型两类。牵引型电容器比能量10W·h/kg，比功率600W/kg，循环寿命大于50000次，充放电效率大于95%。启动型电容器比能量3W·h/kg，比功率1500W/kg，循环寿命大于20万次，充放电效率大于99%	超级电容器是一种清洁的储能器件，充电快、寿命长，全寿命期的使用成本低，维护工作少，对环境不产生污染，可取代铅酸电池作为电力驱动车辆的电源
24	对苯二甲酸的回收和提纯技术	涤纶织物碱减量工艺	在一体化设备内，采用二次加酸反应，经离心分离后，回收粗对苯二甲酸。粗对苯二甲酸含杂质12%～18%，经提纯后，含杂量低于1.5%，可以直接与乙二醇合成制涤纶切片。对苯二甲酸的回收率大于95%（当以COD计大于20000mg/L时）。处理后尾水呈酸性，可以中和大量碱性印染废水	以每天处理废水100t的碱减量回收设备为例，处理每吨废水电耗1～1.5kW·h，回收粗对苯二甲酸约2t

（续）

编号	技术名称	适用范围	主要内容	主要效果
25	上浆和退浆液中PVA（聚乙烯醇）回收技术	纺织上浆、印染退浆工艺	上浆废水和退浆废水都是高浓度有机废水，其化学需氧量（COD）高达4000～8000mg/L。目前主要浆料是PVA（聚乙烯醇），它是涂料、浆料、化学浆糊等主要原料，此项技术利用陶瓷膜“亚滤”设备，浓缩、回收PVA并加以利用，同时减少废水污染	上浆、退浆液中PVA（聚乙烯醇）回收技术的应用，可以大幅度削减COD负荷，使印染厂废水处理难度大为降低，同时回收了资源，可以生产产品，达到清洁生产和资源回收目标，具有重要意义
26	气流染色技术	织物印染	有别于常规喷射溢流染色，气流染色技术采用气体动力系统，织物由湿气、空气与蒸汽混合的气流带动在专用管路中运行，在无液体的情况下，织物在机内完成染色过程，当中无需特别注液	与传统喷射染色技术相比，气流染色技术具有超低浴比，大量减少用水、减少化学染料和助剂用量，并缩短染色时间，节省能源，产品质量明显提高
27	印染业自动调浆技术和系统	纺织印染企业	通过计算和自动配比，用工业控制机自动将对应阀门定位到电子秤上，并按配方要求来控制阀门加料，实现自动调浆，达到高精度配比	应用此项技术可节省水、能源，减少染化料消耗，降低打样成本，提高生产效率30%
28	畜禽养殖及酿酒污水生产沼气技术	大型畜禽养殖场，发酵酿酒厂废水处理	经固液分离的畜禽养殖废水、发酵酿酒废水在污水处理厂沉淀后，进行厌氧处理，副产沼气，再经耗氧处理后，达标排放。沼气经气水分离，以及脱硫处理以后送储气柜，通过管网引入用户，作为工业或民用燃料使用	采用此项技术可将沼气收集起来，经处理后储存在储气柜内，通过管网引入用户，作为工业或民用染料使用。同时还有效地减少污水处理中产生沼气（属危害严重的温室气体）排放到大气中的数量

参考文献

[1] 鲍建国，周发武．清洁生产实用教程［M］．北京：中国环境科学出版社，2010.
[2] 白雪华．美国和欧盟的能源政策及其启示［J］．国土资源，2004（11）：53-55.
[3] 陈清泰．中国的能源战略和政策［J］．国际石油经济，2003（12）：18-20.
[4] 陈宏金．农业清洁生产与农产品质量建设［J］．农村经济与科技，2004，15（2）：11-12.
[5] 陈克亮，杨学春．农业清洁生产工程体系［J］．重庆环境科学，2001，23（6）：58-61.
[6] Chertow Marian R. The Eco-Industrial Park Model Reconsidered［J］．Journal of Industrial Ecology，1999，2（3）：8-10.
[7] 蔡晓明．生态系统生态学［M］．北京：科学出版社，2000.
[8] 曹英耀，曹曙，李志坚．清洁生产理论与实务［M］．广州：中山大学出版社，2009.
[9] 范丽，李光军．清洁生产实施障碍及政策手段浅析［J］．科技与法律，2004（2）：114-118.
[10] 郭日生，彭斯震．清洁生产审核案例与工具［M］．北京：科学出版社，2011.
[11] 郭斌，庄源益．清洁生产工艺［M］．北京：化学工业出版社，2003.
[12] 郭显锋，张新力，方平．清洁生产审核指南［M］．北京：中国环境科学出版社，2007.
[13] 国家计委，等．中国21世纪议程［M］．北京：中国环境科学出版社，1994.
[14] 国家环境保护总局科技标准司．清洁生产审计培训教材［M］．北京：中国环境科学出版社，2001.
[15] 国家环境保护部污染防治司．清洁生产审核案例研究［M］．北京：化学工业出版社，2009.
[16] 广东省环境保护厅．重点行业清洁生产工作指南［M］．广州：广东科技出版社，2010.
[17] 关立山．世界风力发电现状及展望［J］．全球科技经济瞭望，2004（7）：51-55.
[18] 河北海．造纸工业清洁生产原理与技术［M］．北京：中国轻工业出版社，2007.
[19] 金启明．欧盟能源政策综述［J］．全球科技经济瞭望，2004（8）：24-25.
[20] 江新英，季莹．产品生态设计理论与实践的国际研究综述［J］．绿色经济，2006（2）：77-80.
[21] 贾爱娟．国内外清洁生产评价指标综述［J］．陕西环境，2003，10（3）：31-35.
[22] 刘青松，张利民，姜伟立，吴海锁．清洁生产与ISO 14000［M］．北京：中国环境科学出版社，2003.
[23] 骆世明，刘青松．清洁生产与ISO 14000［M］．北京：中国环境科学出版社，2003.
[24] 李景龙，马云．清洁生产审核与节能减排实践［M］．北京：中国建筑工业出版社，2009.
[25] 李洪远，文科军，鞠美庭．生态学基础［M］，北京：化学工业出版社，2006.
[26] 李小军．棉印染行业清洁生产研究［D］．杭州：浙江大学．2006.
[27] 李海红，等．清洁生产概论［M］．西安：西北工业大学出版社，2009.
[28] 马建立，等．绿色冶金与清洁生产［M］．北京：冶金工业出版社，2007.
[29] 马树才，赵桂芝，孙常清．我国发展清洁生产的障碍分析与对策思考［J］．辽宁大学学报：哲学社会科学版，2004，32（6）：109-112.
[30] 马建立，郭斌，赵由才．绿色冶金与清洁生产［M］．北京：冶金工业出版社，2007.
[31] 马宏端．制革工业清洁生产和污染控制技术［M］．北京：化学工业出版社，2004.
[32] 彭晓春，谢武明．清洁生产与循环经济［M］．北京：化学工业出版社，2009.
[33] 邝仕均．造纸工业节水与纸厂废水零排放［J］．中国造纸，2007，26（8）：45-51.
[34] 曲向荣．生态学与循环经济［M］．沈阳：辽宁大学出版社，2009.
[35] 曲向荣．环境学概论［M］．北京：北京大学出版社，2009.
[36] 曲向荣，高丽峰，李丹．实施循环经济的重要途径——生态工业园区建设［C］//中国环境科学学会2004年学术年会论文集，2004.
[37] 曲向荣．沈阳市创建国家生态市水环境质量达标对策研究［C］//中国环境科学学会2009年学术年

会论文集（第三卷），2009.
[38] 钱易，等．环境保护与可持续发展［M］．2 版．北京：高等教育出版社，2010.
[39] 钱易．清洁生产与循环经济——概念、方法与案例［M］．北京：清华大学出版社，2006.
[40] Raymond P，Cote E，Coben-Rosenthal. Designing Eco-Industrial Parks：a synthesis of some experiences［J］．Journal of Clearner Production，1998（6）：181-185.
[41] 孙大光，范伟民．区域清洁生产政策法规体系框架的构筑［J］．环境保护科学，2005，130（31）：54-60.
[42] 唐炼．世界能源供需现状与发展趋势［J］．国际石油经济，2005，13（1）：30-33.
[43] 魏立安．清洁生产审核与评价［M］．北京：中国环境科学出版社，2005.
[44] 汪永超．绿色产品概念与实施策略［J］．现代机械，1999（1）：5-8 .
[45] 王庆斌．产品生态设计理念与方法［J］．郑州轻工业学院学报：社会科学版，2005（6）：69-71.
[46] 王新杰．新疆绿洲农业清洁生产研究［D］．重庆：重庆大学，2008.
[47] 奚旦立．纺织工业节能减排与清洁生产审核［M］．北京：中国纺织出版社，2008.
[48] 奚旦立．清洁生产与循环经济［M］．北京：化学工业出版社，2005.
[49] 许洪华．世界风电技术发展趋势和我国未来风电发展探讨［J］，水利水电科技进展，2005，25（1）：47-47.
[50] 余德辉，魏晓琳．我国清洁生产现状和发展思路［J］．中国环保产业，2001（6）：16-19.
[51] 杨建新，徐成，王如松．产品生命周期评价方法及应用［M］．北京：气象出版社，2002.
[52] 杨永杰．环境保护与清洁生产［M］．北京：化学工业出版社，2002.
[53] 元炯亮．清洁生产基础［M］．北京：化学工业出版社，2009.
[54] 张凯，崔兆杰．清洁生产理论与方法［M］．北京：科学出版社，2005.
[55] 张新房．风力发电技术的发展及相关控制问题综述［J］．华北电力技术，2005（5），42-45.
[56] 周中仁，吴文良．生物质能研究现状及展望［J］，农业工程学报，2005，12（21）：12-14.
[57] 周益添，崔绍荣．生态技术在设施农业中的应用探析［J］．中国生态农业学报，2005，13（2）：170-172.
[58] 周中平．清洁生产工艺及应用实例［M］．北京：化学工业出版社，2002.
[59] 赵玉明．清洁生产［M］．北京：中国环境科学出版社，2005.
[60] 张传秀，陆春玲，严鹏程．我国钢铁行业清洁生产标准 HJ/T 189 存在的问题与修订建议［J］．冶金动力，2007（1）：85-90.
[61] 张天胜．安钢第二炼轧厂清洁生产实践研究［D］．保定：河北大学．2011.